国防信息类专业规划教材

指挥信息系统

(第2版)

C4ISR System, Second Edition

曹　雷　鲍广宇　陈国友　姜志平
裘杭萍　牛彦杰　姚　轶　编著

国防工业出版社
·北京·

内 容 简 介

本书是一本全面介绍指挥信息系统概念、结构、技术、应用及对信息化战争影响的教科书。全书共分10章,围绕指挥信息系统这一核心概念,主要阐述了指挥信息系统的基本概念、核心业务模型与系统功能结构,介绍了态势感知、军事通信、指挥控制等关键系统,阐述了指挥信息系统对抗与安全防护、组织运用、分析设计与综合集成的概念与方法,最后介绍了外军的指挥信息系统。

本书涉及指挥信息系统的概念模型、系统结构、基本原理、分析设计、组织应用等各方面的内容,可作为指挥信息系统工程(指挥自动化工程)、作战信息管理、军用网络工程等相关专业的本科生教材,也可作为地方高等院校国防生相关专业的教材和各类军队干部培训和轮训班的教材,还可作为国防科技科研人员和军事爱好者的参考书。

图书在版编目(CIP)数据

指挥信息系统/曹雷等编著.—2版.—北京:国防工业出版社,2023.2重印

ISBN 978-7-118-11023-4

Ⅰ.①指... Ⅱ.①曹... Ⅲ.①指挥信息系统 Ⅳ.①E94

中国版本图书馆CIP数据核字(2016)第195495号

※

国防工业出版社 出版发行

(北京市海淀区紫竹院南路23号 邮政编码100048)

北京虎彩文化传播有限公司印刷

新华书店经售

*

开本 787×1092 1/16 **印张** 21½ **字数** 485千字

2023年2月第2版第5次印刷 **印数** 8801—10300册 **定价** 59.00元

国防书店:(010)88540777 书店传真:(010)88540776

发行业务:(010)88540717 发行传真:(010)88540762

序

信息化战争使信息成为影响和支配战争胜负的主要因素,催化着战争形态和作战方式的演变。近20年来在世界范围内爆发的几场局部战争,已充分显现出信息化战争的巨大威力,并引发了以信息化建设为核心的新军事变革浪潮。为顺应时代潮流,迎接未来挑战,中央军委审时度势,提出了"建设信息化军队、打赢信息化战争"的战略目标,并着重强调提高基于信息系统的体系作战能力。为此,我们除了要装备一大批先进的信息化主战武器系统外,还需要研制相应的指挥信息系统。

指挥信息系统又称综合电子信息系统、指挥自动化系统,即外军的C4ISR系统,其核心是指挥控制系统,或C2系统、指挥所信息系统。我军指挥信息系统建设已有30多年的历史,此间积累了宝贵的经验教训。梳理深化对指挥信息系统建设规律的认识,有助于我们在新的起点上继续前进。

早在20世纪90年代中后期,我军有关部门就曾分别组织编写过指挥自动化系列丛书、军队指挥自动化专业统编系列教材,21世纪初又有人编写过指挥与控制技术丛书,至于近十多年来,有关指挥信息系统方面的专著、译著,更是络绎不绝,异彩纷呈。鉴于信息技术的发展日新月异,系统工程建设水平的日益提高,虽然系统工程的基础理论、基本原理没有根本的变化,但其实现技术、工程方法却不断有新的内容补充进来。所以众多论著的出版,既是信息系统自身演进特点的使然,也是加强我军信息化人才队伍建设实际需求的反映。

2012年,解放军理工大学组织一批专家学者,编写出版了一套国防信息类专业系列教材,包括《指挥信息系统》《指挥信息系统需求工程方法》《战场信息管理》《指挥所系统》《军事运筹学》《作战模拟基础》《作战仿真数据工程》和《作战模拟系统概论》共八本,受到了军队院校、军工研究所及广大读者的热烈欢迎和好评。四年来,军事信息技术仍在不断地发展中,为反映这些军事信息领域的技术发展与变化,他们又编写了《战场数据通信网》《信息分析与处理》《指挥控制系统软件技术》《系统可靠性原理》《指挥信息系统评估理论与方法》《虚拟现实技术及其应用》《军事数据工程》等七部教材,并对《指挥信息系统》教材进行了较大幅度的修订与完善。

与已有出版物相比,我深感这套丛书有如下特点:

一是覆盖面广、内容丰富。该系列教材中,既有对指挥信息系统的全面介绍,如《指挥信息系统》《指挥信息系统需求工程方法》《指挥信息系统评估理论与方法》《战场信息管理》《战场数据通信网》;也有针对指挥控制系统的专门论著,如《指挥所系统》《指挥控制系统软件技术》;还有针对军事信息系统的相关理论与技术,如《信息分析与处理》《系统可靠性原理》《军事数据工程》;以及军事系统仿真方面的有关教材,如《军事运筹学》《作战模拟基础》《虚拟现实技术及其应用》等。它们涵盖了基本概念、基础理论与技术、系统建设、军事应用等方面的内容,涉及到军事需求工程、系统设计原理、综合集成开发方法、数据工程、信息管理及作战模拟仿真等热点技术。系列教材取材合理、相互配合,涵盖了作战和训练领域的主要内容，构成了指挥信息系统的基础知识体系。

二是军事特色鲜明，紧贴军队信息化建设的需要。教材的编著者多年来一直承担全军作战和训练领域重大科研任务，长期奋战在军队信息化建设第一线，是军队指挥信息系统建设的参与者和见证人。他们利用其在信息技术领域的优势，将工程建设的实践总结提炼成书本知识。因此，该套教材能紧密结合我军指挥信息系统建设的实际，是对我军已有理论研究成果的继承、总结和提升。

三是注重教材的基础性和科学性。作者在教材的编著过程中，强调运用科学方法分析指挥信息系统原理，在一定程度上避免了以往同类教材过于注重应用而缺乏基础性、原理性、科学性的问题。系列教材除大量引用了军内外系统工程的建设案例外，还瞄准国际前沿，参考了外军最新理论研究成果，增强了该套教材的前瞻性和先进性。

总之，本系列教材内容丰富、体系结构严谨、概念清晰、军事特色鲜明、理论与实践结合紧密，符合读者的认知规律，既适合国防信息类专业的课堂教学，也可用作全军广大在职干部提升信息化素养的自学读物。

中国工程院院士

戴浩

2016年8月

PREFACE 第1版前言

信息化战争是人类战争史上全新的战争形态,信息成为战争制胜的主导因素,而指挥信息系统则是信息在战争中发挥效用的关键物质基础,是基于信息系统体系作战的支撑平台。正因为如此,指挥信息系统已成为我军信息化建设的核心。

我军指挥信息系统是由指挥自动化系统发展而来。回顾指挥自动化系统自20世纪50年代末开始的半个多世纪的发展历程,实际上就是人类社会从工业社会步入信息化社会的时代变迁在军事领域的映射。指挥自动化系统的建设发展对我军现代化进程做出了不可磨灭的贡献。同时,在军事教育领域,也极大地推进了军事通信学学科领域的发展和相关专业的建设。

近十年来,指挥信息系统随着我军信息化建设的不断深入而飞速发展。随之而来的是指挥信息系统的理论技术、系统建设及作战运用发生了深刻的变化。军事理论与信息技术的交织融合不断催生出新的信息化指挥控制理论,指挥信息系统的发展必须满足与适应信息化军事理论指导下的作战需求,从支持以武器平台为中心的作战运用,发展到支持以网络为中心的作战运用。

指挥信息系统的发展对学科专业建设提出了更高的要求。目前,从已出版的相关著作来看,有的没有反映出指挥信息系统建设的时代特征,有的偏向于系统的描述、缺乏理论根基,有的偏向于作战运用、缺乏技术基础,真正能够满足相关专业需求的指挥信息系统教材非常缺乏。

为及时反映出指挥信息系统这些年的发展变化,满足军队相关专业人才培养的需要,我们编著了本教材。本教材的编写试图站在世界新军事变革的高度,从军事牵引与技术推动两个方面,深入介绍指挥信息系统的基本概念、系统组成、关键技术、分析设计、组织应用、安全防护等内容,力图在分析比较不同学术观点的基础上全面、清晰地阐述指挥信息系统,在军事与技术、理论与实践的结合上有所突破。

本书编写组成员长期从事指挥信息系统的教学、科研及学术研究,具有丰富的理论与实践经验,为本书的顺利完成奠定了良好的基础。本书第1章由曹雷编写,第2章及第6章由姜志平编写,第3及第8章由鲍广宇编写,第4章及第5章由陈国友编写,第7章由裘杭萍编写,第9章由姚轶编写,第10章由牛彦杰编写。全书由鲍广宇统稿,刘晓明教授进行了主审,提出了很多宝贵而富有建设性的建议。

本书可作为相关专业的本科生教材,也可作为国防科技科研人员和军事爱好者的参考读物。

由于时间仓促及作者水平有限,书中错误及不足之处在所难免,诚恳地欢迎读者批评指正。

作者

于解放军理工大学

2012年1月

PREFACE 第 2 版前言

本书出版后,受到了广大读者的热烈欢迎,第 1 版已 4 次印刷。为进一步提高本书质量,本书作者对第 1 版进行了大幅度修订:改正了第 1 版中出现的错误;对全文进行了进一步的梳理,对前后不一致的概念进行了修正;对部分章节进行了大幅度的修改;对指挥信息系统新发展新动向进行了一定篇幅的介绍。总之,通过一年多的修订工作,试图使本书质量更上一个台阶,以回馈广大读者对本书的信任和喜爱。

本次再版,曹雷负责第 1 章、第 2 章、第 6 章的修订工作,鲍广宇负责第 3 章、第 8 章、第 9 章的修订工作,陈国友负责第 4 章、第 5 章的修订工作,裘杭萍负责第 7 章的修订工作,牛彦杰负责第 10 章的修订工作。

具体修订内容如下:

第 1 章的指挥信息系统分类与地位作用等内容与第 3 章相关内容合并,使得整体逻辑和内容更加紧凑合理,同时修改了某些表达方式,改正了一些错误。

第 2 章原有关态势感知与情报侦察监视的内容与第 4 章相关内容切割不尽合理,在概念表述上存在前后不一致的问题。本次修订将第 2 章、第 4 章有关态势感知的概念进行了统一,将情报侦察监视的具体定义移至第 4 章,并明确态势获取由情报侦察与预警探测两种手段实现,以适应我国现状。

第 3 章除了将指挥信息系统分类与地位作用等内容与第 1 章合并以外,同时对“系统”“复杂系统”“指挥信息系统战技指标”“指挥信息系统的信息基础设施”等重要概念进行了文字修订,加强阐述了一些概念和原理,结合技术发展补充了一些内容。此外,根据近年来军队改革的发展趋势,对指挥信息系统结构部分内容进行了修订。考虑到安全保密问题,有些地方在修改过程中,并未完全按照我军现行最新机制撰文,有意保持了适当的滞后性,这一点并不影响专业人员教学使用。

第 4 章除了与第 2 章有关内容进行了重新梳理和整合外,对态势信息获取技术从技术分类的角度进行了梳理,去掉了侦察技术(情报侦察、人力侦察、电子侦察、网络侦察),将其合并到感知技术(新增电子信号感知技术、网络信息感知技术);原敌我识别技术改为目标识别技术,增加了战场目标识别的概念;将原态势信息处理、态势信息的集成与共享等内容进行重新梳理,合并为态势信息处理与分发技术;增加了具体的态势感知系统介绍,包括情报侦察系统和预警探测系统。

第 5 章主要加强了通信网系相关知识的介绍,具体修订内容包括:对通信系统中一些必要的基本知识进行了补充和加强;更新了军事通信信道部分图示;对军用通信网概念进行了较大幅度改写,有助于读者加深对通信网系概念的整体认知。

第 6 章除了对部分表述进行了局部修改外,未作大的变动。

第 7 章对原来的章节逻辑结构进行了较大幅度的修改,使得各章节间逻辑关系更加清晰、合理;充实了“赛博空间与赛博行动”,并将其作为独立的一节;重新撰写了指挥信息系统对抗的发展趋势。

第 8 章主要修订内容是引用了新版本的《军语》和有关条令条例，重新梳理了章节内容，在部分小节添加了增强本章逻辑完整性和内容完整性的文字，添加了“指挥信息系统组织运用对军队信息化建设的影响”章节。此外，还修改了第 1 版中的一些文字错误，以及与其他章节不一致的部分文字表述。考虑到安全保密问题，本章内容仍然保持第 1 版的特点，即“外军尽可能详细，我军只阐述大略”。

第 9 章根据读者和业内专家的意见，以及教学实施过程中的经验教训，本章进行了较大幅度的修订，其主体部分基本上为重新撰写，修改了章节名，系统阐述了指挥信息系统建设开发与分析设计的一般过程和主要方法，分别对指挥信息系统需求分析、体系结构设计、方案设计与评估进行了阐述，重点介绍了数据流图、IDEF、UML 等图形化工具，以及基于 DoDAF、MoDAF 的体系结构设计方法。由于篇幅等问题，原来第一版中关于指挥信息系统评估技术的内容事实上无法介绍清楚，本版干脆进行了大幅缩减，改为介绍指挥信息系统的方案评估，这也与本章的核心主题“指挥信息系统建设开过程中的重要概念与关键技术”相一致，也更加符合全书的脉络与逻辑。关于指挥信息系统本身的评估技术，则已纳入我校另外组织专家编写的专门教材中进行阐述。

第 10 章针对第 1 版内容较陈旧、美军指挥信息系统的发展脉络叙述不清楚等问题，进行了较大幅度的修订。修订内容主要包括，重新梳理美军指挥信息系统发展脉络，进行了内容重构，使得读者清晰地理解美军每一代系统产生的原因以及存在的问题；细化 JC2 的内容；增加目标 GIG 体系结构系统构想、联合信息环境等新内容；去掉联合监视与目标攻击雷达系统的内容，将陆军指挥信息系统单列出来，将原陆军战术指挥控制系统纳入陆军作战指挥系统，并按发展将陆军作战指挥系统分三个阶段进行说明；增加了陆军未来作战系统、联合战场控制系统、陆战网等新内容，列入陆军其他系统说明；重绘了部分图示。

由于作者水平有限，书中难免有错误之处，欢迎广大读者提出宝贵意见。

作者
于解放军理工大学
2016 年 6 月

主要缩略语

（以出现顺序排序）

ICT　Information and Communication Technology　信息通信技术
IT　Information Technology　信息技术
FBCB2　Force XXI Battle Command Brigade – and – Below　21 世纪旅及旅以下作战指挥系统
GIG　Global Information Grid　全球信息栅格
FCS　Future Combat System　未来作战系统
GCCS　Global Command and Control System　全球指挥控制系统
GCCS – A　Global Command and Control System – Army　陆军全球指挥控制系统
GCCS – M　Global Command and Control System – Marine　海军全球指挥控制系统
SAGE　Semi – Automatic Ground Environment System　半自动化地面防空系统
DISN　Defense Information Systems Network　国防信息网
SOA　Service Oriented Architecture　面向服务的体系结构
CAS　Complex Adaptive System　复杂适应性系统
UML　Unified Modeling Language　统一建模语言
DII　Defense Information Infrastructure　国防信息基础设施
JTA　Joint Technology Architecture　联合技术体系结构
JIE　Joint Information Environment　联合信息环境
COE　Common Operating Environment　公共操作环境
NCW　Network Centric Warfare　网络中心战
ESB　Enterprise Service Bus　企业服务总线
CORBA　Common Object Request Broker Architecture　公共对象请求代理体系结构
OMG　Object Management Group　对象管理组织
COM　Common Object Model　公共对象模型
DCOM　Distributed Common Object Model　分布式公共对象模型
CES　Core Enterprise Service　核心全局/企业服务
COI　Community of Interest　利益共同体
NCES　Network Centric CES　网络中心化的全局/企业服务
EIE　Enterprise Information Environment　企业信息环境
NCO　Network Centric Operations　网络中心行动
JDL　Joint Directors of Laboratories　联合指导委员会
GIS　Geographical Information System　军事地理信息系统
UDDI　Universal Description Discovery and Integration　统一描述、发现和集成协议
SBSS　Space Based Surveillance System　天基空间监视系统
ODSI　Orbit Deep Space Imager　轨道深空成像卫星
ASK　Amplitude Shift Keying　幅度键控
FSK　Frequency Shift Keying　频移键控
PSK　Phase shift keying　相移键控
PCM　Pulse Code Modulation　脉码调制

AM　Amplitude Modulation　调幅

FM　Frequency Modulation　调频

PM　Phase Modulation　调相

UTP　Unshielded Twisted Pair　无屏蔽双绞

FTP　Foiled Twisted Pair　金属箔双绞

SFTP　Shielded Foiled Twisted Pair　屏蔽金属箔双绞

STP　Shielded Twisted Pair　屏蔽双绞

VSAT　Very Small Aperture Terminal　甚小孔径地球站

FDM　Frequency Division Multiplexing　频分多路复用

WDM　Wavelength Division Multiplexing　波分多路复用

TDM　Time Division Multiplexing　时分多路复用

STDM　Statistic Time Division Multiplexing　统计时分多路复用

CDMA　Code Division Multiplexing Access　码分多路复用

PN　Pseudorandom Number　伪随机码

DSSS　Direct Sequence Spread Spectrum　直接序列扩频

FHSS　Frequency Hopping Spread Spectrum　跳频扩频

THSS　Time Hopping Spread Spectrum　跳时扩频

CNR　Combat Network Radio　战斗网电台

MP - CDL　Multi - Platform Common Data Link　多平台通用数据链

TTNT　Tactical Targeting Network Technology　战术目标瞄准网络技术

TDS　Tactical Data System　战术数据系统

MHS　Message Handling System　文电处理系统

DIS　Distributed Interactive Simulation　分布交互式仿真

DSS　Decision Support System　决策支持系统

VR　Virtual Reality　虚拟现实

DPEWS　Design - to - Price Electronic Warfare Suite　舰载电子战成套设备

TCPA　Trusted Computing Platform Alliance　可信计算平台联盟

TCG　Trusted Computing Group　可信计算组

DFD　Data Flow Diagram　数据流图

PFN　Process Flow Network　过程流图

OSTN　Object State Transition Network　对象状态转换图

UOB　Unit of Behavior　行为单元

RUP　Rational Unified Process　开发过程

AF　Architecture Framework　体系结构框架

OV　Operational View　作战视图

SV　Systems View　系统视图

TV　Technical standards View　技术标准视图

AV　All - Views　全视图

AHP　Analytic Hierarchy Process　层次分析法

WWMCCS　World - Wide Military Command and Control System　全球军事指挥控制系统

COOP　Continuity Of Operations Plan　作战计划决策

NECC　Network Enabled Command Capability　网络驱动的指挥能力

SSA　Single Security Architecture　单一安全体系结构

IdAM　Identity and Access Management　识别和访问控制

CDC　Core Data Center　核心数据中心

ABCS　Army Battle Command System　陆军作战指挥系统

STCCS　Strategic Theater Command and Control System　战区指挥控制系统

CSSCS　Combat Service Support Control System　战斗勤务支援控制系统

ATCCS　Army Tactical Command and Control System　陆军战术指挥控制系统

JC2　Joint Command and Confrol　联合指挥控制系统

DJC2　Deployable JC2　可部署的联合指挥控制系统

NATO　North Atlantic Treaty Organization　北约

BADGE　Base Air Defense Ground Environment　“巴基”(系统)

CONTENTS 目录

第1章 1 指挥信息系统概述

1.1 信息化战争

1.1.1 人类战争的历史轨迹

人类历史上每一次战争方式的重大革命无不与当时人类社会科学技术的进步与生产方式的重大革新紧密相连。随着人类科学、技术的发展,人类战争经历了冷兵器时代、热兵器时代、机械化时代和信息化时代。武器和指挥方式是刻画每个战争时代最重要的两个因素,也是战争历史划分时代的重要依据。

1. 冷兵器时代

冷兵器,是指只能依靠使用者的体力或外在机械力来杀伤敌人的武器,如长矛、弓弩、刀剑等。冷兵器时代,即军队依靠冷兵器作为其主要作战武器的时代,指军队及战争产生以后,直到黑火药产生并被广泛应用于战场之前的这一历史阶段。

冷兵器出现于人类社会发展的早期,由耕作、狩猎等劳动工具演变而成,随着战争及生产水平的发展,经历了由低级到高级,由单一到多样,由庞杂到统一的发展完善过程。冷兵器的发展经历了石器时代、青铜时代和铁器时代三个阶段。

冷兵器时代,作战双方兵力较少,作战空间有限,作战队形密集,指挥层次少,指挥关系只是将帅与士兵之间的关系。作战协调控制的空间、范围都非常有限,将帅只需以口头命令和视听信号等就可以直接指挥作战,有效的控制整个战场。此时的作战指挥方式,是一种非常原始的集中式指挥。

2. 热兵器时代

热兵器,又称火器,古时也称神机,是指一种利用推进燃料快速燃烧后产生的高压气体推进发射物的射击武器。传统的推进燃料为黑火药或无烟炸药。枪和炮是两种最典型的热兵器。

战争从冷兵器时代发展到热兵器时代是一个漫长的过程。公元1132年,南宋军事家陈规发明了一种火枪,这是世界军事史上最早的管形火器,可称为现代管形火器的鼻祖。公元13世纪,中国的火药和金属管形火器传入欧洲,火枪得到了较快的发展。

热兵器的广泛使用,使军队的作战方法发生了变化,由白刃格斗逐渐过渡到火力对抗,能在较远距离上以热兵器杀伤敌人。作战距离从近距格斗逐渐向数十米、数百米扩展,使体能决胜的战斗场面最终让位于以火力为主的战场较量。

随着作战规模、作战空间的扩大,兵种数量的增多,野战能力的提高,对部队的指挥控制越来越复杂和困难,单靠将帅一人采用简单直观的现场指挥方法,已不适应作战的需要,谋士、谋士群体应运而生,指挥机构的雏形逐步形成。这个时期,从隋唐的将军幕府到19世纪的普鲁士参谋部,形成了现代作战指挥机构的雏形。指挥官从战场一线退居纵深,并主要依靠指挥机构来组织指挥作战,军队组织结构大为改观。

3. 机械化时代

18世纪60年代以蒸汽机为标志的第一次产业革命,和19世纪70年代以钢铁、内燃机及电力技术为标志的第二次产业革命,使得军队机动能力和后勤补给能力大大增强,坦克、航空母舰、飞机、火箭、导弹等机械化武器相继问世,武器平台由人力驱动发展为由机械力驱动。这种工业时代机械技术导致的武器高速度、远射程和大威力的特点,使战场面貌发生了巨大的变化,使军队结构、作战理论、作战样式发生了重大变革,人类战争由此步入了机械化战争时代。

在机械化战争时代,作战力量由原来比较单一的陆军向陆、海、空三军全面发展,作战空间急剧扩大,步坦协同、空地协同等成为崭新的作战方式。集中式、手工式指挥方式已不能满足战争的需要,必须有一个组织严密、能准确无误和不间断地实施指挥的军事指挥机构。于是,司令部应运而生。同时,由于有线及无线通信等指挥手段的使用,使得对战场的远程控制成为可能,出现了指挥控制的概念。指挥人员可以通过通信手段对部队实施有效的指挥控制。

4. 信息化时代

20世纪80年代以来,以信息通信技术(ICT)为标志的技术变革,推进了人类社会的第三次产业革命,人类社会由工业社会进入到信息化社会。信息技术在军事领域的广泛应用,导致世界新军事变革浪潮的兴起,人类战争形态开始由机械化战争向信息化战争转变。

所谓信息化战争,是信息化时代出现的全新的军事对抗形态,是指以信息化军队为主要作战力量,以指挥信息系统为基本支撑,以信息化武器装备为主要作战工具,以信息化作战为主要作战形式,在陆、海、空、天及赛博空间(Cyber Space)[①]进行的体系与体系的对抗。

无论在哪个战争时代,每场战争取胜的关键因素都是指挥人员能否对所属部队实施正确、高效的指挥控制。而指挥控制的基础是对信息获取与处理的手段。信息化时代之前,信息的获取主要通过人的感官以及无线电技术,信息的处理主要通过人脑,信息获取与处理的及时性与准确性不能满足指挥控制的需要。在信息时代,各种先进的传感技术极大地丰富了信息获取的手段,计算机技术的发展又使大量的战场信息能以极快的速度智能化地加以处理,大大提高了战场态势感知能力和指挥控制能力;而信息与武器、弹药的结合又大大提高了精确打击的能力。战争的一方从机械化时代追求速度优势、杀伤力优势转变为对信息优势、决策优势的追求:先敌发现对手,先敌了解态势,先敌采取行动,从而决战决胜。显而易见,信息技术改变了战争制胜的机理,改变了战斗力生成模式。

就像机械化时代在追求机械力的同时并未放弃对化学能的追求一样,信息时代在信息化进程中,仍然需要依靠机械力与化学能,并使之与信息技术紧密结合,释放出更加强悍的战斗力。在我军信息化建设的现阶段,就提出了信息化建设与机械化建设的双重

---

① 赛博空间指除陆、海、空、天有形空间外的所有空间,具有无形的特征。

任务。

从人类战争发展的历史进程可以看出,从冷兵器时代、热兵器时代到机械化时代,主要依靠武器水平的提高,即不断发展其机械力和化学能,来获得更强的战斗力。同时,指挥方式的不断改进、指挥手段的不断提高,进一步提高了作战效率,更好地发挥了武器的作战效能。依靠发展武器的化学能和机械能来提高军队战斗力的模式,在20世纪末几乎已经发展到了极限。依靠信息来提高武器精确打击能力和对部队实施精确的指挥控制,成为信息化条件下军队战斗力生成的主要模式。

1.1.2 信息与战争

1. 信息在各个历史年代战争中的重要性

信息是采用某种语言或技术手段描述的客观存在的事物及其变化的状态。信息的军事价值不是信息时代才发现的。事实上,千百年来信息一直是作战的核心。古往今来,很多军事家都认识到信息对战场胜负的关键、核心作用。

孙子兵法曰:“知己知彼,百战不殆;不知彼而知己,一胜一负;不知彼,不知己,每战必殆”。这里所说的“知己知彼”,用现代的语言来解释就是了解和掌握我方的信息与敌方的信息。只要即时了解和掌握敌我双方的信息,就能够百战百胜。

孙子(图1-1)的这句话可以说跨越了时空、跨越了国界,成为千百年来各国军事家必须遵循的战争规律。可是,古往今来,有多少军事将领能做到“百战百胜”呢?这说明“知己知彼”实属不易,特别是随着人类社会的发展,战争的规模已与2000多年前孙子所处的年代不可同日而语了。

19世纪,普鲁士军事理论家卡尔·冯·克劳塞维茨(图1-2)所著的《战争论》是世界战争理论的经典著作。他在《战争论》中指出,有两大因素制约着战争的发展:一是战争“迷雾”,二是战争的阻力。

图1-1 孙子

图1-2 卡尔·冯·克劳塞维茨

所谓战争迷雾就是指挥员看不清战场,就好像在战场上空笼罩了一层浓雾;战争阻力是指战争进程中存在许多不确定因素,指挥员无法预见和控制战争的进程。

千百年来,世界各国的军事家都围绕拨开战争迷雾、克服战争阻力这两大历史性难题进行着不懈的探索。但纵观人类战争史,这两大历史性难题却一直没有得到很好地解决。

2000多年前的孙子指出了信息在战争中的核心重要作用,而克劳塞维茨则进一步指出战争进程中制约信息获取与使用的两个关键节点。而拨开战争迷雾、克服战场阻力,本质上就是如何知己知彼、如何获取战场信息、如何利用战场信息。

2. 信息技术改变了什么?

信息技术是关于信息的获取、传输、处理与利用的技术。为了清晰地说明信息技术对战争的影响,有必要首先介绍“三域”模型①。

美国著名的军事信息化专家阿尔伯特(Alberts)在其著作的《理解信息时代战争》一书中提出了指挥控制过程的“三域”模型,即物理域、信息域与认知域,如图1-3所示。

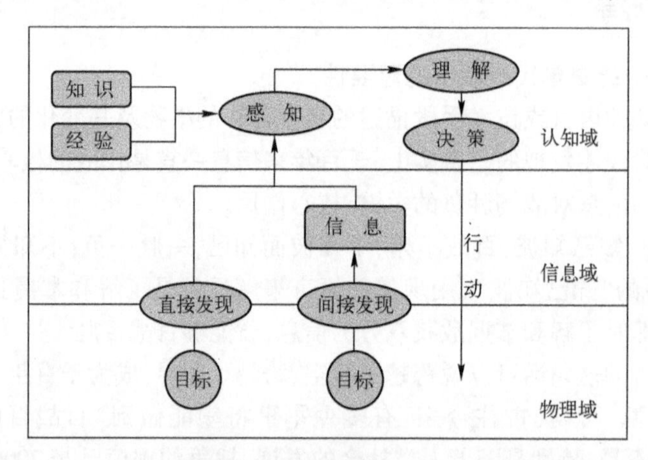

图1-3 “三域”模型

(1) 物理域(Physical Domain)就是作战行动所发生的物理空间,包括陆、海、空、天四维空间,传统的战争即发生在这四维空间内,是部队、武器平台存在的空间,也是部队机动、火力交战的空间。农业时代的战争发生在陆、海空间,工业时代的战争扩展到空域,并逐步向太空发展。

(2) 信息域(Information Domain)指信息存在的空间,是信息创建、应用和共享的区域。信息空间的存在应该从有线、无线信号的出现就开始了,但直到以计算机技术和网络技术为代表的信息技术(IT)广泛应用到军事领域后,才导致指挥控制手段甚至武器平台本身高度依赖信息技术,信息优势(Information Supeirority)成为制胜的主要因素,信息空间才成为作战行动的重要空间。

(3) 认知域(Cognitive Domain)是指存在于作战人员内心的认知与心理空间,包括对物理域的感知、认识、判断、决策等脑力行为,以及精神层面的信仰、价值观等,还包括领导力、士气、凝聚力、训练水平、作战经验、指挥意图的理解、作战规则及程序、技战术等。与物理域的有形相比,这是一个无形的空间。这个空间从农业社会的战争时代开始就存在。《孙子兵法》就是古代军事家对战争规律的认知,孙子的战争思想就是属于认知域的范畴。

作战行动过程在这三个域中展开,从物理域到认知域,呈梯次逻辑关系,作战过程将

① 在“三域”模型的基础上,后来又加入社会域,指在个体与个体之间、个体与实体之间或者实体与实体之间的交互与协同关系。

此三个域紧密联系。下面,我们从分析作战过程入手,来分别了解这个三个域中的活动及产生的结果,理解这三个域之间的关系。

(1) 发现(Sensing)。作战过程的第一个行动就是对敌情的侦察活动。敌情实际上就是处于物理域的敌方目标、状态、行动等。发现这个活动的目的就是对敌情进行有效的感知(Awareness)。

发现分为直接发现(Direct Sensing)与间接发现(Indirect Sensing)。

直接发现指直接依靠作战人员的视觉、听觉和嗅觉来发现敌情。直接发现是在冷兵器与热兵器时代获取和传递敌情的主要方式,除了直接使用作战人员自身感官之外,还采用诸如号角、金鼓、旌旗、烽火、信鸽等方法来发现与传递敌情,在一定程度上弥补了依靠自身感官发现在距离上的限制。17 世纪发明的望远镜进一步扩展了直接发现的距离。直接发现直接将物理域的敌情映射到认知域,不经过信息域。

间接发现指利用传感器(Sensor)来发现敌情。第二次世界大战期间,出现了无线侦测器、雷达、声纳等传感设备,大大扩展了发现敌情的距离。进入信息化时代,传感器的种类和数量大大增加,成为信息化时代战争最为重要及基础的装备之一,如夜视仪、热成像仪、卫星、无线传感器等。这些传感器大大提高了看清战场、减少不确定性的能力。间接发现将敌情先映射至信息域,在信息域创建相对应的信息,然后再映射至认知域。

(2) 感知(Awareness)。感知存在于认知域,是当前战场情况,即战场态势,与预先存在于认知域的知识(Knowledge)进行复杂交互的结果,是物理域到认知域或者信息域到认知域映射的直接产物。例如,从信息域得到的一些传感信息,结合个体知识,可以得出敌方炮兵阵地的方位、距离、种类、数量等战场态势感知。这里所说的知识是关于个体对信息的理解和掌握,是有关客观世界的信息在人脑中的反映。个体的知识与其受到的专业教育、训练及经验紧密相关。对于同一战场态势,由于个体知识水平的差异,会产生不同的感知。因此,专业教育和训练的重要作用体现在,受训者必须能够针对同一信息和当前知识得到统一的感知。

(3) 理解(Understanding)和决策(Decisions)。理解同样是认知域的活动,指在态势感知的基础上,进一步判定当前态势的发展情况,以及采取不同的行动方案可能出现什么样的态势。态势感知的重点在于了解过去或当前态势的情况,而态势理解则进一步要求判定当前态势的发展动态,要求个体具备更高的知识水平。很显然决策是态势理解的结果,是在不同的行动方案之间择优选择的活动。

(4) 行动(Actions)。行动发生在物理域。行动由认知域的决策触发,行动按照决策选定的行动方案执行。

综上所述,我们可以看到指挥控制过程从发现敌情到感知、理解、决策,直到采取作战行动,跨越了物理域、信息域和认知域,最后又回到物理域,形成一个闭合的循环。该“三域”模型为我们进一步分析和理解指挥控制过程,特别是信息技术对指挥控制过程的影响提供了一个科学的基础。①

这个“三域”模型可以刻画农业时代、工业时代及信息化时代的作战过程。在农业时

---

① 实际上,上述作战过程的描述就是第2章描述的 OODA 模型,即“观察-判定-决策-行动”模型。“观察”就是三域模型中的“发现”,“判定”即包括了“感知”与“理解”。

代的战争中,信息域并不存在,物理域的敌情只能通过直接发现的方式映射至认知域,感知、理解与决策过程相对简单,由单个个体(战场将领)即可完成。工业时代的战争中,作战过程向信息域拓展,但由于传感器的种类相对较少,认知域的决策对信息域的依赖相对较少,认知域的感知、理解与决策过程相对于农业时代战争趋于复杂,必须通过群体协同作业才可完成,但基本通过手工方式进行。

而在信息化战争时代,信息技术在信息域、认知域和物理域的广泛应用,大大提高了作战效能、甚至改变了传统作战方式和战斗力生成模式。

在信息域,信息技术对作战过程的影响体现在两个方面:一是空前发展的信息获取能力;二是实时共享的信息传输能力。大量新型传感设备的出现,使对战场实施连续不断的侦察和监视成为可能,为认知域的判断与决策提供大量的态势信息,在人类战争史上开始提供有效拨开"战争迷雾"的信息化手段。另外,计算机网络、卫星通信、数据链等技术的发展,使得在各种复杂的战场环境下,能够保证信息的有效传输;灵巧推拉、信息订阅与分发技术保证了信息的质量。

在认知域,大量基于人工智能、决策支持、图像处理、可视化等技术的信息处理技术,使得认知域的态势感知更加直观、清晰,判断与决策更加科学、快捷。在人类战争史上,首次改变了对战场态势的感知、理解、决策的手工作业方式,出现了从信息获取到信息处理、决策的一体化、自动化和智能化的处理方式。这个周期用形象的方式表达就是"从传感器到射手"的时间。随着信息技术的发展,"从传感器到射手"的时间大幅度压缩。如图1-4所示,美军"从传感器到射手"的时间,海湾战争时是600min,科索沃战争时为120min,阿富汗战争时为20min,而伊拉克战争只有10min,基本实现了"发现即摧毁"。

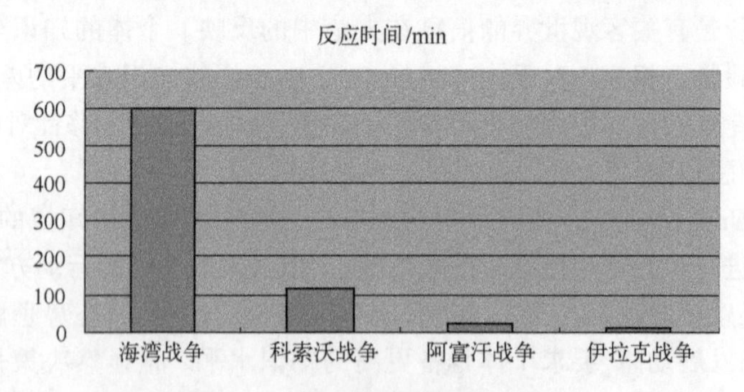

图1-4　传感器到射手平均时间

在物理域,武器平台、作战实体的网络化,信息化弹药,精确制导武器等,使得机械化条件下已发挥到极限的武器装备生成了更加强大的战斗力。

总之,信息技术改变了传统战争形态,改变了战斗力生成模式,改变了制胜机理。拨开"战争迷雾"、克服"战争阻力"不再是遥远的梦想!

3. 信息技术发展的三个定律

信息技术以其特定的规律飞速的发展。理解信息技术发展的一些规律,有助于我们进一步理解信息技术是如何改变现代战争的形态,以及预测其对未来战争将产生的影响。

在信息技术发展的数十年里,有三个著名的定律在一定程度上揭示了信息技术发展的规律。这三个定律分别是摩尔定律、传输容量定律和梅特卡夫定律。

（1）摩尔定律（Moore's Law）：每片集成电路可容纳的晶体管数目，大约每隔18个月便会增加一倍，性能也将提升一倍。

摩尔定律是由英特尔公司名誉董事长戈登·摩尔（Gordon Moore）在1965年提出的。他在统计了1959—1964年半导体集成电路制造技术发展的相关数据后，发现了这一惊人的定律，并预测在今后相当长的一段时间内，集成电路制造业仍然会按照这个速率发展。摩尔定律后来被证实是正确的，而且是非常的精准。例如，摩尔在1965年预测，到1975年，在面积仅为0.25inch^2（1inch＝2.4cm）的单块硅晶片上，将有可能集成65000个元件。这个结论在十年后得到精确的验证。

摩尔定律最初是用在单片集成电路集成元件的数目发展趋势上，其实在对诸如计算机CPU运算速度、内存容量、软件代码量等发展速度的预测方面也是适用的，每一次更新换代都是摩尔定律直接作用的结果。

这里需要特别指出的是，摩尔定律并不是严格的数学定律，而是对发展趋势的一种分析预测。摩尔定律问世已快半个世纪了，在这个时间跨度内，半导体芯片制造工艺水平以一种令人难以置信的速度发展，那么，今后还会以这样的速度发展下去吗？很显然，芯片上元件的几何尺寸不可能无限制地缩小，单个晶片上可集成的元件数量总有一天会达到极限。已有专家预测，芯片性能的增长速度在今后数年内将趋缓，摩尔定律还能适用10年左右。

（2）吉尔德定律（Gild's Law）：也称传输容量定律（Transmission Capacity Law），计算机网络传输的容量，每隔6个月增加一倍。

计算能力的不断提高、计算费用的不断下降，使得计算机得到了广泛的应用；计算机网络技术的发展开启了以网络为中心的计算时代，对网络带宽的需求与日俱增；而软件技术的发展，特别是诸如SOA等软件技术的发展，在网络传输能力大幅增加的同时，使得社会、经济、军事等领域越来越依赖网络实现各类信息的交互。

（3）梅特卡夫定律（Metcalfe's Law）：网络的潜在价值与网络用户数量的平方成正比。

梅特卡夫定律是以太网的发明人罗伯特·梅特卡夫（Robert Metcalfe）提出的。

梅特卡夫定律基于这样一个事实：如果一个网络包含N个用户，那么每个用户就有可能与其他$N-1$个用户进行信息交互，总共就有$N\times(N-1)$个信息交互。当用户数N趋于无穷大时，产生的用户信息交互数接近N^2。而用户的信息交互会产生潜在的价值，所以梅特卡夫认为网络的潜在价值与网络用户数量的平方成正比。

另外，信息资源的奇特性不仅在于它是可以被无耗损地消费，而且信息的消费过程可能同时就是信息产生的过程，它所包含的知识或感受在消费者那里催生出更多的知识和感受，消费它的人越多，它所包含的资源总量就越大。互联网的威力不仅在于它能使信息消费者数量增加到最大限度，更在于它是一种传播与反馈同时进行的交互性媒介。所以梅特卡夫断定，随着上网人数的增长，网上资源将呈几何级数增长。

当然，在信息技术发展过程中，还有其他一些规律，如“计算周期定律”。这是IBM前首席执行官郭士纳曾提出的，认为计算模式每隔15年发生一次，所以也称“15年周期定律”。例如，1965年前后发生的变革以大型机为标志，1980年前后以个人计算机的普及为标志，1995年前后则发生了互联网革命，而现在物联网、云计算的兴起又将引起新的计算方式的革命。

信息技术引发新军事变革的根本原因是,信息技术能够将战场实体有效地连接在一起,进行战场信息的交换和智能处理,优化战场资源的配置,在武器火力不变的情况下,生成更加强大的战斗力。因此,了解和掌握信息技术的发展规律,一方面可以利用这些规律创新信息化条件下的作战理论,另一方面可以更加科学地预测未来战争的形态以及指挥信息系统的发展趋势。例如,美军"网络中心战"理论[①]发挥作用的内在原理就是梅特卡夫定理,网络节点越多,一体化程度就越高,整体作战威力就越大。

1.1.3 信息化战争的特征

信息技术催生了人类战争史上全新的战争形态,即信息化战争。在信息化战争中,信息将成为战争制胜的主导因素,体系对抗成为重要的作战指导原则,指挥体制扁平化,作战空间全维化,作战力量一体化,打击保障精确化,新的作战样式颠覆了传统的作战理论,所有这些构成了信息化战争的基本特征。

1. 信息成为战争胜负的主导因素

正如前面所述,信息存在于任何时代的战争中。"知己知彼,百战不殆"正说明了信息在战争中的重要性。但在以往任何时代的战争中,由于信息获取及处理手段的限制,主导战争胜负的是军队的数量及武器的火力指数,信息并不能支配战争。

随着信息技术的发展,特别是计算机、网络、传感器等技术的发展,信息技术不断地向指挥控制、武器装备甚至弹药领域渗透,打通了战场信息从发现、传输、处理到部队行动、武器射击的指挥控制链路,打通了军兵种之间的界限,作战行动越来越依赖指挥信息系统的支撑。信息系统成为整个战场作战部队、火力单元、指挥系统的黏合剂,而信息成了主导战争胜负的关键因素。信息质量在战斗力生成模式中的重要性远比部队数量、机械力及火力大得多。

传统的战斗力度量公式为

$$战斗力 = 火力 + 机动力 + 防护力 + 领导力$$

现在的战斗力度量公式可以表达为

$$战斗力 = (火力 + 机动力 + 防护力 + 领导力)^{信息指数}$$

上述公式表明信息是战斗力的倍增器,在火力、机动力、防护力和领导力不变的情况下,信息指数可以使部队战斗力呈指数式地增长,成为战斗力生成的第一要素。当然,上述公式并没有经过严格的证明,在此引用只是想说明信息在战斗力生成中的关键作用。

因此,在信息化战争中,战争双方首先谋求的是信息优势,由信息优势进一步取得决策优势,从而获得最终的行动优势,取得战争的胜利。

2. 作战指导由战损累积转向体系对抗

传统战争的制胜之道是通过大量杀伤敌人的有生力量,从而改变敌我双方的力量对比,最终取得战争的胜利。

所谓战损累积指消灭敌人数量由少到多的一个累积过程,作战双方往往通过消耗战

① 有关"网络中心战"的知识参见1.3节。

和歼灭战来达成这样的战损累积。

在一次作战过程中，一个作战单元的胜利以其所辖下一级作战单元的胜利为基础。例如，一个团的胜利以其所辖三个营的胜利为基础，而每个营的胜利又以其所辖三个连的胜利为基础，以此类推。

消耗战和歼灭战是一把"双刃剑"，在消耗对方的同时，己方往往也要付出巨大的代价。以往的战争之所以难以摆脱消耗战和歼灭战的困扰，主要是受当时科学技术尤其是武器装备发展水平的制约，缺乏快速决胜的军事能力，从而使战争不得不陷入旷日持久的消耗战。

随着信息技术的发展，大幅度提升了军队的侦察监视、指挥控制与精确打击的能力，大幅缩短了从传感器到射手的时间，使得发现并精确打击敌方作战系统的重心，瘫痪敌方的作战体系成为可能，从而无须歼灭敌有生力量就可使敌人丧失抵抗能力和抵抗意志。这种作战方式称为瘫痪战。信息化战争已不仅是作战力量单元之间的较量，而是越来越表现为体系与体系的对抗，作战双方不再一味强调歼灭敌有生力量，而更重视打击敌作战体系的关键节点，力求以最小的代价速战速决。

美军"五环"打击理论中，指挥领导环是打击的第一环，而作战部队则放到了最后一环。2003年的伊拉克战争中，美军首轮打击的代号为"斩首行动"，其行动目标则是铲除伊拉克总统萨达姆；第二轮打击的代号为"震慑行动"，在数小时内出动各型战机数千架，发射1000枚巡航导弹以及大量精确制导炸弹，达成了精确打击并摧毁伊拉克作战体系的战略目的。自此，伊拉克丧失了组织大规模作战的能力，抵抗能力与抵抗意志大大削弱。最终，美英联军仅用了40天的时间，在未发生传统的大规模地面作战的情况下，就基本结束了战争。

信息化战争时代，信息系统将各种作战力量、武器平台、指挥机构聚合成一个一体化的作战体系，基于信息系统的体系对抗便成为信息化战争的一个重要特征。由于信息系统已成为信息化军队不可或缺的支撑系统，成为作战体系的核心，指挥信息系统往往会成为作战双方实施体系作战的首要打击目标。以保护己方信息系统、摧毁敌方信息系统为作战目的的信息战成了信息化战争新的作战样式。

3. 战场空间向全维化发展

传统的战场发生在物理域，即陆地、海洋、空中三维物理空间。信息时代的战争延伸至太空与赛博空间。

作为战场信息感知与战场监视的载体，各种军事侦察监视卫星在信息化战争中的重要性日益显现。未来战场上，军事卫星将成为敌方打击的首要目标。保卫己方军事卫星的安全，已成为军事强国日益紧迫的任务。近年来，太空武器也呈加速发展的趋势。例如，临近空间飞行器可以在数小时内围绕地球一圈，可以对地实施连续高强度的打击，成为未来太空中的重要作战力量。显然，太空已成为未来信息化战争的重要战场空间。

赛博空间是指除陆、海、空、天以外的所有空间，包括计算机网、电信网等信息技术设施及其建立在其上的信息空间，以及电磁空间。一般认为赛博空间是虚拟的空间，即信息空间及电磁频谱空间。

很显然，赛博空间包含的计算机网络空间（计算机网络信息空间）是支撑信息化作战的重要空间,也是国家政治、经济的重要信息空间;电信网络空间(电信网络信息空间)是政府、经济有效运转、人民工作生活的重要保障;而电磁空间更是保障信息化武器平台正常运转的重要空间。赛博空间已经并必将成为信息化战争的重要作战空间。赛博空间的作战行为称为赛博战,其作战目的是为了保护己方赛博空间的安全,同时摧毁敌方的赛博空间。

4. 指挥体系向扁平化发展

传统的指挥体系呈树状层次结构,如图1–5所示。命令与指示从树状层次结构的上层由上而下逐级下达,战场态势、部队情况与侦察情报则自下而上逐级上传。这种指挥体系与指挥链路模式是由当时的信息技术发展水平所决定的。

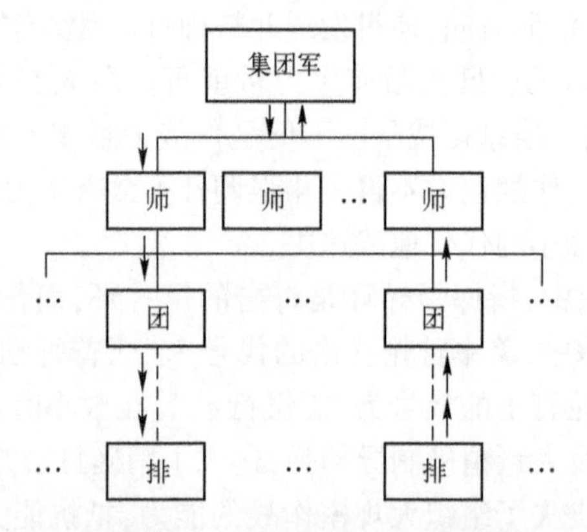

图1–5 树状层次指挥体系及命令与情报传递方向示意

这种层次结构的指挥体系具有如下两个特征:从空间维度上看,由于情报信息沿指挥层级逐级上传的特性,指挥体系的上层拥有相对丰富的情报信息和资源,因而越往上层其决策的权力越大,指挥权力向上层高度集中,从上层至末端,逐级减弱,且横向之间基本无信息交互;从时间维度上看,指挥信息经过指挥层级链路到达末端,或者情报信息经过指挥层级链路到达顶端,均需要耗费相当长的时间,计量单位以“小时”甚至“天”来计算,不可能实施实时指挥。指挥方式为预先计划式,即预先拟制作战计划,下达作战指令,收集战场态势信息,评估作战效果,根据部队执行作战指令的情况,控制部队的进一步作战行动。因此,传统的指挥方式也称为“指挥控制”。

信息技术的发展正在并必将打破这种树状层次结构的指挥体系。网络化的信息设施将作战人员、武器平台、指挥机构、探测平台连接起来,各种战场情报信息经过计算机的快速、智能化的处理,形成实时的战场态势。联入网内的作战人员,无论是何种级别的指挥员或者是最前沿的士兵都有可能在同一时间获得最新的战场态势感知。这种技术上的进步,使得战场指挥无须通过传统的层次指挥链实施,最高指挥官通过网络化的指挥信息系统可以直接指挥到最前沿的单兵。指挥体系向扁平化发展成为必然。扁平化的实质就是在网络化的指挥信息系统支撑下,减少指挥层次,提高指挥跨度,具有横宽纵短的特点,有利于指挥效率的提高,如图1–6所示。

打破树状层次结构的指挥体系,在信息系统的支撑下,指挥控制方式出现以下几种变化。

(1) 由预先计划指挥向实时指挥转变。由于指挥层次压缩、信息传递周期缩短,战场情况和部队行动情况有可能以近乎实时的方式传递至指挥机构,传统的预先计划指挥就有可能部分向实时指挥转变。阿富汗战争中,美军作战飞机只有1/3是按作战计划飞往目标区域,另外2/3则是在升空后根据实时指挥的目标指令进行轰炸。

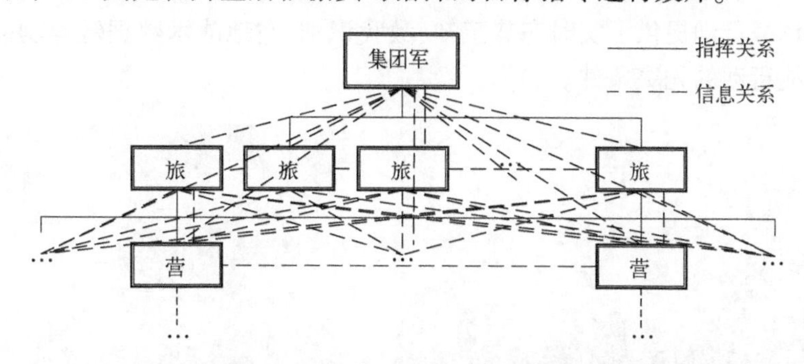

图1-6 网状及扁平指挥体系及指挥与信息流关系

(2) 权力前移(Power to the Edge)。由于战场前沿低级指挥员或士兵可以在第一时间获得与高级指挥人员几乎相同的战场态势和情报信息,在一定条件下,他们可依据战场情况,自行判断情况,进行决策,实施打击行动。由此可见,所谓权力前移,是指决策权力向战场前沿和指挥链的末端前移,前沿指挥人员将获得更大的指挥权力实施打击行动,避免了因上下级之间请示与回复所耗费的时间而耽误战机的情况发生。

(3) 自同步。所谓自同步是指执行战术行动的作战单元接收到作战任务后,可以在没有明确的指挥人员的情况下,依据战场情况,在每个作战单元中形成一致的战场态势认知,从而可以同步采取合适的战术行动,协同、高效地完成战术任务。自同步的关键是能在前述的"三域"模型的认知域中保持对战场情况一致的认知。自同步是信息化条件下指挥控制的理想模型。

5. 新作战样式的出现颠覆了传统的作战理论

在20世纪90年代以来的4场局部战争中逐渐显现了以"非线性""非接触""非对称"("三非"作战)为代表的信息化作战样式,颠覆了传统的作战理论。

非线性作战相对于线性作战而言。冷兵器时代,通常双方兵力呈一线摆开。很难想象,如果孤军深入到敌方作战线一侧,会出现什么样的后果。在机械化时代,这条作战线依然存在。由于发现目标、机动速度、实时打击能力有限,对敌方纵深或后方的要害目标实施快速突击和实时打击仍然力所不及,必须按照一定的程式线性地向前推进。信息化条件下,由于有指挥信息系统的支撑,攻击部队可以实时感知战场态势,掌握敌我部队的分布情况,可以随时召唤远程或空中精确打击力量。因此,信息化条件下,作战线的存在对战术行动而言已没有太大的意义。采取非线性作战行动,孤军深入敌纵深,快速摧毁敌战略目标,出其不意地达成作战目的,已成为信息化作战常用的作战样式。

2003年的伊拉克战争中,美英联军地面部队从科威特边境出发,绕过敌军控制区向北疾行。第三机械化步兵师在没有侧翼掩护、没有后方补给线的情况下,孤军深入敌后,丢下激战尚酣的纳西里、纳杰夫等多个城市不管,长途奔袭数百千米,直取伊拉克首都巴格达,如图1-7所示。此次战争中美军推进的速度几乎等同于或超过了第二次世界大战时德国军队闪击苏联的速度,创造了战争史上大纵深突击的新纪录。美军第三机步师师长在战后总结中说:“我之所以敢于打破常规,采取大胆的战术行动,是因为我知道我的部队在哪里,敌人在哪里,友军在哪里。”美军第三机步师在此次战斗中采用了战术级指挥信息系统“21世纪旅及旅以下作战指挥系统(FBCB2)”,如图1-8所示。该系统为第三机步师的作战行动提供了实时态势感知、敌我识别、空地战术数据链等功能,是该师采取非线性作战行动的先决条件。

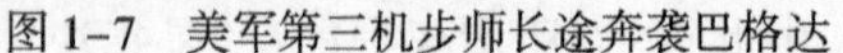

图1-7　美军第三机步师长途奔袭巴格达

图1-8　作战人员正在操作FBCB2

非对称作战是指用不对称手段、不对等力量和非常规方法所进行的作战。对于军事实力占优的一方,强调发挥己方自身作战力量的优势,扩大并利用敌方之弱点。而对于军事实力较弱的一方,则强调避开敌方的优势力量,采用非常规方法,出其不意,使敌方发挥不出优势,以奇制胜。

信息化条件下,非对称作战更能发挥出信息化武器装备的优势。例如,装备了远程制导导弹、远距离雷达探测传感器及电子对抗设备的歼击机,如果与敌方普通战机作战时,优势一方可在距离数十千米处发现敌机并发射导弹,在敌机无任何防备的情况下一举摧毁敌机,轻松取胜。而如果敌机的装备同样先进,那么先进的信息化武器装备就不一定能发挥出其优势来:敌对双方的战机可能会在相距几十千米处同时发现对方,同时发射导弹,又可能同时被对方的电子对抗设备干扰而不能命中……,最终双方战机以视距相遇,进行传统的近距格斗。美军在近几场战争中无不利用非对称作战样式,利用美军强大的空中力量,拉大对敌方的差距,一举摧毁敌方战略目标、作战体系,从战争一开始就能基本达成战略目标。

美军在《2020年联合构想》中指出:“今天,我们拥有无可匹敌的常规作战能力,但这种有利的军事力量对比不是一成不变的。面对如此强大的力量,潜在对手会越来越寻求诉诸非对称性手段……,发展利用美国潜在弱点的完全不同的战法”。美军认为,21世纪头20年,美军将面临“非对称袭击”的现实威胁,潜在对手将不会与实力占优的美军进行正面较量的对称作战,而是用一些特殊手段进行“非常规战”和恐怖活动。“9·11”恐怖袭击可以看作美国的敌对势力对美国发动的一次非对称行动,虽然还称不上是一次作战行动,但从中可看出非对称作战对弱方的作用。

非接触作战指交战双方或一方借助指挥信息系统和高技术远程火力,在脱离和避免与敌军短兵相接的情况下进行的超视距精确打击的作战方式。

自古以来,接触的对抗行为和接触的作战是战争的常规状态。1900年,清军还在使用大刀长矛，几米之内决生死；八国联军的来复枪把这个距离拉到了百米开外；大炮则进一步将作战距离拉到了几千米、几十千米；导弹更将此距离扩展至几百千米、几千千米。信息化条件下，陆、海、空、天一体化的侦察监视系统、信息化的指挥控制系统与超视距的精确武器系统全面支撑非接触作战。伊拉克战争中，没有发生空战、海战，也未发生大规模地面接触战。可以说，美军利用先期作战的数千枚精确制导炸弹和大规模空袭等非接触作战方式已经摧毁伊军的作战体系和抵抗意志。从宏观上看，可以认为伊拉克战争是场典型的非接触战争。

非接触作战往往和非对称作战交错在一起。敌对双方的强势方往往会利用其作战优势，实施非接触作战，同时剥夺对方非接触作战的权力。从理论上说，非接触战是作战双方均可实施的作战行为，但从实践中看，非接触作战，是在敌对双方武器装备形成的"代差"中，优势一方在采取有力保护措施的前提下，通过利用、限制、压缩对方的作战能力范围，使己方主要作战部署和有生力量的行动脱离对方主战兵力兵器的有效还击范围，进而对其实施打击的行为。它是在信息化条件下强者对付弱者的有效手段。其本质是剥夺对方的有效还击能力，在整个对抗过程中形成"我看得见你，你看不见我""我打得着你，你打不着我"的战场态势，力图以最小的伤亡代价实现作战企图。由此可见，在军事对抗中处于弱势的一方是无法主动进行非接触作战的。

6. 高精确、高强度、快节奏成为信息化战争的外在特征

信息化作战是一种精确作战。实施精确作战的物质基础是高精度打击兵器及指挥信息系统。作战精度的提高能大大提高作战效果。如表1-1所列，美军的统计表明，摧毁一个目标，在第二次世界大战中，需要9000枚炸弹，在越战中需300枚；而在海湾战争中，使用精确制导炸弹则只需要2枚；在伊拉克战争中精确到只使用1枚。在伊拉克战争的"震慑行动"中，美军仅发射了1000枚左右精确制导的巡航导弹，就摧毁了伊军地面部队80%以上的作战力量。这种精确打击称为外科手术式的打击，它区别于传统作战中所谓地毯式的轰炸，在大大提高作战效果的同时有效地减少了平民的伤亡率。

表1-1　不同战争中摧毁一个目标所需炸弹数量

战争名称	所需炸弹数量/枚	战争名称	所需炸弹数量/枚
第二次世界大战	9000	海湾战争	2
越南战争	300	伊拉克战争	1

信息化作战是一种高强度的作战。作战强度加大，主要是武器装备作战能力提高的结果。首先，作战飞机等作战平台可以进行远距离、多批次的作战，导弹发射架可以同时发射多枚导弹，给敌以高精度、高密度的攻击。其次，各种新型弹药将具有更大的爆炸威力。第三，各种高能新概念武器将走上战场。伊拉克战争中，美军在3月22日短短数小时内出动各型战机数千架，发射1000枚巡航导弹以及大量精确制导炸弹，其强度超过了近十多年来的历次战争。

信息化作战是一种快节奏的作战。传统战争到机械化战争往往持续数年甚至数十年。据统计，超过5年以上的战争，在17世纪约占40%，18世纪约占34%，19世纪约占25%，20世纪则降至15%，如表1-2所列。20世纪90年代以来，随着信息技术的广泛应用，指挥控制效率大大提高，作战节奏大大加快。以近年来的4场局部战争为例，海湾战争持续时间为42天,科索沃战争持续时间为78天,阿富汗战争主要军事行动持续61天(苏联军队入侵阿富汗用了10年的时间),伊拉克战争主要军事行动则仅仅用了23天。

表1-2 不同战争年代超过5年以上战争所占比例

战争年代	5年以上战争比例	战争年代	5年以上战争比例
17世纪	40%	19世纪	25%
18世纪	34%	20世纪	15%

1.1.4 信息化转型

信息技术在军事领域产生的量变,逐渐演变成军事领域的根本性变革,即所谓的"新军事革命"。它包括军事技术、武器装备、军队组织结构、作战方法、军事思想及军事理论等全方位的变革。人类战争史从此进入到信息化时代。为适应这种变革,世界各国军队都在进行信息化转型,建设信息化军队。

美国是世界上第一个提出并实施军事转型的国家。美军的军事转型始于20世纪90年代初。2001年9月,美国国防部《四年防务审查报告》对军事转型作了官方定义:"军事转型:发展并部署能给我方军队带来革命性优势或非对称优势的战斗力。"2002年5月,美国国防部发表《防务计划指南》,正式提出了美国军事转型的计划和设想。随后,美国陆、海、空军分别提出了各自的转型计划。美国军事转型主要包括创新作战理论、革新武器装备、改革编制体制三个方面,其实质是从机械化向信息化转变。

以美国陆军为例,美国陆军提出由传统部队建成一支21世纪新型部队,即目标部队。所谓目标部队是一支具备战略反应能力、可实施相互依赖联合行动的精确机动部队,能在未来全球安全环境所设想的所有军事行动中占有优势地位。它具备高度的战略灵活性,是一支较轻型、杀伤力更强且更加灵活的部队,能在未来任何冲突中主导陆上行动作战,并能实现从平时的战备状态向小规模应急行动、重大作战行动或稳定局势作战行动的无缝转变。尤其引人注目的是正在研制和部署的转型装备,包括以全球信息栅格(Global Information Grid,GIG)为基础的信息系统、以"斯特赖克"装甲车族和"未来作战系统(Future Combat System,FCS)"为代表的主战装备、能够向世界各地快速投送战斗部队和支援物资的运输装备,以及精确制导弹药、防空与导弹防御系统等。美陆军在从传统部队到目标部队的转型期间将实现分段式跨越,将会出现传统部队、过渡部队和目标部队三种模式同时存在的情况。2030年前,美陆军将基本实现转型目标。

我军在21世纪初宣布进入信息化建设时代,提出以建设信息化军队、打赢信息化战争为战略目标,坚持以机械化为基础,以信息化为主导,推进机械化和信息化的复合发展,实现部队火力、突击力、机动能力、防护能力和信息能力整体提高,增强我军信息化条件下的威慑和实战能力。并制定了国防和军队现代化建设"三步走"的战略构想,即在2010年前打下坚实的基础,2020年前有一个较大的发展,到21世纪中叶基本实现建设信息化军队、打赢信息化战争的战略目标。

1.2　指挥信息系统

1.2.1　指挥信息系统基本概念

指挥信息系统处于飞速发展和变革的过程中，目前在我军尚未有统一的定义与认识。事实上，与指挥信息系统称谓相近的还有“指挥自动化系统”和“综合电子信息系统”。“指挥自动化系统”是我军自 20 世纪 70 年代末以后的 20 多年时间里正式使用的称谓。2003 年之后，逐步改为“指挥信息系统”，但其内涵并未发生实质性的变化。“综合电子信息系统”称谓则更多地用于武器装备研制管理部门及工业部门。

无论是“指挥信息系统”，还是“指挥自动化系统”，抑或“综合电子信息系统”，均与美军的 C4ISR 系统相似。因此，本节首先分析美军 C4ISR 系统的基本概念。

美军在《集成计划 C4ISR 手册(*C4ISR Handbook for Integrated Planning*)》中这样定义 C4ISR 系统：

“定义 C4ISR 系统的最佳方式是通过功能来定义。C4ISR 系统的功能包括指挥(Command)、控制(Control)、通信(Communications)、信息处理(Computers)，是条令、程序、组织结构、人员、设备、设施、技术的集成系统，支持作战全过程中各个阶段指挥和控制的执行。情报(Intelligence)是由世界范围内已经形成或潜在的威胁生成的信息经过收集、处理、集成、分析、评估、解释得到的。正常情况下，情报是通过一系列方法来获得，包括复杂的电子监视、观察、调查和谍报活动。侦察(Surveillance)是通过视觉、听觉、电子、成像或其他方式，对太空、地面、水下、地点、人员或其他事物进行系统的观察。监视(Reconnaissance)是一种任务(Mission)，通过视觉观察或其他侦测手段执行这个任务，来获得敌人或潜在敌人的活动或资源，或者获得敌方控制地域的气象、水文和地理数据。”

分析上述美军对 C4ISR 系统的定义，可以得到以下三点认识。

1. 系统目的

C4ISR 系统是用来支持作战全过程指挥控制的系统。现代战争，指挥体系中各个层级之间的信息交换是必不可少的。信息从收集、传输、处理、分发、利用到对部队及武器平台的控制等各个环节，存在着信息传输效率与质量、信息处理能力与效率、信息利用的程度与质量等问题。这些问题解决得好坏直接关系到作战的效能，信息已成为主导战争胜负的主导因素。而 C4ISR 系统则是为了使信息从获取到利用的各个环节流动更快、质量更佳、利用更易，从而大大缩短“从传感器到射手”的时间。

图 1-9 为“从传感器到射手”的信息交换过程。图中高空侦察平台(传感器)发现敌方导弹发射车目标，迅即将目标信息通过卫星(通信信道)传输给海上 C4 中心(指挥控制中心)，然后由海上 C4 中心将目标信息传输给空中打击平台(射手)，对地面目标实施打击。由此可见，整个作战过程是在 C4ISR 系统的支持下高效完成的。

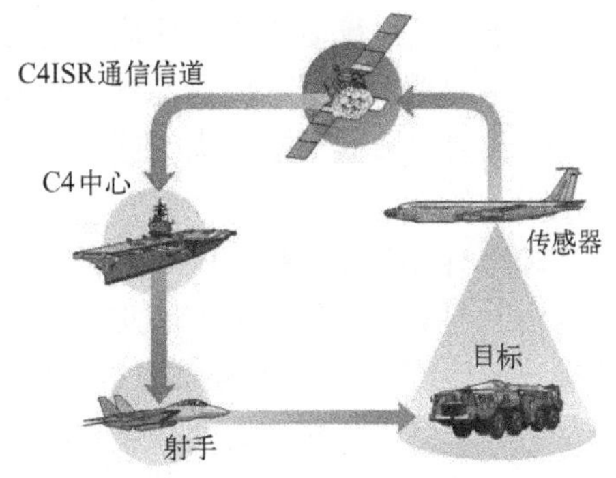

图 1-9　C4ISR 系统信息交换过程

2. 系统功能

手册中明确指出 C4ISR 系统的功能包括指挥、控制、通信与信息处理(C4),而情报、侦察和监视(ISR)作为 C4ISR 系统的组成部分并没有成为系统的功能。从历史发展的角度来理解,C4ISR 系统最初也是最核心的功能是指挥与控制功能(C2);而通信作为指挥控制最直接的手段也作为 C4ISR 系统的基本功能之一;随着以计算机技术为代表的信息技术的飞速发展,战场信息日益丰富,信息交换量不断膨胀,作为信息处理功能的计算机逐渐成为 C4ISR 系统中不可缺少的组成部分。因此,C4ISR 系统支持作战的最直接的功能就是指挥、控制、通信和信息处理。情报、侦察、监视(ISR)是 C4ISR 系统的信息来源,是信息获取和态势感知的手段。情报、侦察和监视是 C4ISR 系统的重要组成部分,从对作战支持的直接程度而言,不把情报、侦察和监视作为 C4ISR 系统功能也是可以理解的。

3. 系统要素

C4ISR 系统包括 7 个组成要素(Element),即指挥、控制、通信、信息处理、情报、侦察与监视。手册中对 7 个要素进行了定义与解释,特别是对情报、侦察与监视三个要素进行了详细的解释与界定。

4. 系统组成

系统组成不仅仅包括设备、软件、技术,而且包括了条令、法规、程序、组织结构、人员等,是一个广义的大系统,是人机系统。这里特别要指出“系统组成”与“要素组成”的区别:“系统组成”指组成系统的实体、子系统以及抽象实体;“要素组成”主要从功能角度进行划分。

我军在 2001 年颁布的《中国人民解放军指挥自动化条例》中对指挥自动化系统进行了定义:

“指挥自动化系统是指,在军队指挥体系中,综合运用电子技术、信息技术和军队指挥理论,融指挥、控制、通信、情报、电子对抗为一体,实现军事信息收集、传递、处理和显示自动化及决策方法科学化,对部队和武器实施高效指挥与控制的人-机系统。”

从指挥自动化系统的定义可以看出,其功能、要素、组成与美军 C4ISR 系统相类似。不同之处,一是组成要素强调了指挥、控制、通信和情报,即美军传统的 C3I 系统,未加入信息处理、侦察和监视 3 个要素。从这个角度看,指挥自动化系统的定义是不完善的。二是将电子对抗当作指挥自动化系统的要素之一。这种提法本身历来存在争议。电子对抗与指挥自动化系统关系密切,电子对抗的首要目标就是保护己方指挥自动化系统不被干扰。电子对抗系统与指挥自动化系统是两个完全独立的系统,它们之间是保护和被保护的关系。如果将电子对抗系统纳入指挥自动化系统,在逻辑上存在悖论。并且,指挥信息系统不仅要保障其不被干扰,更要保障其信息安全。因此,信息对抗是保障指挥信息系统安全运转的必要手段。

2011 年出版的《中国人民解放军军语》对指挥信息系统进行了定义:

“指挥信息系统是以计算机网络为核心,由指挥控制、情报、通信、信息对抗、综合保障等分系统组成,可对作战信息进行实时的获取、传输、处理,用于保障各级指挥机构对所属部队和武器实施科学高效指挥控制的军事信息系统。”

由此可见,指挥信息系统处于不断发展的过程中,其内涵也在不断地变化。指挥信息系统存在狭义和广义两种定义,如图 1-10 所示。

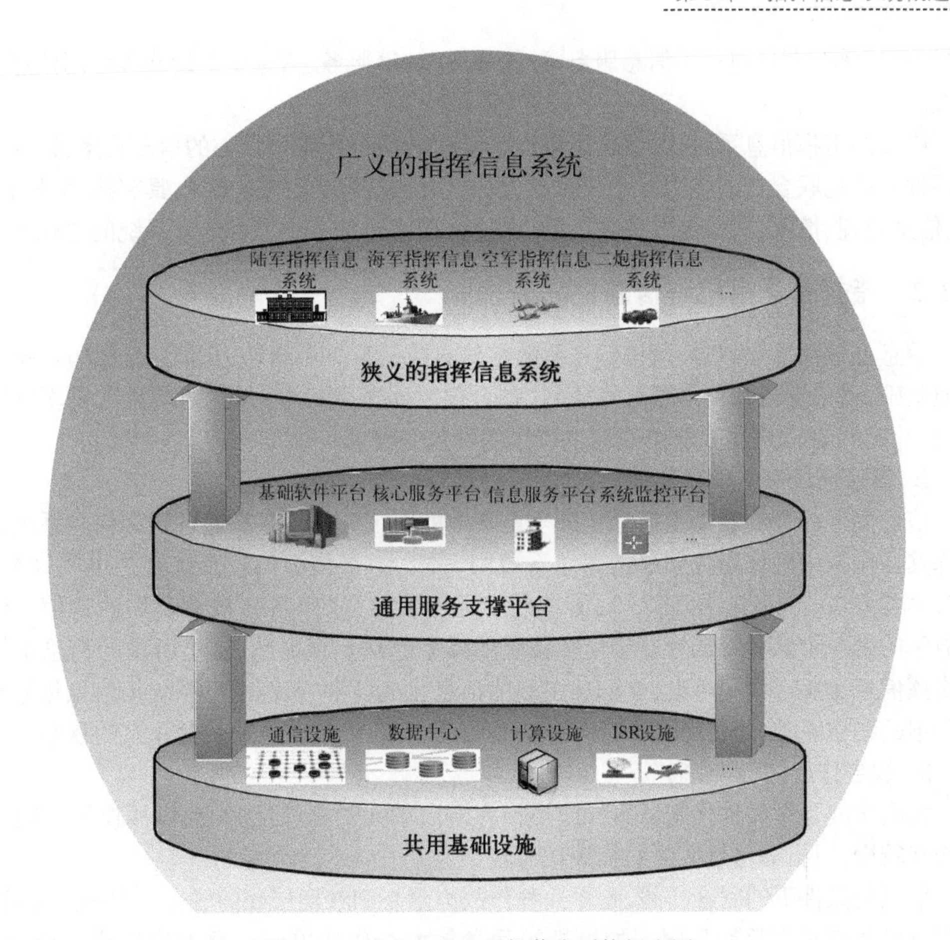

图1-10 广义与狭义指挥信息系统概念图

狭义的指挥信息系统指,综合运用以计算机技术为核心的信息技术,以保障各级指挥机构对所属部队及武器平台实施科学、高效的指挥控制为目的,实现作战信息从获取、传输、处理到利用的自动化,具有指挥、控制、通信、信息处理、情报、侦察与监视功能的军事信息系统。

狭义的指挥信息系统与美军的C4ISR系统概念相近,是指挥信息系统发展到一定时期的内涵界定,主要指在指挥所内或武器平台上所使用的具有7个功能要素的指挥信息系统。另外需要说明的是,在上述定义中,我们没有区分组成要素与功能要素,认为组成指挥信息系统的7个组成要素均为其功能要素。还需说明的是,就某个指挥信息系统而言,该系统内不一定包含所有7个功能要素所依托的物理系统。例如,单兵级指挥信息系统就不一定包括ISR分系统,但该系统能共享更高级别指挥信息系统的ISR分系统,所以从逻辑上仍然包含7个功能要素。

当指挥信息系统发展到一体化阶段时,指挥信息系统的内涵有了进一步的发展,就是广义的指挥信息系统。

在一体化阶段,各军兵种的指挥信息系统已跨越了互连互通的低层次阶段,其体系结构已进入了网络中心化和面向服务的高层次阶段,传统的指挥信息系统架构在网络中心化的面向服务的体系上。此时,广义的指挥信息系统不仅仅包括了具有7个功能要素的指挥信息系统,而且包括了信息服务、数据服务、计算服务、信息安全设施等公用信息基础设施。

广义的指挥信息系统指,综合运用以计算机和网络技术为核心的信息技术,以提高诸军兵种一体化联合作战能力为主要目标,以共用信息基础设施为支撑,具有指挥、控制、通信、信息处理、情报、侦察与监视功能的一体化、网络化的各类军事信息系统的总称。[1]

1.2.2 指挥信息系统与信息化战争

信息主导信息化战争,指挥信息系统与信息化战争关系密切,是信息化战争最基本的物质基础,是信息化条件下联合作战的“黏合剂”,是军队战斗力的“倍增器”,是军队转型的“催化剂”,在信息化战争中的地位和作用日益突出。

1. 信息化战争的物质基础

信息主导战争的胜负是信息化战争最基本的特征。信息只有通过指挥信息系统才能发挥其在作战中的作用。如果把信息看成“产品”,那么指挥信息系统就是生产这个“产品”的“工厂”。没有这个“工厂”,信息最多是一堆数据“原料”,没有利用的价值。信息化战争的另一个显著特征为基于信息系统的体系作战。很显然,这里所说的信息系统即指指挥信息系统。由此可见,在信息主导的信息化战争中,指挥信息系统是信息化战争中最基本的物质基础,是信息化作战赖以实施的基本条件,是信息化战争体系的核心。

2. 联合作战的“黏合剂”

协同作战是军兵种之间以军种或兵种为模块单元的粗粒度联合,作战模块之间的信息交互较少,对指挥信息系统的依赖相对较小。

信息化条件下的联合作战,是军兵种作战力量在细粒度层面的联合。在一定条件下,甚至有可能打破军兵种界限。如果把军兵种战术级作战单元形象地比喻成一个个“积木”,联合作战的先决条件就是必须将这些“积木”黏合在一起。指挥信息系统就是黏合这些“积木”的“黏合剂”。通过指挥信息系统,战场上的各作战单元、作战要素、指挥机构,共享战场信息,共享战场态势,甚至共享火力单元,共享传感单元,形成逻辑上的一个整体,具有物理上的分布性和逻辑上的整体性。这种逻辑上的整体,使得每个作战单元看得更远、协同得更精确、行动得更快、打得更准,最大限度发挥整体作战效能。

3. 军队战斗力的“倍增器”

如上所述,传统的战斗力生成模式是由火力、机动力、防护力和领导力决定的;信息化战争中,信息力成为战斗力生成模式中首要和主导因素,与火力、机动力、防护力和领导力呈指数关系。也即,在火力、机动力、防护力和领导力不变的条件下,信息力可以使军队战斗力呈指数式增长。这种信息力必须依靠指挥信息系统才能产生。因此,信息化战争中,尤其要注重将武器装备系统与指挥信息系统形成一个有机的整体,充分发挥信息的主导作用,使武器装备发挥最大的效能。反之,如果己方指挥信息系统一旦遭到敌方的攻击而瘫痪,从而丧失我方信息力,那么武器装备将失去其应有的作战效能。前述的伊拉克战争中,美军前两轮的打击造成伊拉克军队的指控系统彻底瘫痪,致使大批成建制的作战飞机无法升空、地空导弹失去制导雷达的目标指示、炮瞄雷达无法跟踪目标。

---

[1] 工业部门常常使用的“综合电子信息系统”,指的就是广义指挥信息系统。

4. 军队转型的“催化剂”

信息技术的发展和在军事中的应用集中体现在指挥信息系统的发展过程中。指挥信息系统作为信息化战争体系的核心，正在深刻地改变着战争制胜的机理，改变着战斗力生成模式，从而对军事理论、作战方式、编制体制产生深刻的影响。指挥信息系统对战场信息进行快速收集、传输、处理、分发、利用的功能特性将战场各作战单元、作战要素和作战资源更紧密地连接起来，传统指挥体系中高层的决策者与底层的指挥人员，甚至前沿士兵，可能同时拥有相同的战场信息，战场决策权就有可能向底层指挥员和士兵转移。这种战场决策权的转移极大地改变了作战方式，传统的层级式指挥体系越来越不能适应信息化条件下的指挥需求。这些变化对传统的军事理论提出了严峻的挑战。20世纪90年代以来由美军主导的4场局部战争，一次比一次地更加凸显了信息系统对战争方式的巨大影响。2003年伊拉克战争中显现的信息化战争的巨大威慑力，震惊了世界，催生了世界范围内的新军事变革，世界各国都在谋求信息化军事转型。

1.2.3　指挥信息系统分类

广义的指挥信息系统是各类狭义指挥信息系统的总称，因此，指挥信息系统分类特指狭义指挥信息系统的分类。

指挥信息系统与军队作战使命任务、编制体制、作战编成和指挥关系有着密切的关系。从整个军队的角度来看，指挥信息系统自顶向下，逐级展开，左右相互贯通，构成一个有机整体。按照军种、指挥层次、用途等方式，指挥信息系统有以下几种不同的分类方法。

1. 按军种分类

按照军种划分，指挥信息系统可分为陆军指挥信息系统、海军指挥信息系统、空军指挥信息系统、火箭军指挥信息系统等。

其中，陆军指挥信息系统包括总部（战略中心）级（陆军部分），战区（军区）级（陆军部分），陆军集团军、师（旅）、团指挥信息系统。海军指挥信息系统包括海军总部级、舰队（基地）、编队和舰艇四级系统；按系统使用环境又可分为岸基指挥信息系统和舰载指挥信息系统。空军指挥信息系统包括空军总部级、战区（军区）空军、空军军、师（联队）指挥信息系统；按使用环境又可分为空中指挥信息系统和地面指挥信息系统。火箭军指挥信息系统，包括军种指挥信息系统、基地指挥信息系统和导弹旅指挥信息系统等。

2. 按指挥层次分类

按照作战指挥层次，指挥信息系统可分为战略级指挥信息系统、战役级指挥信息系统、战术级指挥信息系统。

（1）战略级指挥信息系统。战略级指挥信息系统是保障最高统帅部或各军种遂行战略指挥任务的指挥信息系统，它包括国家指挥中心（统帅部）、陆、海、空军、火箭军司令部等级别指挥中心的系统。其中，国家指挥中心是战略指挥信息系统中最重要的部分，一般下辖若干个军种指挥部。如俄罗斯国家指挥中心下辖有陆军、海军、空军和火箭军等军种指挥部。各军种指挥部是国家指挥中心的末端，是国家级战略指挥信息系统的组成部分。各军种指挥部可以直接遂行战略指挥任务，一般认为它们也是战略指挥信息系统。

（2）战役级指挥信息系统。战役级指挥自动化系统是保障遂行战役指挥任务的指挥信息系统,它包括战区、军区、方面军、舰队等指挥信息系统。该指挥信息系统主要是对战区范围内的诸军种部队实施指挥或各军种对本军种部队实施指挥。战役级指挥信息系统既可以遂行战役作战任务,又可以与战略级指挥信息系统配套使用。各种战役指挥自动化系统既有相同的特征,也有各自的特点、系统针对性强。

(3) 战术级指挥信息系统。战术级指挥信息系统是保障遂行战术指挥任务的指挥信息系统,它包括陆军师、旅(团)、营及营以下级别的指挥信息系统、海军基地、舰艇支队、海上编队指挥信息系统,空军航空兵师(联队)和空降兵师(团)指挥信息系统,地地导弹旅指挥信息化系统等。战术级指挥自动化系统种类繁多,功能不一,其共同特点是机动性强,实时性要求高。例如,美军的21世纪旅及旅以下作战指挥系统(FBCB2)就是典型的战术级指挥信息系统。2003年的伊拉克战争中,该系统在美军第三机步师孤军深入敌后直插巴格达的战斗中发挥了关键性作用,创造了信息化条件下"非线性作战"的典型战例。

3. 按支持控制的对象分类

按照系统支持和控制的对象,可分为以支持某一级作战部队为主的指挥信息系统、以支持单兵作战为主的指挥信息系统和以控制兵器为主的武器平台指挥信息系统。

(1) 以支持某一级作战部队为主的指挥信息系统。其主要任务是掌握战场态势,控制作战计划、方案和下级指挥信息系统,如空军司令部指挥信息系统、战区级陆军指挥信息系统、海军舰队指挥信息系统等。

(2) 以支持单兵作战为主的指挥信息系统。单兵指挥信息系统是支持单个士兵遂行作战任务的信息系统。它通常包括支持语音通信和信息显示的单兵数字头盔子系统、便携式计算机子系统、便携式通信子系统、导航定位子系统、态势显示与图形标绘子系统、格式化指挥命令收发系统等。单兵指挥信息系统是数字化士兵的主要武器装备。

(3) 以控制兵器为主的武器平台指挥信息系统。以控制兵器和火力为主,有时候也被称为武器控制系统。它能够控制坦克、飞机、舰艇、战役战术导弹等战役战术武器,还能够控制像战略导弹、战略轰炸机等单个战略武器。一个完整的武器平台指挥信息系统通常包括预警探测、目标威胁估计、目标分配、制导等系统和武器火力系统本身。武器平台级指挥信息系统可实现从发现目标、目标区分、引导攻击到判明打击效果等全过程的自动化,从而使整个作战过程能在极短的时间内完成。

4. 按用途分类

按照系统用途,可分为情报处理指挥信息系统、作战指挥信息系统、电子对抗指挥信息系统、通信保障指挥信息系统、装备保障指挥信息系统、后勤保障指挥信息系统等。

5. 按依托平台分类

按照系统依托的平台,可分为机载指挥信息系统、舰载指挥信息系统、车载指挥信息系统(图1-11)、地面固定指挥信息系统、地下/洞中指挥信息系统等。

6. 按机动属性分类

按照系统的机动属性,可分为固定式指挥信息系统、机动式指挥信息系统、可搬移式指挥信息系统、携行式指挥信息系统和嵌入式指挥信息系统等。其中,可搬移式指挥信息系统指可以快速拆卸后通过某种运输工具可快速运输至指定作战地域并能快速组装、部署的指挥信息系统,如图1-12所示。

图1-11 车载指挥信息系统

图1-12 可搬移式指挥信息系统

综上所述,可以发现,指挥信息系统与不同的需求和任务目标密切相关,根据不同的划分方式,可以有多种不同的分类。

上述分类不是绝对的,有时一类指挥信息系统同时兼有其他类型指挥信息系统的存在形式。如美国的“全球指挥控制系统(Global Command and Control System,GCCS)”,其国家指挥控制中心设有空中、地面和地下指挥所。其中,空中指挥所为国家应急空中指挥所,它们分别设在波音747、C135飞机上,由美国最高指挥当局对战略部队、战略轰炸机部队及洲际导弹部队、战略核潜艇部队分别实施指挥控制。同时GCCS还包括陆军战略指挥控制系统(Global Command and Control System - Army,GCCS - A)、海军战略指挥控制系统(Global Command and Control System - Marine,GCCS - M)、空军战略指挥控制系统等。

1.3 指挥信息系统发展历史

指挥信息系统的发展历程伴随着世界战争时代的变迁。指挥信息系统从其萌芽、发展到成熟,推动了世界战争史从机械化战争时代进入了信息化战争时代。美军C4ISR系统的发展领先于世界各国,是世界军事信息系统发展的典型。

机械化战争时期,由于战争空间、战争规模、战争的复杂性和不确定性、战争进程的快速性都与以往战争发生了天翻地覆的变化,对先进的指挥手段有着强烈的需求。同时,工业时代迅猛发展的科技水平也使得指挥手段不断丰富,指挥控制系统逐渐形成。

20世纪50年代,美军首次提出指挥控制(C2)系统的概念。1958年美军建成了半自动化地面防空系统(Semi - Automatic Ground Environment System,SAGE),即“赛其”系统。该系统首次实现了信息采集、处理、传输和指挥决策过程中部分作业的自动化,开始了作战行动的指挥控制方式由以手工作业为主向自动化作业的转变过程。尽管该系统的技术水平还不高,发挥的作用有限,但毕竟这是在信息控制和利用方面的起步,为美军充分发挥信息的巨大能量奠定了基础。

20世纪60年代,苏联提出“没有通信就没有指挥”,随着远程武器的发展,特别是各种战略导弹和战略轰炸机大量装备部队,出现指挥控制机构与作战行动单位相隔数千千米甚至更远的局面,单一指控系统已无法胜任指挥控制任务,此时通信作为新的要素集成到C2中,形成C3系统。

20世纪70年代初到80年代末的冷战时期,美苏对峙,局部战争连绵不断,情报和信息处理的作用受到充分重视,成为C3系统新的要素,美国国防部一名助理国防部长专门负责C3I工作。C3I的出现是C4ISR发展的重要里程碑,形成了以指挥控制为龙头,以通信为依托,以情报源为生命的一体化雏形。在相当长的一段时间里我军一直把C3I作为指挥自动化的代名词。

随着计算机技术的发展,计算机以其强大的信息处理功能逐渐加入到C3I中,满足其越来越强烈的自动信息处理需求。反过来,计算机技术的介入,进一步推动了指挥控制的信息化。计算机逐步成为C3I不可缺少的支撑平台。量变累积成质变,以计算机为基本计算平台的信息处理功能作为一个功能要素加入到C3I中,形成C4I。这种量变到质变的累积过程,从一个侧面展现了军事革命从工业时代到信息时代的嬗变过程。从时间节点上看,C4I的提出恰好是世界军事从工业时代跨入信息时代的当口。

美军的C4I系统一直以来是由各军兵种独立开发的,各个系统之间不能互通互联,形成了一个个的“烟囱”,严重影响了整体效能的充分发挥。1991年的海湾战争充分暴露了这些问题。1992年美参联会提出了“武士C4I”计划,旨在全球范围内建立无缝、保密、高性能的一体化C4I网络,即信息球(Information Globel),如图1-13所示。图中信息球上凸起的立方体代表一个个“烟囱”式C4I。1993年,美国国防部批准了“国防信息基础设施(Defeuse Iuformation Infrastructure,DII)”建设计划,DII要求把全球指挥控制系统(GCCS)和国防信息网(Defeuse Iuformation Systems Netuork,DISN)等系统中共用部分统一起来,建成全军共用的信息基础平台。

需要说明的是,自20世纪60年代起,美军侦察监视的建设与C3的建设一直同步展开,并逐步融合联网。先后建成了多种陆基雷达预警系统,发射了侦察卫星100多颗,大力发展预警机、战略侦察机、无人侦察机等,形成了从太空、高空、中空、低空到地面、水下的立体侦察监视体系,在近几场战争中发挥了重要的作用。鉴于侦察监视在C4I网络中的重要作用和地位,1997年美军将侦察和监视融合进了C4I中,形成我们今天所说的C4ISR系统。

图1-13　信息球示意图

就在此时,美军提出了“网络中心战”的思想。1997年4月23日,美国海军作战部长约翰逊在海军学会的第123次年会上称,“从平台中心战法转向网络中心战法是一个根本性的转变”,提出的“网络中心战”理论,成为美军信息化作战的基本理论,也成为指导美军信息化建设的基本理论。

所谓网络中心战是指利用计算机信息网络体系,将地理上分布的各种传感探测系统、指挥控制系统、火力打击系统等,连成一个高度统一的一体化网络体系,使各级作战人员能够利用该网络共享战场态势、共享情报信息、共享火力平台,实施快速、高效、同步的作战行动,如图1-14所示。网络中心战是相对于平台中心战而言的,所谓平台中心战是指主要依靠武器平台自身的探测装备和火力形成战斗力的作战方式。

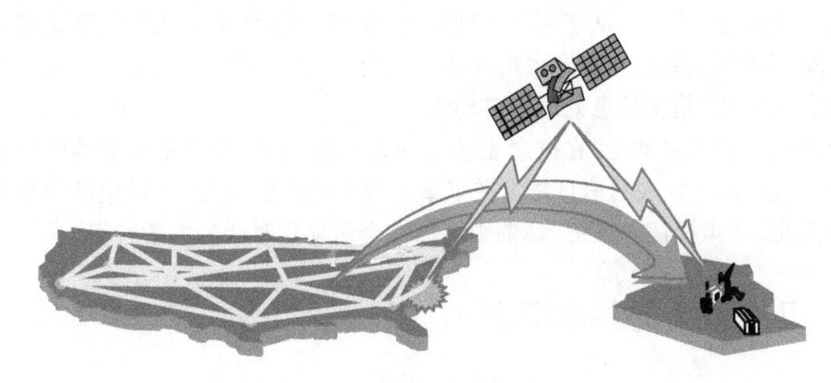

图1-14　网络中心战示意图

为实现美军网络中心战的思想, 1999年美国国防部提出了建设GIG的战略构想。所谓GIG指,由全球互联的端到端的信息系统以及与之有关的人员和程序组成,可根据作战人员、决策人员和支持人员的需要收集、处理、存储、分发和管理信息①。

从技术角度看,GIG实际上是一个面向服务的体系架构(SOA),所有接入GIG的人员、系统、装备均以服务的方式获取所需信息。GIG的建设,标志着美军C4ISR的发展步入了一个全新的一体化建设阶段,该阶段的规划建设时间长达20年。

总结美军C4ISR系统的发展历程,可以发现,美军C4ISR建设经历了独立发展、平台式发展和一体化发展的阶段。初期发展阶段,各军兵种的C4ISR建设没有标准、没有规范、缺少理论支撑,导致各军兵种之间C4ISR系统不能互联、互通、互操作。平台发展阶段,美军致力于打通独立开发的C4ISR系统之间互联、互通的通路,建设共用的互操作信息平台。一体化建设阶段,美军奉行理论先行、系统跟进的建设原则,将C4ISR系统架构在全新的体系上,使其能真正实现全球范围内的一体化,而不是平台建设阶段的互联互通。

我军指挥信息系统的形成与发展与美军C4ISR系统的发展历程相类似。

我军指挥信息系统同样起源于20世纪50年代,到80年代已初步形成战略级指挥网络。自20世纪70年代末的20多年时间里, 指挥信息系统一直称为指挥自动化系统。因此该指挥网络称为指挥自动化网。在其后的发展中也经历了各军兵种各自发展、基于平台的建设、基于网络中心建设的发展过程。

---

①　GIG详见第10章。

进入21世纪第一个十年的中期,全军将指挥自动化系统的称谓改为指挥信息系统的称谓。称谓变了,实际建设内容并没有变。

在这里我们要特别明晰一下"指挥自动化"中"自动化"的含义。此处的"自动化"不是工业自动化的"自动化"。"指挥自动化"这个名词从产生之初就有利用计算机技术解决军事指挥领域的信息处理自动化问题,从而达到提高指挥效率的目的。这里的"自动化"并不是工业自动化的概念,不是机械的自动化,而是指信息处理的自动化,对应于同一时期出现的名词"办公自动化",即办公领域信息处理的自动化。应该说"指挥自动化"也好,"办公自动化"也好,只是借用了工业自动化时代"自动化"的名词,用以指代由于计算机技术的出现导致新的运行模式代替传统运作方式带来的操作效率上的革命性变化。所以,"指挥自动化"不能只从字面上去理解成"指挥"成为"自动化"了,而是指由于计算机技术在军事指挥领域的应用导致指挥手段的自动化。"指挥"在此处泛指军事领域的指挥活动,"自动化"是指信息处理的自动化。

综上所述,"指挥自动化"在概念表达上并无不妥之处,相反是非常准确地表达出了由于以计算机技术为代表的信息技术在军事领域中的广泛应用,而导致的军事指挥领域的革命性变化。"指挥信息系统"称谓则更加符合信息化时代的本质特征。

1.4 几个重要的基本概念

1.4.1 指挥控制与指挥控制系统

指挥控制与指挥控制系统是两个不同层面而又广泛应用的两个概念。在很多场合会产生混淆或模糊的认识。因此,有必要厘清两者的区别和联系。

长期以来,我军一直使用"作战指挥"这个词来描述部队指挥员对所属部队作战行动的指挥活动。随着人类科技水平的不断提高,指挥手段也随之不断丰富,这使对部队行动进行更加精确地控制成为可能。

于是,"指挥控制"这个名词逐渐用来表达指挥机构对所属部队实施指挥、协调、控制等一系列活动,即指指挥人员为达成作战企图,依托指挥手段,围绕所属部队的作战行动而展开的拟制作战计划、下达指挥命令、控制协调部队行动等一系列活动。

这里所说的指挥手段在不同的战争时代有着不同的内涵。在机械化战争时代,指挥手段主要包括有线通信、无线通信等设备,如电话、电报、电台等;在信息化战争时代,指挥手段主要指指挥信息系统。

指挥控制有时称为指挥与控制,包含了指挥与控制两个要素。指挥主要指战斗准备阶段的判断情况并定下决心、制定作战方案、拟制作战计划、下达作战命令等活动,主要目的是进行决策并使部队理解作战企图与指挥意图;控制主要指战斗实施阶段,根据战场实际情况对部队的作战行动进行调整、协调等控制行为,使得部队的作战行动收敛于作战企图。

正确的指挥控制是指挥机关对部队实施指挥的关键。要准确地认识和把握指挥控制的实质,理解指挥与控制的区别和联系。虽然指挥控制中的"指挥"与"控制"有着不同的含义,但必须将指挥控制作为一个整体去看待,"指挥"与"控制"是指挥控制两个过程的统一体。

指挥控制必须依托指挥手段才能得以实施,在信息化条件下,这种指挥手段就是指挥信息系统(C4ISR)。因此,从广义上说,支持指挥控制功能的信息系统就是指挥控制系统。比如说,美军的GCCS,实际上就是指美国战略级的C4ISR系统。在实际应用中,指挥控制系统,或简称指控系统,常常指与指挥控制功能直接相关的那部分系统,称为狭义的指挥控制系统。狭义指挥控制系统指辅助指挥或作战人员进行信息处理、信息利用并实施指挥或控制的系统,是指挥信息系统的核心组成部分,是指挥信息系统的龙头。

1.4.2 指挥控制理论与指挥信息系统

指挥信息系统的建设必须在信息化军事理论的指导下进行。信息化条件下军事理论在很大程度上集中于指挥控制理论的研究上。原因在于:一方面,对部队的指挥控制从来都是军事理论研究的重心;另一方面,信息技术引发新军事革命的根本就在于极大地改善了指挥控制手段,从而在很大程度上改变了指挥控制方式,甚至改变了传统的作战方式,出现了诸如"非线式作战""非接触作战""非对称作战"等信息化作战理论。

信息化指挥控制理论是关于军队指挥人员认知活动信息化的理论,主要研究信息化条件下指挥控制的活动规律,揭示信息、指挥体系、武器装备、作战人员等战场要素的相互关系,是信息化条件下军事理论的重要组成部分。

指挥信息系统是信息化战争的物质基础,是信息化条件下联合作战指挥人员对所属部队实施指挥控制的一体化指挥平台。指挥信息系统的设计必须遵循信息化战争的规律,必须以信息化指挥控制理论为支撑。通俗地说,信息化战争怎么打,指挥信息系统就该怎么设计。因此,要特别重视信息化指挥控制理论的研究,用理论研究的成果指导指挥信息系统的建设,处理好指挥控制理论与指挥信息系统的关系。要避免那种只重视系统建设而忽视理论研究的现象,防止将系统建设独立于信息化指挥控制理论。否则,建设的系统将不能适应信息化战争的本质要求。

美军信息化建设走在世界的前列。总结美军信息化建设高效、成功的一个重要原因是,美军十分注重信息时代军事理论的研究,及时总结和吸取信息化建设过程中的经验和教训,并将研究成果用以指导美军的信息化系统建设,避免了信息化建设的盲目性和无序性,建设目标明确且具备很强的可操作性。美军军事理论的核心是指挥控制(C2)理论。由于C2是现代战争的神经中枢,无论在工业时代还是在信息化时代,都会对战争的进程起着至关重要的核心作用,因此,美军对C2的研究十分重视,不仅在美国防部下设专门的研究机构CCRP[①]来研究C2理论,而且还吸引政府机构、学术机构甚至著名企业参与C2理论的研究。

这些理论有效地支撑和指导了美军的信息化建设。美军提出"网络中心战"理论之后,系统、全面、科学地规划了全球信息栅格(GIG)的建设,C4ISR系统的建设与GIG的建设实现了有机结合、平滑过渡,为美军全面实现2020年的目标奠定了较为科学的物质基

---

① CCRP(Command and Control Research Program):指挥控制研究计划。

础。由此可见,美军对系统的建设已经逐步走上了理论先行、分步实施、科学有序的道路上。

1.4.3 信息化战争与信息战

信息化战争与信息战从字面上看很类似。事实上,有不少读者将此两者混为一谈,甚至有些书籍与文章也将两者不加区分地加以使用。因此,有必要在此对两者的区别与联系加以强调。

前面已介绍信息化战争的基本含义,它是继机械化战争后出现的全新的军事对抗形态,是信息化社会形态的组成部分。信息革命的结果,导致了社会形态发生了巨大的变化,人类社会因此由工业时代走进了信息时代。而军事方面的变化尤为深刻,人类战争史从此进入了信息化战争时代。由此可见,信息化战争是指一种战争形态,是信息时代战争各种存在形式的总和。

信息战有广义和狭义之分。广义信息战也称战略信息战,是指敌对双方在政治、经济、科技、外交、文化、军事等领域,利用信息和信息技术手段,为争取主动而进行的信息对抗和斗争。狭义的信息战专指军事领域的信息对抗,也称为信息作战,是运用信息作战及其他相关作战力量,为夺取和保持信息优势而进行的军事行动,其实质是信息和信息系统的攻防作战。

信息战的内在含义还可以进一步划分为两层:一层是指运用各种作战力量,围绕夺取和保持信息优势而进行的军事对抗行动,包括对敌方信息设施实施硬摧毁的作战行动;另一层是指运用专业作战力量,针对敌方从信息生成到认知各个环节的对抗行动。这个层次的信息战包括电子战、网络战和心理战,如图1-15所示。前面介绍了“三域”模型,信息从物理域生成,经过信息域的传递与处理,进入认知域,成为作战人员认识和理解战场态势的基本素材。信息从物理域生成通常情况下是通过雷达等传感探测设备,以电磁波的形式存在。在这个域的信息对抗就是干扰对方的电磁波信号,同时保护己方的电磁波不受干扰。这种信息对抗即为电子战,或称为电子对抗。在信息域,信息通过计算机网络进行传输,并在计算机上进行存贮和处理。在信息域的信息对抗即为网络战,或称为网络对抗,包括在计算机网络链路的网络对抗,以及在计算机终端上的病毒攻击及反病毒攻击。在认知域的信息对抗即为心理战。

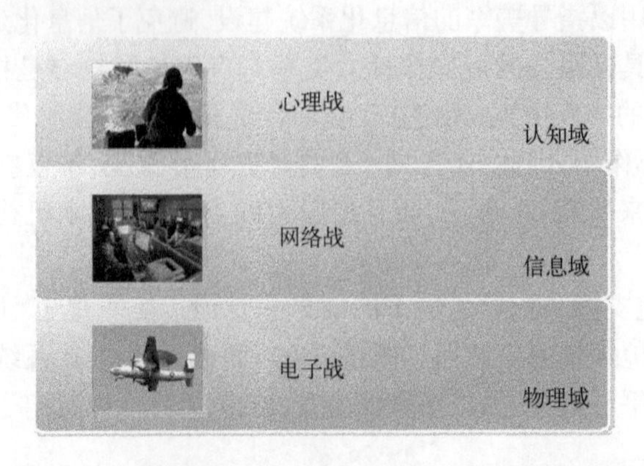

图1-15 信息战在三域中分为电子战、网络战和心理战

从上面的分析可以看出信息化战争和信息战的区别与联系，即信息化战争是战争的一种形态，是信息时代战争各种存在形式的总和；而信息战则是信息时代战争存在的一种形式，是信息化战争的一种全新的作战样式。随着信息化战争的发展，信息战将会在信息化战争中占据越来越重要的地位。信息战作为一种真正非接触的作战样式，在未来战争中是敌对双方首先展开的作战行为。传统战争的开始通常指物理域有形的火力打击，而信息战则模糊了战争与和平的界限。在未来信息化战争中，非接触的信息作战一旦瘫痪了敌方信息系统，就有可能真正达成兵不血刃、不战而屈人之兵的战争最高境界。

1.4.4 信息化战争与信息化作战

在信息化战争的定义中明确指出，信息化战争是以信息化作战为主要形式。所谓信息化作战，是随信息化战争的出现而派生出来的相应概念，专指信息化战争的对抗形式。其含义是高度依赖信息系统的敌对双方，以指挥信息系统和信息化武器装备为支撑，在陆、海、空、天和赛博空间等全维战场上展开的军事对抗行动。其作用机理是通过指挥信息系统对其他相关系统进行有效控制，将信息优势转化为时空优势、决策优势和行动优势，从而产生和释放更大的作战效能。很显然，前面所述的"非线性"作战、"非对称"作战、"非接触"作战均为信息化作战的作战样式。信息战或信息作战也是信息化作战的一种。

如果说信息化战争是抽象和宏观的，则信息化作战则是具体与微观的。信息化战争是信息时代战争各种存在形式的总和，而信息化作战则是其主要的存在形式。形象地说，信息化作战小于信息化战争，而大于信息战或信息作战。

参 考 文 献

[1] Alberts D S. Understand information age warfare[M]. CCRP,2001.

[2] Alberts D S. Power to the edge[M]. CCRP,2003.

[3] Office of the assistant secretary of Defense. C4ISR Handbook for integrated planning [EB/DK]. 1998.

[4] 叶征. 信息化作战概论[M]. 北京:军事科学出版社,2007.

[5] 刘伟. 信息化战争作战指挥研究[M]. 北京:国防大学出版社,2009.

[6] 李德毅. 发展中的指挥自动化[M]. 北京:解放军出版社,2004.

[7] 国防大学科研部. 军事变革中的新概念[M]. 北京:解放军出版社,2004.

思 考 题

1. 战争划代的本质是什么？一个战争时代的开始是否意味着上一个战争时代的主要作战武器无需发展了？请举例说明。
2. 阅读《孙子兵法》和《战争论》，请比较两部著作对信息在战争中作用的论述。
3. 请结合"三域"模型论述信息对战斗力生成模式的改变。
4. 请论述信息化战争的主要特征。
5. 如何理解信息是信息化条件下主导战争胜负的主要因素？

6. 如何理解信息化战争的作战指导由“歼灭战”转向“体系对抗”?
7. 如何理解指挥体系的“扁平化”?
8. 如何理解“权力前移”?
9. 如何理解信息化战斗行为的“自同步”?
10. 什么叫“三非”作战?
11. 请阐述指挥信息系统的概念。
12. 如何理解指挥信息系统在信息化战争中的地位和作用?
13. 请简述美军C4ISR发展过程中的三个主要阶段,以及阶段划分的本质依据。
14. 请说明指挥控制与指挥控制系统的区别和联系。
15. 请说明指挥控制理论与指挥信息系统的关系。
16. 请说明信息化战争与信息战的区别。
17. 请说明信息化战争与信息化作战的区别。

第2章 2 指挥信息系统的业务模型

指挥信息系统是支撑信息化作战的物质基础，其功能设计必须依据作战需求。指挥信息系统的业务模型是指作战过程在信息系统中的映射与抽象模型，是指挥信息系统建设的基本依据。

2.1 作战过程模型

无论是传统战争还是信息化战争，无论是传统的单一军兵种作战还是信息化条件下的联合作战，作战的基本要求和过程并没有发生多大变化，不断发生变化的实际上是完成作战任务的方式和手段。随着信息技术在军事斗争中的广泛应用，指挥信息系统已经成为信息化战争最重要的作战手段和方式，其核心功能就是在各种军事行动环境下，不断提高作战过程的科学化、实时化、自动化和智能化等方面的程度，也就是说，指挥信息系统的目的、功能以及战技术指标要求都必须以满足各种军事作战过程的业务需求为目的。

构建和描述各级各类指挥信息系统的作战过程模型对于指挥信息系统的定位、建设以及应用等方面都具有十分重要的意义。其一是从作战需求的角度考虑，可以根据作战过程的组成和特点，分析和研究哪些作战业务可以通过指挥信息系统的功能实现，从而为规划和建设满足实际作战需求的各级各类指挥信息系统提供重要的保障；其二是从系统功能的角度考虑，可以根据系统功能支持作战过程的原理，分析和研究如何通过系统功能提高作战资源的利用效率，缩短作战过程的时间周期，从而为作战效能的提高以及业务流程的优化与重组提供必要的手段。其三是从体系的角度考虑，各级各类相互关联的层次化业务模型对于提高基于信息系统的体系作战能力具有十分关键的引导作用，一方面可以引导指挥信息系统的自顶向下的统一规划和建设，另一方面可以引导各级各类信息系统的自底向上的综合集成。

各军兵种、各部门的作战过程业务模型非常复杂，专业性很强，而且相互之间的关系错综复杂。虽然不可能将所有的业务模型及其相互之间的关系都进行描述，但是，无论是各军兵种的业务模型，还是各部门的业务模型，其业务流程在本质上是基本相同的，所不同的是业务处理的内容和方法存在区别。根据作战过程的发展历史，可以将作战过程分为经典的作战过程模型和信息化条件下的作战过程模型，前者是较为抽象的、通用的作战过程模型，而后者是相对具体的、与信息化技术和手段密切相关的作战过程模型。

2.1.1 经典的作战过程模型

目前国内外还没有针对作战过程的业务模型，但是在指挥控制领域，大量学者研究并提出了一些经典的指挥控制模型,这些指挥控制模型是从广义的角度对指挥控制的业务过程进行描述,实际上是以指挥控制为核心,对整个作战过程进行了描述,所以,经典的指挥控制模型也可称为作战过程模型。目前,这些经典的指挥控制模型主要包括 OODA 过程模型、Lawson 过程模型、Wohl's SHOR 模型、RPD 模型以及 HEAT 模型,以下分别进行介绍。

1. OODA 过程模型

OODA(Observe - Orient - Decide - Act)模型是由美国空军上校 John R. Boyd 于 1987 年提出的一个非常经典的作战过程模型,该模型以指挥控制为核心描述了"观察 - 判断 - 决策 - 行动"的作战过程环路,如图 2-1 所示。

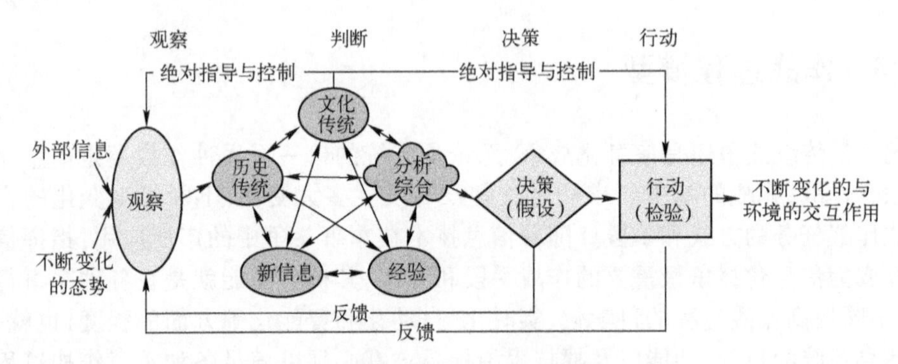

图 2-1　OODA 作战过程模型

观察是从所在的战场环境搜集信息和数据;判断是对当前战场环境的相关数据进行处理与评估,形成战场态势;决策是在对战场态势正确理解的基础上,定下决心,制定并选择一个作战方案;行动是实施选中的作战方案。OODA 模型的循环过程是在一种动态和复杂的环境中进行的,通过观察、判断、决策、行动四个过程,能够对己方和敌方的指挥控制过程周期进行简单和有效的阐述,同时该模型强调影响指挥官决策能力的两个重要因素:不确定性和时间压力。

受当时各方面条件的制约,OODA 模型存在以下不足:

(1) 观察、判断、决策和行动等作战活动没有进一步分析和解释说明。

(2) 由于其严格的时序性和单一的过程使其很难适应现实战场中存在的多任务环境。

鉴于 OODA 模型存在诸多问题,先后有许多研究者提出了很多的改进模型。但所提出的模型描述起来较为复杂,直到 Breton 和 Rousseau 于 2004 年提出了模块型 OODA 模型才克服了描述复杂的毛病。模块型 OODA 模型通过对经典 OODA 模型的修改,为更好地描述指挥控制过程动态复杂的本质提供了一种更好的方法。随后 Breton 又先后提出了认知型 OODA 模型和团队型 OODA 模型,对 OODA 模型从认知层面和团队决策层面进行了改进。

2. Lawson(劳森 - 摩斯环)过程模型

劳森 - 摩斯环是 1981 年 Joel S. Lawson 提出的一种基于控制过程的指挥控制模型。该模型认为,指挥人员会对环境进行"感知"和"比较",然后将解决方案转换成所期望的状态并影响战场环境，其基本过程如图 2-2 所示。

劳森 - 摩斯环由感知、处理、比较、决策和行动五个步骤组成，去除了一些单纯大脑产生的想法，可将多传感器数据处理为可行的知识。劳森 - 摩斯环另一个特征是“期望状态”，包括指挥官的意图、基本任务、任务陈述或作战命令等。“比较”就是参照期望状态检查当前环境状况，使指挥官做出决策，指定适当的行动过程，以改变战场环境状况，夺取决策优势，实现指挥人员影响环境的愿望。劳森 - 摩斯环存在的主要问题是在应用中不是很广泛。

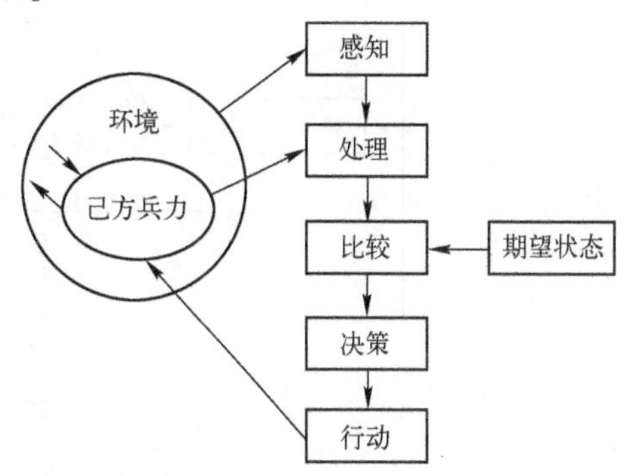

图 2-2 Lawson 作战过程模型

Lawson 过程模型和 OODA 模型之间存在差异可通过表 2-1 进行对比分析。

表 2-1 OODA 模型与 Lawson 过程模型的比较

OODA 模型	Lawson 过程模型
观察	感知
	处理
判断	比较(当前环境状况与期望状态的比较)
决策	决策
行动	行动

Lawson 过程模型将 OODA 模型中的观察阶段拆分为感知和处理两个阶段，通过传感器等设备和手段进行感知和处理，与 OODA 模型单纯的观察相比，去除了一些单纯由肉眼观察产生的一些相对模糊的信息。Lawson 过程模型的比较阶段较 OODA 模型的判断(定位)阶段的内涵相对丰富，Lawson 过程模型引入了一个期望状态的概念，不仅要求指挥官做出判断，而且要求指挥官在比较当前环境状况与期望状态的情形下做出判断。这在 OODA 模型中显然没有涉及。OODA 模型强调的重点是如何比对手更迅速地做出决策，以实现对敌方 OODA 环的影响；而 Lawson 过程模型的重点是如何维持和改变战场环境，夺取战场优势。

3. Wohl's SHOR 过程模型

Wohl's SHOR 过程模型是 1981 年 J. G. Wohl 提出的一种基于认知科学的指挥控制模型。该模型使用了当时在心理学领域较为流行的“刺激 - 反应”框架，最早被应用于美国空军战术的指挥控制，包括刺激(数据)、假设(感知获取)、选择(反应选取)和反应(做出行动)四个步骤，如图 2-3 所示。

战场环境下，指挥控制过程随时处于高强度压力和严格时间限制的条件下；同时，随着战场环境的不断变化，从外部环境获取的信息也随之不断地变化与增加。这就要求指挥官具备随时随地做出适时决策的能力，以达到对所属部队实施精确、高效指挥控制的目的。Wohl's SHOR 过程模型从指挥官感受到外在的情况变化(刺激)出发，获取新信息，针对新信息(刺激)和可选的认识提出假设(感知获取)，然后从可选的反应中产生出若干个针对处理假设的可行的行动选择(反应选取)，最后对以上选择做出反应，即采取行动。

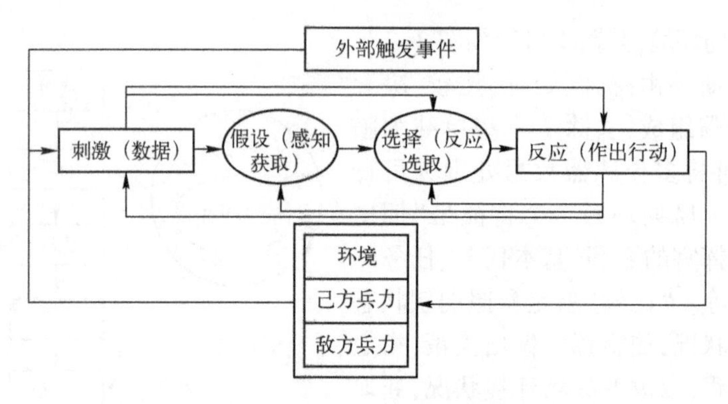

图 2-3 Wohl's SHOR 过程模型

Wohl's SHOR 过程模型和 OODA 模型之间存在差异可通过表 2-2 进行对比分析。

通过比较可以发现,OODA 模型缺少存储记忆的功能,即对数据的存储和回收功能。在未来的网络中心战的环境下,存储有用数据是一项非常基本的功能,Wohl's SHOR 过程模型恰好弥补了 OODA 模型的这一不足。OODA 模型中的判断(定位)阶段被 Wohl's SHOR 过程模型应用到刺激和假设两个阶段中,显然,适时判断数据的有用性是必需的。OODA 模型缺少在反应行动前的计划和组织的子阶段,上述两个子阶段的存在有利于上级对下级下达命令的准确性和完整性,有利于下级执行命令和行动的正规性和预见性。OODA 模型强调决策速度,通过快速决策影响敌人,而 Wohl's SHOR 过程模型对决策速度没有特别强调。

表 2-2 OODA 模型与 Wohl's SHOR 过程模型的比较

OODA 模型	Wohl's SHOR 过程模型	
观察	收集/侦察	刺激(数据)
判断(定位)	过滤/查找相关性	
判断(定位)	统计/显示	
无	存储/回收	
判断(定位)	根据态势提出假设	假设(感知获取)
判断(定位)	评价假设	
判断(定位)	选择假设	
决策	创建可供处理假设的选择	选择(反应选取)
决策	评价选择	
决策	做出选择	
无	计划	反应(做出行动)
无	组织	
行动	行动	

4. RPD(识别决定)过程模型

指挥控制过程是一个相当复杂的过程,受到许多因素的影响。研究表明,指挥控制过程中,指挥决策者在困难环境中和有时间压力的情况下,往往不会使用传统的方法进行决策。根据这一发现，Klein 于 1998 年提出了识别决定模型，如图 2-4 所示。

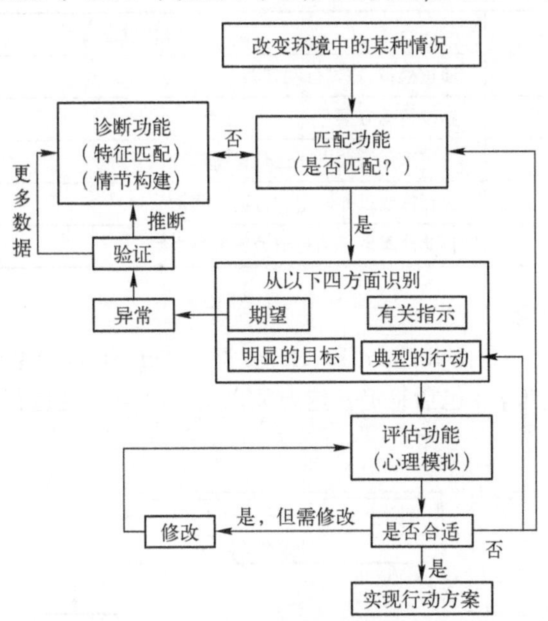

图 2-4　RPD 过程模型

识别决定模型指出，指挥过程中，指挥决策者会将当前遇到的问题环境与记忆中的某个情况相匹配，然后从记忆中获取一个存储的解决方案，最后在对该方案的适合性进行评估，如果合适，则采取这一方案，如果不合适，则进行改进或重新选择另一个存储的方案，然后再进行评估。

识别决定模型具有匹配功能、诊断功能和评估功能。匹配功能就是对当前的情境与记忆和经验存储中的某个情境进行简单直接的匹配，并做出反应。诊断功能多用于对当前本质难以确定时启用，包括特征匹配和情节构建两种诊断策略。评估功能是通过心里模拟对行为过程进行有意识的评估。评估结果要么采用这一过程，要么选择一个新的过程。

通过表 2-3 的比较可以发现，OODA 模型较 RPD 过程模型缺少学习和适应新的战场环境的能力，而这点正是增强战场灵活性的重要方面。RPD 过程模型强调现有态势与已知情况的匹配，是使得指挥员能够快速正确做出决策的一种有效手段，而 OODA 模型只强调新获取的态势信息，忽视了以往战斗经验的重要性。OODA 模型缺少对行动方案的有效模拟和评估，由此不能实时修订行动方案，因此降低了行动成功的概率。

表 2-3　OODA 模型与 RPD 过程模型的比较

OODA 模型	RPD 过程模型
观察	观察态势信息
判断	将现有态势与记忆中的某种情况匹配
	获取匹配某种情况的原型解决方案
	标出无法匹配的态势和难以确定性质的情况
	诊断以上标出的难以确定性质的情况

(续)

OODA 模型	RPD 过程模型
无	通过模拟,评估行动方案
无	修改行动方案
决策	决定采用行动方案还是重新选择
行动	执行修改过并确定的行动方案
无	将此次军事行动总结为新情况原型

5. HEAT 过程模型

HEAT 指挥控制模型是由 Richard E. Hayes 博士提出的,该模型以五个步骤的循环为基础:监视、理解、计划准备(包括制定备选方案以及对其可行性进行预测)、决策和指导,如图 2-5 所示。

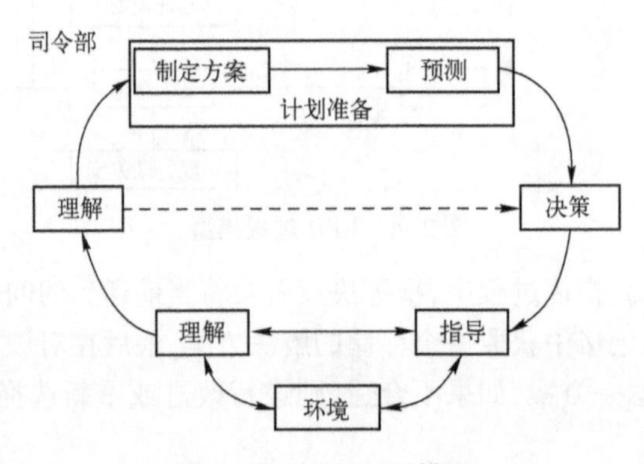

图 2-5　HEAT 过程模型

该模型提出的指挥控制过程被看作是一个自适应的系统,在该系统下,指挥官对所输入的信息做出反应,将系统转变成期望的状态,以达到控制战场环境的目的。该系统负责监视战场环境,理解态势,提出行动方案并制定计划,预测方案的可行性,评估其是否具有达到期望状态和控制战场环境的可能性,从由司令部参谋评估过的可选的行动方案中做出决策选择并形成作战计划和指示下发下级部门,然后为下级提供指导并监视下级的执行情况。如遇战场环境的动态改变,该自适应系统将重新进行监视并循环上述过程。

HEAT 指挥控制过程模型的可用性在海陆空三军的联合作战中已经得到了成功的印证,但其在信息时代的作战中仍显得相对脆弱,最主要的问题就是信息和指示命令的相对滞后性,这使得信息时代的指挥控制的灵活性不能得到很好的保证。

通过表 2-4 的比较可以发现,OODA 模型与 HEAT 过程模型有如下不同:

(1) HEAT 过程模型的监视阶段较 OODA 模型的观察阶段更具隐蔽性、主动性和时效性,对战场中及时掌握第一手资料具有相当积极地意义。

(2) HEAT 过程模型比 OODA 模型多了预测结果的阶段,加入此阶段,增加了行动成功的概率和预见性,对下一步军事行动的制定也有一定的指导意义。

(3) HEAT 过程模型的行动是在上级的监督指导下完成的,如此可使下级规避潜在的风险,并使上级能够实时掌握最新的战争动态,依据具体的情况及时调整行动方案。当然,此种情况下,下级行动的灵活性会受到一定的限制。

表 2-4　OODA 模型与 HEAT 过程模型的比较

OODA 模型	HEAT 过程模型	
观察	监视	
判断(定位)	理解	
决策	提出备选方案	计划准备
无	预测结果	
决策	决策	
行动(不含指导)	指导行动	

2.1.2　信息化条件下的作战过程模型

上述经典的作战过程模型主要是在机械化时代提供的过程模型,随着信息化战争的不断发展,这些过程模型已经无法涵盖现代信息化作战的基本特点。本章介绍了一种信息化条件下的作战过程模型,并采用 IDEF0[①] 语言进行层次化描述,如图 2-6 所示。在该作战过程模型中,将作战过程分为态势感知、指挥、控制、执行四个作战子过程,每个过程有输入信息、输出信息、控制信息以及机制信息(参考 IDEF0 语法),输入信息是作战活动加工处理的原始数据,输出信息是指作战活动对输入信息的处理结果,控制信息是每个作战过程的约束条件,机制信息是每个活动执行需要的资源。每个作战过程还可以进一步分解为多个子过程,后文将有详细说明。之所以将该模型称为信息化条件下的作战过程模型,一方面是因为该模型是面向指挥信息系统功能需求、基于业务流分解而进行抽象的作战过程模型;另一方面,是因为各个作战过程及其子过程与信息化技术和手段是密切相关的,如态势感知的侦察、监视等作战子过程。

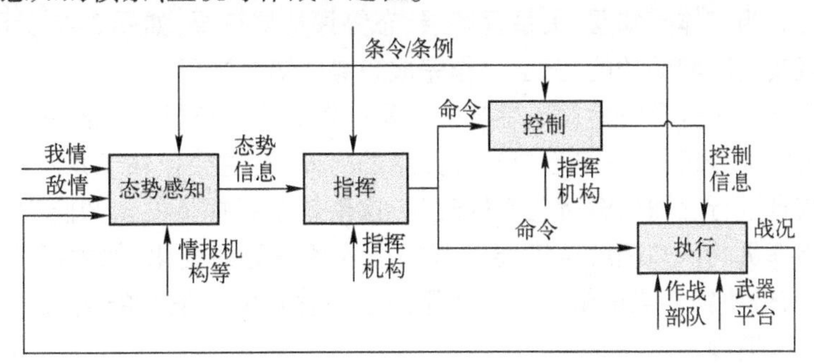

图 2-6　作战过程模型

态势(Situation)通常是指战场空间中兵力分布和战场环境的当前状态及发展变化趋势的总称,即由“态”和“势”构成。态势是战场感知能力(Battlefield Awareness Capability)所实现的最终产品,旨在为指挥员作战决策和指挥控制提供支持。态势的可视化形式是态势图(Situation Picture),该图由底图(电子地图)及在底图上标绘的描述各态势元素信息的一系列军队标号覆盖层构成。态势感知是指能够在特定的时间及时感知作战空间的局部或整体态势,是指挥控制环路中认识活动的一种重要形态[②]。只有具备优势的态势

① IDEF0 系统功能建模方法,详见第 9 章。

② 态势感知系统的具体内容请参见第 4 章。

感知,才会有后续的决策优势和行动优势。态势感知作为信息从物理域或信息域映射到认知域的一种认知活动,是信息、数据进入认知域的输入过程。

如前所述,指挥控制包含了指挥与控制两个部分。指挥主要指在作战过程中的分析判断情况、定下作战决心、制定作战方案、拟制作战计划、下达作战命令等活动;控制主要指作战实施阶段根据战场实际情况对部队的作战行动进行调整、协调等控制行为,使得部队的作战行动收敛于作战企图。关于指挥和控制的区别,有学者认为,指挥是一门艺术,而控制是一门科学,也就是从理论上说,控制过程可以完全自动化,而指挥则不能完全自动化,必须有人的参与和主导。

决策导致执行。执行是作战部队在作战环境下使用各种武器平台实施并完成作战命令的过程。命令的执行过程在物理域发生,但直接或间接地在信息域、认知域或社会域产生各种影响。作战执行产生的影响和效果主要取决于四个因素:①执行活动的本身;②执行行动发生的时间和条件;③执行的质量;④其他相关的行动。执行质量是由执行个体作业的程度、个体行动的同步程度和执行的灵活性共同决定的。特定行动或作业的执行质量是由参与的个体或机构的能力、专业技术和经验,信息质量及作战部队的执行灵活性共同决定的。

2.2 态势感知过程

2.2.1 态势感知模型

David S. Albert 在《理解指挥与控制》中提出了一种态势感知参考模型,把态势感知模型从功能上分为实体感知层、关系理解层、态势评估层三层,如图 2-7 所示。每层根据不同的问题域实现不同的功能,三层协作完成态势感知的过程。

对快速变化的态势及时地做出感知响应是有效决策的必要条件之一。完成感知响应的时间主要由两部分组成:一是形成态势信息的时间,这主要依赖于系统的性能;二是指挥员对态势信息进行感知理解所花费的时间,这依赖于指挥员的认知能力和态势变化的速度。只有指挥员的认知理解速度能够跟得上战场态势的变化,他才可能进行"信息完全"情况下的有效决策。当前最为广泛使用的态势感知模型是 1995 年由 Endsley 提出的态势感知三层次模型。

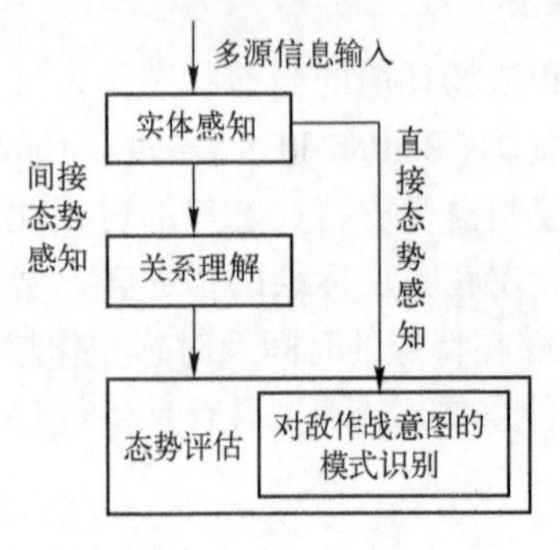

图 2-7 Albert 的态势感知模型

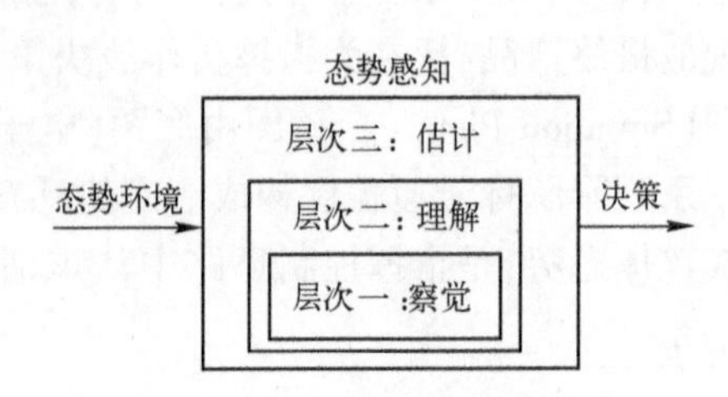

图 2-8 Endsley 的态势感知模型

第一层次是对环境中各种要素的察觉(Perception),是对战场环境直接观察的结果,包括第 1 章所说的直接发现和间接发现。例如战斗机飞行员必须对周围环境中“哪有飞机、哪有山脉”这一客观事实进行察觉;战术指挥员需要对兵力部署、气象、水文等要素进行察觉。现代战争条件下,指挥员一般经由 C4ISR 系统获得这一层次的信息,也即间接发现,称之为“察觉信息”或者“系统信息”。第二层次是结合已有知识和资料对态势要素“状态参数”意义的理解。“理解”建立在“察觉”的基础上,它描述的是“一种客观属性对于观察者意味着什么”。完成这一层次态势感知需要有一定的现实经验。在这一层次中。指挥员通过对“察觉信息”的感知得到“理解信息”。第三层是综合当前的“察觉信息”和“理解信息”。再结合资料或趋势对将来事物进行的估计。这一层次是态势感知的最高一层,它要求决策者能够对战场环境中要素实体的行为进行预测或估计。比如,根据各战场要素所处的状态及地形、地貌等外部条件,来刻画当前两军所面临的形势,然后预测或估计形势未来的演化发展。

虽然上述实验研究范围很广,实验结果也得到了大量应用,但是现有的态势感知模型主要是人作为主体进行研究的,反映了人对态势的认知过程。但是在模型中并没有反映态势感知的手段,也没有反映态势的具体处理过程。本章介绍一种以态势为主体、基于业务层次分解的态势感知过程,如图 2-9 所示。

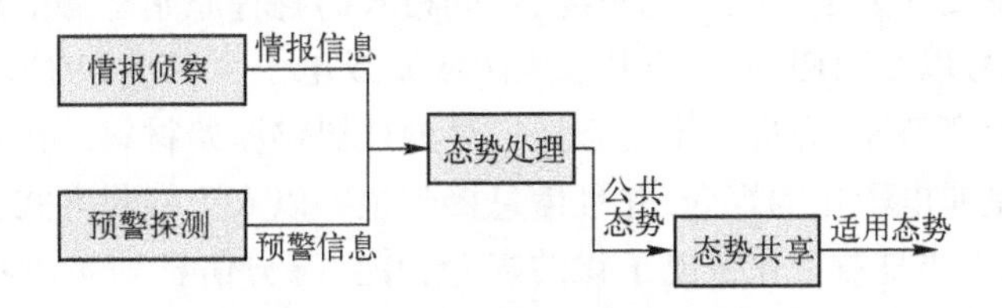

图 2-9　层次化分解的态势感知模型

在上述态势感知模型中,情报侦察与预警探测是态势获取的两大手段,分别获得情报信息和预警信息,经过态势处理过程,形成可以满足各种需求的公共态势。最后通过态势共享过程,根据不同的指挥控制需求,将公共态势进行适当的裁剪,形成针对特定目的的适用态势图。

2.2.2　态势获取

态势获取是整个态势感知过程中最前端也是最重要的一个环节,态势获取的能力直接影响了态势感知的能力和水平。

态势获取通过情报侦察及预警探测获取情报信息与预警信息。

情报侦察系统利用各种侦察平台、侦察传感器、人工等手段,对战场空间各种军事目标和军事活动进行连续不断的侦察监视,对获取的信息进行迅速的判断、分析、识别和处理后,就可形成完整、准确的情报信息。

预警探测系统利用各种预警探测平台、预警探测传感器等手段,对战场空间的飞机、舰艇、巡航导弹等目标进行连续不断的探测,对获取的目标信息进行融合处理、分析、跟踪与判断,为各级指挥机构提供尽可能多的预警时间和精确的目标信息。

由此可见,情报信息主要指战场空间部队行动、部署、位置、状态及战场环境等信息;

而预警信息主要特指飞机、舰艇、巡航导弹等敌方武器平台的位置、状态等信息。两者在内容与获取手段上是有明显区别的。需要特别注意的是,在广义上,情报信息也包括预警信息,要根据上下文来确定情报信息的准确含义。

2.2.3 态势处理

态势处理过程主要是将通过情报、侦察和监视等各种手段获取的原始态势信息进行连续的加工处理,形成可以满足各种指挥控制需求的公共态势,具体可以分为态势接收、数据融合、情报整合、态势汇合等子过程,如图2-10所示。

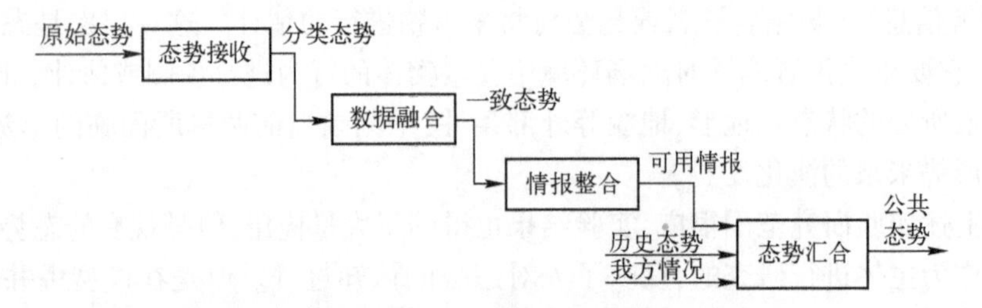

图2-10　态势处理过程模型

态势接收的主要任务是收集不同来源、不同格式的各种原始态势信息,并对这些原始信息进行分类、编号以及归档处理,并以文档(纸质或电子)、声音、图形和视频等格式形成原始态势信息的资料库,为进一步的态势信息处理提供原始材料。在传统条件下,态势信息的载体主要是非电子化的媒介,并且信息接收主要以人工接收方式为主,而在信息化条件下,态势信息主要是数字化或电子化的媒介,并且态势信息的来源和内容更加广泛,如信号侦察、密码破译、空间监测、遥感图像等战场目标状态和属性数据。

数据融合是对多源态势信息通过格式转换、消除冗余和信息互补等融合处理过程,形成一致的、精确的态势信息。在信息化条件下,多传感器的数据融合具有非常广泛的应用。随着战场空间的扩大以及联合作战对情报信息需求的日益提高,靠单一类型的传感器不能满足指挥决策的需要,必须利用分布在物理空间不同位置的、多种类型的传感器去收集战场态势信息,从而提高目标的探测识别能力,增加可信度和精度。数据融合可以将分布在各类平台上的各种传感器,按照各自对同一目标测得的发现概率、精度等数据,进行去噪声、去重复处理和关联分析,从而得到精确的目标运动状态和物理属性。

情报整合是对整个战场环境的各类态势信息进行选择、关联、比较、甄别和分级等处理过程,将经过融合的信息转化为可信的、有价值的、具有重要程度和紧急程度区分的态势信息。在作战过程中,各种信息数量大,来源广,大量的垃圾信息和错误信息不仅淹没了重要的、有价值的信息,同时也会严重影响指挥人员分析判断的及时性和科学性。态势整合首先要根据态势信息的获取时间、地点和方式,研究与判别信息来源的可靠程度及获取时的具体情况。其次,仔细分析情报所含内容,并与同一目标的其他情况进行比较,进一步判断情报的可靠程度、重要程度、紧急程度和价值,最后,将各类态势信息的位置、时间及性质进行关联分析,对态势信息做出综合判断结论,如敌军的强弱、编成、部署、行动性质以及行动路线等。

态势汇合主要是向各级指挥员提供战场空间内敌对双方的态势信息及战场变化情

况,形成通用作战态势图,便于各级指挥员形成对战场态势的一致理解。态势接收、数据融合、态势整合等态势处理过程主要是针对敌方的信息进行加工处理,而为了获取信息优势,指挥员必须全面地掌握战场物理空间情况,包括敌我双方的兵力部署、作战任务、运动情况,以及所处地理环境(如地形、天气、水深条件)等各方面的信息,这些信息汇合到指挥所,并且通过态势标绘形成通用态势图直观地显示,供指挥员分析、研究,这个过程就是态势汇合。

2.2.4　态势共享

态势共享主要是指将各种态势信息以声音、图像、文档(纸质或电子)或态势图为载体进行归档存储,供各级军事指挥人员共享使用,指挥人员能够根据各自需求获取一致的态势信息。态势共享的方式主要包括态势信息分发、态势信息检索以及态势信息订阅三种方式。

态势信息分发主要是信息提供方根据相关信息需求方的实际需求将态势信息分主题、分类别、分等级、分时段、分地域进行推送发布。信息提供方主动发送信息,而信息需求方处于被动的接收状态,通常信息需求明确、实时性要求高,并且能够事先约定的信息通常采用分发的方式,如战场实况信息、海空情信息等。

态势信息检索是指信息提供方预先将信息资源以纸质或电子的形式进行分类、归档和存储,形成信息资料库,信息需求方根据实际需求在信息资料库中进行查找和分析,获得所需的态势信息。通常比较稳定的、实时性不强且信息需求方不明确的信息通常采用这种检索的方式,如军事地形、战场设施、兵要地志等信息。

态势信息订阅是指信息需求方预先向信息提供方定制所需要的态势信息内容和格式,态势信息的提供方不定期地向信息的需求方发布相关的信息。通常实时性要求高、周期性比较强、信息提供方比较明确,但信息需求方不明确的态势信息通常采用这种信息订阅的共享方式,如气象水文、卫星过境等信息。

2.3　指挥控制过程

指挥控制作为作战过程的核心业务过程,还可以进一步分解为更加详细的指挥控制子过程,建立指挥控制的过程模型。这里的指挥控制模型是从狭义的角度定义指挥控制的过程,该过程模型不包括态势感知过程,也不包括作战实施过程。

根据国内外指挥控制的实践经验,指挥控制过程可以根据作战进程分为三个阶段,即平时阶段、临战前准备阶段以及战时阶段,不同阶段的指挥控制过程是不一样的。

在平时阶段,指挥控制过程一般分为收集整理资料、研究作战问题、制定和评估作战方案/计划、组织演习、训练和教育以及制定作战法规等过程。

在临战前准备阶段,指挥控制过程一般分为受领和传达任务、分析判断情况、定下作战决心、修订作战计划以及组织临战准备等几个过程。

(1) 受领、传达作战任务:召开作战会议;下达预先号令。

(2) 分析判断情况:分析判断敌情,包括敌政治企图、社会动向,敌主要兵力、兵器编组及部署(调整)情况,敌作战重心及强点和弱点,敌防御组织及防御能力,敌可能采取的反制行动,敌主要目标分布及特征,强敌可能采取的干预行动;分析研究我情,包括参战兵力、兵器编组及部署,主要武器装备情况,综合作战能力分析,作战保障、政治工作、后勤保障、装备保障能力分析,重要保卫目标分布情况,我方的优势和不足;分析战场环境,包括战场准备情况(阵地、港口、机场、指挥设施、防护工程等),战场电磁环境情况,军事交通情况,气象水文情况,战场环境对作战任务的影响分析报告。

(3) 定下作战决心:主要明确战略目的和作战目标,作战方针,作战任务,主要作战行动,作战阶段划分,参战兵力和任务区分,指挥协同关系,战役保障,作战准备完成时限。

(4) 修订作战计划:修订总体作战计划;指导作战集团(群)制定行动计划;指导各中心修订各种保障计划;评估和审批联合作战计划。

(5) 组织临战准备:组织战役机动;组织防卫作战行动;组织临战训练;检查临战准备情况。

上述五个过程又可以进一步分解,如分析判断情况可以进一步分为整理分析敌情、分析研究我情、分析战场环境以及形成情况判断结论等指挥控制过程。

一般情况下所说的指挥控制过程都是作战实施阶段的指挥控制,本章主要对战时的指挥控制过程模型进行详细介绍。

战时指挥控制的过程模型是一个不断循环的过程,首先受领作战任务、分析判断情况、明确作战目标,然后进入“制定或修订作战方案→评价方案→选择方案→拟制作战计划→下达作战命令→监视并评估作战进程”的循环过程,直到实现预期的作战目标。如图2-11所示。

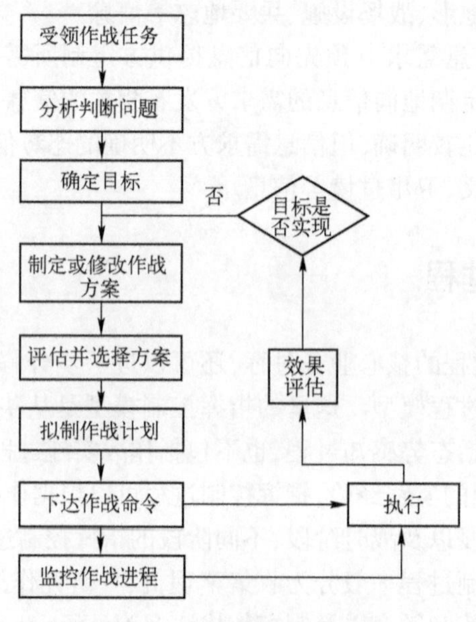

图2-11 指挥控制过程模型

在上述指挥控制过程模型中,主要的作战过程包括受领作战任务、分析判断问题、制定作战方案、评估作战方案、下达作战命令以及监控作战进程等过程,以下分别进行说明。

1) 受领作战任务

受领作战任务的主要任务是接收上级发布的作战命令,召开作战会议,理解首长意图,并向下级部队传达作战任务和下达预先号令。

2）分析判断问题

在对战场情报信息进行了综合分析处理后,指挥所的指挥控制系统能在人工干预下得出结论并将各种结论信息自动地在计算机屏幕上显示出来。指挥员在整个作战过程中都将不断地根据战场信息的分析结论确定和调整决心方案,同时,分析得出的各种态势信息也可以实时显示在各级指挥员和各种武器系统的战术终端上,便于其组织和实施作战行动。

战场信息分析结论主要包括有三个部分。一是敌情态势图。即在电子地形图上准确标注敌兵力部署,重要武器系统的配置,指挥控制机构的位置,预备队的配置及可能行动等要素。对于不同的指挥级别和不同作战单元的指挥机构,标注的内容有所区别。一般来说,营以下的分队和火力支援力量的敌情态势图上,要准确标明敌武器的具体位置,能迅速确定各种目标的坐标,师团以上则要详细标明敌纵深力量的部署及可能的行动方向。敌情态势图是战场信息分析结论的重点,必须在战斗过程中不断依据新的信息加以补充完善,并能够利用数字化信息系统实时传输到每个战术终端。二是战场综合态势图。即在标有敌情态势的同一电子地形图上,利用数字化信息系统,自动生成和标明已方部队的配置、机动路线及战斗队形等情况,使指挥员不需等待下级的报告,就可掌握战场全局,能够根据变化情况迅速做出反应,积极主动地指挥控制部队,夺取战场上的主动权。三是地形、气象等战场环境状况的影响。利用数字化信息系统的电子地形分析系统和战场环境资料数据库,并结合对战场地形等作战环境的实地侦察所得到的有关数据信息,数字化部队的指挥控制系统可以准确地分析判断地形、气象等因素对作战行动的影响,并以图注式或文字式报告提出进行战斗保障的结论性意见。

3）制定或修改作战方案

研究制定作战方案是指挥控制的中心环节。数字化部队作战方案的研究制定,将大量运用计算机系统进行辅助。首先,在掌握大量情报信息并得出分析结论的基础上,利用计算机系统生成各种可能的作战方案;然后,由指挥员和指挥机关研究确定主要的作战方案,再利用计算机系统对方案作进一步的分析计算,特别是进行各种方案的比较及大量的复杂运算;最后,指挥员对初步完成的决心方案再次修改完善,并转入模拟分析。

4）评估并选择作战方案

利用作战模拟系统分析研究决心方案是指挥控制上的重要环节。运用计算机模拟作战进程,不仅可以在短时间内对许多无法实际试验的内容进行大量的数据分析,全面、客观地做出结论,而且,还能够利用其可控性强的特点,分析特定战场上各种作战因素的相互关系,找出在一定条件下影响作战进程和结局的最重要因素,从而有针对性地调整和完善决心方案。指挥控制系统所进行的模拟分析主要包括三个方面的内容。一是作战力量的规模及部署。模拟分析在各个作战地区所使用的兵力兵器数量及其部署与作战效果及损耗,计算作战力量投入交战的方式及战斗队形对作战进程与结局的影响,优选能取得最佳作战效能的方案。二是主要支援及保障武器系统的使用。模拟分析支援火力、防空火力在不同作战条件下的效能,确定在作战地域上战斗支援及保障力量的使用,以便最有效地发挥整体作战能力。三是重要时机上作战方案的可行性。模拟推演敌我双方的对抗行动,计算分析各主要作战阶段或情况发生重大变化时,拟采取的作战行动方案的利弊因素,检验计划的可行性。

决心方案的模拟分析通常可分为四个阶段。

第一,提出任务,确定内容。由指挥员和参谋提出模拟分析决心方案的任务,确定需要计算机描述的主要内容。

第二,准备数据,选择模型。根据模拟分析的任务内容,准备必要的初始数据,同时,选择与特定作战环境、作战阶段、作战时机以及敌我实际情况相一致的数学模型。

第三,动态控制,局部检验。将计算机模拟过程置于动态控制过程中,不断以可控变量的修正去得出相应结果,分析各个局部环节上各种因素关系,检验局部模拟结果的可信度。

第四,反馈调节,完善方案。利用模拟分析结果,修改和调整决心方案,使计划真正建立在科学计算基础上,更具可行性。

5) 下达作战命令

在指挥员定下决心后,指挥控制系统便能围绕指挥员确定的作战方案,调整地进行各种作战计算和生成战斗文书,并通过通信设备近实时地发布命令信息到各个部队,自动在各级战术终端上显示出来,部队可以立即展开作战行动。在战斗实施过程中,指挥控制系统能不断将综合分析处理的各种情报信息,特别是敌情信息,自动改善并显示到各级指挥员的战术终端上,使指挥员能够及时准确地了解敌我态势及战场环境的变化。

6) 监控作战进程

利用指挥控制系统,指挥所可以实时收集各个部队和武器系统的作战信息,掌握作战进程及各兵种部队与作战单元的具体位置,并实时通报战场敌情和友邻情况,以实现对作战行动的有效监控。为可行实施监控,指挥所运用数字化信息系统,及时了解和掌握各个作战部队的任务执行情况,不断对机动、火力支援、防空及保障等作战行动进行协调,根据各个方向或地区的作战部队的需要,提供及时准确的作战与情报信息。

在作战过程中,特别是在第一作战阶段结束后,指挥所要根据数字化信息系统自动收集的数据和改正报告的情况,利用作战评估分析系统对部队的战斗损耗和战斗效能进行计算评估,以适时调整作战部署,展开作战支援和保障行动,组织投入预备力量以及进行作战阶段的转换。

2.4 小结

本章首先介绍了一些经典的作战过程模型,并对这些作战过程进行分析和对比,但这些作战过程模型比较抽象和通用,无法指导信息化条件下指挥信息系统的功能分析和设计,所以,本章还介绍了一种信息化条件下的作战过程模型,并对态势感知的过程指挥控制过程进行进一步的分解和介绍,分别建立了态势感知过程模型和指挥控制过程模型。

参考文献

[1] 戴维·S·艾伯茨,理查德·E·海斯. 权利边缘化——信息时代的指挥与控制[M]. 北京:军事科学出版社,2006.

[2] 美国国防部呈国会报告．网络中心战[M]．北京：军事谊文出版社,2005.
[3] Guitouni A, Wheaton K, Wood D. An essay to characterise models of the military decision – making process[M]. De Vere University Arms, Cambridge, UK, 2006, 8(9):26 – 28.
[4] Grant T, Kooter B. Comparing OODA & other models as operational view C2 architecture[M]. Royal Netherlands Military Academy. 1997.
[5] Alberts D S, Hayes R E. Understanding command and control[M]. CCRP Publication Series, 2001.
[6] 李敏勇,张建昌．新指挥控制系统原理[J]．情报指挥控制系统与仿真技术,2004.
[7] 纪金耀,肖汉华,朱汉雨．网络中心战对未来指挥控制过程的影响[J]．火力与指挥控制,2008.
[8] Griffith J, Sielski K. C4ISR Handbook for integrated planning[M]. DoD, 1998.
[9] 总装备部电子信息基础部信息系统——构建体系作战能力的基石[M]．北京：国防工业出版社,2011.

思 考 题

1. 态势信息获取的主要方式有哪些？相互之间的区别是什么？
2. 什么是指挥和控制？它们之间的区别是什么？
3. 态势处理包括哪些步骤？
4. 作战实施阶段的指挥控制具体包括哪些阶段？
5. 请简述 OODA 模型。
6. 请简述 HEAT 过程模型。
7. 请简要分析比较常见的作战过程模型。
8. 试阐述作战过程模型对指挥信息系统的意义和作用。

第3章

3 指挥信息系统的功能结构和信息基础设施

3.1 概述

为了科学地理解指挥信息系统概念,针对如此复杂的对象,一种有效的方法是运用系统思想和系统工程方法论,从指挥信息系统功能与结构的视角进行切入,辨析“系统”“功能”“结构”等基本要素,阐明各种要素之间的逻辑关系,描述指挥信息系统的典型功能与结构,从而逐步加深对指挥信息系统概念的理解与认识。

即便如此,关于如何界定指挥信息系统的功能与结构,在本领域也存在多种不同的学术观点,有些观点之间甚至互相矛盾,往往让初涉此领域的人员无所适从。例如:“人”这一要素(通常是以使用指挥信息系统的指挥员为主要代表)是否属于指挥信息系统的一部分?一种观点认为指挥信息系统是一个“人-机”系统,系统的作战效能与指挥员本身的能力及其与系统间的交融程度密不可分;另一种观点则认为这是属于组织运用的问题,系统本身并不应该包含“人”这一要素。

此外,在对指挥信息系统进行分类时,也存在多种分类方式,有些甚至在逻辑上交织在一起,不易区分。例如:统帅部联合作战指挥信息系统和军种指挥信息系统是否可以作为同一层次的概念并列?指挥所系统、指挥中心系统、指挥控制系统以及指挥信息系统的结构与功能有何区别?对于上述问题,首长机关、作战指挥人员、系统总师、研发人员、技术保障人员、军事专家、系统工程专家、具体技术专家等不同角色的人对之有不尽相同的认识,甚至即使是同一人员,在不同的上下文环境中也会产生不同理解。

事实上,之所以产生上述问题,正是由于指挥信息系统本身的复杂性和动态发展性所造成的,这是其作为复杂系统对人类认知带来的必然障碍,同时也是指挥信息系统本身展现出巨大魅力的根本原因所在。纵观世界各国军队,指挥信息系统这一概念总是在不断地发展完善之中,从不同角度观察这一复杂系统,也会得到不一样的视图和观察结果。

对于广大学习和研究者来说,面对指挥信息系统这种复杂多变的特性,需要努力把握住其中“**不变**”的东西;要善于运用系统工程方法,根据指挥信息系统所服务的作战指挥使命任务目标和特定的背景环境,采用适当的方法和适当的角度进行系统研究,以得到适当的分析结果。按照上述思路,本章内容的组织方式和内在逻辑就是试图运用系统思想和系统工程方法论,按照“先见森林,后见树木,再见森林”这种“综合-分解-综合”的形式展开。如果将指挥信息系统比喻为一幢宏伟的大厦,首先将以类似航拍镜头的角度,对这幢大厦从外部顶端由远处缓缓推近观察,并从各个角度围绕大厦进行拍摄和讲解,介绍一幢宏伟复杂建筑应具备的一般结构与特征(指挥信息系统作为“系统”的一般特性);再将镜头深入大厦内部,由一般到特殊,从宏观到具体,自顶而下、由表及里地逐步阐明大厦各个典型组成部分的功能与结构（指挥信息系统的功能、分类与结构）；并以此为出发点，进一步介绍大厦各个部分应达到的建设指标要求（指挥信息系统的战术技术指标）；最后，统一介绍这类宏伟大厦的一个特殊而又极为重要的部分——底层的公共基础部件（指挥信息系统的信息基础设施），并由此阐发开来，沿着历史发展沿革的路线，再次回到整体角度阐述几种代表性的建筑架构及其未来发展方向（指挥信息系统的技术架构）。如果把"军事需求"和"技术发展"看作是影响指挥信息系统功能结构特点及其发展变化最重要的两个因素，则本章最后一部分的内容其实是从"技术发展"角度把握指挥信息系统多变表征背后"不变"因素的关键。

3.1.1　系统的一般特性与边界划分

指挥信息系统首先是"系统"。所谓"系统"，是由多个组成要素按照一定的秩序和结构形成的有机整体，具有不同于各组成部分的全新的性质和功能①，也就是说，系统整体的质不同于各组成部分的质。

按照系统论的观点，在组成系统时，1加1不等于2。一般系统论的创立者，美籍奥地利生物学家冯·贝塔朗菲把这种规律称为"非加和定律"。其中，一种情况是"整体大于部分之和"，称为系统整体功能放大效应；另一种情况是"整体小于部分之和"，称为系统整体缩小效应。总而言之，系统整体的功能并不等于各组成部分的功能之和，这一特性称为**系统的整体性**。

反过来说，正是由于系统具有整体性，其组成要素之间一定具有符合某种秩序或规则的关系，而不是简单的堆积和拼凑。对系统的各个组成要素及其相互关系进行描述，即称为系统的组成结构。

指挥信息系统当然也具备这一特性，其组成要素之间一般均具有特殊的耦合关系，系统的整体功能与各组成部分明显不同，有些学者进一步称这一特性是指挥信息系统整体呈现出的"非线性"特征，也有些学者重点研究系统的组成结构，并根据内容特点，将其内部耦合关系分为传感器网络、交战（控制）网络和信息网络等，却也不失为是一种对指挥信息系统组成要素之间关系秩序或规则的有益探索。

在分析系统组成结构时，可能会发现与目标系统相关联的要素非常之多，此时就需要进行区分和筛选。在这些要素中，一部分是组成系统的核心要素，它们的性质与结构决定了系统的整体功能特性；另一部分可能与系统关系密切，但本质上却不属于系统本身，而是属于系统所处的环境，或者是系统的输入输出。因此，在研究特定的系统时，必须划分和界定其边界，明确其所处的外部环境。

系统与环境之间不断地进行相互作用，进行物质、能量和信息的交换。系统本身也会针对其所处的环境，不断地进行适应和调整，以保持相对有序、稳定的结构和状态，呈现出特定的功能。这一特性称为**系统的开放性**。

指挥信息系统正是这样一种开放的系统，和其所处环境之间进行着不断的相互作用。显然，不同的系统边界划分方法将会影响到指挥信息系统核心要素的确定，影响到其与环境的交互方式，并进而影响其组成结构与系统功能。那么，如何划分指挥信息系统的边界

---

① 汪应洛．系统工程学[M]．3版．北京：高等教育出版社，2007.

与环境?

并没有一种统一权威、一成不变的划分标准,以用之于区分指挥信息系统和其所处的环境。一种传统的划分方法,是把本级指挥员(指挥信息系统的主要使用者)、作战部队、武器以及上级指挥员等作为被研究的指挥信息系统环境,把指挥信息系统本身的主要组成要素归纳为情报获取、信息传输、信息处理、组织计划、辅助决策和指挥控制,如图3-1所示。

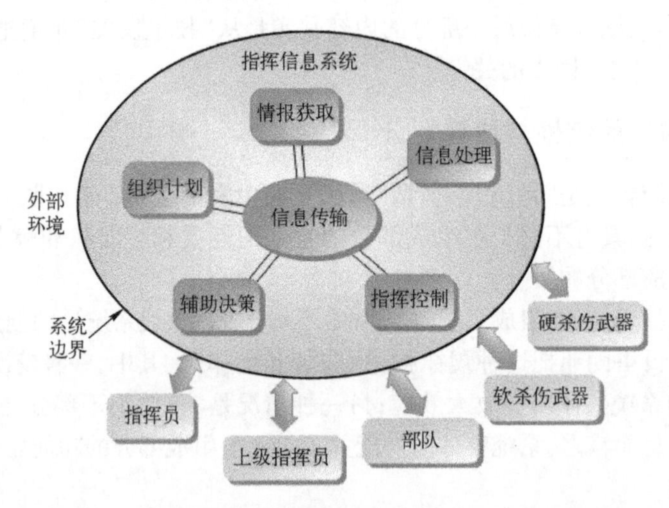

图3-1 一种典型的指挥信息系统组成与边界划分方式

按照这一划分方法,系统的输入包括情报、上级命令、下级上报和指挥员本人的指令,其中情报是由情报系统提供的。系统的输出控制武器和部队的行动,并上报本级的决策结果。

值得特别注意的是,也有另外一种观点,认为必须把指挥员(特别是本级指挥员)纳入到指挥信息系统的系统边界之内,才能使整个系统呈现为一个完整的"人-机"系统,并充分体现其中"人"这一要素的核心地位与作用。

从本质上来看,任何系统都在不断地发展变化,系统的要素之间、要素与系统整体之间、系统的外部环境、系统与环境之间、人对系统的认识等,它们都在变化中相互影响,呈现出**系统的动态相关性**。

这使得每一种划分方式都只能适用于某个特定的时间段或者场合,指挥信息系统也是如此。从最初的半自动化地面防空系统(SAGE)到C2、C3、C3I、C4I、C4ISR,从指挥自动化系统、综合电子信息系统到目前的指挥信息系统,其概念的内涵与外延经历了一个长期的动态发展过程。可以预见的是,指挥信息系统概念的内涵与外延在未来仍然会持续变化;因此,必须充分认识到其作为系统所必然具备的动态相关性,理解不同背景下系统边界划分方法的物理意义,并在实际应用中选择最适当的划分方法。

分析图3-1所示的指挥信息系统组成结构,容易发现它是从功能角度进行划分的,而另外一种常见的方式是按照指挥层次划分,可以把指挥信息系统区分为战略级指挥信息系统、战役级指挥信息系统和战术级指挥信息系统。按照这一方式,统帅部、军种司令部的指挥信息系统可归为战略级系统,战区、军区、方面军、舰队等级别的指挥信息系统可归为战役级系统,师、旅、团及以下的指挥信息系统可归为战术级系统。也就是说,指挥信息系统的结构是有层次和等级之分的,这就是**系统的层次等级性**。

指挥信息系统由子系统组成,低一级层次是高一级层次的基础,系统本身也是更大系统的组成要素。因此,一种典型的分析方法是对指挥信息系统进行层层分解,弱化各系统要素之间的联系,基于系统的组成结构,采用自顶而下、逐层分解的方法进行分析。然后,在对更小规模子系统或系统要素深入剖析的基础上,再自底而上、逐步组合、增加和强化要素之间的联系,以最终得到系统的整体功能特性。在实际工作中,这种方法被广泛地应用,也取得了较好的效果。

但是,对于结构与功能日益复杂的指挥信息系统而言,上述"分解-还原-综合"的方法很多时候并不理想,难以解释指挥信息系统一些关键特性的形成机理,尤其是在将"人"这一因素列为系统要素时,更是难以分析处理。这是因为,对于复杂、有机程度高的系统,"分解-还原-综合"的方法已经无法反映系统的本质特征。

3.1.2　复杂系统的特点与方法论

20世纪80年代末至90年代初,以钱学森为首的系统科学家在研究此类复杂系统问题时指出:有一类系统,其子系统种类很多,规模很大,子系统和系统要素之间的关联关系及相互作用形式多样且机理复杂,就可称为复杂巨系统;而复杂巨系统一般均为开放系统和动态系统,如生物体系统、生态系统、宇宙星系系统、人类社会系统等,指挥信息系统也是一个开放复杂巨系统。

此类系统的复杂性主要表现在以下几个方面。

(1) 系统规模大。系统规模大并没有严格的数学定义,而仅仅是一个定性的概念,不同的系统有不同的理解,所谓规模大的具体数量也有所不同。但从目前国内外研究人员的观点看来,通常一致认为系统规模是复杂系统的重要前提,规模过大,就难以进行规范的描述和分析。

(2) 属性与功能复杂多样。系统具有很多属性和功能,所处环境复杂,功能交叉、目标冲突、角色变换等问题十分突出。

(3) 系统结构与行为复杂。系统内部各组成要素之间存在广泛密切的联系,而且常常是异构异质的。系统一般为"人-机"系统,而人及其组织或群体呈现出固有的复杂性。

(4) 系统与环境关系问题突出。系统高度开放,但边界模糊。系统与环境之间、要素之间、要素与环境之间存在大量信息交换、知识交融和行为互动。

(5) 学习与自适应特征明显。系统及其各要素通过学习以不同方式获取知识,并在发展过程中能够不断地对其结构和功能进行重组和完善。也就是说,复杂系统通常具有某种程度的智能。

(6) 具有涌现(Emergence)现象。涌现描述了一种从低层次到高层次、从局部到整体、从微观到宏观的变化,它强调个体之间的相互作用。正是这种相互作用才导致具有一定功能特征和目的性行为的整体宏观特性的出现。

(7) 具有不确定性与不可重复性。从本质上说,完全确定的系统最终必定是简单系统,而只有具备不确定性的系统有才可能导致复杂性,形成复杂系统。复杂系统的行为还表现为不可重复性,一般不可能再现复杂系统的行为。

由于上述各种特点,通常不可能对复杂系统进行形式化分析,也很难自顶而下建立传统的数学模型,以对系统的微观行为和宏观行为进行综合分析。也就是说,复杂系统是不可计算系统,不可能通过数学分析的方法,对其进行规范分析。同时,复杂系统又是不可重复系统,影响系统变化的不可控因素太多,无法重现系统。因此,钱学森等人认为:对于这种"开放复杂巨系统",必须采用定性到定量的综合集成(Meta - synthesis)方法以及综合集成研讨厅体系加以研究[①]。

这种方法论以认识论和实践论作为哲学基础,采用辩证法的思想将整体理论与还原理论相结合、定性分析与定量分析相结合、确定性描述与不确定性描述相结合、系统分析与系统综合相结合、专家体系与知识体系和机器体系相结合,逐渐形成了一种全新的理论体系。

从复杂系统本身的理论沿革发展来看,与复杂系统相关的理论基础主要包括:

(1) 系统论(System Theory),主要研究系统的共同特征以及探求系统的一般结构、模型、模式和规律。

(2) 控制论(Cybernetics),主要研究机器、生命社会中控制与通信的一般规律以及动态系统在变化环境条件下如何保持平衡或稳定状态。

(3) 信息论(Information Theory),主要研究信息、信息熵、通信系统、数据传输、密码学、数据压缩等问题。

(4) 运筹学(Operations Research),主要运用统计学、数学模型和算法研究系统问题的最优或近似最优解。

(5) 相变论(Phase Transition Theory),主要研究平衡态的形成与演化。

(6) 耗散结构理论(Dissipative Structure Theory),主要研究非平衡态的形成与演化。

(7) 协同学(Synergetics),主要研究从无序到有序状态的演化与自组织。

(8) 突变论(Catastrophe Theory),主要研究平衡态与非平衡态、渐变与突变的特征及其关系。

(9) 混沌与分形(Fractal and Chaos),主要研究由于系统内在随机性引起的、由初始微小差别导致在演化后的显著差异。

(10) 超循环理论(Hyper Cycle Theory),主要研究生物系统演化行为基础上的自组织理论。

(11) 灰色系统理论(Gray Systems Theory),主要研究信息不完全或不确定系统的控制理论。

(12) 复杂适应性系统(Complex Adaptive System,CAS)理论,主要研究由主体之间及主体与环境之间的适应性产生系统复杂性的理论。

(13) 复杂网络理论(Complex Networks Theory),主要研究复杂系统非规则和非随机的网络拓扑结构。

上述理论经过长期发展,逐步形成了三个主流的复杂系统理论学派,分别是以非线性

---

① 钱学森,于景元,戴汝为. 一个科学的新领域——开放的复杂巨系统及其方法论[J]. 自然杂志,1990(1):3-10.

自组织理论为核心的系统理论(欧洲)、以复杂适应性系统理论为核心的系统理论(北美)、以开放复杂巨系统理论为核心的系统理论(中国)。其中,以钱学森等人提出的综合研讨厅体系为代表的中国学派理论更接近科学哲学层面,在技术基础与应用技术层面还有不少工作要做,但本书作者认为,从目前全世界复杂系统理论的发展现状来看,欧美学派理论虽然在工程应用方面更早做出探索,但已经遇到长期未能克服的瓶颈,中国学派理论框架下尚有大量值得探索和研究的空间,能够走出一条另辟蹊径的新路也未可知。

指挥信息系统正是一个开放复杂巨系统,对其功能、结构与工作机理进行深入剖析需要应用复杂系统理论。但是,针对上述的复杂系统理论研究现状,在很多实践情况下,只能将"人"这一具备固有复杂性的要素从指挥信息系统中剥离,将其作为环境要素处理;此时,指挥信息系统的复杂度将大幅降低。在此基础上,再根据军事需求和具体研究目标,选择适当的角度进行观察,合理确定系统的粒度与边界划分方法,进一步以简明的方式给出指挥信息系统的功能与结构。

需要再次强调的是,关于指挥信息系统的功能与结构,在指挥信息系统的不同历史发展时期、基于不同的目的任务、采取不同的观察角度,以及不同的观察者,都有可能得到不尽相同的结论,这是由于其本身的复杂性所决定的。关键是应把握其作为复杂系统的本质特征,并根据具体情况具体分析,选择适当的方法和结论。

3.2 指挥信息系统的功能

3.2.1 系统功能与功能描述方法

指挥信息系统的功能是指系统的作用和能力,为了满足特定的使用需求和实现不同的目标,就形成了不同的系统功能;采用某种方法对系统功能进行表达和理解,即称为功能描述。

传统的指挥信息系统功能描述方法是使用自然语言进行的,这也是最常用和最易于使用的一种方式。由于指挥信息系统本身的复杂特性(包括系统的动态相关性、目标的差异性、边界的不确定性、需求的模糊性、观察角度的多样性以及操作使用上的人机交互性等)和自然语言的不直观并容易产生歧义等特点,还可采用一些规范化、图形化的方法进行系统功能描述,如集成定义语言(Integrated Computer Aided Manufacturing Definition, IDEF)、统一建模语言(Unified Modeling Language, UML)等。

其中,IDEF方法中的IDEF0和IDEF3是层次结构化的功能建模方法,用于描述系统的功能活动及其联系;它采用规范的图形符号并结合自然语言,按照自顶向下、逐层分解的结构化方法描述功能模型,包括系统的各组成部分、各种业务活动及其相互关系①。

统一建模语言(UML)最早由Rational公司提出,是面向对象技术领域内占据主导地位的标准建模语言,同样可用于对指挥信息系统进行建模和功能描述。该方法全面体现了面向对象的设计思想,贯穿于系统开发的需求分析、设计、编码以及测试等各个阶段,使

---

① IDEF功能建模方法,详见第9章。

得系统的开发标准化,同时具有很强的重用性和扩充性,并有自动化处理工具的支撑,是进行系统分析设计的主流方法。

相比基于自然语言的指挥信息系统功能描述,基于IDEF和UML的方法规范、直观、歧义较少,但对使用者的基本素质有一定要求;因此,在很多场合下,还是使用自然语言为主来描述指挥信息系统的功能。在本章后续内容中,也主要采用自然语言来描述指挥信息系统的功能。

3.2.2 指挥信息系统的基本功能

如前所述,任何系统的功能都与特定的需求和目标任务相关,指挥信息系统也不例外,其功能与指挥控制的基本任务及核心业务流程紧密相关。这里,指挥控制指的是广义上的概念,是以狭义上的C2(Command and Control)为核心的全部作战活动。仔细分析指挥控制的核心业务,可以发现:无论是传统战争,还是信息化战争;无论是单一军种作战、多兵种协同作战、还是高技术条件下的多军兵种联合作战,指挥控制的基本任务和过程并没有发生本质的改变,其核心的流程还是可以用"观察(Observe)-判断(Orient)-决策(Decide)-行动(Act)"这个OODA循环来描述。随着信息技术在军事斗争中的广泛应用,不断发生变化的实际上是指挥控制的方式和手段。

不同的指挥信息系统虽然有着不同的任务目标和应用领域,但它们一般都具有以下基本功能。

(1)信息获取功能。是借助各类传感器系统和专门的情报系统,获取所需战场相关信息的功能。信息获取的手段主要对应于"C4ISR"中的"ISR"。在获取信息时往往需要进行传感器级别的信息处理,包括信息的识别、特征提取、分类、判定、估计、存储、输出等。获取的信息种类有敌情、我情、友情、气象、海洋、天文、地理、社情等。信息获取的基本要求是致力于使所获得的信息真实、完整、准确和适时(在适当的时间内)。

(2)信息传输功能。是运用多种通信手段,按照一定的传输协议,将信息从发送端传输到接收端的功能。信息传输功能实现指挥信息系统各个组成部分之间的信息交换与传输,要求快速、准确、可靠、保密和不间断。通常信息传输功能由各种通信系统完成。

(3)信息处理功能。是系统按照一定的规则和程序对信息进行加工的功能。信息处理涵盖的范围较广,存在于指挥信息系统的各个组成要素与指挥控制业务流程的每个环节之中,包括一般意义上的信息分类、存储、检索、分发、输出等,包括信息获取功能中传感器级的信息处理,还包括信息登录、格式检查、属性检查、信息融合、数据挖掘、统计计算、效能评估、威胁估计、目标分配、战术计算等深层次、内容复杂的复合型信息处理。

(4)辅助决策功能。是辅助指挥员分析判断情况、拟制作战方案、评估方案效能、协助实现决策科学化的功能。辅助决策以人工智能和信息处理技术为工具,以数据库、专家系统、建模技术为基础,通过计算、分析、优化、仿真、评估等手段辅助指挥人员制定与优化作战方案和保障预案,进行作战仿真推演与评估,组织实施作战指挥等。

(5)指挥控制功能。是指挥员根据选定的方案确定决心、给所属部队下达作战指挥命令,并对作战部队和武器系统进行指挥引导、状态监视、趋势预测、调整控制的功能。多次局部战争的实践表明,现代武器特别是在战场大显身手的精确制导武器,都是依靠指挥信息系统的控制来进行作战的。

(6) 资源管理功能。是针对战场环境中数据、模型、通信信道、电磁频谱、物资、装备、人员、信息服务等各类实体与虚拟作战资源进行优化配置、精确保障和动态管理的功能。在信息化战争条件下,不仅要对传统的人员、物资、装备等实体资源进行精确化和智能化管理,以满足各类保障需求,还要对数据、模型、电磁频谱、信息服务等虚拟资源进行按需分配,并能够根据任务和资源状态的变化进行动态的调整。

(7) 系统对抗功能。是对敌方的信息、电子系统进行压制、削弱、破坏、欺骗,同时抵御敌方类似攻击,保护己方系统在受到攻击和各类战场环境影响下发挥最大效能的能力。系统对抗在攻击手段上可分为利用火力或高能辐射武器直接摧毁的硬杀伤,以及利用网络攻防或信息欺骗等方法的软杀伤,其功能涵盖了传统意义上的电子战、信息战、安全保密、信息安全保障等一系列领域。

一种观点是将指挥信息系统互连、互通、互操作的"三互"能力也归为指挥信息系统的功能,与上述各项基本功能并列。但从逻辑上看,这种划分方式使得功能之间存在较为明显的重叠(如信息传输与"三互"功能之间),其实"三互"功能更适于归为指挥信息系统的战术技术性能指标。

还有观点认为应该把基于建模仿真技术实现的模拟训练功能也纳入到指挥信息系统的基本功能之中。

除此之外,还可按照C4ISR的各个要素对指挥信息系统进行功能划分,将其划分为指挥控制(Command and Control)、通信(Communication)、计算机/计算(Computer)、情报(Intelligence)、监视(Surveillance)、侦察(Reconnaissance)等功能①。

前文中的图3-1也展示了一种指挥信息系统功能描述,将指挥信息系统的功能分为情报获取、信息传输、信息处理、组织计划、指挥控制、辅助决策,与上述两种描述互有异同,代表着另一种观点和划分方式。

3.2.3 指挥信息系统在现代战争中的整体能力

信息化战争时代,体系与体系的对抗是战争的主要表现形式,基于信息系统的体系作战能力成为体系对抗的核心要素。指挥信息系统通过信息流主导物质流和能量流,对体系作战能力的形成起到关键作用。

一方面,它以信息为对象和手段,负责统筹决策,以及各种体系作战能力要素的关联、聚合与释放,是体系作战结构链中最富有活性的核心与"大脑"。另一方面,作为信息获取、传输、处理和应用的基础设施,它能够将各种作战要素和系统进行融合连接,实现多维战场空间的互联互通,形成对体系作战极为重要的支撑能力,构成整个作战体系中的"神经网络"。因此,指挥信息系统必然成为体系作战能力的核心支撑与关键引擎。

指挥信息系统的运行过程包括了信息的获取、传输、存储、处理、应用和反馈等各个环节。在纵向方面,指挥信息从物理域、信息域到人的认知域,不断在这三个不同层次的领域之间进行循环与变换,将物质、能量和人的知识与智力活动贯穿连接为一个整体,深刻地反映了战争这一人类高级对抗性智力活动的本质特征。在横向方面,指挥信息流可以

① Office of The Assistant Secretary of Defense. C4ISR Handbook for integrated planning[M]. 1998.

使各种不同种类、不同粒度和不同程度的服务与资源相互关联聚合,形成体系作战所需的集成、敏捷的各类业务能力。

具体来说,指挥信息系统在现代战争中的整体能力主要表现在以下几个方面。

(1) 指挥信息系统是国防威慑力量的重要组成部分。传统的国防威慑力量包括核威慑与常规威慑。在信息化战争时代,基于信息系统的体系作战能力使指挥信息系统也成为国防威慑力量的重要组成部分。一方面,在现代战争中,军事力量各要素之间的紧密协调和各种武器系统威力的发挥,越来越明显地表现出对信息的依赖,信息优势已成为决定战争进程与结局的重要因素;即使是加载核武器的战略导弹,其打击效果也更加依赖于信息与信息系统。另一方面,基于网络、舆论等手段的信息攻击具有使一个国家金融混乱、交通瘫痪、社会动荡乃至整个军事指挥体系崩溃的能力。因此,掌握信息优势的能力,已是当今世界军事领域正在强化的一种潜在的威慑力量,而建立高效的军队指挥信息系统,正是掌握信息优势的关键。

(2) 指挥信息系统是军队战斗力的"倍增器"。在现代战场上,单一武器的决定作用逐渐弱化,体系与体系的对抗已成为现代战争的基本特点。武器系统,特别是高技术武器系统以及随之伴生的战法,给战争带来了新质作战力量。如何才能有效发挥高技术武器系统与新质作战力量的作用,形成体系作战能力,取决于指挥信息系统的聚合作用。这种作用可以使各类武器系统形成相互配合、运用灵活的整体打击力量,可以使各种作战资源得到快速合理的分配,可以更有效地选择时机、配置力量和运用兵器,从而充分发挥各种武器系统的作战效能,使有限的作战力量得到"倍增"。近年来发生的科索沃、阿富汗、伊拉克等几场高技术条件下的局部战争,充分体现了指挥信息系统的"倍增器"作用。

(3) 指挥信息系统是现代战争不可缺少的指挥手段。在现代高技术战争中,参战军兵种多,武器装备复杂,作战空间大,节奏快,信息量大,战场情况瞬息万变。面对复杂多变的海量战场信息、高速精确的武器装备、不断加快的作战节奏和日益复杂的作战计划,依靠传统手段(包括传统的"烟囱"式系统)已无法实施有效的指挥。必须运用一体化指挥信息系统,为指挥人员提供及时、准确、完整的战场综合态势信息、适时的作战行动方案、快速安全的通信手段、精确可靠的作战保障信息等,以夺取信息优势和决策优势,最终取得行动优势。可以说,在现代战争中,如果离开先进的指挥信息系统,要想取得战争的胜利是不可能的。

(4) 指挥信息系统是作战指挥的"神经中枢"。正如本节开始时所述,在体系作战能力中,指挥信息系统相当于"大脑"和"神经网络",它将体系内各种要素相互关联聚合在一起。这些各种类型的要素包括了战略、战役、战术等不同层面,陆、海、空、天、电等多个空间,部队、装备、物资、武器等各种资源,政治、经济、军事、社会等不同领域,信息、物质、能量等不同要素。只有指挥信息系统才能够把它们关联协同在一起,如同人体各种器官和系统在神经中枢的作用下各尽所能、协同一致地工作。

3.3 指挥信息系统结构

3.3.1 指挥信息系统的结构

指挥信息系统的结构是指系统的组成要素,以及它们之间的相互关系。一种常见的结构是树状结构。

在1.2.3节指挥信息系统分类的基础上,可以在每种类别中再按照其他分类方法进一步划分子类。例如前述按用途划分的指挥信息系统,每类又可分为若干分系统:作战指挥信息系统可分为陆上作战指挥信息分系统、海上作战指挥信息分系统、空中作战指挥信息分系统、天基作战指挥信息分系统和信息作战分系统;其中,陆上作战指挥信息分系统还可进一步按兵种分为地面炮兵指挥信息子系统、防空(高射炮兵和地对空导弹部队)指挥信息子系统、装甲兵指挥信息子系统、工程兵指挥信息子系统、防化兵指挥信息子系统等。这样,指挥信息系统可以按照多种分类方法进行逐级划分,形成一种树状的层级结构。

采用这种方法,根据所使用的分类方法组合不同,所形成的指挥信息系统层级结构也不尽相同,并不存在一种统一不变的结果,可以根据具体的目的任务,给出适用的系统结构树。

另外一种有效、直观的方法是建立指挥信息系统三维结构模型,通常可按照系统层次、军事业务和组织结构这三维构建,如图3-2所示。

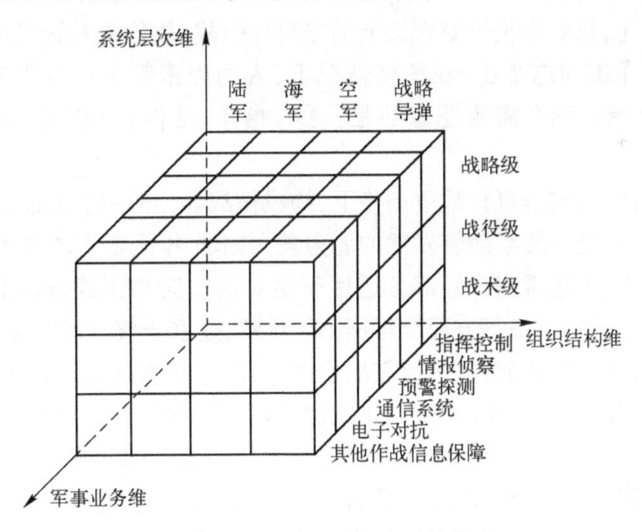

图3-2 指挥信息系统三维结构图

该结构被称为“三层、四类、六域”结构模型,经常被用来表示指挥信息系统的整体结构。其中,三层是战略层、战役层和战术层,四类是陆、海、空、火箭军,六域是指挥控制、情报侦察、预警探测、通信系统、电子对抗和其他作战信息保障六大系统领域。当然,由于每个国家的军队编制体制、作战编成和指挥信息系统发展存在差异,该结构模型中每一要素的实际内涵也有所不同。

从以上讨论可以看出,指挥信息系统的功能与结构确实非常复杂,但也并不神秘。可以用人体系统本身与之类比:情报侦察与预警探测系统相当于人的眼、耳、鼻、舌、皮肤等感觉器官,通信系统相当于人体内的神经网络,计算与信息处理系统相当于人的大脑,指挥控制系统相当于包括大脑在内的人的各种神经节点和神经中枢,其他作战资源保障系统相当于人的五脏、免疫、循环等系统,兵力与武器系统相当于人的骨骼、肌肉、拳脚(可能有些特殊时候还包括指甲和牙齿)。从某种意义上说,指挥信息系统就是作战指挥人员生理功能的大幅延伸和增强①。

除了上述两种常用结构模型之外,还有一些其他形式的结构模型,如环形结构、分层结构、网状结构等。正确的方法应该是:对特定指挥信息系统的功能与结构应从不同视角观察,综合运用多种模型进行描述,以得到更加完整、科学的结论。关于这一方法,可进一步参考第9章介绍的体系结构技术。

3.3.2 人与指挥信息系统的关系

在前述对指挥信息系统功能、分类与结构的阐述中,基本上不涉及指挥员这一类"人"的要素,但人与客观系统的关系、人-机系统的耦合方式乃至于机器系统认知能力的不断增强,使得"人"这一要素对于指挥信息系统的功能、分类和结构越来越重要,这是一个不能回避的问题。

假设将"人"与去除"人"因素的客观"指挥信息系统"区分看待②,则关于人与指挥信息系统的关系,可分为两个层面来看:一是军事科学的层面,二是技术层面。

在军事科学层面,虽然指挥信息系统在现代战争中发挥着核心作用,但是,战争形态无论发生何种变化,只要不是绝对意义上的非对称作战,战争中人的因素仍然发挥了核心和主导作用。毛泽东同志指出:在任何情况下,人的因素都是十分重要的,千万不能有"唯武器论"的思想。现在需要注意的是:更不能有"唯信息论"或"唯信息系统论"的思想。

有部分学者认为,在信息化战争条件下,构成作战能力的主要是以信息和能量为核心的信息力和火力,人这一要素能够发挥的能力被大幅弱化了,甚至不起关键作用。

本书作者认为,上述观点只能部分适用于绝对的非对称作战条件下,这里"绝对"指的是不仅在信息、武器、装备等方面取得压倒性优势,还在士气、政治、文化、人员素质等各方面均取得压倒性优势,例如,在伊拉克战争中,美军对伊军所取得的就是这种绝对的非对称作战优势(这里"绝对"指的是全方位极大幅度的差距)。但这种作战优势事实上是通过海湾战争及之后美国为首的联盟对伊拉克进行的长时间封锁、在国际政治中进行的利益交换等一系列行动逐步获取的。换言之,正是通过"人"这一要素对信息、物质和能量等各种资源进行长期的合理运作才逐步取得这一压倒性优势。只是在最终发动战争行动时,从表面上看,"人"这一要素似乎并未呈现出主导地位,但纵观整个战争的全过程,恰恰还是人占据了主导和核心地位。

因此,这种绝对的非对称作战条件对于分析研究有理论上的借鉴意义,但并不能代表信息化战争的一般形态。特别是针对我国面临的国际与周边形势、基于我军的对手和作战任务,无论在什么时候和何种态势下,"人"这一要素对作战能力构成的核心作用是绝对不能够被忽视的。

在技术层面,通过分析人与指挥信息系统的关系,可以发现,随着近年来科学技术特别是感知、计算与通信技术的飞速进步,由指挥员与指挥信息系统及各类武器装备所扮演

① 还有一些大同小异的其他类比方式。例如:有的观点把指挥控制与信息处理比为大脑,安全防护比为肝脏和免疫系统,武器兵力类比为四肢;有的观点把整个指挥信息系统类比为大脑和神经系统;等等。

② 3.1.1节对此有过相关阐述,有的学术观点认为应把二者作为统一整体研究;当然,难度较大。

的界限分明的传统角色，正在逐步相互渗透，很多从前一般由“人”完成的功能现在越来越多地可以由“机器”完成；换言之，作为“机器”一方的指挥信息系统和各类武器装备正日益提升或拓展着原来专属于“人”的认知与判断能力。在这一领域，大量无人化武器装备和配套的指挥信息系统层出不穷，必将逐步改变原有的作战样式，也将给指挥信息系统概念、结构、功能带来新的变化。

但是，即便如此，指挥信息系统的出现和发展变化不仅不会降低人的作用，反而对作战指挥人员提出了更高的要求。

从指挥信息系统的组织运用及其功能发挥的角度来看，系统的作用与效能不仅离不开人，而且必须在人的干预和控制下才能实现，即使是高度智能的无人化武器装备也是一样①。从人机工程的角度来看，整个指挥信息系统是要靠人来主导的，无论系统的自动化程度有多高，人总是在指挥活动中占据主导地位。指挥信息系统的目的不是用机器来代替人，而是要把人从烦琐和重复性的劳动中解放出来，集中精力从事作战谋划和指挥作战。只有指挥信息系统的能力与人的无限创造力合理结合起来，才能发挥出最大的作战指挥效能。

从指挥作战过程来看，指挥员的作战决心是指挥员的创造性劳动成果，这是任何指挥信息系统和武器装备所不能代替的，最终的方案和决心仍需指挥员依靠经验和智能来决策。此外，在复杂的战斗过程中，虽然各种作战方案的产生和优化计算，可以借助计算机来完成，但对那些随时都有可能出现的意外情况，只有靠指挥员随机应变、迅速果断地去处置。

总之，现代战争乃至于未来战争将始终是“人”运用“信息”控制和引导“物质”与“能量”对敌人的相应力量和资源进行摧毁的过程。

3.4 指挥信息系统的战术技术指标

通过前述几节的内容可知，指挥信息系统是一个复杂的“人-机”系统，各分系统（功能要素）之间不是简单的组合，而是复杂的综合集成和相互交融。系统涉及传感器、通信、计算机、作战指挥、自动控制、信息融合、人工智能、决策支持、人机工程等一系列技术，分属不同的学科领域，基本上不存在跨全部学科领域的共性技术指标。因此，指挥信息系统的战术技术指标本身也必然是一种体系（系统），有着不同层次、粒度和适用范围。事实上，在绝大多数实际应用中，指挥信息系统的战术技术指标往往是一种树状的分层指标体系。

指挥信息系统的战术技术指标与系统的任务目标及功能结构密切相关，至少可以分为两个层次：一是从系统整体出发，围绕其对履行使命任务的支撑能力，根据其所处的环境和功能结构，定义其整体战技指标；二是从组成系统的各个分系统（功能要素）入手，针

---

① 是否允许高智能的无人化武器装备自行决定攻击可疑目标，还存在一个战争法律和伦理的问题，世界各国对此的态度都是极为慎重的。一方面，很多国家在研制无人化武器装备时，不排除预留相应功能；另一方面，又都不敢冒天下之大不韪地公然实现和应用这些功能。

对不同分系统(功能要素)的功能目标、工作原理和技术特点,制定其战术技术指标①。如对于信息传输分系统,就要侧重于传输时延、通信容量、传输质量、安全保密、接通率、抗毁性、最低限度通信能力、抗干扰能力等指标;对于辅助决策分系统,则要更多侧重于信息质量、决策时间、智能化程度、人机交互效率、配套仿真系统质量等指标。在实际工程应用中,也通常会对不同的指挥信息分系统构建不同的指标体系树。

3.4.1 系统整体战术技术指标

如前所述,在指挥信息系统的整体战术技术指标体系中,有相当一部分与其使命任务和功能目标密切相关,本节仅讨论那些具有共性的部分指标。

(1) 系统作用范围。表征系统能够发挥作用的时间与空间范围,通常用作战指挥、预警探测或情报获取的半径、地域、空域、海域的大小和作用时间段表示。注意这里的空间可能是立体空间,也可能是给定中心的一个平面区间(如一个圆域,或者一个由方位角范围加距离组成的扇形区域);时间可能是连续不断的,即所谓 $24 \times 7 \times 365$,也可能是离散的时间段(如每天0时~7时),还可能是根据敌方情况的模糊描述(如敌导弹上升段飞行期间)。

(2) 指挥控制能力。指系统能够同时(或在某一较短时段内)指挥控制对象的类型、数量和控制质量。如俄制苏-35S飞机,加装新型机载相控阵雷达的航电系统可同时识别跟踪30个空中目标,攻击8个目标,或跟踪4个地面目标,攻击2个目标等。这一指标的具体内容随着系统使命任务及敌我双方兵力编成的变化而变化,如在防空反导作战指挥信息系统中,敌方运用无人侦察机、轰炸机、武装直升机、对地攻击机、对地攻击导弹、巡航导弹、反辐射导弹等对我方发起攻击,我方指挥信息系统要指挥控制预警机、歼击机、高炮、机载空空战术导弹、各种型号地面防空导弹甚至是远程战略导弹进行防卫和反击,在系统的这一指标上,必须指明对各类对象的指挥控制能力。

(3) 实时处理能力。指系统对各类实时目标的处理数量、类型和时延,通常用实时目标的密度、数量、处理后的数量以及计算、检索、匹配、显示等时延的多少表示。如每秒钟处理和显示500个空中目标航迹点,每分钟处理100条控制指令等。系统实时处理能力有时候还表示为一种时延,如战略导弹预警系统在弹道导弹发射60s内捕获其尾焰,1min内将信息和相应图像传输至预警中心等。

(4) 完成任务成功率。指系统执行某项特定任务的成功概率。对于不同的指挥信息分系统,其定义差别可能较大。如对于雷达等预警探测系统,通常表现为目标发现概率和虚警率;而对于情报系统,通常表现为情报的正确率和可信度;对于导航系统来说,通常表示为飞机/军舰引导的成功率。

(5) 执行任务周期。系统执行某项任务的预期时间。通常指从接受任务开始,经过信息获取、状态感知、发出命令、控制行动、观察效果等环节的时间间隔。对于不同的分系统,上述各环节有不同的具体定义。需要注意的是,这一指标是预期时间,通常以时间范围或者概率时间来表示。

(6) 系统生存能力。指系统在系统对抗条件下保持一定程度功能和性能的能力。系

① 刘作良,等.指挥自动化系统[M].北京:解放军出版社,2001.

统对抗包括电子对抗、信息对抗等软杀伤和火力兵器的硬杀伤,这一指标可具体表现为系统抗毁性、系统机动能力、系统重组能力、系统适应能力等。

(7) 系统工作能力。系统确保其正常持续工作和发挥特定效能的能力。主要包括系统可靠性、安全性、可维护性、可保障性等方面的指标,具体可能表现为系统有效度、系统安全等级、平均故障间隔时间、平均故障恢复时间等。

(8) 系统互操作能力。系统遵循有关标准,与相关系统互相连通、互相提供各类服务的协同工作能力。互操作能力涵盖了互连、互通和互操作"三互",涉及系统所遵循的标准、系统的用户环境、系统与系统之间的信息交换与相互作用、系统的软件环境、系统的硬件与网络环境、系统与相邻系统接口协议的一致性、系统之间的协调同步能力及共享兼容工作能力等等。这一指标可以考虑用互操作等级表示。

3.4.2 分系统战术技术指标

上述战术技术指标是指挥信息系统作为整体的共性指标,信息获取、信息传输、信息处理、辅助决策、指挥控制、资源管理、系统对抗等不同的分系统,还有更具体、更有针对性的战术技术指标。当然,这里的具体和针对性也是相对而言的,对于每一个特定的指挥信息系统实例,都将在此基础上确立更加具体而又不同的战术技术指标体系。

下面对各分系统的常用共性战技指标进行简要叙述。

1) 信息获取分系统

(1) 信息获取装备的种类、数量、任务划分与协同。系统主要包括各种情报系统和传感器网络。其中,传感器网络由雷达、声纳、遥感、卫星等设备构成,根据各自的工作特性,对责任区内的目标进行分工协作地探测、成像、识别、跟踪、融合。情报系统则通过卫星、航空、无线电、声光热传感器、信息处理等各种手段,实现技侦情报、人工等各类情报的搜集、融合与综合处理。在满足系统功能要求和战术技术指标要求的前提下,系统所用传感器类型和数量越少,则指标越好。

(2) 传感器覆盖空间的重叠度。通常单一传感器的探测空间范围远小于多传感器组成的复合责任空间范围。因此需要使用多个传感器在空间中分散配置,扩大整个网络的覆盖范围。在重要空间区域,要使用多个传感器(甚至要求具备多种类型)重叠覆盖,以确保对目标的发现概率和持续跟踪能力。

(3) 信息获取速率。单位时间内获取和输出的信息量。如单位时间内对给定空域的扫描次数和监视的目标事件数目,单位时间内能够处理的目标批数、数据点数和输出的信息量等。

(4) 信息获取可信度。是信息获取系统工作的可靠性和正确性的综合度量。对于预警探测系统,通常用发现概率和虚警概率来表示;对于情报系统,则使用信息的准确性、完备性和实时性来描述信息的可信度。

(5) 环境适应能力。系统对固定、机动等各类组织运用方式与各类复杂环境的适应能力,通常包括开设部署时间、撤收时间、抗干扰能力、抗气象杂波和抗地物杂波能力等指标。

(6) 系统可靠性。用平均故障间隔时间和平均故障恢复时间以及有效度等指标表示的可靠性性能。

(7) 安全防护能力。包括防电磁泄漏、抗物理攻击(直接火力、反辐射导弹等的打击)等能力。

2) 信息传输分系统

(1) 组网方式和信道冗余度。

(2) 通信容量。通常以单位时间内输入输出的信息量表示,一般以 b/s 或者 B/s 度量。

(3) 信息传输质量。通常以误码率等差错率指标表示,以接收端出现差错的比特(字符)数除以总的发送比特(字符)数,再乘以100%,将其转化为百分比。

(4) 系统有效度。有效传输时间与总信息传输时间之比。

(5) 系统时延。系统完成信息传输工作过程中各种时间延迟。

(6) 安全保密性。系统完成信息传输工作过程中的抗干扰、防窃取、防篡改、防抵赖等能力。

3) 信息处理分系统

(1) 信息融合能力。对多源信息进行提取、识别、分析、关联及整合的处理能力。包括同时接收和处理的输入信息路数、信息整合处理级别、处理精度、对不同属性信息的整合能力等。

(2) 信息处理容量。主要包括系统存储容量、单位时间内处理的信息量或目标事件数量。

(3) 信息处理时延。信息获取、信息传输等分系统之外的信息处理时延,具体指标根据不同的系统各不相同,可能会差别较大。

4) 辅助决策分系统

(1) 决策信息质量。指决策所需信息的完备性、时效性和可信度等。

(2) 人机交互模式。在辅助决策过程中人机交互的方法与模式,可提高决策的有效性和适应性。

(3) 决策结果科学性。包括决策模型的准确性、仿真模型的质量、对信息不确定性处理的有效性等。

(4) 决策效率。决策的条件输入效率、系统响应速度、结果的生成效率等。

5) 指挥控制分系统

(1) 指挥控制能力。能够指挥控制的对象类型、数量和性能水平。指挥控制的对象不仅包括所属部队兵力,还包括各类武器装备,后者的相应指标可参见3.4.1节。

(2) 指挥控制准确度。指挥控制部队兵力进入预定位置的准确程度。

(3) 指挥控制效率。从收到作战指令和行动方案,到开始实施作战行动的时间间隔。

6) 资源管理分系统

(1) 资源管理能力。能够管理的资源种类、数量和粒度,系统的存储量和吞吐量等。

(2) 优化配置能力。在同样条件下,由于资源的不同配置所能发挥的附加作战效能。

(3) 资源管理精确度。对各种实体和虚拟资源分配、派发的精确程度。通常是与任务和需求匹配程度。

(4) 资源管理效率。对各类资源配置、管理、分发、核对的效率。

(5) 系统适应能力。当任务和需求发生变化或者资源受到损毁时,系统进行调整适应的能力。

7）系统对抗分系统

（1）电子信息侦察定位能力。通过对电磁辐射信息的截获、测量、分析、识别和定位，获取技术参数及辐射源位置、类型、部署情况等信息。

（2）电子信息攻击能力。对敌方的各类电子信息系统及设备进行攻击、干扰、压制、欺骗、摧毁的能力。

（3）电子信息防护能力。对己方电子信息系统及设备的防护能力，包括隐蔽、抗干扰、反压制、反欺骗等，以确保己方信息具备可用性、完整性和保密性。

3.5 指挥信息系统的信息基础设施

指挥信息系统的信息基础设施是系统底层的基础与共性部件，也是上层各种军事信息系统和信息服务的依托，起着十分重要的地位和作用。与国家经济建设中的基础设施类似，其建设投入与使用维护工作十分庞大，通常需要由一个国家的国防部门牵头统一进行，并在相当一段时间内长期使用。它不仅仅为狭义概念上专门用于作战指挥的指挥信息系统服务，还支撑大量的军队日常办公性业务；当然，如果将军队日常办公性业务系统都纳入到广义的指挥信息系统概念中来考察的话，也可以认为其主要支撑的是上层的指挥信息系统。正因为如此，指挥信息系统的信息基础设施也常被称为军事信息基础设施。

3.5.1 指挥信息系统信息基础设施的基本概念与发展历程

指挥信息系统信息基础设施（军事信息基础设施）的概念最早出现于美国，被称为国防信息基础设施（Defense Information Infrastructure，DII），美军在相关文档中将其定义为：是在整个军事行动范围内，满足国防部用户关于信息处理和传输要求的设施，包括通信网络、计算机、软件、数据库、应用、武器系统接口、数据、安全服务和其他服务。

迄今为止，对军事信息基础设施的理解并不完全一致。例如，有人认为军事信息基础设施是底层基础，用于作战的指挥信息系统构筑在其之上①，其与指挥信息系统本身是有区分的；也有人认为，目前军事信息基础设施既是全军一体化指挥信息系统的共用部分，又是国家信息基础设施的组成部分②。

主流观点都基本认可的是：军事信息基础设施是全军共用的基础性信息设施。一般认为，广义的军事信息基础设施包括通信、传感器、计算机、数据资源、存储、分发、信息保障、领域应用程序、数据资源、人员训练、运行管理和政策标准。狭义的军事信息基础设施指支持指挥信息系统综合集成与互操作的信息传输处理基础平台与环境，主要由陆、海、空、天基的通信、计算机、共用软件、数据、信息安全以及其他相关服务构成，能够根据作战人员、政策制定人员和保障人员的需求收集、处理、分发、存储和管理信息。它是在信息技术迅猛发展的背景下，推进国防信息化建设的一种新的举措和技术手段。

继美军提出并实施国防信息基础设施计划后，世界主要军事强国在军队信息化建设

---

① 李德毅，曾占平．发展中的指挥自动化[M]．北京：解放军出版社，2004.

② 童志鹏．综合电子信息系统[M]．2版．北京：国防工业出版社，2010.

中都加以借鉴,都逐渐采用了基于"国防信息基础设施"的发展道路,只是各自采用的命名和具体概念内涵有细微的差别。目前,军事信息基础设施建设已经成为从平台中心向网络中心转型的重大军事战略措施,正在发挥着越来越重要的作用。美军已将其列入顶级国家战略资源加以发展和保护,其联合部队和各军种作战系统都已接入军事信息基础设施的集成环境。其中,陆军的"企业计划"、海军的"哥白尼"计划、空军的"地平线"计划都是在依托军事信息基础设施的基础上制定和实施的。美军的国防信息基础设施以军队信息化建设为背景,按照概念研究、关键技术试验研究、项目实施的推进策略,已经经过了两个阶段的发展历程:第一阶段,主要针对美军信息系统一体化的建设需求,提出了国防信息基础设施建设计划并付诸实施;第二阶段,主要针对"网络中心化"发展需求,开展了全球信息栅格(GIG)建设。

1994年11月,美国国防部为了解决各个军种信息系统"烟囱式"发展、无法实现互操作的问题,发布了以推进综合信息系统发展为目的的"国防信息基础设施主计划"第1版,以后又不断推出新的版本,以增添和补充内容,并逐步体现了军种和业务局的意见和贡献。

国防信息基础设施计划并不是一个单独的项目,而是将国防基础软件技术等信息基础技术统一纳入到国防信息基础设施发展体系进行综合考虑,如图3-3所示。

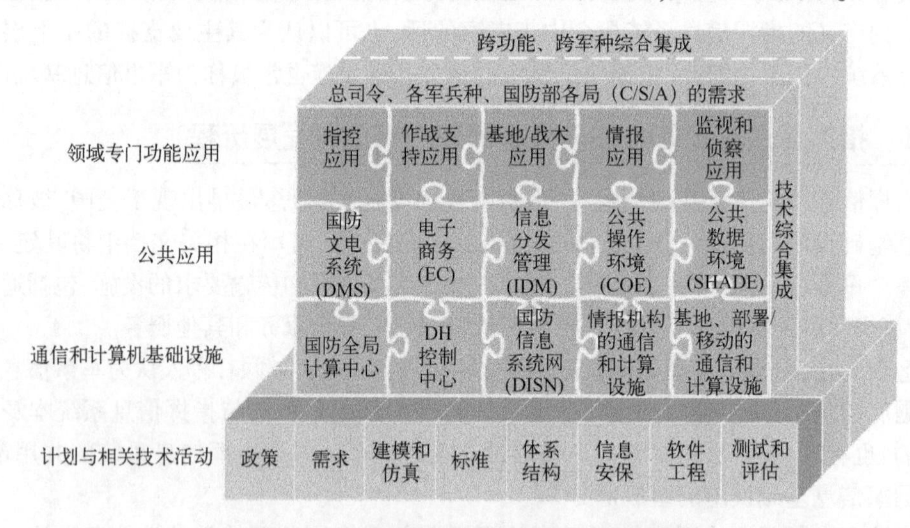

图3-3 美国国防信息基础设施构成要素图

美国的国防信息基础设施由计划与相关技术活动等基础性工作、通信与计算机基础设施、公共应用程序、功能领域应用程序四大要素组成。美国防部根据其信息基础设施总计划,在四个方面开展了大量的工作:在基础性工作方面,拟制了C4ISR系统兼容性、互操作性和综合集成的相关指令和应用程序,开发了联合技术体系结构(JTA),提供了C4ISR体系结构框架;在通信和计算机基础设施方面,综合各军兵种和各部局的网络,形成了国防信息系统网并在其中引入了同步光纤网和异步传输模式,建立了信息处理区域支持中心等;在公共应用程序方面,开发和安装了国防文电系统,开发和提供了公共操作环境,实施了公共数据环境等;在功能领域应用程序方面,开发了全球指挥控制系统,实施了功能领域应用程序的综合集成。

为了推进国防信息基础设施的发展,美军重点加强了以下五个方面的工作:①注重建立顶层领导机构、完善职能、明确职责。美国防部建立了职能完善的顶层领导机构,强调科学管理,同时还以发布"国防信息基础设施主计划"的形式明确了各领导部门的职责范围;②具体制定了顶层的、长期的、全面的发展总纲,发布了"国防信息基础设施主计划",并不断进行更新和修订,以适应不断变化的形势和不断发展的技术;③注重信息技术标准的统一化、规范化,确定了一套共同的信息技术标准和指南,用于国防信息基础设施所有新产品和升级产品的采办;④注意技术继承与创新二者兼顾,要求在国防信息基础设施向GIG发展过程中,必须兼顾继承与创新两方面,并扩展某些传统能力;⑤注重系统研制与建设有机结合,快速形成基于效果的作战能力和转型支持能力。

1999年5月24日,美国国防部为了推进以"网络中心化"为核心的部队转型,在已发布的国防信息基础设施主计划各个版本的基础上,扩充了其基本思想,发布了国防信息基础设施主计划8.0版——《实现GIG》,提出了建设GIG的完整设想,清楚地表明了国防信息基础设施将发展成GIG。2001年8月,美国国防部发布《GIG顶层要求文件》,指出GIG是一个由可互操作的计算和通信组件组成的信息环境,它将在国防信息基础设施的基础上进一步拓展,是其未来的发展方向。GIG力图提供一个安全、可靠、统一和互通的基础架构,并有效地进行管理,构建网络中心化的信息环境,通过信息共享实现信息优势、决策优势,最终达到全面主宰战场态势的目的。

全球信息栅格(GIG)是美国国防部为实现跨军种信息网络联通的顶层设计,既是美军实施信息化战争的关键信息基础设施,也是支撑网络中心战的基石。其实质就是完成计算机通信网、传感器网、武器平台网的综合集成,实现栅格内时域、空域的一致以及栅格间的协同工作。它将把美军天基、空基、地基和海基的所有信息系统集成为一个陆、海、空军共用的被称为"诸网之网"的全球网,以实时方式和真实图像向指战员提供全面的态势感知能力,使信息得以通畅、及时地流向任何需要它的用户。根据计划,全球信息栅格将分三个阶段实现:第一阶段是集成现有的网络和处理设施,建立连接各军种和总部现有系统的集成信息环境,初步形成集成的系统体系结构概念蓝图;第二阶段为2010年前,初步建成全球信息栅格未来的系统体系结构蓝图;第三阶段到2020年,全面完成建设。具体实施步骤是:各军种研究、建设本军种内部的"栅格"(亦称军种子网),由国防信息系统局负责联通各军种的"栅格",最终形成全球信息栅格;采用"即插即用"的方式,充分利用现有体系结构的研究成果,实现系统的兼容性、可扩展性和互操作性,以便使"栅格"的构成既能适应已有的信息环境,又能适用于未来的信息环境。

需要指出的是,外军在军事信息基础设施方面的建设工作是不断发展变化的。随着时代的变迁、军事需求的演化和技术的进步,为了进一步提升部队和指挥信息系统的敏捷性(Agility)与安全性,美军在相关领域内提出了新的规划与建设目标,近期的代表性工作是联合信息环境(Joint Information Environment,JIE)。

美军提出JIE建设的动机主要是因为:经过十余年的建设,全球信息栅格(GIG)逐渐成为一个庞大臃肿、实际并不完全兼容、容易受到攻击、经济上不可承受的基础设施。与原始建设目标相比,实际上由于缺乏服务和各部门间的互操作性,大大妨碍了有效的信息共享。为此,美国国防部提出:通过整合美军现有信息资源,建设一个一体化和安全的联合信息环境(JIE),实现各级各域的信息系统、网络和服务等资源的全面整合,为美军在全球范围内的军事行动提供无缝、可互操作的信息服务,增强美军应对不确定、复杂和迅速变化环境的总体适应能力。

JIE 的最终目标是优化国防部现有信息技术资源的使用,通过把通信、计算和企业服务聚合到一个单一的联合平台上,为整个国防部的作战任务和相关部队提供基础支撑。具体目标包括减少整个系统的全寿命费用、减少整个网络的受攻击边界,以及使得执行联合作战任务的参与人员能够从世界的任何地方,采用经过授权的信息设备,更加高效地访问信息资源等。

JIE 的总体建设思路是在现有的以网络为中心的项目和系统基础上,通过引入新技术,特别是云计算和移动计算等技术,进一步集成现有的网络信息系统,统一标准,统一体系结构,分步分阶段实现 JIE 的发展。按照美国国防部 IT 现代化的总体规划,到 2017 年,将要把现有的大约 800 个数据中心逐步缩减到 100 个以下,将网络运行管理中心从目前的 65 个缩减到 25 个;要建立统一的通信系统,全面替代老式的电话通信系统,全面采用移动、便携式终端设备来替代现行桌面系统;要优化服务,优化 IT 队伍,建立绿色的 IT 环境等。JIE 主要负责完成其中的企业网络系统标准化与优化、云计算战略和标准建立、硬件和软件平台标准化等工作。

总之,JIE 的提出与建设目标既反映了未来美军部队与指挥信息系统敏捷性建设的军事需求,也从深层次折射出美军的战略调整背景。进入 21 世纪以来,美国的国家总体军事战略方针不断进行调整,从“在全球范围内同时打赢两场局部战争”到“空海一体战”再到所谓的“全球公域介入与机动联合”,美军整体上不得不进行战略收缩,从全球称霸为所欲为到重点区域盯防遏制,再到怂恿盟友扶持代理共同进行“联合介入与机动”,这充分反映了其国家经济持续衰退,综合实力相对削弱的现状。JIE 等概念的提出,是其试图通过对新技术和新管理理念的运用,以达到在新形势下在降低成本的同时不断保持和提升军队作战能力的一种战略构想。一方面,“他山之石,可以攻玉”,我们要对外军先进的技术思想和管理理念持续关注和学习借鉴;另一方面,正所谓“忘战必危,好战必亡”,外军相关建设思想的演变过程及其所走过的弯路,也颇值得其他国家军队在军事信息基础设施的建设过程中认真思考。

3.5.2 指挥信息系统信息基础设施的作用

指挥信息系统的发展和应用,大大改变了作战能力结构,尤其是由军事信息基础设施提供的信息基础支撑能力,有些已经发展成为相对独立的作战能力,在现代战争中具有重要的地位和作用,主要表现在以下几个方面。

(1) 形成体系作战能力的重要前提。信息基础设施将指挥信息系统中的成千上万个节点连接成网,把陆、海、空、天、电五维战场有机地结合在一起,实现从传感器到射手的无缝链接,使得战场内的各个要素以战场信息为纽带构成一个高效的作战体系,形成体系对抗能力;同时,各种作战能力也通过信息基础设施紧密地结合在一起,大大提高了作战效能。所以说,从系统工程的角度来看,信息基础设施是构成基于信息系统的体系作战能力的重要前提。

(2) 实施一体化联合作战的技术基础。信息化条件下的作战已不再是多种作战要素松散结合起来的对抗,而是诸军兵种联合的、高度一体的联合作战,这就要求指挥信息系统的互联、互通和互操作,以实现情报信息和作战命令能在参战的各军兵种之间畅通、有效地传送。从技术保障层面分析,信息基础设施能够将各作战部队连接成网,使战场上的情报侦察、指挥控制、兵力机动、火力打击等作战行动高度一体化,为全面实现指挥信息系统的互联、互通和互操作提供了保障。此外,以战场通用态势图等为代表的基础功能服务在很大程度上消除了指挥员的"战争迷雾",能够大幅提升战场态势感知的准确性、完整性和及时性,为信息化条件下的联合作战提供透明的战场态势,从而极大地提升联合作战部队的战斗力,为实施一体化联合作战奠定了技术基础。

(3) 夺取信息优势和决策优势的关键支柱。随着战争形态由机械化向信息化转变,信息优势已经成为夺取战争胜利的关键。所谓信息优势就是要求在己方不间断地收集、处理和分发信息的同时,防止或破坏敌方的信息能力,从而造成有利的信息对抗形势。因此,从战争对抗的角度分析:军事信息基础设施提供高效可靠的通信能力,能够保证指挥信息系统中的各种设备终端快速接入;军事信息基础设施支持互操作的开放系统标准,使指挥信息系统能够向网络化转型,使作战人员、传感器和武器平台之间能够更容易地共享信息;信息基础设施还具备将各种作战信息与数据加工处理为支持指挥、控制、决策以及各种作战单元所需形式的能力。因此,以上各项能力使军事信息基础设施成为信息化战场环境中夺取信息优势和决策优势的基础支撑和关键支柱。

3.5.3 指挥信息系统信息基础设施的主要功能

指挥信息系统信息基础设施主要提供了信息获取、信息处理、信息存储、通信、人机交互、网络管理、信息分发管理、信息安全保障和互操作 9 种功能。

(1) 信息获取功能。信息基础设施的信息获取功能指为及时、准确地识别和确定陆、海、空、天威胁而利用的情报侦察和预警探测传感器的能力。

(2) 信息处理功能。是指将各种数据、信息或知识处理成支持决策和信息基础设施其他功能所需的形式。

(3) 信息存储功能。是指通过对各种数据、信息或知识的保存、编制和处理,便于信息的共享和检索。

(4) 通信功能。是指将各种数据、信息在信息用户和生成者之间实现端到端的传输。

(5) 人机交互功能。是指人与军事信息基础设施的交互接入方式,以及两者之间交互信息的输入和输出表示。

(6) 网络管理功能。是指监视、控制和确保各种网络的互联以及网络互联成员的可视性。网络管理是一系列建立和维持信息基础设施网络交换、传输、信息服务以及计算可用资源的活动,以实现用户的通信和连通要求。网络管理包括故障、配置、账目、性能和规划的管理。

(7) 信息分发管理功能。是指通过使用一整套应用程序、进程与服务,根据用户的信息需求、指挥员的决策和可用的资源,以最有效和最实用的方式提供信息的感知、访问与分发的能力。

(8) 信息安全保障功能。信息安全保障功能是指通过保证信息在存取、处理集散和传输过程中,保持其保密性、完整性、可用性、可审计性和抗抵赖性而设置的各种安全设备和机制。

(9) 互操作功能。是指两个或多个系统、单位或部队互相提供或接受服务,使他们能彼此有效地配合行动的能力。

3.5.4 指挥信息系统信息基础设施的未来能力需求

指挥信息系统信息基础设施的本质是资源整合和信息共享,构建网络为中心的信息服务环境,为获取未来战争的体系对抗优势提供支撑。

指挥信息系统信息基础设施的应用主要体现在提升以下能力:一体化的信息传送能力、一体化的信息融合处理能力、一体化的信息共享应用能力和一体化的联合指挥控制能力等①。

(1) 敏锐精确的态势感知能力。态势感知是信息从物理域到信息域再到认知域的有效映射。在空间的角度上表现为获取自然环境中敌我双方的兵力部署,并通过分析融合形成对敌方作战意图的准确认知,可供我方进一步调整应对和决策方案。

敏锐精确的态势感知能力就是最大限度尽快尽准确地消除"战争迷雾"的能力。这一能力能够大幅提升战场态势感知的准确性、完整性和及时性,为信息化条件下的联合作战提供透明的战场态势,从而极大地提升联合作战部队的战斗力。作为OODA过程的首要环节,态势感知能力已经成为影响战争胜败的关键因素,是指挥信息系统为体系作战提供的核心支撑能力。

(2) 高效迅捷的信息处理能力。信息处理能力是指将各种作战信息与数据处理为支持指挥、控制、决策以及各种作战单元所需形式的能力。主要包括:为实现各个作战单元、作战要素的互操作提供统一的数据格式、信息编码标准和程序接口的能力;将各类信息进行自动融合,形成准确、完整、一致的满足不同层次需要的战场共用态势图的能力;根据作战需求,对战场信息进行合理分离,满足总部、战区、部队不同层次指挥需要的能力;为各种精确制导武器提供实时信息的能力等等。指挥信息系统中包含了用于信息处理的计算机设备,为信息处理提供了基础平台和条件,一方面,正如摩尔定律所预测的那样,计算能力在日新月异地发展;另一方面,分布式计算体系架构的发展,如高速并行计算、云计算等,对处理水平也有极大提升。

事实上,高效迅捷的信息处理能力就是指挥信息系统的神经中枢(大脑)的计算能力。

(3) 无处不达的信息传输能力。信息传输能力是指综合运用各种通信手段实现战场信息在各级指挥所和各军兵种部队之间顺畅传递的能力。必须实现对整个战场范围内各种情报信息、指挥信息、协同信息、保障信息等的传输功能,将信息获取、处理、利用、分发、共享等相对分散的信息单元有机地整合在一起。

该能力具体表现为:综合运用多种通信手段,灵活组网,建立能覆盖整个任务区域的通信网络的能力;将各个信息单元系统连为一体,实现信息系统之间互通的能力;在广阔的立体空间内,在跨军兵种、跨作战平台的两点或多点之间,实现互联互通的能力;将侦察和探测、指挥、打击连成一个整体,实现"侦察-处理-打击"一体化的能力等。

信息传输能力是指挥信息系统作为"神经网络"的基础通信能力。

① 童志鹏. 综合电子信息系统[M]. 2版. 北京:国防工业出版社,2010.

(4) 按需分配的信息共享能力。信息共享最初是指各作战单元、各军兵种,在协同作战的情况下确保在任何位置、任何时间都能够搜索、处理和不间断的发送和接收准确、可靠的信息。

但是,面对信息化条件下战场环境中的海量信息,指挥信息系统的信息基础设施还必须使作战指挥人员不被信息所淹没,要能够在适当的时间、采用适当的形式、将适当的信息共享给适当的信息使用者——人或者武器平台,这一能力就是所谓按需分配的信息共享能力。基于这一能力,各参战部队既要能够“各尽所能”地为形成共用战场态势提供情报,又要能够按“各取所需”原则,有目的地筛选、截取其中的有用信息。事实上,这是指挥信息系统体系作为“神经网络体系”的信息共享与筛选过滤能力的综合体现。

3.6 指挥信息系统的技术架构

3.6.1 指挥信息系统技术架构的基本概念与发展历程

所谓技术架构,也称为技术体系结构(Technology Architecture),是从系统设计的角度对目标系统进行观察,阐述目标系统的整体技术框架、核心技术思想及各种要素之间的相互关系①。

指挥信息系统的技术架构与其各组成部分的分布情况紧密相关,从系统的分布结构看,指挥信息系统大体可分为两类:一类是高度集中式的指挥信息系统(又叫集中式指挥信息系统),另一类是分布式指挥信息系统。

早期的指挥信息系统,如美国的“赛其”系统、日本的“巴其”系统等,都是典型的集中式指挥信息系统。在此类结构中,尽管指挥信息系统中的预警探测系统、通信处理系统、人员以及相关的一切设备和设施,在地理上和形式上是分散的,但是,其内在的逻辑关系,从目标的探测、信息的收集、数据的处理,直至命令的发送,传输网络的结构都是树状的,只有上下级之间的纵向路由,而无直接的横向路由,如图 3-4 所示。

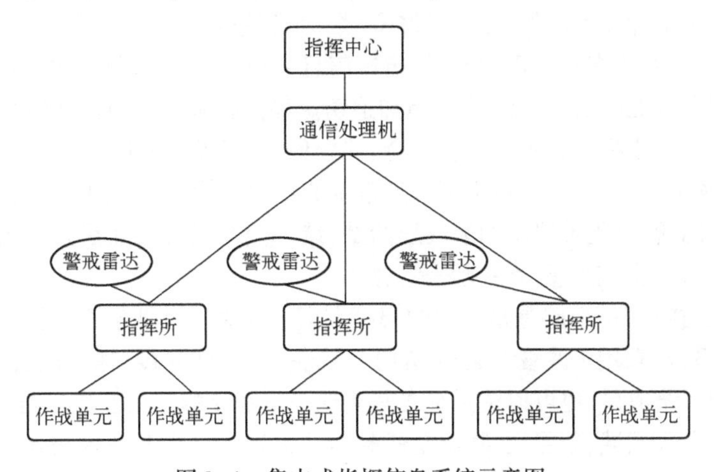

图 3-4　集中式指挥信息系统示意图

① 3.2~3.3 节主要阐述了指挥信息系统整体上的功能与分类结构,并不侧重于从技术角度进行观察。

采用这种结构的指挥信息系统是一种由上级发出信息与指控命令,由下级接收、处理及执行,以上级指挥信息系统为中心的集中式作战指挥系统。海湾战争已经证明,在现代战争环境中,高度集中的指挥信息系统极难发挥作用,在遭受攻击时,这种集中式指挥信息系统显得非常脆弱。

分布式指挥信息系统结构是地理和逻辑上分散部署的系统。与集中式指挥信息系统相比,分布式指挥信息系统的最大特点是:它在地理和逻辑上均分布在不同地域,呈现出网状的连接关系,具备较强的系统重构能力,当系统中的部分节点失灵(被摧毁)之后,仍能迅速重建。因此,它是目前指挥信息系统建设与发展的主流结构形式。

在分布式结构中,传统集中式指挥中心的处理能力分散给完成各种独立任务的作战中心,由其自行制定决策方案,在此结构中,一个系统出现故障,不会造成全系统瘫痪。除了系统结构分布外,在指挥控制上也允许分散,即上级对下级的指挥更侧重于分配任务,而不是下达统一的作战计划,具体如何作战由下级根据具体任务情况自行确定,图3-5是典型的分布式指挥信息系统示意图。

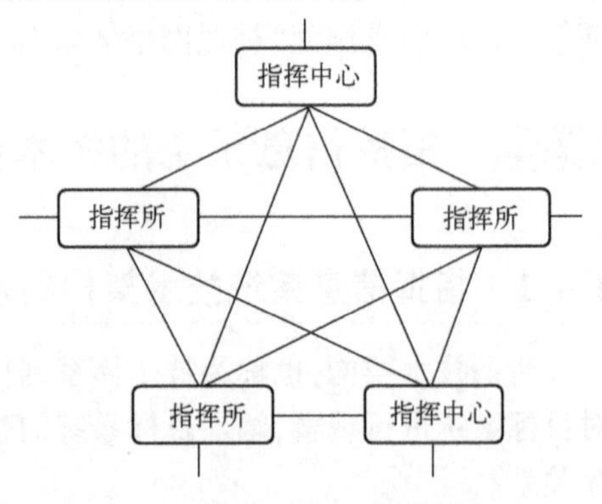

图3-5　分布式指挥信息系统示意图

美国的M. S. 弗兰克尔在《抗毁的指挥、控制和通信技术》一文中指出:“分布式C3I系统是这样的一些系统,它的各项组成在地理上是分散的,而在其内部及它们之间是互相协调的,确保以最有效的方式,对决策这一共同目标提供支持。”通俗地说,分布=分散+协同,既分散又协同,两者缺一不可。

在指挥信息系统发展的最初阶段,通常是集中式的指挥信息系统,在系统内部可采用统一设计的技术架构,实现各组成部分(分系统)之间的互联互通。但一方面随着指挥控制业务的日益复杂,信息化建设水平的不断发展,出现了越来越多不同的指挥信息系统;它们的使命任务和功能目标各不相同,采用的技术架构也各不相同,系统之间很难进行互连、互通,更谈不上什么互操作,形成了许多“烟囱式”系统。

另一方面,随着需求和技术的发展,指挥信息系统更多地以分布式结构出现,在系统内部以及不同系统之间的“三互”需求更加迫切。如何打破并联通原来的“烟囱式”局面,使各种不同类型的指挥信息系统有机融合、综合集成,以提高信息化条件下的联合作战能力,是一个必须解决的问题,也对指挥信息系统的技术架构提出了更高的要求。

针对这一问题,首先被提出的解决思路是“统一交互接口”,然后发展为“统一基础平台”,最后到今天的主流思想“统一服务标准”。

“统一交互接口”的思路是最直观的解决方案。针对已经具备不同技术架构的“烟囱式”指挥信息系统,采用不改变其内部结构,只统一外部交互接口的方法,既可以最大限度地保护遗留系统成果,也可以使系统之间实现一定程度的互联互通。当然,这种对交互接口的统一也是分领域、分层次、甚至是任务驱动进行的。很多新的交互协议、数据交换格式、调用接口被制定和开发出来,对系统之间的互联互通起到了非常有效地促进作用。

但是,毕竟这是一种折中的解决方案,对原有指挥信息系统的技术架构并未做出根本性的改变,历史造成的不同技术架构之间的本质差异无法弥合,互连互通的程度与效率受到诸多限制。此外，往往为了某种目的就制定一种专用接口，使得接口的数量和种类日益增多，这也使得指挥信息系统必须支持多种接口协议，它们之间的交互变得更加复杂。

于是，在此基础上，结合指挥信息系统更新换代建设，产生了第二种解决方案“统一基础平台”的技术思路。设想一下，如果把所有主要的指挥信息系统基础功能提炼出来，采用统一的技术架构进行设计与实现，集成为一个共用平台，上层的各类指挥信息系统应用均构架在这一共用基础平台之上；由平台负责实现通信、计算、安全、地理信息、文电传输、命令下达、态势显示、数据管理等一系列基础功能，上层应用只需负责实现特定领域相关的业务，这必然可以大大提升系统的可靠性、稳定性与“三互”特性。

基于这一思想，美军提出了基于公共操作环境（Common Operating Environment，COE）的指挥信息系统技术架构，我军也先后提出了“联合 XX”“XXXX 处理平台”“区域 XXXX 信息系统”“XXXXX 平台”等一系列技术架构。

按照这一解决方案，似乎“三互”等问题已经得到了根本解决，但其实并非如此。指挥信息系统是一个开放、复杂的巨系统，各种分系统或组成要素数量庞大、之间的关系非常复杂。基于“统一基础平台”的技术思路在系统规模增长到一定程度时便呈现出系统臃肿、效率低下、安装配置烦琐、各分系统之间互相干扰、信息量爆炸、组织运用困难等一系列问题。在很多应用场景下，用户仅需要使用某些特定、单一的系统功能，但却不得不安装和运行大量的基础平台软件和应用层软件，可能其中绝大多数软件模块根本不会被使用，但却与用户想调用的所需功能模块紧密耦合，成为必不可少的运行环境。其实，造成这一问题的根本原因就是上述的系统复杂性所造成的，事实上，从前几节对指挥信息系统的分类、功能与结构的阐述中就可以看出，试图建立一个跨越所有层次和所有领域、能够适应各种作战任务需求的统一高效系统或平台几乎是不可能完成的任务。

随着技术的进步，特别是民用领域内以“面向服务”“高性能计算”“分布式企业级应用”为代表的技术快速发展，给指挥信息系统的技术架构指出一条新的思路。在电信、金融、航空、保险、政府机构等领域内，对信息系统的规模、种类、性能和互操作要求甚至并不低于军事领域，但在上述民用领域内，经过数十年的发展，已经建立了较为成熟的企业级信息系统。有鉴于此，指挥信息系统从作战使命任务、系统整体架构、设计方法到具体技术都在逐步向面向服务的体系结构（Service Oriented Architecture，SOA）演化。从美军的网络中心战理论、国防部体系结构框架（从 DoDAF 1.0、DoDAF 1.5 到 DoDAF 2.0），以及其全球信息栅格（GIG）到联合信息环境（JIE）的发展过程均可折射出这一过程。事实上，世界各国军队在未来 10～15 年的长期规划以及下一代指挥信息系统的技术架构设计工作中，也基本都遵循了这一思路。

按照这一技术思路，要在前面两种指挥信息系统技术架构解决方案产生的历史成果基础之上，进一步廓清指挥控制业务需求，特别是各种不同粒度的服务能力需求，并区分领域特征，制定适应于特定领域的服务标准，包括对服务和资源的描述、封装、发布、搜索、访问、调用、组合、交互等各个方面。这一技术架构正在不断发展之中，从目前的情况分析，美军走在世界前列，计划在 2020 年前初步完成新型指挥信息系统的全面建设，北约主要国家则计划在 2020—2025 年完成建设，世界其他各主要国家的建设进度相比之下略有滞后，但也大体都预期在 2015—2020 年间对主要关键技术形成突破，在 2030 年前完成初步建设。

3.6.2 基于共用平台的指挥信息系统技术架构

在基于共用平台的指挥信息系统技术架构中,公用基础平台是构建各级各类指挥信息系统的基础环境,采用共用的指挥信息系统基础平台,有利于实现各种指挥信息分系统的互联、互通和互操作。

美军的公共操作环境(COE)是一种典型的共用基础平台,是美军国防信息基础设施(Defense Information Infrastructure,DII)的重要组成部分。20世纪90年代初,美军研究了各军兵种指挥信息系统研制的共性需求,尝试从全局出发研制适应各军兵种要求的公共软件支撑平台,以解决各军兵种指挥信息系统一体化程度低、互通性差、重复建设现象严重的问题。COE包括一系列对软件体系结构、标准、软件重用和数据共享的约束,构建了一套“即插即用”的软件应用开发与集成平台环境,各军兵种的C4ISR系统可以通过标准的应用程序接口(API)与COE连接,美军的全球指挥控制系统(GCCS)即基于COE技术架构搭建①。

COE的体系结构如图3-6所示。

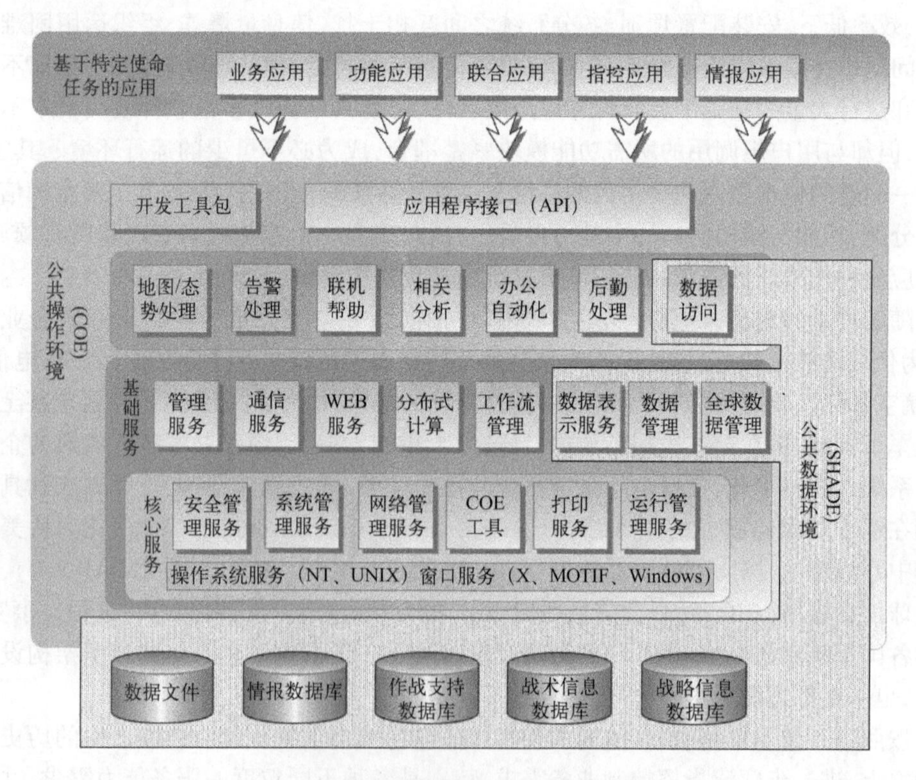

图3-6 公共操作环境(COE)体系结构

由图3-6可见,COE包含了相关任务应用软件所需要的公共支持应用软件和平台业务,并且总体上呈现为分层体系结构。自内而外分别为:

(1)核心服务层。核心服务层可以看作是COE中的系统软件层,是COE中必需的

---

① 刘晓明,等.基于信息系统的体系作战能力生成模式和运用机理研究[EB/DK].2011.

核心功能。

核心服务层主要以商用的操作系统（包括UNIX、NT等）以及窗口服务软件（包括X Window、MOTIF和Windows）为基础构建，包括了安全管理服务、系统管理服务、网络管理服务、打印服务、运行管理服务以及相关的COE工具，这些服务大多数是采用商用产品或者基于商用产品构建。

（2）基础服务层。基础服务层是COE中的通用支撑应用软件，基于下层的核心服务，为上层提供包括了通信服务、数据管理服务、计算服务等基础支撑。

基础服务层的构建可根据具体情况选择不同方式，既可直接选用商用产品，也可基于商用产品构建新的服务，还可以自行开发。主要包括管理服务、通信服务、分布式计算服务、WEB服务、工作流管理服务、数据表示服务、数据管理及全球数据管理等一系列基础服务。

（3）共性应用服务层。共性应用服务层是直接面向作战任务的共性应用软件，主要是从各军兵种的专用软件中抽象得到的可共用的应用软件，如地图与态势处理、文电服务、告警服务、联机帮助、办公自动化、后勤处理、消息处理、数据访问等各类共性应用服务。

（4）标准应用程序接口（API）层。COE与领域应用之间，以及COE各个服务层之间的接口关系均通过标准化的、统一发布的应用程序接口实现。具体包括C语言动态链接库、C++类库、COM组件、Java组件和ActiveX控件等。通过采用标准的公共API来实现接口关系，将大大提高应用的可移植性、人机界面的一致性和系统的互操作性。

标准API包括模块调用接口和数据接口，前者是COE各个模块之间的最主要的一种接口方式，调用模块和被调用模块位于同一个进程空间，被调用模块以调用接口的形式对外提供功能、数据等各种服务，调用模块通过这些接口去调用各种服务，数据服务可通过共享数据环境（SHADE）的相关服务来实现。

共享数据环境（SHADE）由元数据管理服务、公共数据表示服务、数据访问服务、数据交换服务、物理数据存储服务、SHADE工具包等6个部分组成。

其中，元数据是SHADE中数据内容及其与数据源之间的关系，几乎描述了整个SHADE的逻辑结构，最终用户可以通过元数据了解SHADE中的内容。元数据管理服务通过元数据知识库及其管理和访问工具，对SHADE中的公共数据模型和数据元素进行存储和管理，并提供对元数据的访问能力。

公共数据表示服务用于定义共享数据的标准模型、数据元素和元数据，支持关系模型、XML、ASN.1以及自定义编码等多种表示模型，可用于描述数据的语法和语义。

数据访问服务提供可供多系统共享的数据访问机制，并提供对数据透明访问的工具，主要包括用户访问权限控制、数据库访问与管理服务、文件访问与管理服务、对共享资料的全文检索服务。

数据交换服务提供不同应用系统之间的数据交换能力，主要包括数据订阅与分发、动态数据复制、基于XML的数据交换、基于ASN.1的数据交换和基于自定义比特编码的数据交换等。

物理数据存储服务提供可供多系统共享的数据存储机制，主要包括数据库物理存储、数据仓库物理存储和文件物理存储服务，不同的数据存储需要不同的访问服务。

SHADE 工具包包括数据集成与接口工具、数据一致性测试工具和前述的元数据知识库及其管理访问工具。

物理存储服务所依托的具体存储实体是战场共享数据库,包括敌我双方的人员、装备、任务、位置、行动、物资和战场环境等共享信息,为各级指挥机构提供完整一致的战场综合信息。

从整体而言,COE 提供了一个标准的环境、可立即使用的基础软件和一整套详细描述如何在 COE 环境下开发完成特定使命任务的应用软件的编程标准。通过 COE,异构系统之间能够按照"即插即用"的设计思想、在统一的标准框架下进行开发,使它们之间能够互通并共享信息,极大提高了指挥信息系统的"三互"能力。

3.6.3 面向服务的指挥信息系统技术架构

随着系统规模与复杂度的不断增加,基于共用平台的指挥信息系统技术架构所存在的一系列问题日益凸显,已经开始表现出很多难以适应时代发展和实际军事需求的一面[①]。另外,随着以网络中心战(Network Centric Warfare,NCW)为代表的一系列信息化时代军事理论的出台与发展、成熟,伴随着民用领域内以互联网为核心代表的信息技术的进步与广泛应用,面向服务的体系结构(SOA)作为一种更有效的技术架构,开始被应用于指挥信息系统建设领域,并逐步成为未来的主流发展方向。

1. 服务与面向服务的概念

(1) 服务(Service)。在信息系统领域,服务指一个能够向外提供调用接口、可独立工作、松散耦合和开放的基本功能单元。

理想化的服务接口可独立于实现服务的硬件平台、操作系统和编程语言,这使得各种不同的服务可以以一种统一和通用的方式进行交互。

服务通常不是完整的应用程序或系统,而只是程序的一部分;服务通常也不是子系统,但可以说是一小部分子系统;事实上服务更类似于传统的程序功能模块,每个服务都有特定的目的。但与传统程序功能模块有所区别的是:服务并不复杂,也不自然依赖于其他服务,与其他服务之间的关系是"松耦合"而不是"紧耦合";服务通常是可以独立工作的,其接口是开放而非封闭的;不同种类服务可以进行组合与装配,以完成粒度更粗的功能或更为复杂的业务流程。

因此,服务具有自包含、自描述、接口统一、容易被发现和调用等一系列优点。服务可以实现接口与实现分离,易于在分布式网络环境中进行部署,并能够被组合成敏捷的业务流程;用户在调用服务时,只需要理解其接口的语法和语义,而不需要了解其实现细节。与之相应地,服务的接口自然应该做到一定程度和一定范围内的标准化,这样才能够方便用户的调用。

(2) 面向服务(Service Oriented)。在一般的信息系统领域,面向服务的概念主要是指在信息系统的集成与互操作过程中,从传统的"以系统/平台为中心"转向"以服务为中心",强调以服务驱动为核心理念。

在指挥信息系统领域,面向服务有两层含义。首先,它是一种集成方法,可将指挥信

---

① 具体分析可参见3.6.1节。

息系统提供的功能模块统一以服务形式作为基本的集成对象，并根据军事应用和业务需求，按照面向服务领域内特有的集成技术，将这些多种粒度、松散耦合、广域分布的服务动态、快速地集成为各类指挥信息系统，从而灵活地适应指挥或业务流程变化和发展的需要。其次，它是一种互操作能力，是未来网络中心化条件下在全网范围内提供各类指挥信息系统之间信息共享和互操作的主要形式，以满足网络中心化环境中各类用户按需信息共享和互操作的要求。

2. 面向服务体系结构（SOA）

目前，业界对面向服务体系结构（SOA）的定义还不统一，各种各样的 SOA 定义大多模糊而片面，较为典型的定义有以下几种：

W3C 将 SOA 定义为："一种应用程序体系结构，在这种体系结构中，所有功能都定义为独立的服务，这些服务具有定义明确的可调用接口，并可按定义好的顺序调用这些服务，以形成业务流程。"

Gartner 则将 SOA 描述为："一种客户机/服务器（Client/Server）模式的软件设计方法，由软件服务和软件服务使用者组成应用，与大多数通用 C/S 模型的区别在于它特别强调软件组件的松耦合，并使用独立的标准接口。"

Service - architecture. com 认为 SOA："在本质上是服务的集合。服务间彼此通信，这种通信可能是简单的数据传送，也可能是两个或更多的服务协调进行某些活动。"

虽然目前 SOA 承载了太多的内涵（不仅是技术的，还有商业等应用领域的），但它的本质是一种基于服务的粗粒度、松耦合的应用系统体系结构，其思想本身与具体实现技术无关。

可以定义 SOA 是一种区别于基于共用平台的体系结构，以面向服务为核心特征。其中，"面向服务"的概念如前所述，是一种集成方法和一种互操作能力。SOA 正是以服务的形式实现数据与信息的共享、功能的集成，以及业务能力的互操作，这种集成与互操作建立在一种统一的、基于标准的方式之上，其最终目标不是创建服务，甚至不是创建 SOA 基础设施，而是为了更迅速的系统集成。

在 SOA 中，服务之间是如何连接，从而实现系统集成的呢？

一种简单的方式是在服务之间建立点对点的连接关系，即服务请求者和提供者之间直接建立联系，但大量的连接关系将大幅提升维护与管理成本。另一种方式是在服务与服务之间构建一个类似于计算机总线的中间层，以帮助实现不同服务之间的智能化管理，这就是企业服务总线（Enterprise Service Bus，ESB）的概念，这是当前主流商用产品采用的核心技术。在此基础上，未来的 SOA 有可能会将 ESB 进一步发展为一个更加庞大的广义的"服务提供与交换平台"。

3. SOA 的技术基础

SOA 的思想由 Gartner 公司在 1996 年提出，最早是基于分布式对象（Distributed Object）技术实现的，主要包括 CORBA、DCOM/COM + 与 J2EE/Java EE 这三种主流架构。

分布式对象技术在传统的面向对象技术基础之上，进一步实现分布透明性，包括位置透明性（对象位于不同物理位置的机器上）、访问透明性（对象在不同类型的机器上）、持久透明性（对象状态既可以是活动的，也可以是静止的）、重定位透明性（对象的位置发生变化）、迁移透明性（对象已经迁移到其他机器上）、失效透明性（要访问的对象已经失效)、事务处理透明性(与事务处理相关的调度、监控和恢复)、复制透明性(多个对象副本之间一致性的维护)等。

事实上,CORBA、DCOM/COM+与J2EE/Java EE这三种主流的分布式对象技术也无法同时实现上述所有透明性,在技术和商业实用性上进行了各自的折中。

其中,公共对象请求代理体系结构(Common Object Request Broker Architecture,CORBA)是由对象管理组织(Object Management Group,OMG)制定的一个工业规范。CORBA的优点主要在于其与开发语言无关的语言独立性,与开发者无关的厂商独立性以及与操作系统无关的平台独立性。目前,CORBA在几乎所有主流操作系统上均有成熟的商品化实现。其缺点主要在于:其技术规范十分复杂,而且未规定实现细节,因此不同版本的CORBA产品互有差异,带来互操作性与移植性的大量问题;另外,CORBA开发工具相对比较缺乏,开发难度较大。

微软公司在公共对象模型(Common Object Model,COM)的基础上进行了分布式扩充,形成了分布式公共对象模型(Distributed Common Object Model,DCOM)技术,它是在远程过程调用(RPC)的基础上开发的,COM+是在COM/DCOM的基础上的进一步扩充,主要是充实、完善了对事务处理、负载均衡等技术的支持。DCOM/COM+的主要优点在于开发容易、商品化构件多和易于使用,而且可以在一定程度上实现开发语言的无关性(支持多种开发语言,生成的COM组件可以相互访问);缺点则在于其技术为微软专有,技术上的垄断带来的结果就是DCOM技术一般只能在Windows平台上实现,代码的可重用性和跨平台性能相对较差。

Sun公司在Java技术发展的基础上提出了名为Java Bean的软件构件,它类似于微软公司提出的COM技术,是能够在软件构造工具中进行可视化操作的可重用软件模块。由于Java本身的跨操作系统平台特性,Java Bean可以很好地实现跨平台应用。J2EE/Java EE是Sun公司引导下,多家著名厂商联合提出的分布式对象规范[①],它把Java Bean扩展为Enterprise Java Bean(EJB),这一点类似于微软从COM发展到DCOM/COM+。

J2EE/Java EE技术可以与CORBA技术结合,互为补充,是目前市场上主流的企业级分布式应用的解决方案。很多成功的企业级分布式应用均采用CORBA实现网络位置透明性,用Java EE技术完成实现透明性。这种分布式对象架构的主要缺点在于技术较为复杂,且必须使用Java编程语言。

现在问题在于,面对三种主流的分布式应用解决方案,与它们伴生的技术各种各样,之间的互操作性很差。带来的直接后果是:基于不同分布式对象架构建立的“服务”之间往往无法进行互连、互通与互操作,仍然无法实现前述的“面向服务”与SOA的核心理念。

例如,在J2EE技术中,Web服务器组件可以用JSP或者Java Servlets技术编写,但如果客户原先使用的是微软公司的COM/DCOM平台,其Web服务器端应用很可能是用ASP或ASP. NET技术编写,是无法直接调用Java Servlets或者是JSP的;同样,J2EE中的EJB组件模型也无法被ASP轻易地调用。

从另一个角度来看,当前基于三层/多层的分布式应用程序多倾向于使用基于浏览器的瘦客户端。因为它能够避免花在桌面应用程序发布、维护以及升级更新带来的高成本。

---

① 2010年,Sun公司被Oracle公司并购。

由于浏览器与服务器之间交互的通信协议主要是HTTP,那么是否有可能做到:客户端和服务器之间能够自由地用HTTP进行通信,协作完成业务逻辑;既能够实现服务的调用,又不必关心两端的操作系统平台、编程语言和具体的分布对象技术实现方案呢?

这就需要有一个独立于平台、组件模型和编程语言的应用程序交互标准,该标准使得采用各种实现技术的应用之间也能够类似于使用XML技术交换数据那样容易实现集成与互操作。它可以提供一种标准接口,能够让一种应用可以容易地调用其他应用提供的功能或者说是服务——这就是Web服务技术。

4. Web服务(Web Service)与SOA

通俗地说,Web服务就是一种Web应用程序,它公布了一个能够通过Web进行调用的API,任何人都能通过Web调用此应用程序。Web服务也具有自包含、自描述、模块化等特性,可以实现分布式、跨平台、跨多种编程语言的发布、定位和访问。

更准确的概念:Web服务是一套标准,它定义了分布式应用程序如何在Web环境中实现服务化的调用与互操作。遵循这套标准,可以用几乎所有主流的编程语言、在任何一种操作系统平台上编写Web服务;之后,就可以通过Internet对这些服务进行查询和访问。

与前述三种主流分布式对象技术相比,Web服务的优点包括跨平台、跨语言、跨编程模型、松散耦合、接口与实现分离、基于XML消息(易于实现数据共享)和容易理解的HTTP协议、容易跨越防火墙和网络基础设施的限制等。

需要特别注意的是,Web服务(Web Service)与面向服务体系结构(SOA)这两个概念之中均有"服务"一词,但其涵义并不相同。SOA中的"服务"是更加通用和抽象的概念,换言之,可以把Web服务理解为一种具体实现技术,并通过它实现SOA。事实上,这两个是完全不在同一层次上的概念,SOA的概念要远比Web服务的概念大而广的多。相比于基于前述三种主流分布式对象技术实现的SOA,通过Web服务实现SOA自然具备了Web服务的上述优点,在互操作性、可配置性、易于实现、易于访问等方面,比基于CORBA、DCOM/COM+与J2EE/Java EE中任何一种技术的SOA实现都具备更多优势。

当然,Web服务技术也并非十全十美,还存在一些固有缺陷。首先是效率问题,或者说是QoS(服务质量保证)问题。HTTP协议是一个无状态、效率较低且没有QoS保证的协议,构架在HTTP协议之上的Web服务也同样具有类似的缺点,对于一些时间敏感性要求比较高的服务能力需求力不从心;而这一点在军事领域内恰恰十分重要。因此,美军在未来的指挥信息系统建设中也并未完全采用Web服务技术,对于关键的时间敏感性服务,仍然在经过改造后的COE框架中构建,并纳入到GIG的体系结构之中。

其次,Web服务技术在安全方面仍然没有较好的解决方案,同样由于存在固有的技术缺陷,虽然相关组织已经围绕Web服务的安全问题提出了一系列成体系的协议标准(或标准草案,WS-Security系列),但目前为止,尚未有充分的令人信服的证据来证明其安全问题已经得到解决。对于军事领域的应用来说,这同样是一个绝对无法忽视的问题。

总体来说,随着技术的不断发展,上述问题最终必然会得到较好的解决,指挥信息系统的技术架构向着SOA方向发展已经是大势所趋。

5. 面向服务的指挥信息系统技术架构

以美军的指挥信息系统发展为实例,可以发现,为了适应网络中心战,美军的国防信息基础设施(DII)正向全球信息栅格(GIG)转变,基于平台的共性服务也正在发展为GIG核心全局/企业服务(Core Enterprise Service,CES)①和利益共同体(Community of Interest,COI)服务。

(1) 核心全局/企业服务。在GIG的概念体系中,全局/企业服务(ES)是"一个系统或者一个系统组合提供的、所有用户都能够使用的具有重要意义的能力集合"。常见的ES包括网络传输服务、信息资源服务、管理服务等,具有信息资源的存储、传输、处理和显示等通用能力,以及故障恢复、资源配置、安全审计、服务质量保证、服务管理等管理能力。

CES能力的初始集合已经确定,包括企业服务管理服务、消息服务、应用服务、发现服务、中介服务、协同服务、存储服务、信息保障/安全服务、用户辅助服务等九项核心企业服务(具体可参见第10章)。它是GIG的基础,对于随时随地访问决策所需的高质量可靠信息十分关键。

GIG作为美军有史以来最大规模的指挥信息系统,其目标之一是要建立网络中心化的全局/企业服务(Network Centric CES,NCES)。NCES是提供支持作战域、情报域和业务域的最重要的信息基础设施,由一系列标准、指南、体系结构、软件基础设施、可重用组件、应用程序接口、运行环境定义、参考工具以及构建系统环境的方法论组成。NCES将使前沿作战人员能够反馈信息、提取信息或按需访问服务,但不需要知道信息或服务的位置。

(2) 利益共同体服务。利益共同体是指为实现共同目标而组合在一起的机构、组织、人员或设备的集合,COI成员之间可实现高度的信息与态势共享,行动保持协调一致。COI包括作为担负日常运行职责实体而持续存在的常设性COI(他们也有义务对意外事件或紧急行动提供支援),主要用于应对意外事件或紧急行动而动态组合短期存在的临时性COI,以及同时具备上述两种特性COI。COI服务可与其他服务结合起来、相互协作,以实现COI使命或过程所需的所有功能。

(3) 典型的基于SOA的指挥信息系统技术架构。目前,美军已经将SOA确立为其指挥信息系统技术架构,正在积极推进现有系统的演化、改造与集成。

具体来说,美国国防部拟采用基于Web服务的SOA作为其NCES的核心,要求数据及时提供给消费者,并阻止非授权用户访问被保护的资源,允许消费者在不拥有相关知识的情况下发现信息。在实时战术领域,美军仍然保持和发展基于分布式对象技术的COE体系,先后提出和发展了GIGCOE、NCOE等一系列支持实时业务的应用服务。

在面向服务的指挥信息系统技术架构下,信息分发方式发生了根本改变。以网络中心的作战方式要求改变原有平台中心环境下的"灵巧推送"式信息分发方式,而代之以"灵巧提拉",将信息的主导权从信息生产者手中转到信息消费者手中。在网络中心环境中,GIG就像是一个覆盖全球的军用互联网,所有美国国防部的用户只要接入GIG都可以在其权限范围内发现并提拉到所需的信息。

---

① 关于CES中的enterprise,目前有一些不同译法。在与服务关联时,较为常见的是直接翻译为"企业服务",或者意译为"全局服务"。实际上,enterprise指某种为特定任务目的建立起来的复杂大型组织机构;因此,也有人建议在某些上下文背景下译为"组织"更为合适。一种方便的做法是,在理解其本质含义的基础上,不妨全部直译为"企业",可以避免在不同上下文环境下转译为不同术语的烦琐。

GIG 2.0 的参考模型是一种典型的面向服务的指挥信息系统技术架构，如图 3-7 所示。

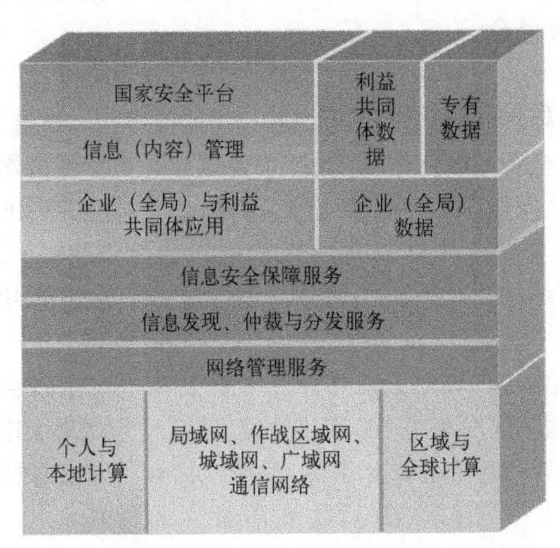

图 3-7 一种典型的基于 SOA 的指挥信息系统技术架构

(4) 面向服务指挥信息系统技术架构的持续发展。面向服务指挥信息系统技术架构本身正在持续不断地发展，尚未形成稳定的产品化和标准化成果。事实上，由于 SOA 技术思想本身的特点，可能也不会有什么标准化的固定架构。可以预见的是，在未来相当长一段时间内，可能会呈现“百花齐放”的局面，有几种典型的代表性架构将成为主流技术，但其本身也在不断地变化与改进；此外还有众多与不同应用领域特点密切相关的特定技术架构与之并存。但上述技术架构均符合 SOA 思想，可以在一定程度上提供资源共享服务与互操作性。

以美军为例，随着时间的推移与技术的进步，在需求驱动下，2007 年 6 月，美国国防部发布了“*GIG Architectural Vision* 1.0”。该文档进一步确立了以使命任务驱动、以信息为中心、注重人机接口、注重信息的可视化与共享、注重对预设和非预设用户的支持、注重可信可靠信息的建设、围绕企业信息环境（Enterprise Information Environment，EIE）构建基于 SOA 技术架构等系统目标，以确保使适当的人在适当的时间获取适当的信息，使其指挥信息系统能够更好地发挥信息优势和信息力量，支撑其军队的网络中心行动（Network Centric Operations，NCO）。

2009 年以来，以云计算、云存储、物联网、大数据等为代表的新兴信息技术的应用逐步走向成熟，相应地，在军事领域内的各种应用也应运而生。美军分别在基于云计算技术的指挥信息系统、基于云计算技术的基础设施和基于云计算技术的研发平台等方面进行了建设，先后进行了 RACE（快速存取计算环境）、GCDS（GIG 内容分发服务）、Forge（旨在通过云计算加速军事系统与装备研制从需求获取到部署的全过程）、MilCloud（美国国防信息系统局建设的安全的云计算平台）等云计算环境的建设。与此同时，美军各类计算中心和数据中心的建设也在快速发展，目前已经拥有数百个遍布全球的数据中心和数亿台套计算机与 IT 设备。

从 2011 年起，以 JIE 为代表，美军加快了向 SOA 技术架构推进的步调。2011 年 12

月,美国国防部在《国防部信息技术领域战略及路线图》中,正式提出建设联合信息环境(JIE),并明确其目标是通过构建灵活、安全的联合信息环境,推进美国国防部所属各类信息系统和资源的全面整合。

2012年9月28日,美国参谋长联席会议签发了《联合作战顶层概念:联合部队2020》,针对未来美军联合部队有效应对未来安全挑战的需求,提出了构建联合部队2020的构想,其核心思想是全球一体化作战,通过联合信息环境增强美军应对不确定、复杂和迅速变化环境的总体适应能力。与此相应地,在2012年,为支持JIE的建设与发展,美国国防部先后发布了《国防部云计算战略》《国防部移动设备战略》《GIG整合总体规划》《国防部信息企业体系结构2.0版》《国防信息系统局2013—2018年战略规划》等一系列重要的战略性文件。

2013年1月,美国参谋长联席会议主席邓普西发布了关于联合信息环境(JIE)的白皮书,同年5月,美国国防部发布了JIE实施战略,该战略包括对JIE未来愿景(Vision)的描绘,以及对实现该愿景过程中的重要事件、度量指标和所需资源的评估等内容的阐述。同年9月,美国国防部首席信息官(CIO)发布了JIE实施指南。

2014年3月,美国空军网络集成中心完成了所有用户向空军网络(AFNET)的迁移,这标志着美国空军向国防部JIE的迁移过程达到了一个重要里程碑。

目前,美军正在制定联合信息环境要素的工程技术与体系结构细节,加快各类数据中心和计算中心的进一步整合,以不断提高信息基础设施能力,强化安全防护与管理,努力实现节约经费、共享资源、提供服务、增强作战效能与安全防护能力的最终目标。

参考文献

[1] 全军军事术语管理委员会, 军事科学院. 中国人民解放军军语(全本)[M]. 北京: 军事科学出版社, 2011.

[2] 汪应洛. 系统工程学[M]. 3版. 北京: 高等教育出版社, 2007.

[3] 钱学森, 于景元, 戴汝为. 一个科学的新领域——开放的复杂巨系统及其方法论[J]. 自然杂志, 1990(1): 3-10.

[4] Office of The Assistant Secretary of Defense. C4ISR Handbook for integrated planning [EB/DK]. 1998.

[5] 刘作良,等. 指挥自动化系统[M]. 北京: 解放军出版社,2001.

[6] 李德毅, 曾占平. 发展中的指挥自动化[M]. 北京: 解放军出版社,2004.

[7] 童志鹏. 综合电子信息系统[M]. 2版. 北京: 国防工业出版社, 2010.

[8] 刘晓明,等. 基于信息系统的体系作战能力生成模式和运用机理研究[EB/DK]. 2011.

[9] DoD CIO. DoD global information grid architectural vision [EB/DK]. 2007.

思考题

1. 从系统工程角度看,指挥信息系统作为一般系统的主要特性有哪些?
2. 复杂系统的主要特点是什么?
3. 试阐述指挥信息系统的主要功能。
4. 为什么需要从不同角度进行观察,对指挥信息系统进行功能与类别划分?
5. 请阐述指挥信息系统的“三层、四类、六域”模型。
6. 指挥信息系统的战技指标如何划分?其系统整体战术技术指标主要有哪些?

7. 信息获取分系统的战术技术指标主要有哪些?

8. 试结合某一现代战争实例(海湾战争、科索沃战争、伊拉克战争、阿富汗战争等),阐述指挥信息系统的地位与作用。

9. 作战指挥人员与指挥信息系统之间有着怎样的关系?

10. 军事信息基础设施的概念与作用是什么?

11. 军事信息基础设施的主要功能有哪些?与指挥信息系统之间有何种关系?

12. 何谓指挥信息系统的技术架构?

13. 基于共用平台的指挥信息系统技术架构的主要特点是什么?

14. 如何理解服务与面向服务等概念?

15. 实现SOA的分布式支撑技术主要包括哪几种?各有何优缺点?

16. 面向服务的指挥信息系统技术架构的主要特点是什么?

17. 试简要阐述GIG 2.0参考模型。

18. 试比较基于COE与GIG 2.0参考模型所对应的技术架构。

19. 请辨析以下观点:未来的指挥将采用面向服务的指挥信息系统技术架构,其核心技术是Web服务,类似于COE等基于共用平台的技术将被彻底淘汰。

第4章 4 态势感知系统

4.1 态势感知系统概述

进入21世纪以来,以信息技术为核心的高新技术蓬勃兴起并得到广泛应用,一场新的军事变革已经并正在发生。信息化战争将取代机械化战争,成为未来战争的基本形式,而信息技术将成为信息化战争的主要战斗力。信息技术用于作战至少需要三个基本条件,即战场的数字化、参战人员具备与数字化战场交互的能力,以及一个高效、迅速、准确地传递战场信息的网络系统。战场数字化包括数字化战场的基本建设和战场态势的感知。态势感知信息是战场信息的重要组成部分,所以必须研究态势感知信息的获取、处理和共享。其实,早自20世纪70年代始,美国就率先开始了军事传感技术领域的革命,其目的是使战场变得"透明"。尤其是通过几场局部战争,更使美国深刻认识到战场态势感知能力的重要性,从而不断加强了相关系统的研发和应用,以支持未来信息化战争中对战场态势的准确把握,为作战决策、精确打击提供支撑信息。

4.1.1 态势感知系统的基本概念

1. 态势与态势感知

第2章中指出,态势(Situation)通常是指战场空间中兵力分布和战场环境的当前状态及发展变化趋势的总称,即由"态"和"势"构成。态势是战场感知能力(Battlefield Awareness Capability)所实现的最终产品,旨在为指挥员作战决策和指挥控制提供支持。

"感知"是感觉和知觉的总称。态势感知是指能够在特定的时间及时感知作战空间的局部或整体态势,是指挥控制环路中认识活动的一种重要形态。

"感知能力"是指我们在实践中对丰富生动的外部现象直接摄取和反映的能力,它包括感觉和智力两个方面,感觉能力是指获取信息的能力,而智力能力是指对信息进行加工、处理、使之转化,进而提出新理论、新观点的能力。在2.1.1节中,Endsley提出的态势感知三层次模型"察觉、理解、估计"即体现了感觉能力(态势要素获取)和智力能力(态势理解和态势预测)。

在军事上,态势感知之所以重要,是因为在动态复杂的环境中,决策者需要借助态势感知系统(或工具)显示当前环境的连续变化状况,才能迅速准确地做出决策。

2. 态势感知系统

战场态势感知包括信息获取、精确信息控制和一致性战场空间理解三个要素。信息获取是指及时、准确、可靠地提供敌、我、友部队的状态、行动、计划和意图等信息;精确信息控制是指动态控制和集成指挥、通信、情报、监视与侦察等各种信息;一致性战场空间理解是指参战人员对敌、我、友地理环境理解的水平和速度,保持作战、支援部队对战场态势理解的一致性。因此,除传统的侦察、监视、情报、目标指示与毁伤评估等内涵之外,战场态势感知还包括信息共享和信息资源的管理与控制。

态势感知系统就是实现以上功能的系统,是对战场空间内各方兵力部署、武器配备和战场环境等信息进行实时掌控的信息系统,是指挥信息系统的重要组成部分。ISR①(情报、监视和侦察,参见 4.4 节)系统就属于态势感知系统的一部分。

从逻辑结构来看,战场态势感知系统(软件部分)可分为三个层次:后台态势信息管理层、中间件服务层和前台态势信息应用层。图 4-1 表示战场态势感知系统的软件体系结构。其中,数据输入与更新主要来自于 ISR 分系统获取的战场信息。因此,完整的战场态势感知系统还包含由雷达、光电等各类传感器组成的 ISR 软硬件部分。

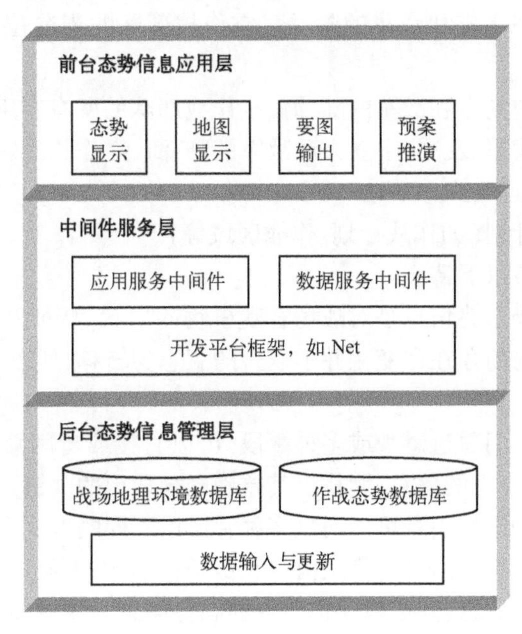

图 4-1　战场态势感知系统的软件体系结构

(1) 后台态势信息管理层。该层主要对态势信息进行管理。包括两个数据库:战场地理环境数据库和作战态势数据库,另外还有数据输入与更新程序。战场地理环境数据库主要包括多尺度数字线划地图、遥感影像数据和扫描图等地图数据。作战态势数据库主要包括敌我双方的军事行动、兵要地志和其他与作战相关的数据。该层将态势信息存储于关系型数据库管理系统中,并提供数据备份、数据更新以及数据安全等功能。

(2) 中间件服务层。该层是系统的核心层,它以中间件的形式为前台应用层提供功能调用和数据访问服务。主要包括各种态势信息服务功能、元数据服务、态势信息访问接口和分布式信息服务。该层通过组件来实现战场态势信息系统的功能,通过元数据库技术实现态势信息的共享机制。信息访问接口服务定义了访问态势信息的标准接口,系统可通过标准的访问接口直接或间接访问态势信息。中间件技术提供了功能复用机制,以

① 美军在《美国防部军事和相关术语词典》中,将“情报、监视、侦察”(ISR)定义为:为直接支持当前和未来的行动而同步并整合各种传感器、资产,以及处理、利用、分发系统的规划和运行的一种活动。

分布式形式实现态势信息的共享与交互,使得各种数据访问可以统一、高效地运行。另外,中间件技术也是提供二次开发的软件包,可以任意嵌入各种军事应用系统。

(3) 前台态势信息应用层。该层是系统面向用户的窗口。它通过中间件服务层调用操作功能来访问战场态势信息。通过可视化方式为用户提供各种战场态势信息应用服务,包括战场环境信息的显示与查询、各种军事要图的输出,敌我态势的标绘以及预案的推演等。

3. 战场态势信息

战场态势信息包括战场地理环境信息和作战态势信息两大类,其内容包括如下几个方面:

(1) 作战区域的战场环境,如地形、气象和海洋等信息。

(2) 我军、友军、中立方和敌军的陆、海、空作战部队的当前位置和所有有用的状态信息。

(3) 我军、友军、中立方和敌军的陆、海、空作战部队的所有有用的计划机动信息。

(4) 能够影响到我军、友军、中立方和敌军的陆、海、空作战部队与装备部署及其状态的所有有用的信息。

(5) 生成要素和计划(如作战计划、作战区域等)。

战场态势信息具有以下特征:

(1) 客观性。战场态势信息是对战场客观事物的形状、特征及其运动变化的客观反映。由于战场客观事物的存在和变化并不以人的意志为转移,所以反映客观存在的信息,也必然具有客观性。

(2) 可识别性。人们通过感观或多种手段,可以直接或者间接地识别客观事物的形状、特征和运动变化所产生的信息,而找出其差别则是认识的关键。

(3) 存储性。战场态势信息可以通过多种手段以不同的方式存储起来。

(4) 对抗性。获取相对信息优势是信息化战争的首要目标。因此,敌我双方使用各种手段获取对方的态势信息,并尽量保护己方的态势信息。在战场态势信息的应用上,经常伴随着激烈的对抗。

(5) 可操作性。战场态势信息的可操作性是指获得的大量战场态势信息,根据实际需要进行筛选、分析、分类、整理、概括和综合,去粗取精,去伪存真。

(6) 时效性和动态性。战场状态瞬息万变,战场态势信息反映战场状况的动态变化,具有生命周期,因此具有较强的时效性和动态性。只有有效地获取和运用态势信息,才能做出准确的决策。另外,一个信息的生成是动态的,一旦生成,获得越早,传递越快,其价值就越大。随着时间的推移,其价值逐渐衰减乃至消失。

(7) 精确性。战场态势信息具有不确定性,只能部分、相对和近似地反映事物的真相,因此,收集到的战场态势信息要能最大限度地反映事实真相。

(8) 可共享性。战场态势信息是战场的重要资源,可在参战己方共享。

战场态势信息的数据类型主要包含地理环境数据、气象和水文数据、战略态势数据和战场态势数据。具体地说,可包括以下几种数据类型:

(1) 地理空间数据。各种类型的地理数据(矢量数字地图、栅格数字地图、数字高程模型和数字正射影像),它以电子地图的形式为底图,作为各级指挥员感知战场态势和实施作战计划、协调和指挥的地理底图基础。

(2) 水文和气象数据。这是战场环境的重要因素。可以将作战区域及周边作战期间内的水文和气象数据以可控图层的方式叠加显示在地理底图上,为各级指挥员提供直观的水文和气象环境。

(3) 电磁环境数据。由于电磁环境比较复杂,缺乏直观性,且大部分指挥员对原始电磁环境数据需求不大,可以考虑先对电磁环境数据进行分析和处理,再将结果以图表的形式进行呈现。

(4) 核、生化辐射现状及预测数据。对作战区域及周边核、生化辐射现状及今后可能影响的区域以形象直观的方式描述或作为可控图层叠加显示在地理底图上。

(5) 我军、友军、中立方和敌军、装备的部署数据。军队标号是指挥员在图上指挥的主要图形语言,以军标的形式将我军、友军、中立方和敌军的兵力和火力的部署情况直观地表示出来,并作为可控图层叠加显示在地理底图上。此外,还包括对部队、武器装备状态的实时监视数据,反映态势的动态变化信息。

(6) 情报数据。以文字、表格、视频、动画以及影像等多种方式反映敌我友各方的各类情报,包括重要的政治、经济、军事目标、作战区域及周边人文环境、经济环境和交通状况等内容。以图解注记形式或属性数据反映出来。

(7) 各种军事要图及作战文书数据。它是各级指挥员进行作战指挥、协同的主要手段和基本途径,用军事图形语言正确地领会和表达是实施指挥的关键。

4.1.2 态势感知系统的地位与作用

在信息化战争中,态势感知是军事斗争的首要任务和关键环节。从海湾战争、科索沃战争,到阿富汗战争和伊拉克战争,美军在战场上采用的态势感知手段越来越多,涉及的技术越来越先进,感知设备的功能也越来越完备,这大大增强了美军对战场态势的感知能力,成为其克敌制胜、打赢信息化战争的重要基础。实战证明,良好的态势感知能力可极大地提高部队的杀伤能力和生存能力,加快作战节奏,减少和避免误伤,有效提升作战效能,从而大大消除“战争迷雾”。因此,美军把提高全球态势感知能力作为其C4ISR系统发展的一个重要方向。

态势感知系统是获取信息优势的信息系统。它作为指挥信息系统的一个重要组成部分,其使命是全天时(战时和平时,白天和昼夜)、全天候(风、雨、雪、雾各种气象情况和各种海况)、全方位(陆、海、空、天)应用一切手段来搜集和查明有关参战各方军事人员和装备的分布、集结和调动,武器装备的类型、数量和性能等情报,以及地形、地貌、气象等资料,并及时传递到各级指挥机关,经分析、识别、综合处理后形成综合情报,为各级指挥员做出正确的决策提供依据。因此,战场态势感知的地位十分重要,态势信息能有效地转化为战斗力,战场的主动权和战斗的胜利在很大程度上取决于态势信息的获得,战场态势感知是获取信息优势的重要环节,也是取得信息战胜利的重要保障。如美国的“战场感知与数据分发”系统,其目标是随时为分散在美国本土和世界各地的美军提供不断更新的陆、海、空、天战场的综合态势图。具体到作战平台,如战机态势感知系统,其数据链使飞行员能够共享其他战机的态势感知信息,从而了解战场全貌。战车态势感知系统使战车驾驶员、乘务员和车内士兵能穿过车辆装甲进行“观察”,可提供战车周围区域独立、实时、无阴影的半球形视界,并且在战车前进或静止时全天时工作。单兵态势感知系统可作为单兵通信和定位系统的装置,用以提供海量态势感知数据,起到增强士兵战斗力的作用。

态势感知系统应具备以下能力和作用:

(1) 多层次、全方位、分布式战场态势信息搜索能力。现代战争的环境复杂,态势信息门类繁多。随着态势信息的范围不断增大,保障对象的层次差异也逐渐增大,显然依靠单一的态势获取手段将无法完成态势保障的任务。因此,态势感知系统必须具备多层次、全方位、分布式战场态势信息搜索能力。

(2) 在信息作战条件下的战场态势感知能力。随着信息技术的飞速发展,为在信息作战中取得绝对优势,必须不断提高战场感知能力。包括提高对直接序列扩频、跳频等低截获概率信号的侦察、捕获能力,提高对突发短暂信号的测向和定位能力,提高非协同目标分选识别能力,提高对复杂信号侦听、解调、破译能力,以及提高遥感图像成像的分辨力、定位精度和实时获取图像的能力等。

(3) 战场态势信息的智能融合和实时处理能力。各级态势感知系统应构成有机的综合处理体系。各级态势处理中心应建立态势信息指挥和智能化处理平台,无论平时和战时都能接收来自上级的命令,并向下级下达感知任务和作战命令;接收下级上报的态势信息,运用信息融合技术,进行智能融合分析处理和综合判证整编处理,使之迅速形成准确、完备、有价值的综合态势信息,及时上报和分发,以便指挥者及时做出决策。

(4) 安全、可靠、灵活、高效的战场态势信息的传输能力。位于陆、海、空、天的各种侦察传感器对战场态势进行立体、全方位的信息采集,经初步处理形成态势素材,再经信息传输网络传送给相应的态势信息处理中心。各态势信息处理中心之间通过信息传输网络进行态势信息的交换,以达到态势信息的共享。对实时性很强的态势信息,需通过战术数据链及时传送至武器系统实施精确打击。信息栅格网络是近年来发展起来的新型网络,为态势处理系统安全、可靠、灵活、高效地提供了良好的传输平台。各种传感器、各类态势处理系统等作为栅格网络的节点,形成传感器信息栅格网,这不但能安全可靠地完成态势信息的传输任务,还有利于态势信息的分发。

(5) 战场空间态势的可视化能力。运用计算机图形图像处理、多媒体、人工智能、人机接口和高度并行实时计算等技术,将战场空间态势数据转化为动态直观的可视图形、图像或动画,形象地描述数据与数据之间的关系,便于对战场空间态势的表达和理解。通常,可视化技术还向使用者提供与态势数据实时交互的功能。

(6) 支持部队联合作战、防空反导作战、信息对抗的态势保障能力。支持联合作战是现代态势感知系统的主要功能之一。各指挥级别和陆军、海军、空军、战略导弹部队的态势感知系统通过信息网络相互提供所需的态势情报,实现传感器到武器系统端到端的直接交链,从而实现陆、海、空和导弹部队的联合作战。综合防空反导、反卫星,以及信息对抗是现代战争的一种新的作战形式,它包括电子战、网络战和心理战。态势感知系统在获取敌方各种电子信号参数和网络结构的基础上对其实施攻击,把敌机和导弹消灭在起飞和发射之前,或者在目标飞行过程当中。同时采取保护措施,预防敌方的攻击。

4.1.3 态势感知系统的分类

态势感知系统大体上有如下几种分类：

(1) 按指挥级别，可分为战略级态势感知系统、战役(战区)级态势感知系统和战术级态势感知系统。

(2) 按使用部队，可分为海军、空军、陆军、战略导弹部队态势感知系统，如海军陆战队态势感知系统、防空导弹态势感知系统、航空兵态势感知系统、炮兵态势感知系统、装甲兵态势感知系统、导弹旅态势感知系统等。

(3) 按控制对象，可分为以控制部队为主的态势感知系统，以及以控制兵器为主的态势感知系统。

(4) 按依托平台，可分为机载态势感知系统、舰载态势感知系统、车载态势感知系统、地面固定态势感知系统和地下/洞中态势感知系统。

(5) 按使用方式，可分为固定式态势感知系统、机动式态势感知系统、可搬移式态势感知系统、携带式态势感知系统和嵌入式态势感知系统。

(6) 按感知空间，可分为战场态势感知系统和太空态势感知系统。

4.1.4 态势感知系统的发展趋势

随着科学技术的发展进步，战场态势感知系统的能力会进一步得到增强，系统将朝着更加网络化、智能化、无人化等方向发展，使得军队在整个战斗空间夺取信息优势，打赢信息化条件下的战争。

网络化的战场态势感知系统在海、陆、空、天不同军种，不同平台之间实现互联、互通、互操作，形成一个无缝连接的信息获取、处理与分发平台，使作战人员在任何地点、任何时间都能够全面、准确地掌握实时的战场态势。

智能化的态势感知系统能够对传感器获得的大量不确定性情报进行快速、自动化的融合处理，形成实时、准确、高置信水平的可利用情报，这种能力是信息化战争中提高决策速率和生存能力的基础和关键，使大规模、多系统联合作战成为可能。

无人化平台是未来信息化战场的一种重要信息获取手段。用于战场侦察和监视的无人化平台包括卫星、无人机、无人潜航器、无人战车、机器人等。无人化平台通常搭载了先进的光电、红外和雷达传感器，再加上其强大的全天候、隐身、定位能力，小型化的设计，低廉的成本，使其得到越来越广泛的应用。

4.2 态势信息获取技术

态势信息获取技术是运用信息科学的原理和方法，通过对军事目标的搜索、探测、定位、跟踪、辨认和识别等过程，获取其外部特征、时空属性等信息的一类技术，是支持信息化战争的核心技术之一。由于情报、监视与侦察(Intelligence, Surveillance and Reconnaissance, ISR)是一个完整的整体，三者不可分割，一方面情报依靠侦察和监视来获取数据和信息，另一方面情报又是侦察与监视的目的，并且三者在信息获取方面具有一些共性的技术特征，这里不将三者分开讨论。下面介绍态势信息获取的感知技术、导航定位技术、目标识别技术等主要技术。

4.2.1 感知技术

感知技术是通过物理、化学或生物效应等感受事物运动的状态、特征和方式的信息,按照一定的规律转换成可利用信号,用以表征目标外部特征信息的一种信息获取技术,是态势信息获取技术的基础,主要包括传感器感知技术、雷达感知技术、多光谱感知技术、声波感知技术、电子信号感知技术等。在军事上,感知技术被广泛应用于发现目标并获取目标的外在特征信息,对于准确、可靠、稳定地获取有关战场态势信息,保障作战行动的正确性,夺取作战胜利,具有十分重要的作用,是现代作战行动的基本保证。

1. 传感器感知技术

传感器是利用物理效应、化学效应及生物效应,把被测的非电量(如物理量、化学量、生物量等),按照一定的规律转换成可用输出信号的器件或装置。常用传感器的输出信号多为易于处理的电量,如电压、电流、频率等。传感器作为一种功能性器件,一般由敏感元件、传感元件和测量转换电路等几个部分组成如图 4-2 所示为传感器的组成。

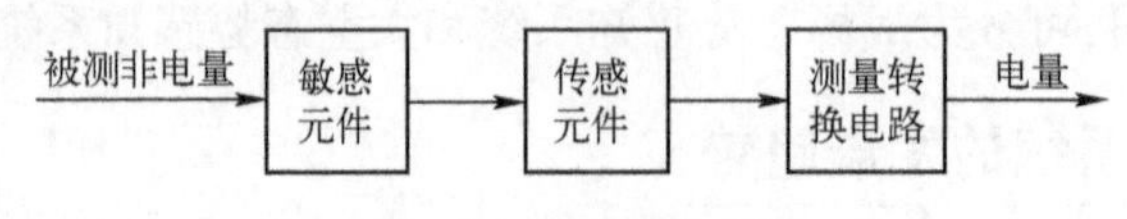

图 4-2 传感器的组成

图 4-2 中,敏感元件用来直接感受被测非电量,并输出与被测量成确定关系的某一物理量的元件。传感元件把敏感元件的输出转换成电路参数。测量转换电路则把转换元件转换成的电路参数再转换成电量输出。

传感器的基本特性包括灵敏度、分辨力、线性度、稳定性、电磁兼容性和可靠性。

传感器的种类名目繁多,分类不尽相同。常用的分类方法:① 按被测量分类,可分为位移、力、力矩、转速、振动、加速度、温度、压力、流量、流速等传感器。②按测量原理分类,可分为电阻、电容、电感、光栅、热电偶、超声波、激光、红外、光导纤维等传感器。

在信息化战争条件下,传感器感知技术主要表现为战场传感器技术和无线传感器网络技术。战场传感器技术是利用布设到敌方活动区的传感器探测到的信号来判别目标范围和活动规模的感知技术。战场传感器多采用飞机空投、火炮发射和人工埋设等手段布置到交通线上及敌人可能的活动区域,探测到的信号用无线电波发送给位于远处的己方地面站或中转设备。由于具有轻捷简单、运用灵活、易于携带埋伏、便于伪装隐蔽等特点,因此多用于排一级小分队完成作战任务。战场传感器技术包括震动侦察技术、声响侦察技术、磁敏侦察技术和压敏侦察技术。震动侦察技术利用震动换能器来拾取地层震动信号以达到探测目标的目的。声响侦察技术利用声电转换器,将目标运动时所发出的声响转换为相应的电信号,再经过放大、处理,探测目标的性质、运动方向和位置。磁敏侦察技术是通过磁敏传感器探测带磁目标体(武装人员、轮式车、履带车等)在地磁场中运动时造成的磁畸变来达到探测的目的。压敏侦察技术是通过压力传感器测量目标沿地面运动时对地面产生的压力来进行侦察。

无线传感器网络技术是一种新型的,把传感器、信息处理和网络通信技术融为一体的信息获取技术。无线传感器网络是由大量传感器结点通过无线通信技术自组织构成的网络。这种技术可广泛用于医疗监护、空间探索、环境监测和军事信息获取等领域。在信息化战争条件下,能满足信息获取实时、准确、全面等需求,可以边收集、边传输、边融合,有效地协助实现战场态势感知,还可为火控和制导系统提供精确的目标定位信息。

2. 雷达感知技术

雷达是利用电磁波发现目标并测定其位置、速度和其他特征的电子设备。其概念形成于20世纪初。由于雷达的具体用途和结构不尽相同,但基本组成形式是一致的,主要包括发射机、接收机、天线、天线控制装置、定时器、显示器,以及电源和抗干扰等分系统组成。

雷达探测目标的基本原理:雷达发射机通过天线把电磁波射向空间某一方向,处在此方向上的物体反射电磁波;雷达天线接收此反射波,送至接收设备进行处理,提取有关该物体的某些信息(目标物体至雷达的距离,距离变化率或径向速度、方位、高度等)。测量距离实际上是测量发射脉冲与回波脉冲之间的时间差,因电磁波以光速传播,据此就能换算成目标的精确距离。测量目标方位是利用天线的尖锐方位波束测量。测量仰角靠窄的仰角波束测量。根据仰角和距离就能计算出目标高度。测量速度是雷达根据自身与目标之间有相对运动产生的频率多普勒效应原理。雷达接收到的目标回波频率与雷达发射频率不同,两者的差值称为多普勒频率。从多普勒频率中可提取的主要信息之一,即雷达与目标之间的距离变化率。当目标与干扰杂波同时存在于雷达的同一空间分辨单元内时,雷达利用它们之间多普勒频率的不同就能从干扰杂波中检测和跟踪目标。

雷达的主要战技指标有探测距离、分辨率、精度、抗干扰能力、可靠性、工作频率、脉冲重复频率、脉冲宽度、脉冲功率、灵敏度和波束宽度等。

雷达的种类很多,按用途可分为警戒雷达、引导雷达、侦察雷达、制导雷达、气象雷达和目标雷达等;按载体不同可分为地面雷达、机载雷达、舰载雷达、弹载雷达、航天雷达等;按实现体制可分为脉冲雷达、连续波雷达、相控阵雷达、脉冲多普勒雷达、合成孔径雷达、逆合成孔径雷达等;按采用的特殊技术措施可分为单脉冲雷达、频率捷变雷达、脉冲压缩雷达、动目标显示雷达、低截获概率雷达;按探测范围可分为视距雷达和超视距雷达;按工作波长波段可分为米波雷达、分米波雷达、厘米波雷达和毫米波雷达等;按辐射源种类可分为有源雷达和无源雷达;按雷达设置的位置可分为双基地或多基地雷达;按扫描方式可分为机械扫描雷达和电扫描雷达(如相控阵雷达)等。

基于雷达具有探测距离远,测定坐标速度快,不受雾、云和雨的阻挡,有一定的穿透能力,并能全天候、全天时使用等特点,因此,它是军事上必不可少的电子装备。雷达感知技术是利用雷达作为感知手段,接收并检测特定目标反射的回波来发现与测定目标的一类感知技术。如果将多部雷达在特定地域或空域适当布站,对不同雷达获取的信息进行数据融合处理,并对各雷达统一控制的布局,这是雷达组网技术。雷达组网是实现效能集成的作战组织形式。其目的是利用不同体制、不同频段的雷达交错配置、雷达盲区互补,能及时发现和掌握来自不同方向、不同高度的各类目标。雷达组网能够显著增大对空中目标的探测概率,提高对目标航迹探测的连续性和测量精度,增强对隐身目标和低空飞行目标的探测能力。

3. 多光谱感知技术

多光谱感知技术是同时利用多种感知技术分别在接收到的目标辐射和反射的不同电

磁波段上对同一目标进行感知的技术。主要包括在可见光照相基础上增加了红外和紫外感光的多光谱照相技术,在红绿蓝之外增加了红外摄像功能的多光谱电视技术,以及可感知紫外、可见光、远红外、中红外等大范围光波波段的多光谱扫描技术等。由于这种多种波段的感知技术可以获得更全面的目标信息,因而具有重要的军事应用价值。

常用的多光谱感知技术有:

(1) 红外感知技术。是通过接收目标热辐射产生的中远红外波来获取目标相关信息的一种感知技术,主要包括根据目标辐射红外线的强度和波长的差异来形成可见图像的红外成像技术,以及将目标的红外辐射信息转换成可用数据信号的红外非成像技术等。这种技术具有可感知黑暗中的目标、受气候影响小、有反伪装能力的优点。其中,红外成像技术是利用物体的热辐射原理进行红外探测,将物体的分布以图像形式显示出来的技术。该技术的主要特点:①不受低空工作时地面和海面的多径效应影响,穿透烟雾能力强、分辨率高、空间分辨能力可达0.1毫弧度,可探测0.1~0.05℃的温差;②抗干扰、无辐射、隐蔽性好、生存能力强、低空导引精度高,具有良好的抗目标隐形能力,能使现有的电磁隐形等非影像红外隐身技术失效,可直接攻击目标要害;③与微处理器整合,具有多目标全景观察、追踪及目标识别能力,可实现对目标的热影像智能化导引。

(2) 可见光无源感知技术。是通过接收目标辐射和反射的可见光来获取目标相关信息的一类感知技术,是出现最早、至今应用最广的感知技术,主要有照相技术、电视摄像技术、微光夜视和微光电视技术等。与其他感知技术相比,其主要优点是分辨率高、直观清晰、技术成熟。其中,微光夜视技术是将目标反射的微弱夜天光加以放大成像的无源感知技术。微光夜视装备的核心部件是像增强管,它用几万伏的高压将微弱光线放大、成像。多用于黑夜条件下的单兵观察、战场监视和武器制导等方面。微光夜视仪是利用微光夜视技术,能在微弱光照条件下将图像亮度增强几万倍的观察仪器。这种仪器可扩展人在低照度下的视觉能力,将人眼不可见的图像转变为可见图像,主要用于夜间侦察、瞄准、驾驭车辆和其他战场作业,并可与红外、激光、雷达等装备结合,组成光电侦察、告警和武器的光电火控系统。

4. 声波感知技术

声波感知技术是利用声波获取目标相关信息的一类感知技术。可分为有源和无源两大类。有源技术通过向目标发出声波,再接收并检测其回波来获取目标信息,其典型代表是声纳。无源技术通过直接接收目标变化或运动中发出的声波来获取目标信号,主要包括利用空气声波的炮声传感器和窃听技术,利用水声感知的听水器,利用大地震动声波的震动传感器等。

声纳是利用声波在水中传播衰减很小的特性,通过电声转换和信息处理,完成水下探测、定位和通信的电子设备。是水声学中应用最广泛、最重要的一种装置。声纳广泛采用脉冲压缩、多普勒和相控阵等先进技术,主要用来探测潜艇、鱼雷和水障等目标。

声纳装置一般由基阵、电子机柜和辅助设备三部分组成。基阵由水声换能器以一定几何图形排列组合而成,其外形通常为球形、柱形、平板形或线列形,有接收基阵、发射基阵或收发合一基阵之分。电子机柜包括发射、接收、显示和控制等分系统。辅助设备包括电源设备、连接电缆、水下接线箱和增音机、与声纳基阵的传动控制相配套的升降、回转、俯仰、收放、拖曳、吊放、投放等装置,以及声纳导流罩等。换能器是声纳的重要器件,是声能与其他形式的能(如机械能、电能、磁能等)相互转换的装置。换能器的功能是在水下发射和接收声波,其工作原理是利用某些材料在电场或磁场的作用下发生伸缩的压电效应或磁致伸缩效应。专门用于接收的换能器称为"水听器"。

影响声纳工作性能的因素除声纳本身的技术状态外,外界条件的影响也很严重。比较直接的因素有传播衰减、多路径效应、混响干扰、海洋噪声、自噪声、目标反射特征和辐射噪声强度等,它们大多与海洋环境因素有关。例如,声波在传播途中受海水介质不均匀分布和海面、海底的影响和制约,会产生折射、散射、反射和干涉,会产生声线弯曲、信号起伏和畸变,造成传播途径的改变,以及出现声阴区,严重影响声纳的作用距离和测量精度。现代声纳根据海区声速-深度变化形成的传播条件,可适当选择基阵工作深度和俯仰角,利用声波的不同传播途径(直达声、海底反射声、会聚区、深海声道)来克服水声传播条件的不利影响,提高声纳探测距离。

声纳可按工作方式、装备对象、战术用途、基阵携带方式和技术特点等进行分类。例如,按工作方式可分为主动声纳和被动声纳;按装备对象可分为水面舰艇声纳、潜艇声纳、航空声纳、便携式声纳和海岸声纳等;按战术用途可分为测距声纳、测向声纳、识别声纳、警戒声纳、导航声纳、侦察声纳等。

主动声纳技术是指声纳主动发射声波"照射"目标,而后接收水中目标反射的回波以测定目标的参数。该技术多数采用脉冲体制,较少采用连续波体制。它由简单的回声探测仪器演变而来,适用于探测冰山、暗礁、沉船、海深、鱼群、水雷,以及关闭了发动机的隐蔽潜艇。被动声纳技术是指声纳被动接收舰船等水中目标产生的辐射噪声和水声设备发射的信号,以测定目标的位置和某些特性。它由简单的水听器演变而来。特别适用于不能发声暴露自己而又要探测敌舰活动的潜艇。

声纳技术是1906年由英国海军的刘易斯·尼克森所发明,他发明的被动式声纳仪主要用于侦测冰山。这种技术在第一次世界大战被应用于战场,用来侦测潜藏在海洋中的潜水艇。目前,声纳仍是各国海军进行水下监视所使用的主要技术,用于对水下目标的进行探测、分类、定位和跟踪;进行水下通信和导航,保障舰艇、反潜飞机和反潜直升机的战术机动和水中武器的使用。此外,声纳技术还广泛用于鱼雷制导、水雷引信,以及鱼群探测、海洋石油勘探、船舶导航、水下作业、水文测量和海底地质地貌的勘测等。

5. 电子信号感知技术

电子信号感知技术主要包括对通信、雷达、导航等电子信号的搜索截获、参数测量分析、测向定位、信号特征识别等。其中,信号分析包括通信信号分析和非通信信号分析。通信信号分析是对侦察到的通信信号进行各种分析,识别其通信体制、调制方式、编码类型等,掌握信号的属性,进而推断对方的通联情况、网台关系和作战态势。非通信信号分析包括对雷达、导航、敌我识别、遥控遥测等信号的分析。非通信信号分析的主要对象是雷达信号,具体包括雷达信号的参数、脉内细微特征的分析,以及雷达信号综合分析等。测向定位的原理是利用无线电波在均匀媒体中传播的匀速直线性,根据入射电波在测向天线阵中感应产生的电压幅度、相位或频率的差别来判定被测目标的方向,根据多站测向(角)的结果进行交会计算,确定被测目标地理位置,实现目标的定位。受篇幅限制,更具体的技术原理请参阅电子对抗相关书籍。

电子信号感知技术主要用于电子侦察和通信侦察。电子侦察是利用电子装备对敌方通信、雷达、导航和电子干扰等设备所辐射的电磁信号进行侦收、识别、分析和定位,以获取敌方军队信息系统及设备的特征参数等情报,并以此为依据实施电子对抗和反对抗的一种特殊的军事侦察手段。通信侦察是以敌方通信电台为侦收目标,以电台信号为侦测对象,通过信号搜索与截获等方式,实现对敌方通信信号的检测、识别、信息提取和解译等,以获取敌方通信信号的内涵信息,查明敌方通信网络电台的分布和活动规律及隶属关系,掌握敌方军事、政治、经济动态和企图。

下面主要介绍电子信号感知技术在电子侦察中的作用。

电子侦察按侦察任务和用途的不同,可分为电子情报侦察和电子支援侦察。电子情报侦察属于战略侦察,是通过具有长远目的的预先侦察来截获对方电磁辐射信号,并精确测定其技术参数,全面地收集和记录数据,认真地进行综合分析和核对,以查明对方辐射源的技术特性、地理位置、用途、能力、威胁程度、薄弱环节,以及敌方武器系统的部署变动情况和战略、战术意图,从而为战时进行电子支援侦察提供信息,为己方有针对性地使用和发展电子对抗技术,制定电子进攻、防御和作战计划提供依据。为了不断监视和查清对方的电子环境,电子情报侦察通常需要对同一地区和频谱范围进行反复侦察,而且要求具有即时的与长期的分析和反应能力。但是,它主要着眼于新的不常见的信号,同时证实已掌握的信号,并了解其变化情况。由电子情报侦察所收集的情报力求完整准确,利用它可以建立包括辐射源特征参数、型号、用途和威胁程度等内容的数据库,并不断以新的数据对现行数据库进行修改和补充。通过电子情报侦察所获得的情报,可分为辐射情报和信号情报。辐射情报是从对方无意辐射中获得的情报;信号情报是从对方有意辐射的电磁信号中获得的情报。信号情报一般又可分为通信情报和电子情报。通信情报是从通信辐射中获得的情报,涉及通信信息、加密和解密原则等,其信息价值高,保密性强;电子情报是从非通信信号中获得的情报,主要是从雷达信号中获得的。其他作为电子情报源的信号还有导航辐射和敌我识别信号、导弹制导信号、信标和应答机信号、干扰机信号、高度计信号和某些数据通信网信号等。

电子支援侦察属于战术侦察,是根据电子情报侦察所提供的情报在战区进行实时侦察,以迅速判明敌方辐射源的类型、工作状态、位置、威胁程度和使用状况,为及时实施威胁告警、规避、电子干扰、电子反干扰、引导和控制杀伤武器等提供所需的信息,并将获得的现时情报作为战术指挥员制定当前任务的基础,以支援军事作战行动。对电子支援侦察的主要要求是快速反应能力、高的截获概率,以及实时的分析和处理能力。

由于电子侦察不是直接从敌方辐射源获得情报,而是在离辐射源很远处,依靠直接对敌方辐射源的快速截获与分析来获取有价值的情报,所以电子侦察具有作用距离远、侦察范围广、隐蔽性好、保密性强、反应迅速、获取信息多、提供情报及时和情报可靠性高等特点。但是,电子侦察也有其局限性,主要是完全依赖于对方的电磁辐射,而且在密集复杂的电磁环境中信息处理的难度较大。

为了适应日益密集复杂的电磁信号环境,电子侦察系统已由早期人工控制的简单的电子侦察设备,发展为由计算机控制的、具有快速反应能力、可自动截获、识别、分析、定位和记录的多功能电子侦察系统。电子侦察技术的主要发展趋势:广泛采用小型、高速、大容量的计算机和处理机,进一步提高电子侦察系统对密集、复杂信号的信息处理和分析能力,以及对信号环境的适应能力;进一步研制快速反应、灵活的综合多功能系统;探索新的信号截获方法;扩展侦察频段;加强对毫米波和光电设备的侦察能力,进一步开展对精确定位打击系统的研究,以及加强电子侦察的战术运用方法的研究等。

6. 网络信息感知技术

未来的军事对抗是体系间的对抗,是全维的对抗。网络对抗按行动性质可分为网络侦察、网络攻击和网络防御。网络侦察为实施网络攻击创造条件,是获取网络攻击胜利的基本保证。

网络信息感知技术主要用于网络侦察。网络侦察是利用网络侦察技术及相关装备、系统,在信息网络上进行的信息侦察行动。网络侦察是网络战的组成部分。其目的是为了发现对方网络的安全漏洞,以期确定网络攻击的策略、目标和手段提供依据,以及直接从敌方网络系统获取情报信息。

网络侦察的主要手段:①网络扫描。运用专用的软件工具,对目标网络系统自动地进行扫描探测和分析,广泛收集目标系统的各种信息(包括主机名、IP 地址、所使用的操作系统及版本号、提供的网络服务、用户名和拓扑结构等),以发现其中可能存在的安全漏洞和安全检查保护最弱环节。统计表明,许多网络入侵事件都是从网络扫描开始的。②口令破解。运用各种软件工具和系统安全漏洞,破解目标网络系统合法用户的口令,还可避开目标系统的口令验证过程,冒充合法用户潜入目标网络系统,实施网络侦察。③网络监听。在计算机接口处截获网上计算机之间通信的数据,从而获得用其他方法难以获取的信息,如用户口令、敏感数据等。④密码破译。利用计算机软件和硬件工具,从所截获的密文中推断出明文一系列行动的总称。又称密码攻击和密码分析。⑤非授权登录或非授权访问。非授权登录是指未曾获得访问计算机、服务器和其他网络资源的授权而非法进入系统;非授权访问则指低授权用户对系统和网络进行超越其指定权限的访问。⑥通信流分析。对信息网络中通信业务流进行观察和分析以获取情报信息。⑦电磁泄漏信息分析。利用高灵敏度的电磁探测仪器,接收计算机的显示器,CPU 芯片、键盘、磁盘驱动器和打印机等在运行中所泄露的电磁波,通过处理和分析,从中获得有价值的情报信息。

4.2.2　导航定位技术

导航是为引导飞机、船舰、车辆或人员等(统称为运载体)准确地沿着事先选定的路线准时地到达目的地,为运载体的航行提供连续、安全和可靠服务的一种技术。定位是确定目标在规定的坐标系中的位置参数、时间参数、运动参数等时空信息的操作过程。导航和定位均借助于导航系统来实现。导航系统的功能是为运载体的驾驶员或自动驾驶仪提供运载体的实际位置和时间。航行中的运载体据此便可以推算出当前的偏航距、应航航向、待航距离和待航时间,从而对运载体进行引导和操控。因此,运载体的实时位置是导航系统引导运载体航行最基本的信息。随着导航技术的进展,导航系统除了为运载体提供实时位置外,还可提供速度、航向、姿态与时间等信息。

导航系统可分为自主式导航系统和它备式导航系统两大类。自主式导航系统是指安装在运载体上的导航设备可单独产生导航信息的导航系统。惯性导航系统、多普勒导航系统和地形辅助导航系统都属于此类。它备式导航系统是指除了在运载体上或个人携带的导航设备(常称为用户设备)外,还需在其他地方设置一套设备(称为导航台)与之配合工作,才能产生导航信息的导航系统。在自主式导航系统中,驾驶员或自动驾驶仪根据导航设备的仪表指示或输出信号,便可在天上、海上或任何陌生环境中,操纵运载体正确地向目的地前进。在它备式导航系统中,只要运载体进入导航台所发射电磁波的作用范围内,它的导航设备便能向驾驶员或自动驾驶仪输出导航信息。由于导航台一般设在陆上或舰上,设置在飞机上的则不多,导航台与运载体上的导航设备用无线电相联系,因此常称为陆基无线电导航系统。20 世纪 90 年代,随着航天技术、精密时间技术、电子信息技术和微电子技术的进步,则出现了卫星导航系统。

卫星导航系统是把导航台设置在人造地球卫星上,因此又称为星基或空间导航系统。陆基导航系统和卫星导航系统都利用无线电波的传播特性,故又统称无线导航系统。是陆基导航、星基导航和自主式导航各有特点,并存在很好的互补性,因此把它们有机地结合,可形成更具特色的组合导航系统。

导航对航行的安全保障作用,自出现全球定位/惯导组合系统之后则更为明显。这是因为它能提供全球覆盖和高精度的服务,因而更能克服气象和能见度的影响,使得航行更为安全。就当前军事航行而言,陆基无线电导航只在飞机着陆阶段还保留作为主用系统,其他航行阶段主要依靠卫星导航系统。在当今的局部战争中,无论是部队调遣、后勤支持或长途空中奔袭,以及陆军在不明地形特征的沙漠中机动开进均主要依赖于卫星导航系统。卫星导航在军事上至少有以下几方面重要用途:为舰艇、飞机等武器平台提供导航定位服务;协助武器系统实施精确打击;协助部队规划进攻线路;支持人员救援行动;提高卫星自主定轨能力。

自 20 世纪 90 年代以来,GPS 卫星定位和导航技术与现代通信技术相结合,空间定位技术起了革命性的变化。

GPS 卫星定位测量的基本原理:利用 GPS 接收机在某一时刻同时接收 3 颗(或 3 颗以上)GPS 卫星的信号,用户就可测量出测站点与 GPS 卫星的距离,并计算出该时刻 GPS 卫星的三维坐标,再根据距离交会原理解算出测站点的三维坐标。然而,由于卫星和接收机的时钟误差,GPS 卫星定位系统测量应至少对 4 颗卫星进行观察来进行定位计算。图 4-3是通过对 4 颗卫星观察进行测距的示意图。

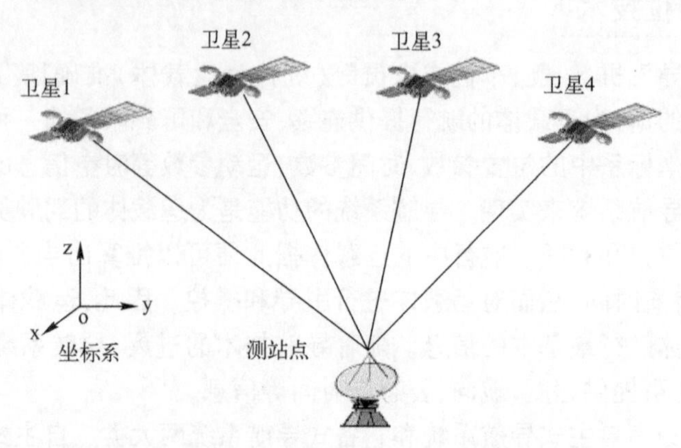

图 4-3　通过对 4 颗卫星观察进行测距的示意图

由图 4-3 可确定四个距离观测方程为

$$p_i = [(X_i - X)^2 + (Y_i - Y)^2 + (Z_i - Z)^2]^{1/2} + c \times \Delta T$$

式中:$i=1,2,3,4$;c 为 GPS 信号的传播速度(光速);(X_i,Y_i,Z_i)为卫星的轨道坐标;ΔT 为接收机与卫星导航系统的时钟差;p_i为各个卫星到测站点接收机天线的距离;待测点坐标(X,Y,Z)和时钟差 ΔT 为未知数。

由于用户接收机一般不可能有与卫星导航系统时间完全同步的时钟,由它测出的卫星信号在空间的传播时间是不准确的,这样测出的距卫星的距离 p_i称为伪距。但不管如何,在接收卫星信号的这个瞬间,接收机的时钟与卫星导航系统时间的时间差是一个定值,这就是 ΔT。

GPS 技术具有以下优点:①覆盖全球地面,可全天候观测,进行实时导航和定位;②定位精度高,若采用码定位方式,理想情况下一般民用的精度为 3m,军用的精度为 0.3m;③观测速度快,20km 以内的相对定位仅需 5~20min;④测站点之间不要求相互通视,可依据实际需要选点,使选点工作灵活方便;⑤操作简便,操作人员只需进行对中、整平等基本操作,接收机就可自动观测和记录数据。

目前,我国正在大力发展北斗卫星导航系统,限于篇幅,请参阅相关书籍。

4.2.3 目标识别技术

战场目标的识别,包括目标的类属识别以及目标的敌我身份识别。

目标的类属识别主要通过红外、雷达、声响、震动等感知技术获取目标的相关类属属性,采用信息融合(参见 4.3.1 节)等技术,对目标对象进行自动或半自动的归类识别。再结合敌我识别技术,可将目标的属性及身份准确地反映到战场态势信息中。

敌我识别是指战场上目标的敌我属性识别。传统的敌我识别主要是依靠人的判断,通过对敌我服装、装备形态,或临时的某种识别信标,甚至暗号等方法来实现。由于缺少合适的敌我识别系统而造成己方伤亡已成为现代战争的一个突出问题,例如海湾战争中多国部队的误伤。态势信息需要的是目标对象明确的敌我身份,敌我识别系统要能够在战争中正确的自动区分敌我目标,它可以大大增强作战指挥与控制的准确性和各作战单位的协调性,显著地加快系统反应速度,降低误伤概率,特别适合多兵种联合作战使用。

敌我识别系统从工作原理上一般分为协作式和非协作式两种。协作式敌我识别系统由询问机和应答机两部分构成,通过两者之间数据保密的询问/应答通信实现识别。这种识别方式过程简单、识别速度快、准确性高,而且系统体积小,易于装备和更换。非协作式敌我识别系统采用感知技术感知目标的外在特征信息,从而自动证实和判断目标本质特性。这种识别方式没有与目标间的通信过程,而是利用各种不同功能的传感器收集目标各方面的信息,将这些信息被汇总到数据处理中心,通过信息融合技术来得到识别结果。这种识别方式可以利用几乎所有可探测到的信息,例如目标的电磁辐射和反射信号、红外辐射、声音信号、光信号等,作用范围大,并可以同时对多个目标进行识别,识别结果可以在各作战武器间共享。但从发现目标到采集信息、分析判断需要做大量的计算,系统结构较复杂,各种干扰和不确定因素很多,而且数据融合的处理方法目前还不够完善,这都导致非协作式的敌我识别系统工作的可靠性难以保证。因此,协作式统是目前敌我识别的主要手段,但非协作式系统可以作为很好的辅助识别手段,为战场指挥和决策提供大量信息。

4.3 态势信息处理与分发技术

态势信息的处理和分发是将战场空间参战的各方部队、装备部署分布情况的历史、现状、趋势等信息进行分析处理和管理,通过构建的信息网络传输和交换分发到所需的平台,并利用军队标号符号系统(或者特定的其他符号系统)在地图或地理编码影像背景的基础上,显示这些态势信息的运作过程。这个运作过程是由态势信息处理系统来完成的。在态势信息传输和分发过程中,主要涉及两个方面的内容:一是原始态势信息,二是处理生成的态势信息。它们反映了战场的战斗状态,记录作战过程,准确表达战斗状态的发展趋势,使战场传感器和态势处理系统直接与相关的指挥控制或武器控制系统相连,实现战场态势信息交换和共享,为指挥与参谋人员提供统一、及时、准确、安全、保密的战场态势,以便迅速理解战场态势、正确地进行指挥决策。

态势信息处理系统以态势信息数据模型为核心,通常建立在地理信息数据库、兵要地志数据库、军事专业符号数据库的基础之上,其组成主要包括态势信息管理、态势标绘系统、态势信息查询、态势信息处理、态势推演,以及传输设备、分发设备和用户设备等部分。它所涉及的基本理论与技术包括计算机科学与技术、数据库技术、地理信息系统、计算机图形学、军事地形学、人工智能等,其关键技术是时空数据库技术、信息融合技术与态势综合技术等。该系统将传统的、在纸质地图以及沙盘上进行的战斗文书拟制、作战情况记录、指挥作战和资料整理等参谋业务工作,运用计算机及显示器形象快速地显示出来,具有辅助决策的重要作用。在以二维电子地图为基础的态势标绘作业系统基础上,态势信息处理系统利用计算机网络技术,实现在分布环境中态势信息处理的网络协同,利用三维可视化技术,以电子沙盘为基础,实现三维军事标号系统的态势处理、编辑和显示,利用人工智能技术,实现态势信息处理的高度自动化和智能化。

信息分发的主要目标是在规定的时间内,允许指挥人员和作战人员可从多个来源中提取信息,也允许将最紧要的信息传送到最需要它的作战人员手中。发布信息类别有指控、情报、战场态势、战场环境等。战场信息分发系统可将实时战场态势、作战地域地理环境、天气、位置等多媒体信息通过宽带广播传输快速分发到作战单元,对提高部队信息化作战能力、实现扁平化指挥和作战具有重要意义。战场态势信息的分发主要涉及信息分发网络、信息共享、信息推送、用户及业务授权、分发控制等技术。

下面分别介绍态势信息处理与分发过程中的态势信息融合、标绘、集成与共享。

4.3.1 态势信息的融合

战场态势的掌控历来是各级指挥员共同关注的焦点,随着感知手段的增强,信息化战争条件下的指挥员所面临的主要困难不再是信息的缺乏,而是被海量的感知数据所湮没。因此,应使决策人员从大量的冗余信息中解放出来,突出战场焦点,这就是态势信息融合技术所要解决的问题。

态势信息的融合属于数据融合(Data Fusion)技术。在C4ISR系统中,最重要和最复杂的信息处理问题之一就是要正确、有效地进行多传感器数据的融合处理,以便把来自多传感器的各种各样的数据组合成连续的战术和战略态势表示,对各传感器收集的大量信息和情报进行分析、处理和综合,以做出正确的决策,这一类技术统称为数据融合技术。随着技术的发展,目前,这项技术更多地被称为信息融合(Information Fusion)。

多传感器信息融合是人类或其他动物的信息综合系统中常见的基本功能。人类能够非常自然地运用这一能力,把来自人体各个传感器(眼、耳、鼻、四肢)的信息(景物、声音、气味、触觉)综合起来,并使用先验知识去估计、理解周围环境和正在发生的事件。由于人类感觉具有不同的度量特征,因而可测出不同空间范围内的各种物理现象,把各种信息或数据(图像、声音、气味以及物理形状或上下文)转换成对环境的有价值的解释。而多传感器数据融合的基本原理就像人脑综合处理信息一样,充分利用多个传感器资源,通过对这些传感器及其观测信息的合理支配和使用,把多个传感器在空间或时间上的冗余或互补信息依据某种准则来进行组合,以获得被测对象的一致性解释和描述。

美国国防部实验室联合指导委员会(Joint Directors of Laboratories,JDL)对信息融合给出过下列定义:信息融合是对单源和多源的数据和信息进行关联、相关和组合。以得到更精细的位置和身份估计、完整和及时的态势评估的过程。之后,JDL又多次不断地修正上述定义:①信息融合是在多级别、多方面对单源和多源的数据和信息进行自动检测、关联、相关、估计和组合的过程;②信息融合是组合数据或信息以估计和预测实体状态的过程。

信息融合的功能层次结构如表4-1所列。

表4-1　信息融合的层次功能体系(引自《美国国防部数据融合术语词典》)

层　次	功　能
0	为得到更多目标细节信息的信号级预处理
1	目标估计,即估计和预测战场实体的状态
2	态势估计,即估计和预测实体之间的关系
3	威胁估计,估计和预测行动或实施计划的效果
4	过程优化,实现目标的自适应数据获取和处理
5	用户优化,实际上是一个知识管理过程

从表4-1可以看出,第0级属于战场感知范畴,第4级则体现了战场态势不断发展中的自适应调整过程,是1、2、3级对应过程的反复迭代,而第5级则是一个知识的管理过程。

图4-4显示了信息融合的功能结构。

第0级信息预处理将传感器数据分配给后续的各个处理级别,以分别进行处理。这些数据可能包括时间、空间、图形、图像等各种类型。

第1级目标估计将位置、参数、辨识等数据进行组合,获得各个目标的更精确信息。主要完成四个关键功能:①对传感器数据进行坐标变换、时间配准和空间配准;②将传感器数据分配到各个目标;③及时估计目标的位置、运动特性和属性;④进行目标识别和分类。具体又可分为三层,分别是像素层融合、特征层融合和判定层融合。其中,像素层融合是对多个或多类传感器原始数据进行融合处理的过程;特征层融合是对已经提取出的目标多类特征信息(位置、速度、方向、边缘等)进行融合处理的过程;判定层融合是对目标可能的多个判定结果进行融合处理的过程。

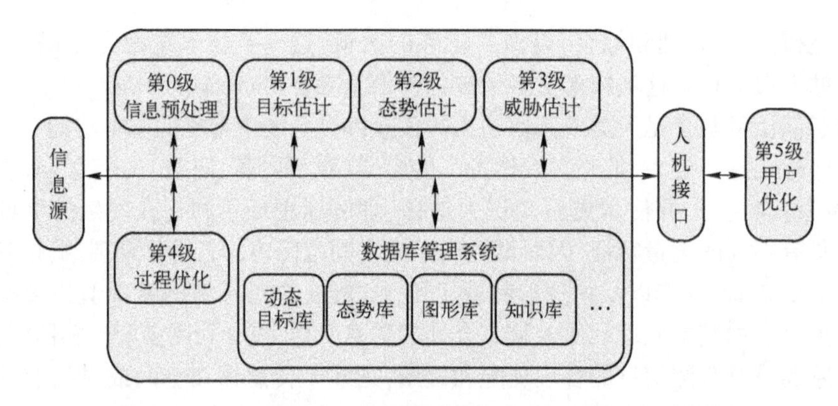

图4-4 信息融合的功能结构

第2级态势估计是将1级融合获得的各个目标信息或单元数据聚合为有意义的态势事件,并对态势事件和活动进行评估,以确定其行为及战场态势的过程。

第3级威胁估计主要是在前面的基础上继续进行聚合处理,以评估敌方的作战威胁(敌方能力和企图等),特别是其中的致命因素、主要企图和机会等。

第4级过程优化是对融合过程的动态监视和持续优化,目的是在最优地控制传感器和系统资源的基础上,进行精确、及时的预测,并通过反馈来完善整个融合处理过程。

第5级则是由人通过人-机接口参与的用户级态势优化和评估。

上述信息融合功能模型可以作为理解或讨论多传感器信息融合的基础,0~5级的划分也只是人为的划分,而实际的信息融合系统通常是不同级别融合功能的交叉和集成。

以上模型体现了"信息融合"的通用体系结构,其中1~4级是从军事领域直接提出的,反映了战场环境下态势信息融合的层次结构。因此,通常情况下,态势信息的融合只涉及0~4级的内容。对指挥员而言,1级、2级、3级是作战态势分析与决策所关注的主要内容。其中,1级、2级是从作战实体、实体的聚类(群)、实体或其聚类(群)发出的行动或行动序列、实体之间以及群之间的静态和动态关系、各种关系中体现的战术计划(包括目标、意图等)到各子目标共同体现的高层目标(战役、战略目标)的递进计划识别过程。第3级则是在计划识别(或称为规划识别,军事领域中特指识别敌方的计划)基础上进行的威胁判断。

4.3.2 态势信息的标绘

为在信息作战中获取信息优势,需建立全面反映战场物理空间中的各种信息,诸如作战任务分配、敌我双方的兵力部署以及战场地理环境等,并使用先进的通信技术,把战场上各种态势情报信息汇合到指挥所,使用军队标号在电子地图上对敌对双方的部署进行标绘,通过计算机处理形成战场态势,或者在监视器、大屏幕等设备上清晰、直观地显示出来,供指挥员分析研究,为指挥决策提供资料。

战场态势信息的快速标绘、处理和表达是军事标绘技术发展的重点之一。在作战指挥过程中,战场态势信息和指挥人员作战意图的表达已经从传统的手工标绘纸质地图演进到分布式多功能电子沙盘显示。态势标绘是态势信息处理系统的组成部分,是作战指挥的重要工具,由于可动态地将战场态势信息呈现给作战指挥人员,对于提高指挥员和指挥机关的工作效率有重要意义。

下面介绍一种较为先进的标绘技术——基于草图的标绘技术。目前,电子地图产品与可视化系统界面功能繁多,操作烦琐,不宜于普通用户使用。况且多数系统仍采用“窗口、图标、菜单、指针选取(Windows Icons Menus Pointing,WIMP)”界面,用户需要通过操作键盘和鼠标频繁地选择菜单工具栏完成标绘作业,这既不利于决策思路的连续,也会影响信息的表达速度。因此,人们希望在电子地图上标绘也能像在传统纸质地图上一样方便,且具备电子地图的各种浏览、查询、编辑和维护功能。基于草图的战场态势标绘系统,是将草图识别技术引入到军事标绘领域,以达到用户在电子地图上快速态势标绘来表达作战意图的目的。识别草图的方法有两类。一类是基于结构特征和规则库的方法。该方法先为每类图形定义不同的特征,然后在识别时检查图形是否与某些特征相符合。这里所述的特征包括全局特征,如外闭包、最大内嵌三角形、最大内接四边形等,也可以是自定义的用户的笔画速度、曲率等。该方法的优点是易扩展、无须大量训练数据,即可识别图形符号,也不需改动软件;缺点是计算复杂度高、易受噪声影响、健壮性不强。常见的有基于笔画和图元表示的方法、基于几何特征的方法等。另一类是基于统计模型的方法。该方法是以特征空间中的一组特征来描述图形,不同的类型表现为特征空间中围绕某个质心的多维概率分布函数。识别过程就是判断样本在特定模式类中出现的概率过程。该方法的优点是具有较好的健壮性,允许用户自由地、多笔画绘制草图,用户可以重新按照自己的绘图习惯重新训练分类器,具有一定的用户适应性。其缺点是需要大量的训练数据,且不易扩展。属于此类方法的有人工神经网络、隐马尔可夫模型和支持向量机等。

图4-5表示基于草图的战场态势标绘系统,该系统由草图输入、草图预处理、草图识别和基于军事地理信息系统(Geographical Information System,GIS)的战场态势快速标绘等模块组成。其中,草图输入可用手写屏或手写板输入。输入的草图可分为军标和手势。军标指军事实体和手势信息的符号,按其构成特点及军事规则可分为常规军标和函数军标两大类,常规军标由点、线、矩形、圆等规则几何图元构成,图形比较固定(如军事设施、武器等)。函数军标不能由基本的图元构成,需要控制点拟合曲线形成(如行军路线等)。手势是指用户在手写屏上绘制的简单笔画,简单的手势笔画可用来取代原来需要通过鼠标、菜单、工具条等才能完成的选择、复制、拖动、删除、撤销等交互操作。草图预处理模块主要用于消除手绘草图噪声,包括消除笔画冗余点和折点、减少曲线闭合误差、校正端点等。预处理完成后进行草图识别。草图识别可分为草图特征提取和草图分类两部分。由于特征提取与所用的识别方法有着很大的关联,又影响到分类器的设计和性能,所以在特征提取前应先确立采用的识别方法。草图特征提取是提取合适的可区分的特征。常用的草图特征包括笔端压力、笔的倾斜度、笔的移动速率、笔画曲率等。草图识别包括基本图形识别和组合图形识别。复杂图形可拆分成基本图形。识别完成后,用标准军标图替换原始草图,并以地图坐标(经纬度)作为基准,将标准图与地图一起显示在屏幕上,这样就可以对识别后的图形进行编辑、维护和检索。为了方便用户编辑草图时不影响地图的显示,可将草图与地图分开存储,并采用图层叠加的显示方式。这样做的实质是标绘仅在白板上进行,可不受地图的约束,从而简化了识别过程。草图快速标绘是指用户在手写屏上绘制所需图形,对已绘制军标的操作可通过工具栏切换到手势输入模式,无须键盘鼠标即

可达到快速标绘的目的。

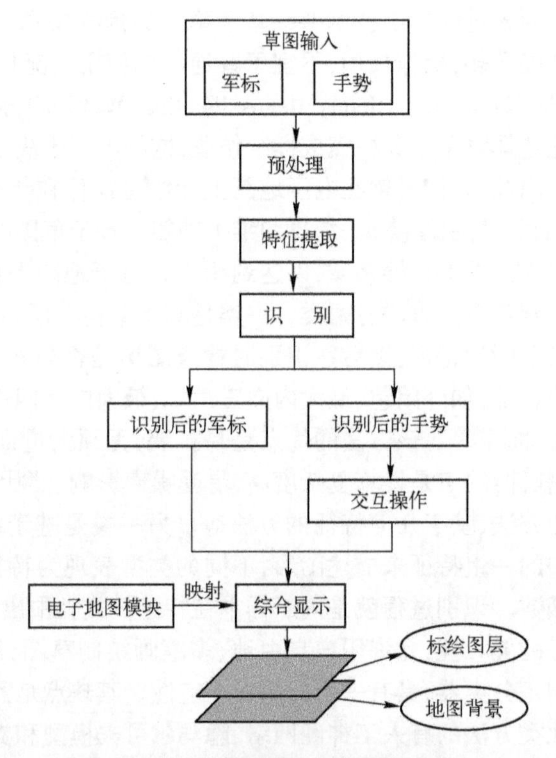

图4-5　基于草图的战场态势标绘系统

态势标绘的主要发展趋势:①提高态势呈现的直观性,如基于三维战场场景的态势标绘;②提供多种标绘图生成方式,如文本与标绘图之间的相互转换、语音输入标绘等;③实现各种不同态势标绘系统、电子地图和军队标号库的标准化。

4.3.3　态势信息的集成

态势信息集成是指将战场中的各种信息进行集成管理。本小节以战场地理信息系统为例,通过战场地理环境信息和作战态势信息的应用,来说明态势信息的集成。

战场地理环境信息的主要数据源是地理空间的数据,而作战态势主要以敌我部署和作战行动为主。由于这两者都要用到相应的地理坐标,所以战场地理环境信息和作战态势信息可以在显示层次上进行集成。其中,战场地理环境信息作为战场态势信息的基础和底图,而作战态势作为若干层叠加到底图上。战场地理环境信息的可视化可用地图显示中间件来实现,作战态势信息的可视化则由作战态势标绘中间件来实现。战场态势信息系统通过调用地图显示中间件实现多源、多比例尺的二维和三维地图的显示、地图符号化和坐标系统转换等功能。

战场态势信息的集成模式,基本上有以下三种:

1. 模式一(图4-6)

在此模式下,作战态势标绘中间件不直接通过窗口显示,标绘后的军队标号转换成底图数据格式,作为底图的一个图层。战场态势信息系统通过调用地图显示中间件的功能

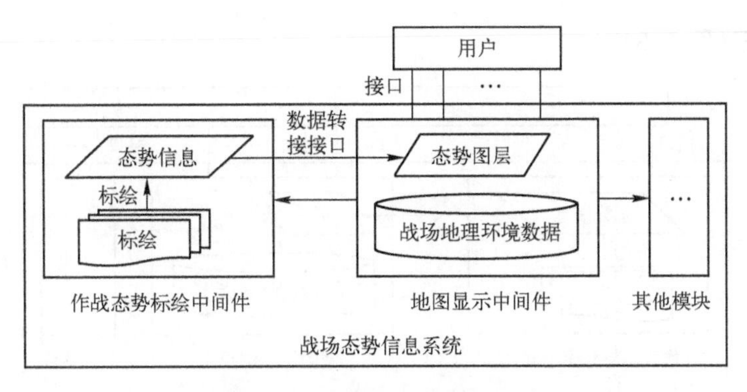

图4-6　战场态势信息集成模式一

来实现战场地理环境信息的可视化,并生成底图。作战态势数据通过数据转换接口转换成为地图显示中间件所支持的数据格式,再通过地图显示中间件将作战态势信息可视化。当处于作战态势层时,调用作战态势标绘中间件的功能对军队标号进行编辑和管理。当处于底图层时,调用地图显示中间件的功能对底图进行编辑和管理,而显示控制功能则由地图显示中间件统一管理。

"模式一"的优点是战场地理环境数据和作战态势数据无缝集成,底图和作战态势层的同时显示控制(如放大、缩小、漫游等)易于实现;缺点是由于军标符号的组成和结构十分复杂,许多底图管理软件无法处理这些符号,且有些军事部署和作战行动并不需要和底图同时缩放和漫游,该模式无法实现其显示控制的分离。

2. 模式二(图4-7)

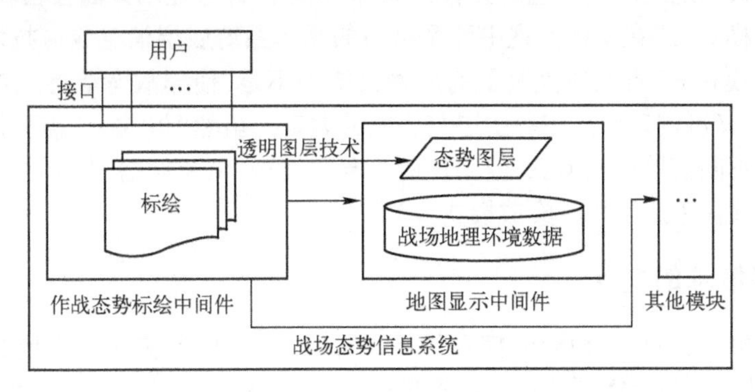

图4-7　战场态势信息集成模式二

在此模式下,由于作战态势标绘中间件具有自己的窗口,因此它具有独立的窗口属性。作战态势并没有直接绘制在底图上,而是标绘于作战态势中间件的透明窗口上,然后再叠加于底图窗口。当用户发出请求命令时,首先激活的是作战态势标绘中间件,然后作战态势标绘中间件根据不同的消息内容决定由哪一个模块来掌握系统的控制权。

"模式二"的优点是作战态势标绘中间件能够自由地处理消息响应,用户在使用时只需指定战场态势系统的当前状态即可;缺点是作战态势标绘中间件必须有效地过滤消息,并将消息传递给正确的模块进行处理,而底图管理等模块也需将部分消息反馈给上层的作战态势标绘窗口,这种交互通信方式在具体实现中难度较大,且效率很低。

3. 模式三(图4-8)

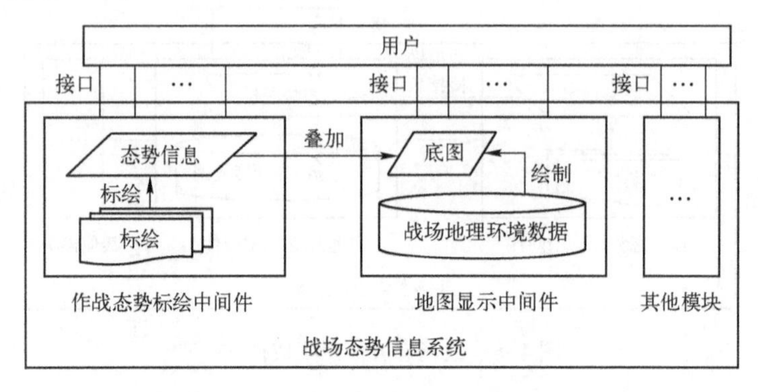

图4-8 战场态势信息集成模式三

在此模式下,作战态势标绘中间件没有自己的窗口,也不需要将作战态势数据转换成底图数据格式。作战态势中间件先在内存中进行标绘,再同底图进行叠加,然后再统一显示到系统窗口上。当用户发出请求命令时,用户将消息同时发送给作战态势中间件和地图显示中间件,根据消息内容的不同,由不同的模块做出不同的响应。

"模式三"的优点是作战态势标绘中间件既可以响应用户请求,又可以方便地与底图数据进行交互,从而实现作战态势图层与底图的联动;缺点是用户需要同时向战场态势信息系统的各模块发送消息。

对以上三种模式进行比较,可得如下结论:"模式一"虽在数据管理上实现了作战态势信息数据与战场地理环境信息的无缝集成,但在军队标号显示方面存在较大的弊端,所以不常采用;"模式二"在具体实现中涉及过多的操作系统底层消息响应技术,难度很大,效率也不高;"模式三"有效地克服了前两种模式的不足,使作战态势标绘中间件既可以独立管理军标,又可实现作战态势图层与底图的联动。虽然"模式三"需要用户向战场态势信息系统的不同模块传递消息,但用户的参与程度较小,且很容易实现。因此,战场态势信息的集成往往采用第3种集成模式。

4.3.4 态势信息的共享

在现代战争中,为获取相对的信息优势,将战场态势信息快速准确地分发给各个用户,是战场态势信息系统需要完成的根本任务。因此,如何实现战场态势信息的共享是战场态势信息系统需要解决的问题之一。

战场态势信息系统前台工作有两种模式:客户/服务器模式和浏览器/服务器模式(即C/S模式和B/S模式)。C/S模式是通过应用程序主要为局域网用户提供战场态势信息的管理、显示、查询、分析和存储等功能,而B/S模式则通过浏览器主要为IP网用户提供战场态势信息的显示、查询和分析等功能。由于B/S模式的战场态势信息系统功能较弱,实现作战态势的编辑及推演等功能较难,从而影响了战场态势信息的实时共享和更新的实现;而C/S模式的战场态势信息系统中功能齐全,但由于一般只适用于为局域网用户服务,难以实现广义上的战场态势信息的共享。将这两种模式结合起来使用,则能达到战场态势信息实时共享和更新的目的。即在部分网络节点上安装C/S模式的战场态势信息系统,对战场态势信息进行实时更新,并将其存入战场地理环境数据库和作战态势数据库,然后通过B/S模式的战场态势信息系统在IP网络上发布已更新的战场态势信息。这样,所有网络结点用户都可以通过浏览器查询和分析已发布的战场态势信息,达到广义上的战场态势信息的实时共享和更新。C/S模式的战场态势系统的构架较简单,只需通过调用中间件的功能就能构成一个完整的应用程序。B/S模式的战场态势信息系统是发布战场态势信息的主要手段,具有跨平台性、互操作性好、实时更新快、支持复杂应用、支持GIS应用的整合、适合多次调用等特点。B/S模式的系统构建相对较为复杂。

下面介绍一种B/S模式的战场态势信息构架。战场态势信息系统的B/S子系统可采用基于Web服务与COM+技术的WebGIS模型,即先将战场态势信息系统的各中间件包装成为COM+组件,然后通过Web服务在IP网络环境下发布战场态势信息。该模型结构如图4-9所示。

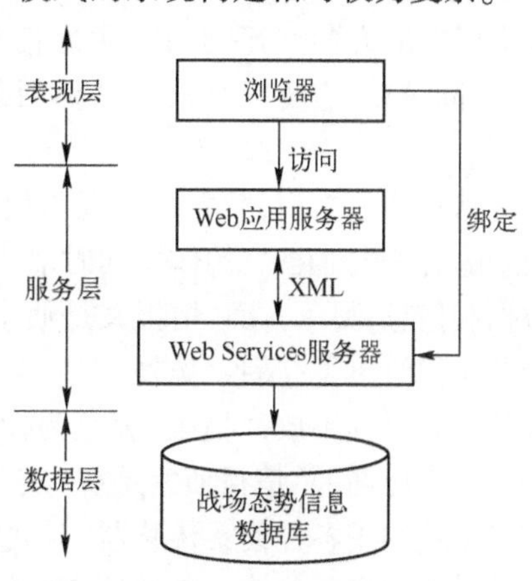

图4-9　战场态势信息系统B/S子系统的模型结构

该模型的体系结构可分为三个层次:数据层、服务层和表现层。数据层主要包含战场态势信息数据库和作战态势数据库,提供对战场地理环境数据和作战态势数据的存储、更新和维护等功能。服务层对外提供服务功能,由Web Services服务器和Web应用服务器两个部分组成。其中,Web应用服务器接收来自客户的请求,并将其通过Web Services服务器传送给相应的Web服务,最后将处理结果以图片形式回送给客户。Web Services服务器对战场地理环境信息以及作战态势信息进行操作,是服务功能的具体实现。表现层是指浏览器(如IE等),用户可以通过浏览器查看最终的处理结果。

战场态势信息共享的基本原理是:先将战场态势信息系统所包含的中间件包装为COM+服务,并将这些服务在Web应用服务器上通过统一描述、发现和集成协议(Universal Description Discovery and Integration,UDDI)注册并发布。客户描述所需要的服务,并向Web应用服务器提出访问请求,Web应用服务器则把此请求发送给Web Services服务器,Web Services服务器返回查询的结果。若查到相应的服务,则将客户与Web Services服务器进行绑定,并协商以使浏览器可以访问和调用所查询的服务。在B/S模式的战场态势信息系统的客户程序中,调用Web服务产生作战态势图,当数据更新时,服务使用者就能够实时享用到新的数据,从而实现战场态势信息的共享。

4.4　情报侦察系统和预警探测系统

外军的"情报、监视与侦察"翻译为"ISR",即"Intelligence,Surveillance and Reconnaissance",国内通常称为"情报侦察系统和预警探测系统"。ISR系统是指挥信息系统的重要组成部分,是实现战场态势感知的主要手段。

"情报"是对有关国家、敌对势力或潜在敌对势力各种可用信息进行搜集、处理、综合、评估、分析和判读后所形成的产品,使决策者能够就何时、何地、以何种方式与敌军交战做出正确的行动决策,实现预定的作战效果。

“监视”是利用可见光、声学、电子、照相或其他手段对地面、海面、水下、空中、太空和网络等空间各种场所、人员和事物进行系统性、连续性的观察,不断更新有关敌方行动和威胁态势的评估信息,发现敌方在某段时间内可能出现的各种行动变化信息。这种观察往往在发现目标前带有被动性质,并不针对具体目标,当发现目标后则对其进行持续的观察。

“侦察”是根据某一特定任务需要,在一定时间内利用上述各种手段,获取有关敌方或者潜在敌方各种行动与资源之信息的行动。与“监视”不同,这种行动带有主动的性质,时间较短,主要针对某一具体目标,且不会在目标上空或者目标区域内作长时间的停留。

从功能上来说,“情报、监视与侦察”是一个完整的整体,三者不可分割,其原因在于“情报、监视与侦察” 的作用同时取决于这三项活动,一方面,情报依靠侦察与监视来获取数据和信息;另一方面,情报又是侦察与监视的目的。2001 年初,美国时任国防部长拉姆斯菲尔德给出了“情报、监视与侦察”整体性的独特解释:“侦察”就是找到目标,“监视”就是紧盯目标不放,“情报”就是为什么需要关注这个目标的原因。

国内称谓的“情报侦察系统”实质上也是“情报、监视与侦察”三者的综合系统,情报侦察系统利用各种侦察传感器,对太空、空中、陆上、海上及水下各种军事目标和军事活动的各种变化进行连续不断的侦察监视,通过对所获取的目标信息进行迅速的判断、分析、识别和处理后,就可以形成完整、准确的国家情报和军事情报,为各级军事指挥人员提供有力的作战决策支持。

“预警探测系统”与“情报侦察系统”同属 ISR 系统。预警探测系统是用于对外层空间、空中、海上进行不间断搜索、探测,及早发现威胁性目标并实时报警的信息系统的统称。预警探测系统在尽可能远的警戒距离内,保持全天候昼夜监视,对目标精确定位,测定相关参数,并识别目标的性质,为国家决策当局和军事指挥系统提供尽可能多的预警时间,以便有效地对付敌方的突然袭击。从实质上看,预警探测系统也属于情报和监视的范畴,但在系统的使用目的、监视对象以及实时性等方面与“情报侦察系统”有所区别。预警探测系统主要用于探测和监视尽可能远警戒距离的威胁性目标,并着重对于目标的实时探测,其探测信息实时用于指挥控制。战略预警系统的主要对象是防御战略弹道导弹、战略巡航导弹和战略轰炸机;战区内战役战术预警系统的对象是探测大气层内的空中、水面和地下、陆上纵深和隐蔽等战役战术目标。

下面分别介绍情报侦察系统和预警探测系统。

4.4.1 情报侦察系统

情报侦察系统的体系结构如图 4-10 所示。由图可见,各情报侦察系统获取的情报信息汇集到指挥机关情报搜集处理中心后,经融合处理形成有价值的情报。

(1) 战略情报侦察系统是为获取国家安全和战争全局所需情报而进行的侦察活动。搜集的内容包括:对有关国家、集团和地区的战略指导思想及战略企图,武装力量的数量及其战略部署、备战措施、战争潜力、军政要人以及社会、经济、外交、科技等情况,相关的国际环境及其变化对国家安全和战争进程的影响等重要情报。重点查明敌方战争直接准备程度,重点集团的集结地区,主要作战方向,核生化等武器的配置以及作战开始时间、方式等影响当前战局发展最为急需的情报。实施战略情报侦察的主要方式和手段包括谍报侦察系统、无线电技术侦察系统、航天侦察系统、航空侦察系统和海上侦察系统等。

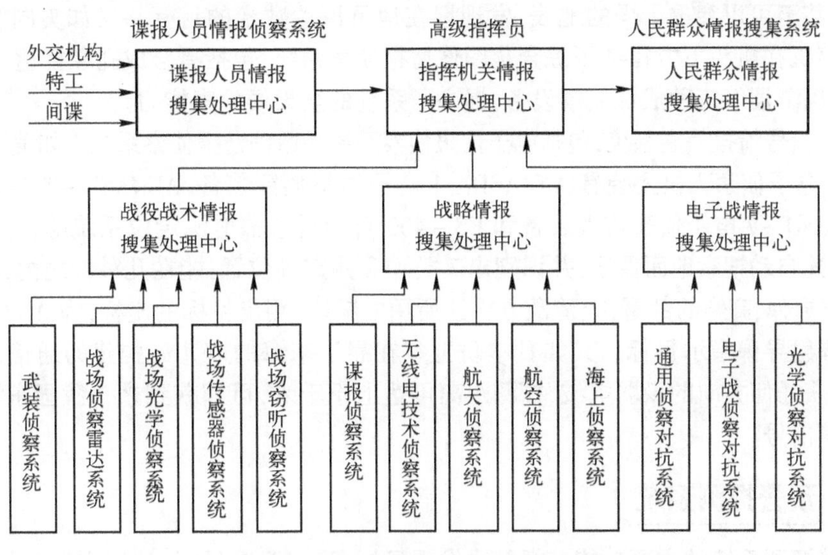

图4-10 情报侦察系统的体系结构

(2) 战役战术情报侦察系统是获取战役战术作战所需情报而进行的侦察。它包括对敌军的兵力部署、编制、装备、战斗编成、作战能力、作战特点、行动企划、指挥员性格、指挥机构、通信枢纽、军事基地、工事障碍、后勤和技术保障等进行侦察,查明敌方发起进攻或反击的时机、规模和方向。实施战役战术情报侦察同样应用航天、航空和海上的侦察手段,还可应用武装侦察系统、战场侦察雷达系统、战场光学侦察系统、战场传感器侦察系统和战场窃听系统等方式和手段。

(3) 电子战情报侦察系统是为获取战略和战役战术电子战情报而进行的侦察。它通过对电磁辐射信号进行搜索、截获,对被截获信号进行分类、信号参数测量、分析处理,对辐射源进行测向和定位,对目标进行分析、判断。实施电子战情报侦察的主要方式和手段包括:通用侦察对抗系统、电子战侦察对抗系统和光学侦察对抗系统。

情报侦察系统的构成如图4-11所示,包括侦察监视系统、情报传输系统、情报处理系统以及情报分发与应用系统。侦察监视系统是获取情报素材或信息的主要手段。情报传输系统用于将分布在战场各空间的侦察监视系统获取的各种目标原始信息(或经过处理后的情报信息)快速传送到情报分析处理中心。情报分发与应用系统根据用户的使用要求以适当的方式将情报产品及时分发给有关情报用户使用。

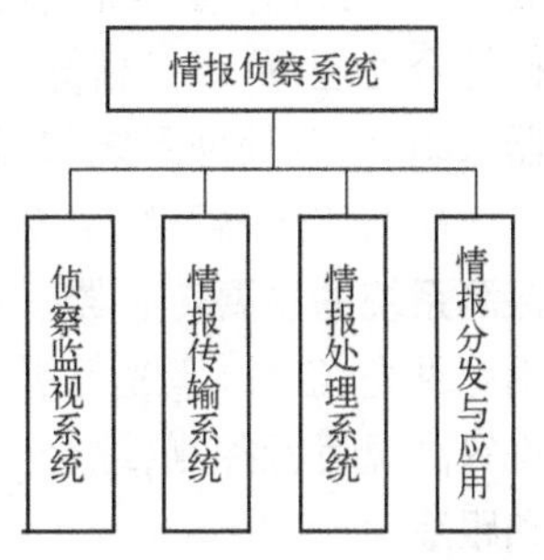

图4-11 情报侦察系统的构成

典型的情报侦察系统有:

(1) 图像情报侦察系统,包括可见光成像侦察、雷达成像侦察、红外成像侦察和多光谱成像侦察以及微光、激光、紫外等其他成像侦察系统。如美国“长曲棍球”雷达成像卫星采用了合成孔径雷达,利用雷达与目标之间的相对运动所产生的目标上两个相邻位置点之间的多普勒频移增量来实现高的角分辨力。在从海湾战争到伊拉克战争的多次局部战争和地区冲突中发挥了巨大作用,不仅能够跟踪装甲车辆、舰船的活动和监视机动式弹道导弹发射车的动向,还能发现经过伪装的武器装备和识别假目标,甚至可以穿透干燥的地表,发现埋在地下深达数米的目标。又如美国"全球鹰"无人侦察机在机头下方搭载了综合化图像情报侦察系统,包括有合成孔径雷达、电视摄像机、红外探测器等三种成像侦察设备,提高了系统的全天候侦察能力。

(2)信号情报侦察系统,包括电子情报侦察系统和通信情报侦察系统。如美军的RC-135V/W电子侦察飞机上装有AN/ASD-1电子情报侦察装备,AN/ASR-5自动侦察装备,AN/USD-7电子侦察监视装备和ES-400自动雷达辐射源定位系统等。其中ES-400能快速自动搜索地面雷达,并识别出其类型和测定其位置;能在几秒钟之内,环视搜索敌方防空导弹、高炮的部署,查清敌方雷达所用的频率,测出目标的坐标,为AN/AGM-88高速反辐射导弹指示目标。又如日本防卫省在靠近东海的鹿儿岛构建的通信情报侦听站,能截获任何方向的微弱电波,探测距离可达上千千米,可捕获到来自我国东海沿海的各种通信信号。

4.4.2 预警探测系统

预警探测系统的主要功能包括及时发现目标、稳定跟踪目标、位置预测和报告、准确识别目标、作战效果评估。即将担负不同任务的预警探测资源联合形成一个能够探测远、中、近距,兼顾高、中、低空以及空间、海面目标,具备全时域、全空域作战能力的预警系统,在尽可能远的警戒距离,及时、准确地探测到来袭目标;通过多源信息的综合集成,完成从目标的发现到连续的跟踪,为指挥系统提供可靠、准确的预警信息;在发现和跟踪目标的同时,可根据目标的运动方向和速度等信息,对目标的位置进行预测,以便更好地、及时地跟踪目标,并将目标的位置信息报给相关的指挥机构,以便后者及时做出指挥决策,并预测攻击的线路,引导拦截武器;综合目标特征信息,判定目标属性,给出结果和可信度,为指挥控制提供依据;综合多种技术手段,对战斗效果进行评估,将评估结果报告给指挥系统供决策。

预警探测系统主要由传感器系统、预警信息处理系统和预警信息传输系统三部分构成。其中,传感器系统负责搜集信息;预警信息处理系统负责对传感器系统获取的信息进行综合处理,形成供指挥用的情报信息和武器系统的引导信息;预警信息传输系统将传感器系统、信息处理系统和指挥控制系统连接起来。

(1)传感器系统主要包括雷达、声纳和光电设备等。其中,雷达具有全天候优势,是探测系统的主要传感器。声纳主要用于探测潜艇和舰艇等水下有声目标。光电设备是利用可见光、红外、激光等手段实现目标探测的设备的总称。红外手段常用于导弹及飞机尾焰等高温目标探测,综合光电成像跟踪手段常用于对近距离目标的预警、探测、监视、识别和跟踪。

(2)预警信息处理主要包括传感器系统管理、多传感器数据处理、态势显示与分发三部分。传感器系统管理是指根据预警任务的不同分配相应的传感器,以发挥不同传感器的优势,进行协同探测。多传感器数据处理是将多个传感器观测结果进行融合,最终得出一个全面的、精确的目标态势。态势显示与分发则是将处理后形成的态势信息进行显示,并将态势信息按需分发给相应的情报用户。

（3）预警信息的传输一般由军用通信系统完成。预警探测系统按作用可分为战略、战役和战术预警探测系统；按目标种类可分为防空、反导弹、防天、反舰（潜）和陆战等预警探测系统；按传感器平台可分为陆基、海基、空基和天基预警探测系统。具体的探测目标包括：外层空间目标，如空间轨道卫星、战略和战术弹道导弹等；大气层目标，如各种飞机、巡航导弹、直升机、各种导弹等；水面和水下目标，如水面舰船、水下潜艇、鱼雷等；陆上目标，如地面设施、坦克、火炮、导弹、车辆、部队人员等。

典型的预警探测系统有：

（1）防空预警系统，能对敌方空中进攻目标进行搜索、发现、跟踪、识别、信息融合，并为己方武器系统提供拦截信息。如常规对空情报雷达、超视距雷达、无源雷达、预警机。例如预警机装有远程搜索雷达、数据处理、敌我识别以及通信导航、指挥控制、无线电侦察等完善的电子设备，是用于搜索、监视和跟踪空中和海上目标的作战支援飞机。它自身就是一个完整的系统，机上各种设备相互配合、各司其职，共同组成一个位于空中的“雷达站”和“指挥所”。其中，远程搜索雷达、无线电侦察设备、敌我识别系统是“眼睛”，实现目标探测；数据处理系统、指挥控制系统是“大脑”，实现目标信息融合、形成作战指令；通信系统是“神经中枢”，负责信息的传递和分发。

（2）弹道导弹预警系统，用于早期发现来袭弹道导弹及其发射阵地，测定弹道参数，判断来袭导弹攻击的目标，为国家战略防御决策提供警报信息。如导弹预警卫星系统、远程预警相控阵雷达、多功能相控阵雷达等。例如，美军的“铺路爪”相控阵雷达是导弹预警系统中远程预警雷达的典型代表，在探测和识别多目标的同时，可以提供预警数据、导弹发射位置、命中区域、空间位置和速度信息。用于实现对北约区域导弹攻击和北美区域潜射弹道导弹攻击的预警。

（3）空间目标监视系统，对空间目标进行探测跟踪、定轨预报、识别编目。如地基空间目标监视系统、天基空间目标监视系统等。例如，美军天基空间监视系统（SBSS）部署了“探路者”卫星，主要实现对低轨道空间飞行器的近距离高分辨率成像和高轨道空间飞行器的探测编目。对高轨道空间飞行器的近距离高分辨率成像则由轨道深空成像卫星（ODSI）完成。

海上目标探测系统，在海洋中监视、搜索海上和水下目标，并对其分类、识别、定位。如水上目标探测系统、水下目标探测系统。前者主要针对海面舰艇及飞行器，后者主要针对水下潜艇。水上目标探测系统又分为天基、空基、海基和地基等子系统。例如美国海军的E-2“鹰眼”系列舰载预警机就是针对水上目标的天基预警探测系统，主要实现空中目标探测，不仅能够为舰队提供早期预警信息，而且能用来引导战斗机或舰载武器进行防御和反击，还可成为海军与其他兵种协同作战的节点。

随着作战样式的变化，以及栅格化信息网的发展，ISR系统将逐步发展成为一体化联合战场侦察、情报和监视系统，利用强大的信息网络，有机地融合多种探测手段（侦察卫星、侦察飞机、预警机、舰艇及其他情报部门和地面侦察部队等）获取的各种目标信息，迅速地形成整个战场空间的多维战场态势，并实时发布到各级作战人员和各武器平台，使多兵种、多部门的作战人员可以同时迅速、全面、准确地掌握整个作战区域的统一的敌我态势信息，根据战场态势和目标性质，迅速选择并控制具有最佳打击效果的武器系统进行攻击，有效地指挥多平台和跨平台的兵力和武器协同作战。一体化联合战场情报、监视和侦察系统将完全突破过去只强调发挥单个传感器及其信息系统作战能力的局限性,更重视充分发挥由多个传感器及其信息系统组成的体系的作用。

参考文献

[1] 童志鹏,等. 综合电子信息系统[M].2版. 北京:国防工业出版社,2008.
[2] 总装备部电子信息基础部. 信息系统——构建体系作战能力的基石[M]. 北京:国防工业出版社,2011.
[3] 刘作良,等. 指挥自动化系统[M]. 北京:解放军出版社,2001.
[4] 李德毅,等. 发展中的指挥自动化[M]. 北京:解放军出版社,2004.
[5] 蔡菁,等. 基于草图的战场态势标绘系统[J]. 舰船电子工程,2008(11).
[6] 陈引川,等. 战场态势信息系统的研究与实现[D]. 郑州:中国人民解放军信息工程大学,2006.
[7] 曾鹏,等. 基于态势信息融合体系的军用计划识别关键技术研究[J]. 军事运筹与系统工程,2006(3).

思考题

1. 态势感知系统的基本概念是什么?
2. 阐述态势感知系统的地位和作用。
3. 态势感知系统采用的感知技术主要有哪些?请分别简要描述。
4. 简要描述GPS卫星定位测量的基本原理。
5. 简要描述敌我识别技术。
7. 什么是态势信息的处理与分发?
8. 信息融合的概念与层次是什么?
9. 如何共享战场态势信息?
10. 阐述ISR的概念。
11. 阐述情报侦察系统和预警探测系统的概念。

第5章 5 军事通信系统

5.1 军事通信系统概述

5.1.1 军事通信系统的基本概念

军事通信系统是由传输、交换、终端、保密、网管、供电和维护测试等要素和设施所组成,以通信网络为支撑,保持军队指挥畅通的信息传输系统。它是军队指挥信息系统的重要组成部分。

军事通信系统的组成与结构与其具体应用有关。从通信保障范围的角度看,军事通信系统由战略通信系统、战役/战术通信系统,以及网络支撑保障系统等三个部分组成。前两者的主要区别在于通信保障的范围有异,所以在其组成和技术体制上也是不相同的。

战略通信系统的主要职能是进行战略指挥的保障。它以统帅部基本指挥所通信枢纽为中心,以固定通信设施为主体,运用地下(海底)光缆、大/中功率无线电电台、微波接力、卫星、散射和光通信等传输媒体,连通全军军以上指挥所通信枢纽,构建成全军干线通信网络。战略通信系统的基本任务是:平时为保障国家防务,应对敌人突然袭击或突发事件、抢险救灾、情报传递、科学试验、教学训练和日常活动等通信联络;战时则保障战略预警信息和情报信息的传递,统帅部指挥战争全局或直接指挥重大战役(战斗)的通信联络,指挥信息系统的信息传递,实施战略核反击的通信联络,以及战略后方的通信联络。

战役作战按其作战规模大小分为战区、方面军、集团军和相应规模的海军、空军、第二炮兵战役等各种层次。战术作战通常是指具体的地区内的战斗。战役/战术通信系统的主要职能是保障师以上部队遂行战役作战和师以下部队的作战行动。其中,战役通信系统以固定通信设施为依托,主体是机动和野战通信装备;固定通信设施也是战略通信网的组成部分,机动部分则是战区战时开设的以野战通信装备为主的通信设施。战役/战术通信系统在作战地区的主要任务是:保障战略、战役预警信息和情报信息及指挥信息系统的信息传递,保障指挥战役、战斗和战役协同、战役后方、技术保障的通信联络。

网络支撑保障系统主要职能是为军事通信系统提供安全保密、网络管理、频率管理等支撑,是军事通信系统安全、可靠、高效运行,充分发挥战斗力的重要保障。

军事通信系统的结构,其网系在物理空间上,分布在陆基、海基、空基和天基。从传送信息角度,其结构可分为骨干网、接入网和用户网三个层面。属于骨干网层面的有陆基战略通信系统中的宽带综合业务通信网、自动电话网、全军数据网,天基的战略卫星通信系统、中继卫星系统的网络。属于接入网层面的有各种战役/战术通信系统和战略通信系统中的其他网系的网络。应用系统则属于用户网层面。图5-1为军事通信系统层次结构示意图。

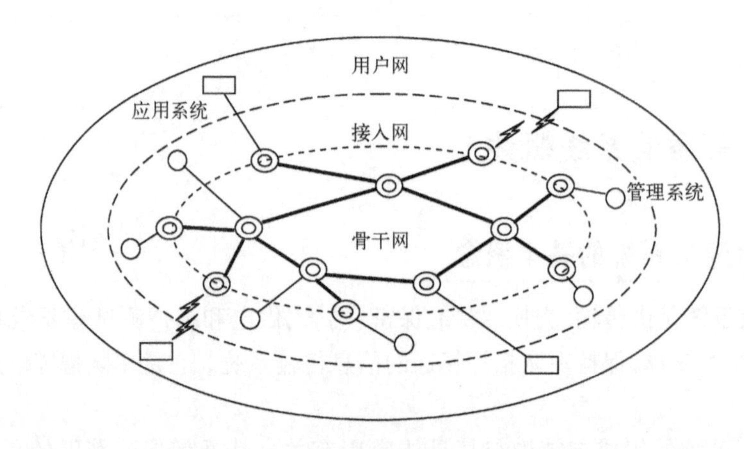

图5-1　军事通信系统层次结构示意图

在现代战争中,对军事通信系统的主要要求有:

(1) 通信速度。要求实现通信现代化,使通信的开设、接续、传递、转移与恢复都能高速运转,并能直接提供给用户使用;信息传递的速度要快,以保证情报和指挥信息的时效性。

(2) 通信容量。未来作战将是全方位、多层次、全时域的立体战,所以战场情报、部队指挥和相关信息的信息量巨大,要求通信网有足够大的通信容量和带宽。

(3) 协同通信能力。要求通信装备系列化、通用化,网络接口、通信规约标准化,使各军兵种的通信系统一体化,以保证互连互通。

(4) 保密性。军事通信要求有较强的保密性,通信手段应不易被截获,通信内容应不易被破译。

(5) 可靠性。为了保证通信系统连续、不间断,通信系统的可靠性要高,要有冗余措施、迂回路由和备份通信手段。

(6) 抗毁性。现代战争中武器打击更快更精确,必须提高通信系统的顽存性,要有结构重组能力、机动能力和伪装能力。

(7) 抗干扰性。整个通信系统对战场复杂的电磁环境要有较强的适应性,具有较强的抗干扰能力,确保通信系统在复杂电磁环境中的安全运行。

5.1.2　军事通信系统的地位与作用

军事通信系统承担着总部、各军兵种指挥机构、作战部队、友邻部队和支援保障总部之间的军情信息的传递任务。它是指挥信息系统中的“神经”,也是“战斗各要素之间的黏合剂”。图5-2所示为军事通信系统的地位与作用。

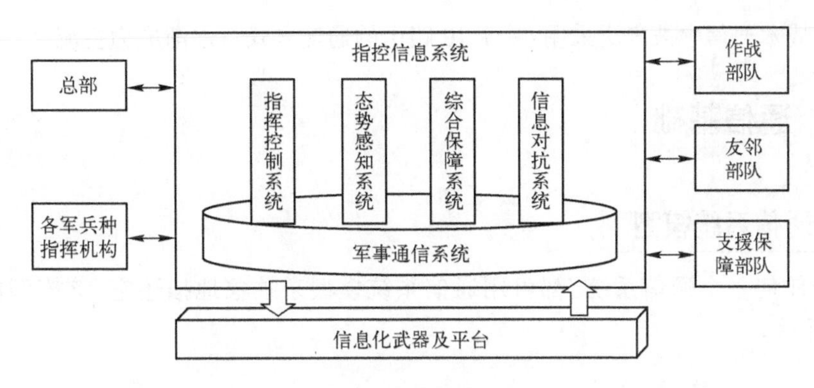

图5-2 军事通信系统的地位与作用

5.1.3 军事通信系统的分类

军事通信系统常见的分类方法有以下几种：

(1) 按通信保障范围分类，可分为战略通信系统、战役通信系统和战术通信系统。

(2) 按通信手段分类，可分为无线电通信系统、有线电通信系统、光通信系统、运动通信系统和简易通信系统等。

(3) 按通信业务分类，可分为电话通信系统、电报通信系统、数据通信系统、多媒体通信系统等。

(4) 按通信设施分类，可分为固定通信系统、机动通信系统、移动通信系统等。

(5) 按空间平台分类，可分为陆基通信系统、海基通信系统、空基通信系统、天基通信系统等。

(6) 按通信任务分类，可分为指挥通信系统、协同通信系统、报知通信系统和后方通信系统。

(7) 按通信设备安装和设置方式分类，可分为固定通信枢纽、野战通信枢纽和干线通信枢纽。

(8) 按军兵种分类，可分为陆军通信系统、海军通信系统和空军通信系统。而就某军种通信系统而言，还可作进一步细分，如空军通信系统又可分为平面通信系统、地－空通信系统和空中交通管制系统。

5.1.4 军事通信系统的发展趋势

随着信息技术的不断发展和信息化战争形态的逐步形成，军事通信系统呈现如下的发展趋势：

(1) 在结构上，各种军事通信系统和网络将逐步融合，提高系统的互通性、生存性、安全性，实现互联互通互操作，不断提高信息传递的有效性和可靠性。通信系统和其他不同领域的信息系统，通过优化组合，将向综合一体化、栅格化方向发展。

(2) 在功能上，军事通信系统将向宽带化、智能化、个人化方向发展，将与武器平台和精确制导武器联为一体。

(3) 在技术上，传输分系统将广泛采用光纤及高速无线信道设备，扩大通信容量，提高传输速率；战术无线电台、卫星通信系统将采用更先进的抗干扰技术，卫星通信将在战略通信和战术通信中被广泛采用;基于IP路由的通信方式将逐渐成为主流。

5.2 通信基础

5.2.1 通信系统模型

对于任何一个通信系统,都可用通信系统模型来抽象地描述它,该模型的框架如图5-3所示。

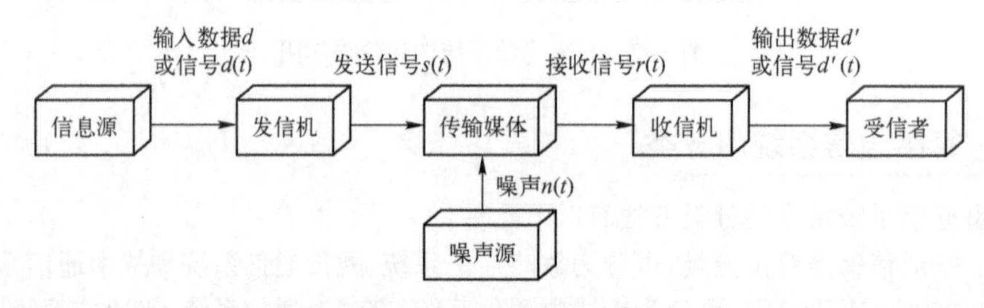

图5-3　通信系统模型

在图5-3中,信息源产生的待交换信息可用数据 d 来表示,而 d 通常是一个随时间变化的信号 $d(t)$,它作为发信机的输入信号。由于信号 $d(t)$ 往往不适合在传输媒体中传送,因此必须由发信机将它转换成适合于传输媒体中传送的发送信号 $s(t)$。当该信号通过传输媒体进行传送时,信号将会受到来自各种噪声源的干扰,从而引起畸变和失真等。因而在接收端收信机收到的信号是 $r(t)$,它可能不同于发送信号 $s(t)$。收信机将依据 $r(t)$ 和传输媒体的特性,把 $r(t)$ 转换成输出数据 d' 或信号 $d'(t)$。当然,转换后的数据 d' 或信号 $d'(t)$ 只是输入数据 d 或信号 $d(t)$ 的近似值或估计值。最后,受信者将从输出数据 d' 或信号 $d'(t)$ 中识别出被交换的信息。

5.2.2 模拟通信和数字通信

通信传输的消息有多种形式,如符号、文字、数据、话音、图形、图像等。它们大致可归纳成两种类型:连续消息和离散消息。连续消息指消息的状态是随时间连续变化的,如强弱连续变化的话音。离散消息指消息的状态是可数的或离散的,如符号、文字和数据等。通常把连续消息和离散消息分别称为模拟消息和数字消息。

这两种消息可以用不同的信号来传输。信号是数据的具体表示形式。通信系统中通常使用的是电信号,即随时间变化的电压或电流信号。通信中传输的主体是信号,各种电路、设备都是为实施这种传输,以及对信号进行各种处理而设置的。这里所述的信号就是通信系统在传输媒体中传输的信号 $s(t)$。它有两种基本形式。

一种是模拟信号,其信号的波形可以表示为时间的连续函数,如图5-4(a)所示。这里,“模拟”的含义是指用电参量(如电压、电流)的变化来模拟源点发送的消息。如电话信号就是话音声波的电模拟,它是利用送话器的声/电变换功能,把话音声波压力的强弱变化转变成话音电流的大小变化。以模拟信号为传输对象的传输方式称为模拟传输,以模拟信号来传送消息的通信方式称为模拟通信,而传输模拟信号的通信系统称为模拟通信系统。

另一种是数字信号,其特征是幅度不随时间连续变化,只能取有限个离散值。通常以两个离散值("0"和"1")来表示二进制数字信号,如图 5-4(b)所示。以数字信号为传输对象的传输方式称为数字传输,以数字信号来传送消息的通信方式称为数字通信,而传输数字信号的通信系统称为数字通信系统。

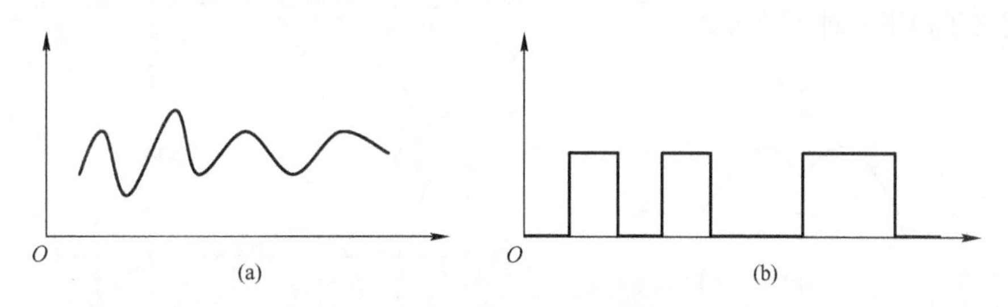

图 5-4　模拟信号与数字信号

(a) 模拟信号;(b) 数字信号。

必须指出,模拟信号和数字信号虽是两种不同形式的信号,但它们在传输过程中是可以相互变换的。模拟信号可以采用模/数转换技术变换为离散的数字信号,而数字信号也可以通过数/模转换技术变换为连续的模拟信号。

与模拟通信相比,数字通信具有以下优点:抗干扰性强、保密性好、设备易于集成化和便于使用计算技术对其进行处理等。它的主要缺点是占用的信道频带比模拟通信宽得多,降低了信道的利用率。

5.2.3　信号的特性

1. 时间特性和频率特性

信号的特性表现在它的时间特性和频率特性两个方面。

信号的时间特性主要是指信号随时间变化快慢的特性。所谓变化的快慢,一方面是指同一形状的波形重复出现周期的长短,如非正弦波形的信号;另一方面是指在一个周期内信号变化的速率。例如,一个周期性的脉冲信号,它对时间变化的快慢,除表现为重复周期,还表现为脉冲的持续时间及脉冲前后沿的陡直程度。当然,信号作为一个时间函数,除了变化速率外,还可能有其他的特性。例如,对于一个脉冲调制波,还有脉冲的振幅、周期和脉冲宽度因受调制而按某种规律变化的问题。信号随时间变化的这些表现包含了信号的全部信息量。

信号的频率特性可用信号的频谱函数表示。频谱函数表征信号的各频率成分,以及各频率成分的振幅和相位。在频谱函数中,也包含了信号的全部信息量。信号的频谱和信号的时间函数既然都包含了信号所带有的信息量,都能表示出信号的特点,因此信号的时间特性和频率特性之间必然存在密切的联系。例如,周期性信号的重复周期的倒数就是该信号的基波频率。

信号的时间特性和频率特性,对信号传输(或处理)系统提出了相应的要求。每一系统也都有它自己的时间特性和频率特性,它们必须分别与信号的时间特性和频率特性相适应,方能满意地达到信号传输或处理的目的。

2. 带宽

在通信领域中,信号的带宽主要有以下四种定义。

(1) 绝对带宽。绝对带宽 B 是指信号频谱正频域非零部分所对应的频率范围,如图5-5所示。如果数据信号具有连续谱的一般结构,如图5-6所示,那么信号的绝对带宽将是无穷的。由于信道的带宽是有限的,所以在实际应用中,依据信号功率谱对信号带宽还定义了以下三种等效带宽。

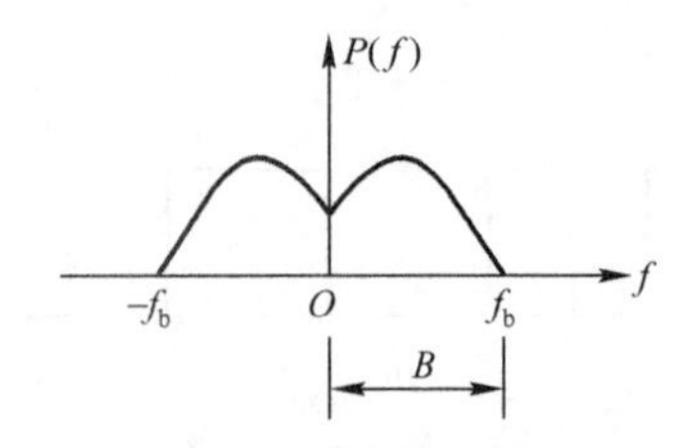

图5-5 信号的带宽

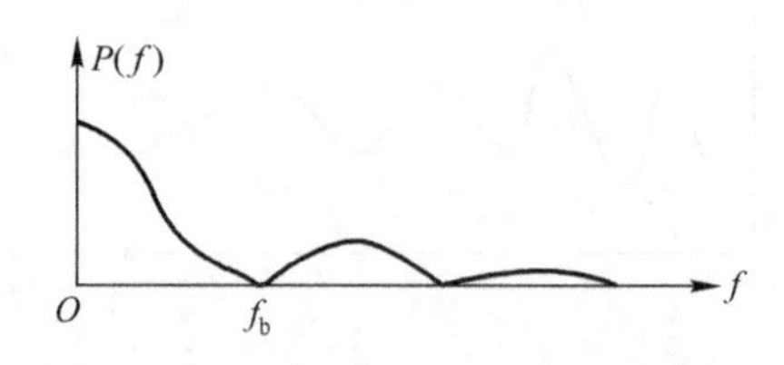

图5-6 数据信号连续谱的一般结构

(2) 零点带宽。在图5-6中,当频率 f 趋向无穷大时,数据信号频谱的幅度将会逐渐衰减到零。但是,其主要能量且集中在第一个零点之内,仅当其他频谱分量的能量已不足引起信号失真时,则定义($0 \sim f_b$)为信号的零点带宽。

(3) 百分比带宽。在给定带宽范围($0 \sim f_\gamma$)内,信号功率占总功率的比值为 $\gamma\%$,定义($0 \sim f_\gamma$)为百分比带宽。百分比带宽可表示为

$$\frac{\int_0^{f_\gamma} P(f)\,\mathrm{d}f}{\int_0^{+\infty} P(f)\,\mathrm{d}f} = \gamma\% \tag{5-1}$$

式中:$\gamma\%$ 可以取90%、96%、99%等值。

(4) 半功率带宽。设信号频谱在 f_0 处为最大值,而 $f_0 \in (f_1, f_2)$,且 $P(f_1) = P(f_2) = 0.5P(f_0)$,定义($f_1 \sim f_2$)的频率范围为半功率带宽。

应当指出,信号的带宽和信号传输系统的带宽是有区别的。信号传输系统的带宽通常是指系统的频率响应(幅度特性)曲线的幅度保持在其频带中心处取值的 $1/\sqrt{2}$ 倍以内的频率区间。为了使传输后的信号失真小一些,信号传输系统就要有足够的带宽。当然,信号的带宽越宽,传输它的信号传输系统的带宽也要求越宽。

5.2.4 数据与信号

前面提到,通信系统中数据以电信号的形式在媒体中传输,这种电信号可以是模拟信号,也可以是数字信号。而数据又有模拟数据和数字数据之分。因此,无论是模拟数据还是数字数据都能编码成模拟信号或者数字信号,具体选择何种编码方式则取决于需要满足的特殊要求,以及可能提供的传输媒体与通信设施。于是,可以归纳出数据与信号之间有如下组合:

(1) 数字数据,数字信号。以二进制对数字数据进行数字编码是最简单的编码形式,此时以二进制"1"表示一个电平,"0"表示另一个电平。数字信号是一串离散的、非连续的电压脉冲序列,如用一个正电压值表示二进制"1",一个负电压值表示二进制"0"。这

种电压脉冲序列的数字数据可在媒体上直接以数字信号传输，即为数字基带传输技术。

(2) 数字数据，模拟信号。数字数据可通过调制解调器转换成模拟信号，以便在模拟线路上传输。将数字数据转换成模拟信号的基本编码技术（或调制技术）有三种，幅度键控（Amplitude Shift Keying，ASK）、频移键控（Frequency Shift Keying，FSK）和相移键控（Phase Shift keying，PSK），即为数字频带传输技术。

(3) 模拟数据，数字信号。诸如话音和视像类的模拟数据经常被转化为数字形式，以便使用数字传输设施进行传输。编码器是将模拟数据转换成数字信号的一种设施。其编码过程中使用的最简单技术是脉码调制（Pulse Code Modulation，PCM），它包括对模拟数据的定时采样以及对这些样本的量化处理，即为脉冲编码调制技术。

(4) 模拟数据，模拟信号。模拟数据以电信号形式可作为基带信号在话音级线路上传输，这样既简单又经济。另外，还可以利用调制技术通过对载波的调制把基带信号的频谱搬移到其他频谱上，以便在某些模拟传输系统中传输。其基本的调制技术有调幅（Amplitude Modulation，AM）、调频（Frequency Modulation，FM）和调相（Phase Modulation，PM）。

5.3 军事通信信道

军事通信的质量不仅与传送的信号、发/收两端设备的特性有关，而且还受到传输信道的质量及传输信道沿途不可避免的噪声的直接影响。本节介绍传输信道的有关内容，包括信道的定义和分类，信道容量及其计算，各种传输媒体的传输特性等。

5.3.1 信道概述

在军事通信系统中，可从两种角度来理解传输信道（以下简称信道）：一种是将传输媒体和完成各种形式的信号变换功能的设备（如调制解调器）都包含在内，统称为广义信道；另一种是仅指传输媒体（如双绞线、电缆、光纤、短波、微波等）本身，这类信道称为狭义信道。本书采用狭义信道的概念。图 5-7 表示广义信道与狭义信道。

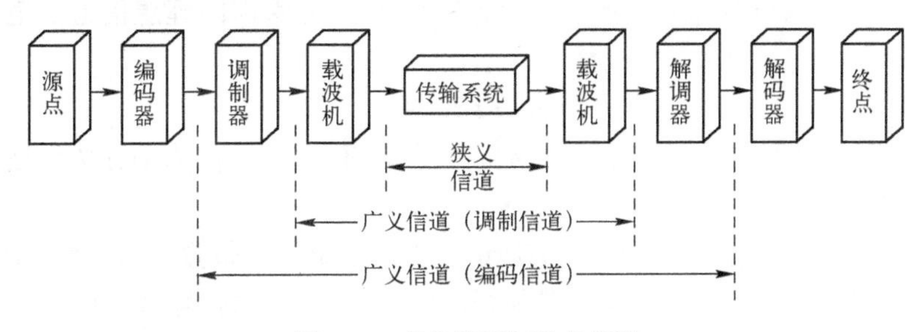

图 5-7　广义信道与狭义信道

由此可见，信道为信号传输提供了通路，是沟通通信双方的桥梁。但任何一种能够传输信号的媒体，都既为信号提供通路，又对信号造成损伤。这种损伤具体反映在信号波形的衰减和畸变上，最终导致通信出现差错现象。

信道的分类方法：①按照电磁波在媒体中的传输方式，可分为有线信道和无线信道；②按照信道上允许传输的信号类型，可分为模拟信道和数字信道；③按照信道上传输信号的工作频段，可分为长波信道、短波信道、微波信道、光信道等；④按照信道上信号传送方向与时间的关系,可分为单工、半双工和全双工信道。

5.3.2 信道容量

对任何一个通信系统而言,人们总希望它既有高的通信效率,又有高的可靠性。然而这两项指标却是相互矛盾的。那么在一定的误码率要求下,信息传输速率是否存在一个极限值呢?信息论中证明了这个极限值的存在,这个极限值称为信道容量。

信道容量的定义:对于一个给定的信道环境,在传输差错率(即误码率)无穷趋近于零的情况下,单位时间内可以传输的信息量。换句话说,信道容量是信道在单位时间里所能传输信息的最大速率,其单位是比特/秒(b/s)。信道容量是一个客观数值,与信源无关,但与编码、调制等技术有关。

下面分别说明模拟信道和数字信道的信道容量及其计算公式。

1. 模拟信道的信道容量

信息论中香农(Shannon)定律指出:在信号平均功率受限的高斯白噪声信道中,计算信道容量 C 的理论公式(以下简称香农公式)为

$$C = B\mathrm{lb}\left(1 + \frac{S}{N}\right) \quad (\mathrm{b/s}) \tag{5-2}$$

式中:B 为信道带宽,单位为 Hz;S/N 为平均信号噪声功率比,S 为信号功率,N 为噪声功率。这里的噪声为正态分布的加性高斯白噪声①。

由式(5-1)可得出下面重要结论:

(1) 提高信道的信噪比 S/N 或增加信道的带宽 B 都可以增加信道容量 C。

(2) 对于给定的信道容量 C,若减小信道带宽 B,则必须增大信噪比 S/N,亦即提高信号强度;反之,若有较大的传输带宽,则可用较小的信噪比。

(3) 当信道中噪声功率 N 无穷趋于 0 时,信道容量 C 无穷趋于无限大,这就是说无干扰信道的信息容量可以为无穷大。

2. 数字信道的信道容量

1924 年,奈奎斯特(Nyquist)推导出一条有限带宽、无噪声的理想信道信道容量的计算公式为

$$C = 2B\mathrm{lb}M \tag{5-3}$$

式中:C 为理想信道的信道容量,单位为 b/s;B 为信道带宽,单位为 Hz;M 为被传输信号的取值状态数($M \geqslant 2$)。

式(5-2)表明,码元的传输速率是有限的。但对于给定的带宽,可以通过增加信号取值的状态数来提高信道容量。这就需要很好的编码技术,克服传输线上的噪声和其他损伤,在每个信号码元时间内,不再只是从两个而是必须从 M 个可能的状态中区分出一个来。

---

① 加性高斯白噪声是最基本的噪声与干扰模型。加性噪声指叠加在信号上的一种噪声,无论有无信号,噪声都是始终存在的。白噪声指噪声的功率谱密度在所有的频率上均为一常数。如果白噪声取值的概率分布服从高斯分布,则被称为高斯白噪声。

5.3.3 有线信道

在介绍有关信道的具体知识之前,有必要先了解应用于通信领域的电磁波频谱分布,以及有线和无线通信的工作频率范围。图5-8表示应用于通信领域的电磁波频谱分布。

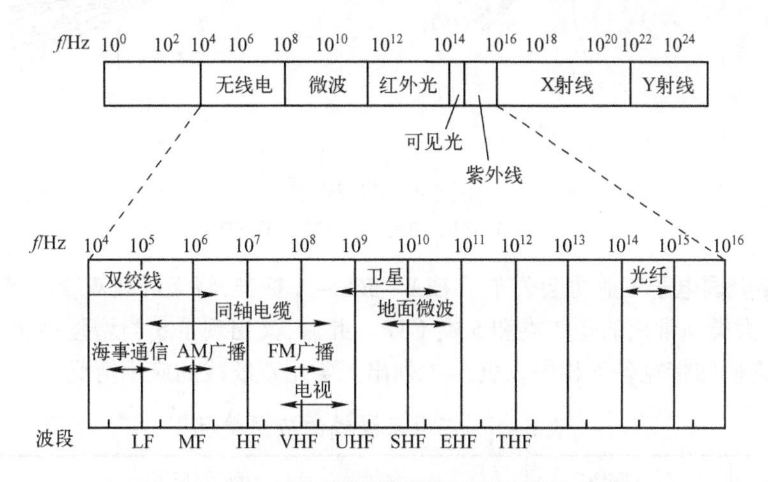

图5-8 应用于通信领域的电磁频谱分布

有线信道具有传输稳定、干扰较小,容量较大和保密性较强等优点,但需敷设线缆,并沿线建设增音站以补偿线路损耗,投资大,建设时间长。因此,扩大系统容量、提高线路利用率和降低每个话路的成本,是有线通信的重要问题。目前,常用的有线信道包括双绞线、同轴电缆和光缆。

1. 双绞线

双绞线是由两根具有绝缘保护层的铜导线按一定密度互相绞缠在一起形成的线对构成的。双绞线的缠绕密度、扭绞方向和绝缘材料,直接影响它的特性阻抗、衰减和近端串扰。常用的双绞电缆内含4对双绞线,按一定密度反时针互相扭绞在一起,其外部包裹着金属层或塑橡外皮,起着屏蔽作用。双绞线的带宽取决于铜线的直径和传输距离。双绞线不仅用于电话网的用户线,也常用于室内通信网的综合布线。

双绞电缆按其外部是否包裹有金属层和塑橡外皮,可分为无屏蔽双绞(Unshielded Twisted Pair,UTP)电缆(图5-9(a))和屏蔽双绞电缆(图5-9(b)~(d)),屏蔽双绞电缆按所增加的金属屏蔽层的数量和绕包方式,又可分为金属箔双绞(Foiled Twisted Pair,FTP)电缆、屏蔽金属箔双绞(Shielded Foiled Twisted Pair,SFTP)电缆和屏蔽双绞(Shielded Twisted Pair,STP)电缆三种。

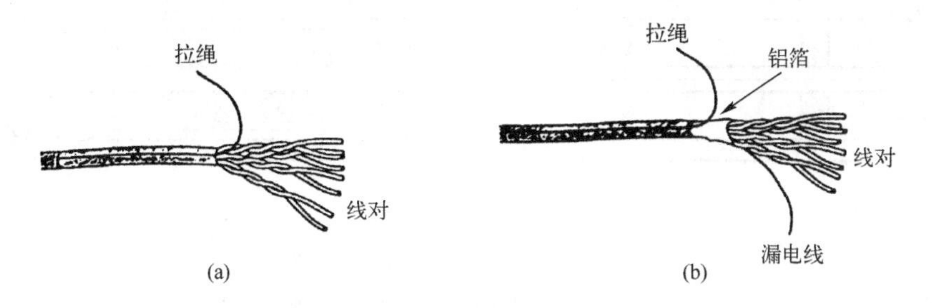

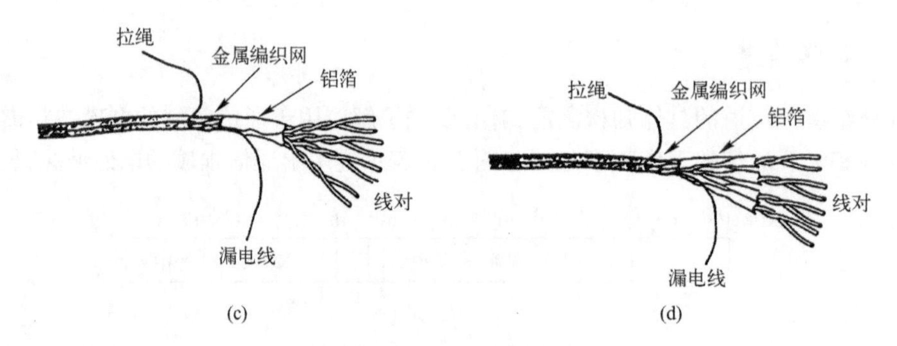

(c)　　(d)

图5-9　双绞电缆

(a) UTP;(b) FTP;(c) SFTP;(d) STP。

1995年美国电子工业协会公布了EIA-568-A标准,将无屏蔽双绞电缆分为3类、4类和5类三大类。常用的是3类和5类UTP。此后,又出现了5类增强型、6类以及7类双绞电缆,它们的带宽各不相同。表5-1列出了常用双绞线的应用情况。

表5-1　常用双绞线的应用情况

类　型	带宽/MHz	典型应用
3类	16	低速网络,如模拟电话网
4类	20	短距离的以太网,如10BASE-T
5类	100	10BASE-T以太网,某些100BASE-T快速以太网
超5类	100	100BASE-T快速以太网,某些1000BASE-T吉比以太网
6类	250	1000BASE-T吉比以太网
7类	600	可用于10吉比以太网

2. 同轴电缆

同轴电缆由若干根同轴管组成,同轴管由一个金属圆管(外导体)及一根位于金属圆管中心的导线(内导体)所构成。内导体采用半硬铜线,外导体采用软铜带或铝带纵包而成。内外导体间用绝缘材料介质填充。在实际应用中,同轴管的外导体是接地的,起到屏蔽作用,外来的电磁干扰和同轴管间的相互串扰减弱到可忽略的程度。单根同轴电缆的基本结构如图5-10所示。

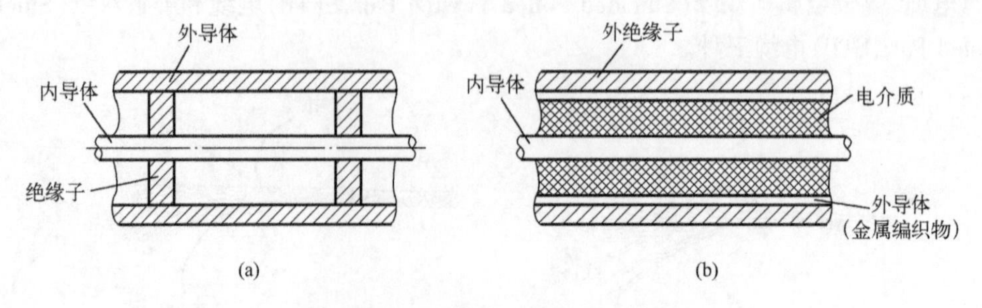

(a)　　(b)

图5-10　单根同轴电缆的基本结构

(a) 以空气为介质的同轴管;(b) 可弯曲的同轴电缆。

根据内、外导体半径的不同，同轴电缆可分为中同轴（2.6/9.5mm）、小同轴（1.2/4.4mm）及微同轴（0.7/2.9mm）等标准规格。同轴电缆还可按其特性阻抗的不同，分为两类：一类是50Ω同轴电缆（又称基带同轴电缆），用于传送基带信号，其距离可达1km，传输速率为10Mb/s；另一类是75Ω同轴电缆（又称宽带同轴电缆），它可作为有线电视的标准传输电缆，其上传送的是频分复用的宽带信号。

3. 光缆

光导纤维（简称光纤）是一种新型的光波导，其结构一般是双层或多层的同心圆柱体，由纤芯、包层和护套组成，如图5-11所示。纤芯的直径为2～120μm，主要成分是高纯度的石英（SiO_2）。包层也由石英制成，但掺入了极少量的掺杂剂，起到提高纤芯折射率的作用。护套由塑料或其他物质构成，用来保护其内部。

图5-12为光线在纤芯中的传播情况。由于纤芯的折射率n_1大于包层的折射率n_2，当光线到达纤芯与包层的界面时，将使其折射角φ_2大于入射角φ_1。如果入射角足够大，就会出现全反射，使得光线又重新折回纤芯，并不断向前传播。

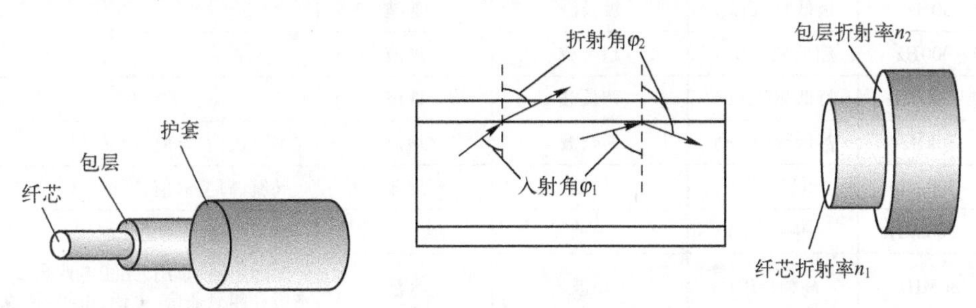

图5-11　光纤的结构　　　　图5-12　光线在纤芯中的传播

影响光纤传输质量的因素是光纤的损耗特性和频带特性。光纤损耗可简单地分为固有损耗和非固有损耗两大类。固有损耗是指由光纤材料的性质和微观结构引起的吸收损耗和瑞利散射损耗。非固有损耗是指杂质吸收、结构不规则引起的散射和弯曲辐射损耗等。从原理上讲，固有损耗不可克服，它决定了光纤损耗的极限值。而非固有损耗可以通过完善制造技术和工艺，得到改进或消除。光纤的总损耗是各种因素影响之总和。图5-13为光纤损耗与波长的关系。

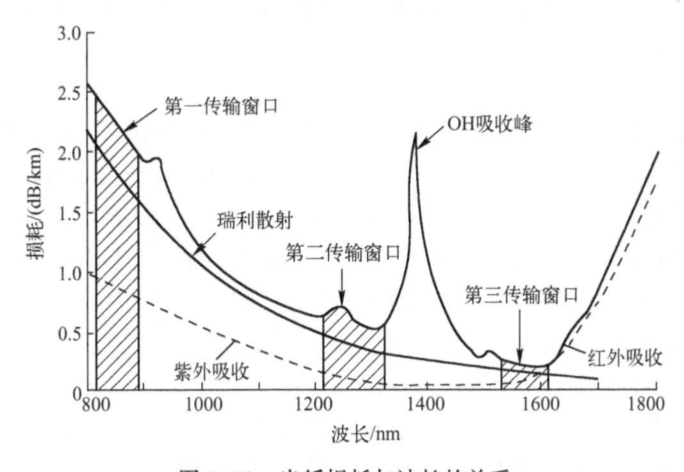

图5-13　光纤损耗与波长的关系

图5-13中,在波长0.8~1.8μm范围内,出现三个较低损耗的波段区域,它们常用作光纤通信的工作波段,称为“窗口”。常用的窗口波长为0.85μm、1.3μm和1.55μm。

光纤通信是现代通信网的主要传输手段,容量大、抗干扰性能好,在军事通信领域已得到广泛的应用,如干线传输、局域网引接等。

5.3.4 无线信道

无线信道是利用包围地球的大气层作为传输媒体的信道。大气层按其结构和物理特性沿垂直高度的分布和变化,可分为对流层(从地表到约12km之间)、平流层(离地表约10~60km)、电离层(离地表约60~2000km)和磁层(离地表约2000km到数十万千米)。无线电信道频段划分及主要业务表如表5-2所列。

表5-2 无线信道频段划分及主要业务

<table>
<tr><th>频率范围</th><th>频段名称</th><th colspan="2">波段名称</th><th>传播方式</th><th>典型应用</th></tr>
<tr><td>3~30Hz</td><td>极低频(ELF)</td><td colspan="2">极长波</td><td>地波</td><td rowspan="3">水下通信</td></tr>
<tr><td>30~300Hz</td><td>超低频(SLF)</td><td colspan="2">超长波</td><td>地波</td></tr>
<tr><td>300~3000Hz</td><td>特低频(ULF)</td><td colspan="2">特长波</td><td>地波</td></tr>
<tr><td>3~30kHz</td><td>甚低频(VLF)</td><td colspan="2">甚长波</td><td>地波</td><td>水下通信、导航</td></tr>
<tr><td>30~300kHz</td><td>低频(LF)</td><td colspan="2">长波</td><td>地波</td><td>导航、海上通信、广播</td></tr>
<tr><td>300~3000kHz</td><td>中频(MF)</td><td colspan="2">中波</td><td>地波、天波</td><td>港口广播、调幅广播</td></tr>
<tr><td>3~30MHz</td><td>高频(HF)</td><td colspan="2">短波</td><td>天波</td><td>国际广播、军用、无线电业余爱好者、飞机和船只通信、电话、电报、传真</td></tr>
<tr><td>30~300MHz</td><td>甚高频(VHF)</td><td colspan="2">超短波</td><td>视距直线</td><td>电视、调频立体声广播、调幅飞机通信、飞机导航</td></tr>
<tr><td>0.3~3GHz</td><td>特高频(UHF)</td><td rowspan="4">微波</td><td>分米波</td><td>视距直线</td><td>电视、飞机导航、雷达、微波接力、个人通信</td></tr>
<tr><td>3~30GHz</td><td>超高频(SHF)</td><td>厘米波</td><td>视距直线</td><td>微波接力、卫星通信</td></tr>
<tr><td>30~300GHz</td><td>极高频(EHF)</td><td>毫米波</td><td>视距直线</td><td>雷达、卫星通信、科学试验</td></tr>
<tr><td>300~3000GHz</td><td>至高频(THF)</td><td>亚毫米波</td><td>视距直线</td><td></td></tr>
</table>

目前,用于军事通信的主要有长波通信、短波通信、超短波通信、微波通信、卫星通信、散射通信和光通信。

1. 长波通信

长波通信是利用波长为10000~1000m(或频率为30~300kHz)的电磁波进行的无线电通信。长波通信以地波及天波的形式传播。在一定范围内,它以地波传播为主(图5-14),当通信距离大于地波的最大传播距离时,则靠天波来传播信号,通信距离可达数千千米。波长越长,传输衰减越小,穿透海水和土壤的能力也越强,但相应的大气噪声也越大。由于长波的波长很长,地面的凹凸与其他参数的变化对长波传播的影响可以忽略。在通信距离小于300km时,到达接收点的电波,基本上是地波。长波穿入电离层的深度很浅,受电离层变化的影响也很小,电离层对长波的吸收不大,因而长波的传播比较稳定。虽然长波通信在接收点的场强相当稳定,但它也有缺点:①由于表面波衰减慢,发射台发出的表面波对其他接收台干扰很强烈;②天电干扰对长波的接收影响严重,特别是在雷雨较多的夏季;③需要有大功率发信设备及庞大的天线系统,造价高;④通频带窄,不适于多路和快速通信。

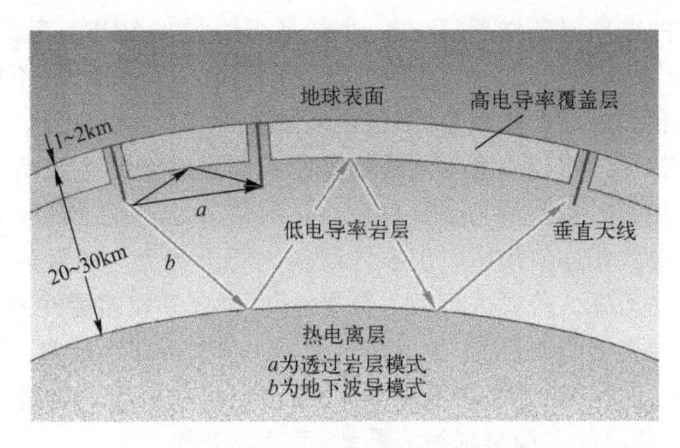

图5-14　长波地波通信示意图

长波通信在军事上主要用于对潜艇通信、地下通信和远洋通信和导航等,也可用作防电离层骚扰的备用通信手段。随着导弹、核武器的发展,导致越来越多的军事设施转入地下,长波地下通信将是保障地下指挥所和坑道间应急通信的重要手段。

2. 短波通信

短波通信是利用波长为100~10m(或频率为3~30MHz)的电磁波进行通信的无线电通信技术。实用短波范围已被扩展为1.5~30MHz。短波既可沿地球表面以地波形式传播,也能以天波的形式靠电离层反射传播,如图5-15所示。这两种传播形式都具有各自的频率范围和传播距离,只要选用合适的通信设备,就可以获得满意的收信效果。当短波通信以地波形式进行时,其工作频率范围为1.5~5MHz。陆地对地波衰减很大,其衰减程度随频率升高而增大,一般只在离天线较近的范围内才能可靠地收信。海水对地波衰减较小,沿海面传播的距离要比陆地传播距离远得多。短波在距离超过200km时,主要靠天波传播,借助于电离层的一次或多次反射,达到远距离(几千千米乃至上万千米)通信的目的。在地波与天波的有效作用距离之间(几十千米至上万千米)的区域内,短波信号很弱,称为短波通信的寂静区。

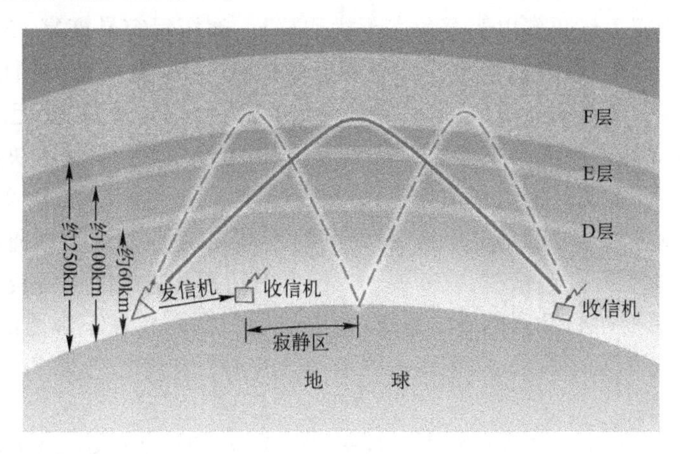

图5-15　短波通信示意图

短波通信主要是依靠电离层反射来实现,而电离层又随季节、昼夜,以及太阳活动的情况而变化,所以短波通信不及其他通信方式稳定可靠。正确选择短波通信的工作频率非常重要。在一定的电离层条件下,存在一个最高可用频率MUF。考虑到电离层结构随时间的变化,为保证获得长期稳定的接收,在选择短波工作频率时,不能取预报的MUF值,而是取低于MUF的最佳工作频率FOT,通常选取FOT=0.85MUF。

短波电波通过若干条路径或者不同的传播模式由发信点到达收信点,这种现象称为多径传播。不同路径的时延差称为多径时散。它与路径长度、工作频率、昼夜、季节等因素有关。多径时散对数据通信的影响主要体现在码间干扰上。通常为了保证传输质量,往往是限制数据传输速率。若要进行高速数据传输,则应采取多径并发等措施。图5-16表示引起多径时散的主要因素:①电波由电离层一次反射或多次反射;②电离层反射区的高度不同;③地球磁场引起的寻常波与非寻常波;④电离层的不均匀性引起的漫射现象。其中,以第一种因素造成的多径时延差为最大,可达数毫秒。

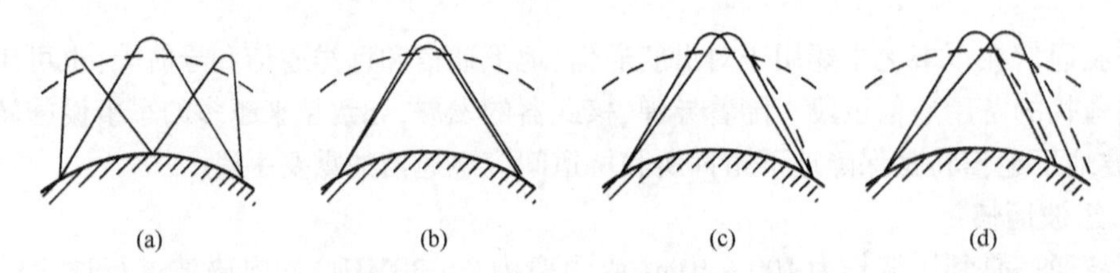

图5-16　引起多径时散的几种主要因素

(a) 一次反射和二次反射;(b) 反射区的高度不同;(c) 寻常波与非寻常波;(d) 漫射现象。

在短波通信过程中,收信电平出现忽高忽低随机变化的现象,称为"衰落"。衰落可按其成因分为三种:①由多径传播引起的干涉衰落;②由电离层的吸收损耗所引起的吸收衰落;③由电离层反射电波引起信号相位起伏不定的极化衰落。

与其他通信方式相比,短波通信有着许多明显的优点:①短波通信不需要建立中继站即可实现远距离通信,因而建设和维护费用低,建设周期短;②设备简单,既可根据使用要求,进行定点固定通信,也可以背负或装入车辆、舰船、飞行器中进行移动通信;③组网方便、迅速,具有很大的使用灵活性;④对自然灾害或战争的抗毁能力强,通信设备体积小,容易隐蔽,便于改变工作频率以躲避敌人干扰和窃听,破坏后容易恢复;⑤与卫星通信相比,运行成本低。但是,短波通信也存在着明显的缺点:①可供使用的频段窄,通信容量小;②短波的天波信道是变参信道,信号传输稳定性低,通信质量差;③无法抵御窃听,以及受大气和工业无线电噪声干扰严重,因此它的可靠性低。为克服这些缺点,短波通信采用了许多新的技术,如实时信道估值技术、分集接收技术、现代调制技术、跳频技术和各种自适应技术等,可提高短波通信抗干扰、抗衰落的能力,以适应高速数据通信业务的需求。

使用短波进行远距离通信时,仅需要不大的发射功率和适中的设备费用,通信建立迅速,便于机动,且具有抗毁性强的中继系统(指电离层),因而它在军事通信和移动通信方面仍有着十分重要的实用价值,是军用无线电通信的主要方式之一。

3. 超短波通信

超短波(又称"米波")通信是利用波长为10~1m(或频率为30~300MHz)的电磁波进行通信的无线电通信技术。超短波在传输特性上与短波有很大差别。由于频率较高,发射的天波一般将穿透电离层射向太空,而不能被电离层反射回地面,所以主要依靠空间直射波传播(只有有限的绕射能力),如图5-17所示。超短波用于超视距通信时有超短波接力通信、超短波散射通信和流星余迹通信。如同光线一样,超短波传播的距离不仅受视距的限制,还要受高山和高大建筑物的影响。如架设几百米高的电视塔,服务半径最大也只能达150km。要想传播得更远,就必须依靠中继站转发。超短波的波长较短,收发天线尺寸可以做得较小。在短距离通信时,只需要配备很小的通信设备,因此广泛应用于移动通信方式。

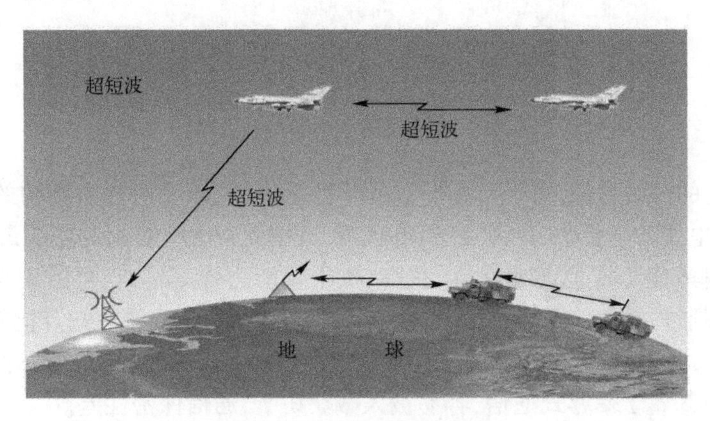

图5-17　超短波通信示意图

超短波通信的特点:①超短波通信利用视距传播方式,比短波天波传播方式稳定性高,受季节和昼夜变化的影响小;②天线可用尺寸小、结构简单、增益较高的定向天线,发射机功率较小;③频率较高,频带较宽,能用于多路通信;④调制方式通常用调频制,可以得到较高的信噪比,通信质量比短波好。

由于频带较宽,通信容量大,比较稳定,因而被广泛应用于传送电视、调频广播、雷达、导航、移动通信等业务,主要适用于步兵团以下部队的近距离通信。

4. 微波通信

微波是指波长为1m~1mm(或频率为300MHz~300GHz)的电磁波,是分米波、厘米波、毫米波和亚毫米波的统称,通常也称为"超高频电磁波"。微波通信的主要方式有接力通信、对流层散射通信和卫星通信。微波接力通信由于受地球曲面的影响以及空间传输的损耗,一般每隔50km就需要设置一个中继站,将电波放大转发而延伸。图5-18为地面微波接力通信的示意图。微波对流层散射通信的单跳距离为100~500km,跨越距离远,信道不受核爆炸的影响,在军事通信中受到重视。卫星通信具有广播和多址连接的特点,通信质量高,覆盖面广,在军事上应用广泛。此外,各种车、舰及机载移动式或可搬移式微波通信系统也是通信网的重要组成部分,适用于战术通信,亦可用于救灾或战时快速抢通被毁的通信线路,开通新的通信干线或建立地域通信网等。

由于微波的频率极高,波长又很短,其空中的传播特性与光波相近,可进行直线传播。当遇到障碍物时,微波会产生反射、绕射或阻断,因此微波通信的主要方式是视距通信,超过视距则需进行中继转发。自然环境对微波通信有着很大的影响。地形对微波传播带来的影响主要表现在电波的反射、绕射和地面散射等方面。对流层对电波传播的影响,主要表现在电波受大气折射后其传播轨迹可能发生变化,气体分子对电波的吸收衰耗、雨雾水

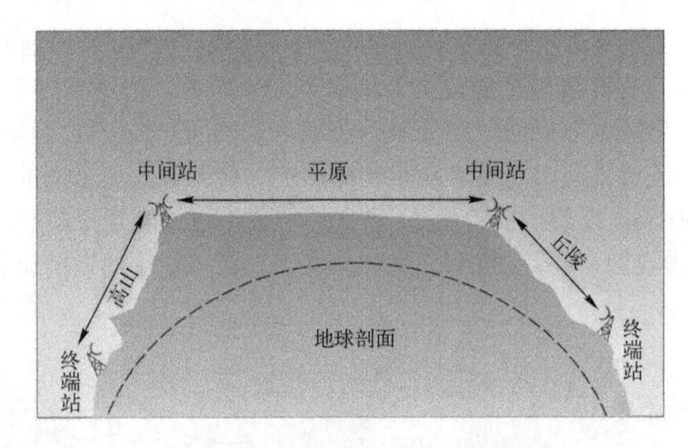

图 5-18　微波接力通信示意图

滴对电波引起的散射衰耗,多径传播引起的干涉型衰耗,以及对流层结构的不均匀(俗称大气湍流)使电波产生折射、反射、散射等现象,其中尤以大气折射的影响最为显著。

微波通信具有频段宽、容量大、质量高、抗干扰能力强等优点,可实现点对点、一点对多点或广播等形式的通信联络。微波通信存在主要问题:①中继站选点比较复杂,如站址选择在山顶上,对施工、维护都会带来不便;②易受自然环境(包括地形、对流层和气候条件等)的影响;③属于暴露式通信,容易被人截获窃听,通信保密性差。

5. 卫星通信

卫星通信是利用人造地球卫星作为中继站来转发或反射无线电信号,在两个或多个地球站之间进行通信,如图 5-19 所示。由于它采用的仍是微波波段,俗称卫星微波。一般来说,选用卫星通信的工作频段必须考虑下列因素:①电波应能穿越电离层,且尽可能地减少传播损耗和外加噪声;②应有较宽的频带,以便增大通信容量;③尽量避免与其他通信业务间的干扰。因此,卫星通信的工作频段应选择在电波能穿越电离层的特高频或微波频段,它的最佳频段范围为 1 ~ 10GHz。如表 5-3 所列为 ITU - T 为卫星用户分配的工作频段。

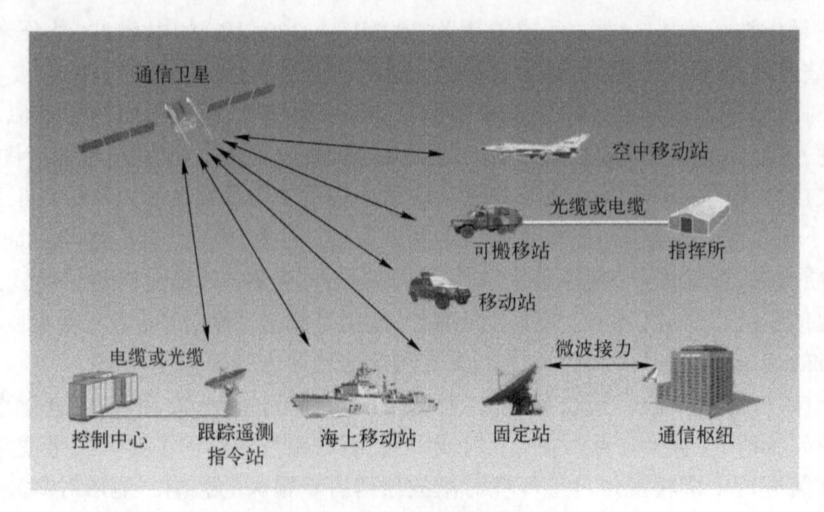

图 5-19　卫星通信示意图

表5-3　ITU-T为卫星用户分配的工作频段

频段	工作频率/GHz	上行链路/GHz	下行链路/GHz	带宽/MHz	存在问题
UHF	(L)1.5/1.6	1.6	1.5	15	频段窄,拥挤
SHF	(S)2/4	2.2	1.9	70	频段窄,拥挤
	(C)4/6	5.925~6.425	3.7~4.2	500	地面干扰
	(Ku)11,2/14	14~14.5	11.7~12.2	500	受雨水影响
	(Ka)20/30	27.5~31.0	17.7~21.2	3500	受雨水影响,设备成本高

卫星通信的特点:①覆盖区域大,通信距离远;②频段宽,容量大;③组网机动灵活,不受地理条件的限制;④通信质量好,可靠性高;⑤通信成本与距离无关。

卫星通信存在的主要不足:①传播距离远,时延长;②传播损耗大,受大气层的影响大;③存在"回声"效应和通信盲区;④卫星通信信号易被敌方截获,也易遭受敌方的电磁干扰;⑤卫星中继系统可能发生故障或被摧毁,这是卫星通信不能取代短波通信的原因所在。

军用卫星通信网一般利用军用通信卫星或租用民用通信卫星线路。目前,甚小孔径地球站(Very Small Aperture Terminal,VSAT)已在民用和军事等部门及偏远地区通信中得到广泛的应用。这种站采用口径很小的天线(一般为0.3~2.4m),消耗功率在1W左右,上行链路速率可达19.2Kb/s,下行链路速率通常超过512Kb/s。VSAT系统综合了诸如分组信息传输与交换、多址协议以及频谱扩展等先进技术,可以进行数据、话音、视频图像、图文传真等多种信息的传输。

6. 散射通信

散射通信是指利用大气层中传输媒体的不均匀性对无线电波的散射作用进行的超视距通信,如图5-20所示。散射通信一般分为对流层散射通信、电离层散射通信和流星余迹突发通信。通常所说的散射通信是指对流层散射通信。对流层是从地面到十几千米高空的大气层。由于在对流层中存在着大量随机运动的不均匀介质——空气涡流、云团等,它们的温度、湿度和压强等与周围空气不同,因而对电波的折射率也不同。当无线电波照

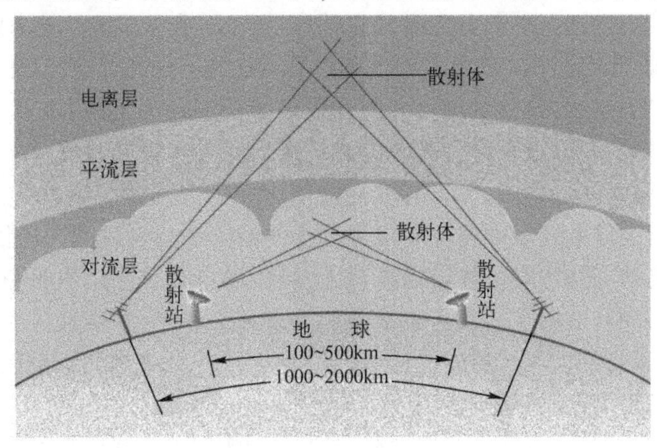

图5-20　散射通信示意图

射到这些不均匀的介质时,就在每一个不均匀体上感应电流,形成二次辐射体,从而向各个方向发出该频率的二次辐射波,这就是散射现象。对流层散射通信就是利用这种现象而实现的超视距无线电通信。其单跳通信与传输速率、发射功率及天线口径有关,跨距可达几百至上千千米。由于对流层散射现象在200~8000MHz频段比较显著,所以对流层散射通信主要工作在这个频段内。

对流层散射通信的优点:①抗核爆能力强,不受太阳耀斑的影响,这是散射通信突出特点;②通信保密好,散射通信采用方向性很强的抛物面天线,空间电波不易被截获,也不易被干扰;③通频带较宽,通信容量大,对流层散射通信的通信容量比视距微波通信小,但比卫星通信和短波大;④通信距离较远,单跳距离一般约300km,多跳转接可达数千千米;⑤机动性好,对于高山、峡谷地、中小山区、丛林、沙漠、沼泽地、岸-岛等中间不适宜建微波接力站地段,可使用移动散射通信设备进行通信,设备的架设和撤收都很快,可快速地将设备移动到指定位置。

对流层通信的不中之处:①传输损耗大,且随着通信距离的增加而剧增,因而要用大功率的发射机、高灵敏的接收机及庞大的高增益、窄波束天线,故耗资大;②散射信号有较深的快衰落,其电平还受散射体内温度、湿度和气压等的影响,且有明显的季节和昼夜的变化。

对流层散射通信具有建站快、抗毁性强、机动性好、适应复杂地形能力强等特点,是其他通信手段无法取代的。在军事应用方面,对流层散射通信主要用于建立战略、战役通信干线。另外,在远程预警网中应用甚广。在战术网中,对流层散射通信主要用于三军联合战术通信网和保障战区的指挥通信网中。

受篇幅限制,这里不再介绍电离层散射通信和流星余迹突发通信,请参阅相关书籍。

7. 光通信

光通信是一种以光波为传输媒体的通信。光波和无线电波同属电磁波,但光波的频率比无线电波的频率高,波长比无线电波的波长短。因此,它具有传输频带宽、通信容量大和抗电磁干扰能力强等优点。光波的波长在$3\times10^2\sim6\times10^5\mu m$,频率在$3\times10^{12}\sim5\times10^{16}Hz$,光波的电磁频谱分布如图5-21所示。

目前,光通信有以下三种分类:

(1) 按照光源特性的不同,分为激光通信和非激光通信。激光是由激光器产生的具有很强方向性(即在传播过程中光束的发散性很小)的一种相干光。激光通信就是利用强方向性的激光来传输数据信息的。非激光通信是利用普通光源(非激光)传输信息的,如灯光通信。利用发光二极管作为光源的光纤通信亦属非激光通信。

(2) 按照传输媒体的不同,分为有线光通信和无线光通信。有线光通信就是光纤通信,而无线光通信也称大气激光通信。以大气为传输媒体的大气激光通信不需敷设线路,设备较轻,便于机动,保密性好,传输信息量大,可传输声音、数据、图像等信息。但易受气候及外界环境的影响,适用于地面近距离通信(如河湖山谷、沙漠地区及海岛之间)和通过卫星中继的全球通信。大气层外的激光通信称为空间激光通信,其优点是传输损耗和湍流影响小,传输距离远,通信质量高。

(3) 按照光波波长的不同,光波通信分为可见光通信、红外线(光)通信和紫外线(光)通信。红外线光(波长$10^3\sim0.77\mu m$)和紫外线光(波长$0.39\sim6\times10^{-3}\mu m$)属于不

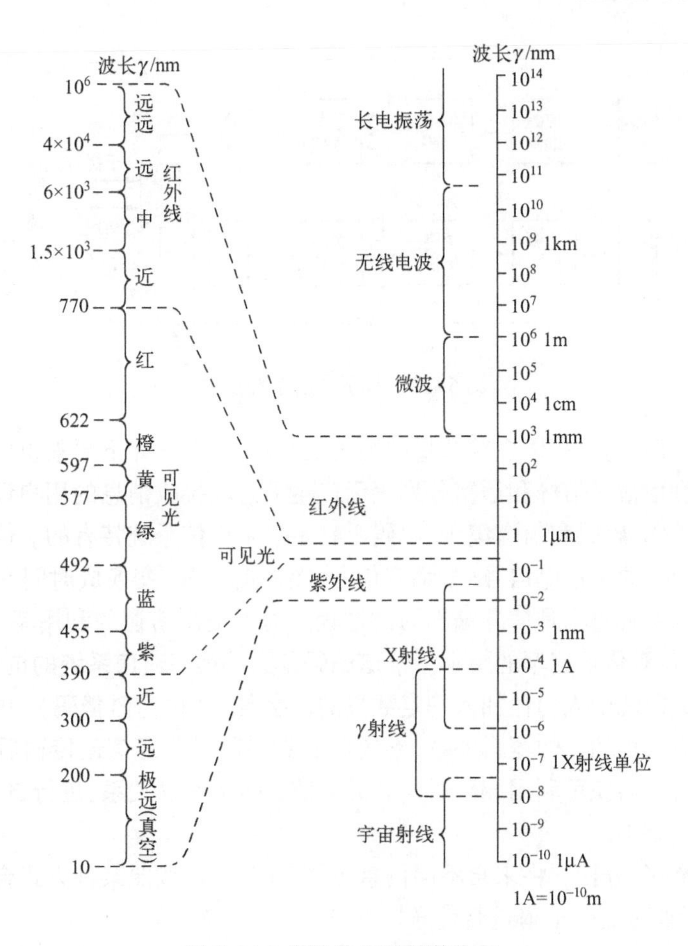

图5-21　光波的电磁频谱分布

可见光,它们同可见光一样都可用来传输信息。可见光通信是利用可见光(波长0.77～0.39μm)传输信息的。早期的可见光通信采用普通光源,如火光通信、灯光通信、信号弹等。由于可见光光源散发角大,通信距离近,只可作视距内的辅助通信。近代的可见光通信有氦氖激光通信和蓝绿激光通信等。红外线通信和紫外线通信均属于非激光通信。此类通信所用的设备结构简单、体积小、质量轻、价格低,但在大气中传输时易受气候影响,仅适用于沿海岛屿间的辅助通信。红外线通信还可用作近距离遥控、室内无线局域网、飞机内广播和航天飞机宇航员间的通信等。

5.4 军事通信技术

本节介绍常用的军事通信技术,包括编码与调制技术、信道复用技术、扩频通信技术和交换技术。

以军事应用为目的的军事通信系统是指实现这一通信过程的全部技术设备和传输信息的媒体(信道)的总和。由于数字通信系统的性能优于模拟通信系统,所以数字通信在军事上的应用更为广泛。这里只介绍数字通信相关技术。图5-22为数字通信系统模型。

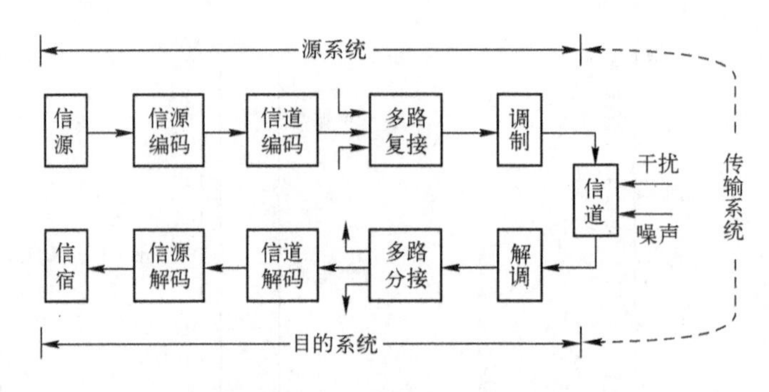

图5-22 数字通信系统模型

该模型包括源系统、传输系统和目的系统三个部分,它有如下要素组成:

(1) 信源和信宿。信源和信宿分别表示产生消息和接收消息的用户设备。

(2) 信源编码/解码和信道编码/解码。它是数字通信系统特有的。信源编码是将时间和幅度连续变化的模拟电信号(如话音信号、图像信号等)变换成时间和幅度都是离散的数字信号。信源解码则是信源编码的逆过程。为了提高信道的利用率,通常需要进行压缩编码,以降低对传输速率的要求。信道编码是为了提高通信系统的抗干扰能力,其实现方法是在信息码流中人为地加入一定数量的多余码元(称为监督码),并使这些监督码与原信息码有着某种确定的逻辑关系,形成新的数字码流。经信道传输后,若出现误码,接收端的信道解码器便可利用编码时信息码与监督码的逻辑关系,进行自动检错或纠错,还原成原来的信息码。

(3) 多路复接/分接。将来自不同信息源的各路信号,按照某种方式合并成一个多路(群)信号,然后通过宽带信道进行传送。

(4) 调制和解调。调制使得信号在传输时信号特性与信道特性相匹配。解调则是调制的逆过程。调制通常分为模拟调制(如调幅、调频和调相)和数字调制(如幅度键控、频移键控和相移键控)。在军事通信系统中,为了对抗敌人的有意干扰,还可采用扩频、跳频等措施,这些措施往往在调制/解调器中实现。

(5) 信道。详见5.3节。

(6) 噪声和干扰。通信系统产生的信号,在传输过程中受到噪声和干扰的影响是难以避免的。噪声通常是指由系统导电媒体带电粒子随机热运动产生的热噪声,这种噪声又称为正态(高斯)白噪声。干扰包括环境干扰和人为恶意干扰。环境干扰包括天电干扰、工业干扰和非恶意的邻道干扰等。在军事通信中,敌方的恶意干扰就是人为恶意干扰。

5.4.1 编码与调制技术

1. 信源编码与解码

在模拟信号向数字信号转换过程中,信源编码器是将模拟信号转换成数字信号,而信源解码器是将数字信号恢复成模拟信号的一种设备。信源编码/解码器通常使用的一种主要技术是脉冲编码调制(Pulse Code Modulation,PCM)简称脉码调制。

脉码调制的基本原理:如对一个信号$f(t)$以固定的时间间隔并以高于信号最大主频

率两倍的速率进行采样，那么这些样本就包含了原始信号中的所有信息。这些样本通过低通滤波器就可重建函数 $f(t)$。以话音信号为例，如果话音数据的频率限制在 4kHz 以下，为分辨这些话音数据，通常择取每秒采样 8000 个样本就足以反映这个话音信号。需要注意的是，这些样本是模拟样本。欲转换为数字，还需为每个模拟样本赋予一个二进制码。如使用国际标准化的 8bit 样本（即允许 256 个量化电平），那么经恢复后的话音信号就可达到模拟传输同样的效果。所以，传输一路话音信号所需要的传输速率是（8000 个样本/s × 8bit/样本）64Kb/s。为了充分利用传输线路的带宽，通常将多路话音的 PCM 信号以时分复用的方式装配成帧，然后再在线路上一帧帧地进行传输。如图 5-23 所示为脉码调制的基本原理。

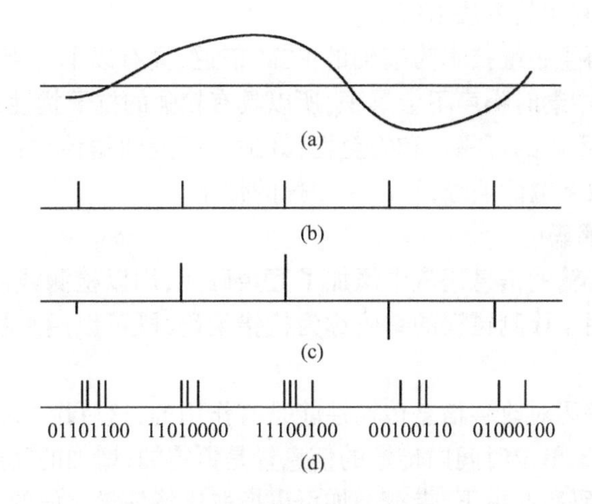

图 5-23　脉码调制的基本原理

（a）话音信号；（b）采样脉冲；（c）模拟样本；（d）PCM 码。

由图可见，脉码调制包括采样、量化和编码三个步骤，如图 5-24 所示。其中，采样是将发送端输入的时间连续、振幅连续的模拟信号 $f(t)$ 转换成离散时间、连续幅度的采样信号（PAM 脉冲）；量化是把时间离散、振幅连续的采样信号转换成时间离散、振幅离散的信号（PCM 脉冲）；编码是将量化后的数字信号进行编码形成二进制比特流的数字信号。因此，从调制的概念来看，可以认为 PCM 编码过程是将模拟数据调制成一个二进制脉冲序列，因而通常称为脉冲编码调制。

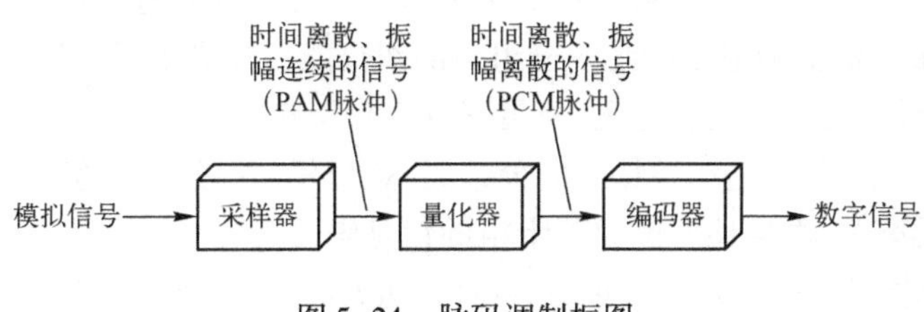

图 5-24　脉码调制框图

编码后的 PCM 码组，即 PCM 数字信号，经数字信道传输至接收端。接收端需对已受噪声干扰的波形进行检测和再生，使其恢复成原来的 PCM 信号。然后经译码还原为量化前的抽样值。最后，经过低通滤波器恢复成模拟话音信号 $f'(t)$。显然，接收端恢复得到的$f'(t)$与发送端输入的$f(t)$是有差别的。这种差别是由量化和噪声的影响造成的。即便信道上不存在噪声,接收端也不可能精确地恢复成原始信号。

PCM 体制有两个互不兼容的标准:①北美使用的 T1 系统,共有 24 个话路。每个话路的采样脉冲用 7bit 编码,然后再加上 1bit 的信令码元,因此一个话路占用 8bit。帧同步是在 24 路编码之后再加上 1bit,这样每帧共有 193bit。因为采样频率为 8kHz,所以 T1 一次群的数据率为 1.544Mb/s。②欧洲使用的 E1 系统,每个时分复用帧被划分为 32 个相等的时隙,其编号为 CH0 ~ CH31。CH0 作为帧同步,CH16 用作传送信令。其余 30 个时隙作为用户使用的话路。每个时隙传送 8bit,因此整个 32 个时隙共有 256bit。同样取采样频率为 8kHz,所以 E1 一次群的数据率为 2.048Mb/s。在此基础之上,如需要使用更高的数据率,必须采用复用的方法来解决。

以脉码调制和再生中继技术为基础的 PCM 信道,具有以下特点:①因为采用再生中继技术,远距离再生中继时噪声不会累积,所以具有较强的抗干扰性;②可采用有效、安全的编码技术,提高了系统的可靠性和安全性;③适于高速数据传输;④需要很宽的传输频带,传输一路 PCM 数字电话信号,约占 32kHz 的带宽。

2. 信道编码和解码

信道编码是在传输的信息码流中添加了冗余码元,用以检测或纠正信息传送过程中出现的误码。只能用于检测错误的编码称为检错编码,既可以用来检错又能够纠错的编码称为纠错编码。

显然,信道编/解码对改善信息传输性能是有作用的,这可用“编码增益”来表征。编码增益的定义是:假定单位时间内传输的信息量是恒定的,增加的冗余码元则反映为带宽的增加;在同样的误码率要求下,带宽增加可以换取比特信噪比值的减小。我们把在给定误码率下,编码与非编码传输相比节省的信噪比称为编码增益。

信道编码有两种基本类型:分组码和卷积码。另外,还有 Turbo 码和 LDPC 码,由于篇幅限制,这两种编码不深入讨论。

(1) 分组码。分组码是在 k 个信息位中,添加若干个冗余位,被编为固定长度 n 位的码组,可用(n,k)来表示。由于在编码时,k 个信息位被编为 n 位码组,因此,在 k 个信息位中添加的$(n-k)$个冗余位起着检错和纠错的作用,常称为校验(或监督)位。如果分组码中的信息位与冗余位之间的关系为线性关系,则称为线性分组码。

分组码是一种前向纠错编码,在不重发分组的情况下,能检测出并纠正一定数量错误的编码。码距是分组码的重要参数,其定义是两个等长码组之间对应位取值不同的个数。“码距集”中的最小值称为最小码距。分组码的纠错能力是最小码距的函数。

常用的分组码有汉明码、循环码、格雷码、BCH 码和 RS 码等。

(2) 卷积码。卷积码是一种特殊的分组码,是指任何一组的校验(或监督)码元不仅与本组信息码元有关,而且还和前面若干组的信息码元有关。

卷积码编码器可由一个 N 级移位寄存器(每级 $k$bit)和 n 个模二加法器组成(图 5-25)。模二加法器的输入来自移位寄存器某些级的输出,其连接关系由生成多项式来确定。由于编码器每输入 $k$bit,将产生 $n$bit 的输出,故编码效率(也简称码率)为 k/n。需要注意的是,它仅表明所用冗余监督码元的多少。显然,输出的 $n$bit 不仅与本组的 $k$bit 有关,还与其前后 N 组信息有关。这里,N 称为卷积码的约束长度。

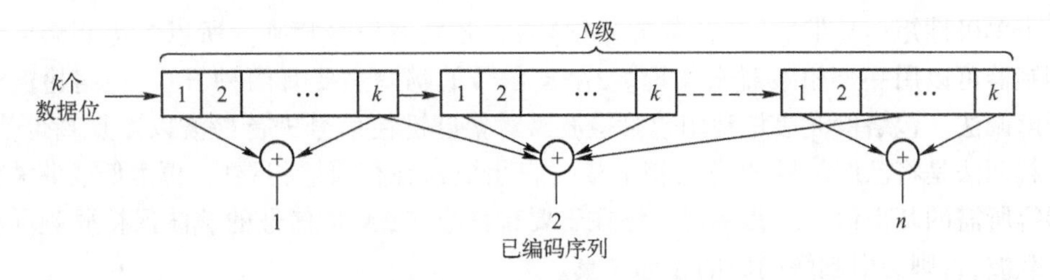

图 5-25　卷积码的生成

由图可见,卷积码不像分组码那样,将信息序列分组后单独进行编码,而是由连续的输入信息序列得到连续输出的已编码序列。因此,卷积码的解码较易实现。实践证明,在同样复杂的条件下,卷积码比分组码可得到更大的编码增益。

3. 调制与解调

通常,信源输出的原始信号是低通型的,被称为基带信号。而多数信道则是带通型的,它不能直接传输基带信号。于是,就需要用基带信号对载波波形的某些参量进行控制,使这些参量随基带信号的变化而变化,成为以载波频率为中心的带通信号在相应的信道上传输,这就是"调制"的概念。在接收端,则将带通信号进行与发送端相反的变换,以还原成基带信号,这是"解调"的概念。当然,调制的目的还不限于此,还在于实现多路复用、完成频率分配和减少噪声干扰的影响等。

按照传输特性,调制可分为线性调制和非线性调制。线性调制后信号的频谱结构与基带信号相同,只是实现了频谱的平移;而非线性调制后信号的频谱结构与基带信号不保持线性变换关系,出现了新的频率分量,因而占用较宽的频带。

调制对受调载波的波形,原理上并无特殊的要求,一般选用形式简单、易于生成和接收的正弦信号作为载波。由于正弦信号的三个参数(幅度、频率和相位)均能携带信息,因而相应地有调幅、调频和调相三种基本调制形式。数字调制则利用载波信号参量的离散状态来表征所传输的数字信息,在解调时只需对载波信号的受调参量进行检测和判决。换句话说,数字调制是利用数字信号键控载波的幅度、频率和相位,实现振幅键控(ASK)、频移键控(FSK)和相移键控(PSK)。如图 5-26 所示为二进制正弦载波的基本键控波形。

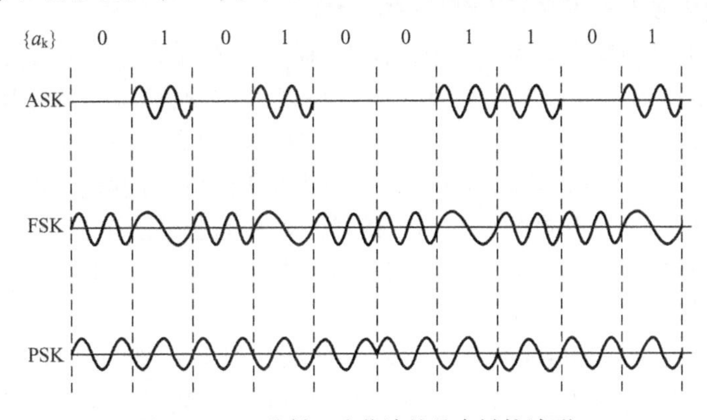

图 5-26　二进制正弦载波的基本键控波形

2ASK 是各种数字调制的基础,其基本思想是用数字基带信号键控载波幅度的变化,即传送"1"信号输出正弦载波信号 $A\cos(\omega_c t+\varphi_c)$,传送"0"信号无载波输出。这相当于用一个单极性矩形基带信号(含直流分量)与正弦载波信号相乘。所以二进制幅度键控的调制器可以用一个相乘器来实现。2ASK 信号的解调主要有两种方法:包络检波法和相干解调法。包络检波法是利用包络检波器对幅度键控信号进行检波以恢复基带信号。相干解调法是将已调信号 $S(t)$ 与相干载波信号 $C(t)$ 在相乘器相乘后,再由低通滤波器过滤即得所需的基带信号。其实现关键在于要有一个与 2ASK 信号的载波保持同频同相的相干载波,否则会引起解调后的波形失真。

在相位键控中,载波相位变化有"绝对移相(2PSK)"和"相对移相(2DPSK)"两种。"绝对移相"是利用载波的不同相位直接表示数字信息,而"相对移相"则利用载波的相对相位,即前后码元载波相位的相对变化来表示数字信息。生成 2DPSK 信号的方法有两种:调相法和相位选择法。需要注意的是,基带信号都要进行预处理,即先把输入的基带信号转换成相对码,再进行绝对移相。2DPSK 信号的解调也有两种:极性比较法(或相干解调法)和相位比较法。相干解调法所需的相干载波是从接收信号中提取的。当然相干解调后仍是相对码,最后还需经码变换器将相对码变换成绝对码。

2FSK 的抗噪声、抗衰落性能优于 2ASK,且设备不复杂,实现容易,所以一直应用于中、低速通信系统中。但在功率和频带利用率方面,2FSK 不及 2PSK,尤其在 2DPSK 的研究取得成功之后,就逐渐被取而代之。

以上三种基本数字调制方式,就频带利用率的抗干扰性能两个方面,一般而言,都是 PSK 系统最佳,所以 PSK 在中、高速数据传输中得到广泛的应用。

多进制键控是提高频带利用率的有效方法。M 进制基带信号有 M 种取值,调制后的已调载波参数(幅度、频率和相位)也有 M 个取值。因此,一个已调制信息符号所携带的信息量为 $\log 2M$(bit)。

为了提高抗干扰能力,可将不同调制方式进行组合,或者调制与纠错编码相结合,从而构成新的调制方式。如正交幅度调制是利用两个独立的基带波形对两个正交的同频载波进行抑制载波的双边带幅度调制。它利用了合成的已调信号在相同频带范围内频谱正交的特性,因而实现了在同一频带内两路数据信息的并行传输。它适用于高速数据传输的场合。基带波形为矩形脉冲的正交幅度调制,称为正交幅度键控(QAM)。基带波形为多电平时,则构成多电平正交幅度键控(MQAM)。

一般来说,多进制幅度键控或相位键控都能在相同的带宽范围内,达到较高的信息传输速率。但是多进制调制技术频带利用率的提高,是以牺牲功率利用率换来的。1960 年,C. R. Chen 提出了幅相混合键控(APK)的设想。幅相混合调制是对载波信号的幅度和相位同时进行调制的一种调制形式。当选择载波信号的不同幅度和不同相位,进行不同的组合时,可得到多种不同类型的 APK 信号。幅相混合键控在 M 较大的情况下,不仅可以提高系统的频带利用率,与其他多进制调制(如 MPSK)相比,还可以获得较好的功率利用率,而设备却比 MPSK 系统简单。

正交频分复用调制(OFDM),实际上是一种多载波调制。其主要思想是:将信道分成若干个正交子信道,将高速数据信号转换成并行的低速子数据流,调制到在每个子信道上进行传输。接收端采用相关技术将正交信号分开,这样可以减少子信道之间的相互干扰。OFDM 调制方式具有较高的频谱利用率,在抵抗多径衰落、抵抗窄带干扰上具有明显的优势,可以提高系统的非视距传播能力。

5.4.2 信道复用技术

通常,信道提供的带宽往往比所传送的信号的带宽宽得多。为了充分利用信道的容量,提高信道的传输效率,于是提出了信道复用的问题。

多路复用是一种将若干路彼此无关的信号合并成一路复合信号,并在一条公用信道上传输,到达接收端后再进行分离的技术。因此,该项技术包含信号复合,传输和分离等三个方面的内容。信道多路复用的原理框图如图5-27所示。在发送端,待发送信号$\{S_k(t)\}(k=1,2,\cdots,n)$必须先经过正交化处理变成为正交信号$\hat{S}_k(t)$,才能进行复合并送往信道传输,在接收端再经正交分离后变为输出信号$\{S'_k(t)\}$。

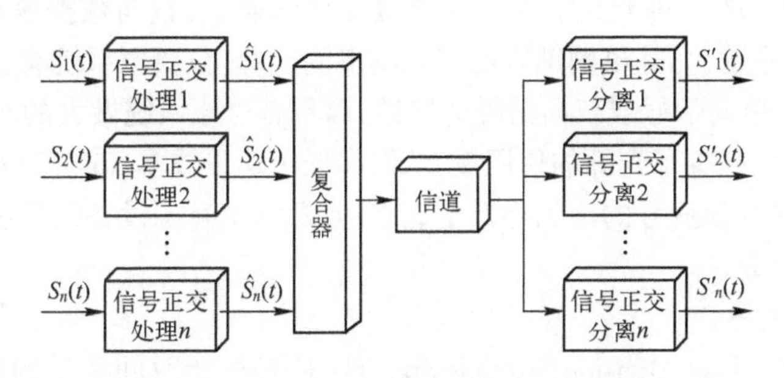

图5-27　信道多路复用的原理框图

信道多路复用的理论依据是信号分割原理。实现信号分割是基于信号之间的差别,这种差别可以在信号的频率参量、时间参量及码型结构上反映出来。因而,多路复用主要可以分为频分多路复用、时分多路复用和码分多路复用三种类型。

1. 频分多路复用

频分多路复用(Frequency Division Multiplexing,FDM)是按照频率参量的差别来分割信号的技术。也就是说,分割信号的参量是频率,只要各路信号的频谱互不重叠,接收端就可以用滤波器把它们分割开来。图5-28示出了频分多路复用的原理。

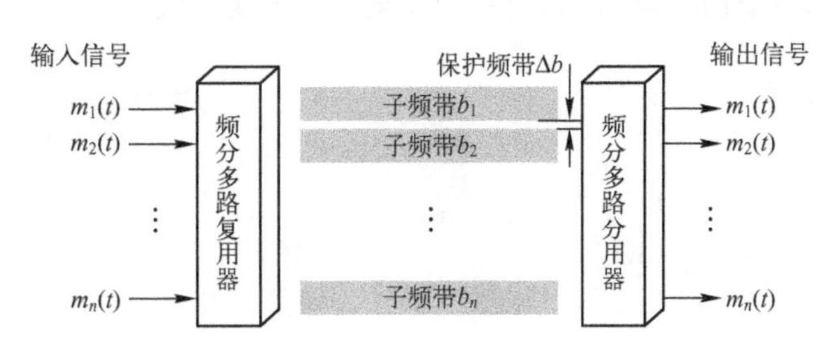

图5-28　频分多路复用原理图

FDM的主要优点是实现相对简单,技术成熟,能较充分地利用信道频带,因而系统效率较高。它的缺点主要:①保护频带的存在,大大地降低了FDM技术的效率;②信道的非线性失真,改变了它的实际频带特性,易造成串音和互调噪声干扰;③所需设备量随输入路数增加而增多,且不易小型化;④频分多路复用本身不提供差错控制技术,不便于性能监测。因此,在实际应用中,FDM逐渐被时分多路复用所替代。

2. 波分多路复用

在光通信领域中,人们习惯上按波长 λ 而不是按频率 f 来表示所使用的光载波,这样就引用了波分多路复用这一概念。因此,所谓波分多路复用(Wavelength Division Multiplexing,WDM)其本质上也是频分复用而已。波分复用是在1根光纤上承载多个波长(信道)系统,将1根光纤转换为多条“虚拟”光纤,当然每条虚拟光纤独立工作在不同波长上,这样极大地提高了光纤的传输容量,使光纤的潜力得以充分发挥。例如,一条普通单模光纤可传输的带宽极宽,仅1.55μm就可传输10000个光信道,其间隔为2.2GHz。

波分复用具有以下特点:①充分利用光纤的低损耗波段,增加了光纤的传输容量,使一根光纤传送信息的物理限度增加一倍至数倍;②具有在同一根光纤中,传送2个或数个非同步信号的能力,这有利于数字信号和模拟信号的兼容,且与数据速率和调制方式无关;③对已建光纤系统,尤其早期铺设的芯数不多的光缆,只要原系统有功率余量,便可进行增容,实现多个单向信号或双向信号的传送,而不必对原系统做大的改动,具有较强的灵活性;④由于大大减少了光纤的使用量,从而降低了建设成本;⑤有源光设备的共享性,对多个信号的传送或新业务的增加降低了成本;⑥系统中有源设备的数量大幅减少,这样就提高了系统的可靠性。

3. 时分多路复用

时分多路复用(Time Division Multiplexing,TDM)是按照时间参量的差别来分割信号的技术。只要发送端和接收端的时分多路复用器能够按时间分配同步地切换所连接的设备,就能保证各路设备共用一条信道进行通信,且互不干扰。图5-29示出了时分多路复用的原理。图中,n 路通信设备连接到一条公用信道上,发送端时分多路复用器按照一定的顺序轮流地给各个设备分配一段使用公用信道的时间。当轮到某个设备使用信道传输信号时,该设备就与公用信道逻辑上连接起来,而其他设备与信道的逻辑联系被暂时切断,指定的通信设备占用信道的时间一到,时分多路复用器就将信道切换给下一个被指定的设备。依次类推,一直轮流到最后一个设备,然后重新开始。在接收端,时分多路复用器也是按照一定的顺序轮流地接通各路输出,且与输入端时分多路复用器保持同步。这样就保证了对于每一个输入流 $m_i(t)$ 有一个完全对应的输出流。

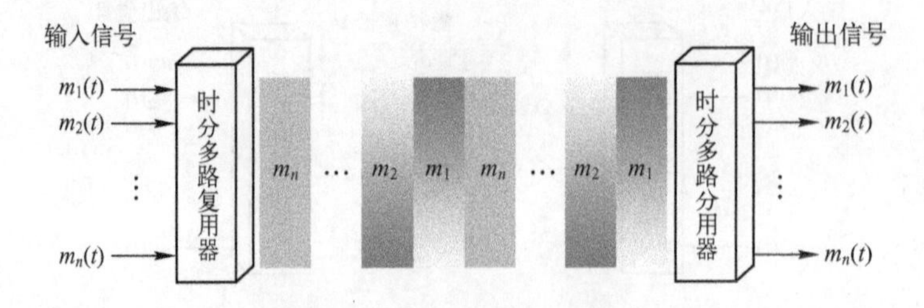

图5-29 时分多路复用的原理图

TDM的工作特点:①通信双方按照预先指定的时隙进行通信,而且这种时间关系固定不变;②就某一瞬时来看,公用信道上仅传输某一对设备的信号,而不是多路复合信号。因此,时分复用的优点是时隙分配固定,便于调节控制,适于数字信息的传输;其缺点是当某信号源没有信息传输时,它所对应的信道会出现空闲,而其他繁忙的信道无法占用这个空闲的信道,从而降低了线路的利用率。采用按需分配(或动态分配)时隙的统计时分多路复用(Statistic Time Division Multiplexing,STDM),可避免每帧中出现闲置时隙的现象。

时分复用与频分复用一样,也有着非常广泛的应用。其中,电话通信就是最典型的例子。

4. 码分多路复用

码分多路复用(Code Division Multiplexing Access,CDMA)是按照码型结构的差别来分割信号的技术。

在CDMA中,每一个比特时间被划分为m个间隔,称为码片(chip)。通常m的值是64或128。使用CDMA的每个站被分派一个唯一的m b码片序列(chip sequence)。一个站若要发送比特1,则发送它自己的m b码片序列;若要发送比特0,则发送该码片序列的二进制反码。在实用的系统中,码片序列使用的是伪随机序列。为简单起见,假设$m=8$。例如,分派给A站的8 b码片序列是00011011。为了方便,我们以后将两码片中的0写成-1,将1写为+1。因此A站的码片序列是(-1 -1 -1 +1 +1 -1 +1 +1)。当A站发送比特1时,它就发送序列(-1 -1 -1 +1 +1 -1 +1 +1),而当A站发送比特为0时,就发送(+1 +1 +1 -1 -1 +1 -1 -1)。

CDMA系统采用的码片具有如下特性:

(1)分派给每个站的码片互不相同,且互相正交。令向量$\boldsymbol{A}$表示A站的码片向量,令$\boldsymbol{B}$表示其他任何站的码片向量。两个不同站的码片序列正交,就是向量$\boldsymbol{A}$和$\boldsymbol{B}$的内积都为0,即

$$\boldsymbol{A} \cdot \boldsymbol{B} = \frac{1}{m}\sum_{i=1}^{m} A_i B_i = 0 \tag{5-4}$$

例如,设向量$\boldsymbol{A}$为(-1 -1 -1 +1 +1 -1 +1 +1),同时设向量$\boldsymbol{B}$为(-1 -1 +1 -1 +1 +1 +1 -1),这相当于B站的码片序列为00101110。将向量$\boldsymbol{A}$和$\boldsymbol{B}$的各分量值代入公式就可看出这两个码片是正交的。且向量$\boldsymbol{A}$和各站码片反码的向量的内积也是0。

(2)任何一个码片向量的规格化内积都是1,即

$$\boldsymbol{A} \cdot \boldsymbol{A} = \frac{1}{m}\sum_{i=1}^{m} A_i A_i = \frac{1}{m}\sum_{i=1}^{m} A_i^2 = \frac{1}{m}\sum_{i=1}^{m} (\pm 1)^2 = 1 \tag{5-5}$$

例如,设向量$\boldsymbol{A}$为(-1 -1 -1 +1 +1 -1 +1 +1),这相当于A站的码片序列为00011011,将其代入公式就可得出该向量规格化内积为1的结论。而且,一个码片向量和该码片反码的向量的规格化内积值是-1。

假定一个CDMA系统中有很多站相互通信,各站发送的是自己的码片序列或码片的反码序列,或者什么都不发送。又假定所有的站发送的码片序列都是同步的。该系统中X站要接收A站发送的数据,就必须知道A站所特有的码片序列。X站使用它得到的码片向量A与接收到的未知信号进行求内积的运算。X站接收到的信号是各个站发送的码片序列之和。根据上面的公式,再根据叠加原理(假定各种信号经过信道到达接收端是叠加的关系),那么求内积得到的结果是:所有其他站的信号都被过滤掉(指其内积的相关项都是0),而只剩下A站发送的信号。当A站发送比特1时,在X站计算内积的结果是+1;发送比特0时,内积的结果是-1。

码分多路复用技术将占用频带宽度提高到原来数值的m倍。其实,这是一种直接序

列的扩频通信方式。采用CDMA可提高话音质量和数据传输的可靠性,减少干扰对通信的影响,增大通信系统的容量,以及减少平均发射功率等。

除了上述三种主要复用技术外,还有空分复用和极化波复用等,请参阅相关书籍。

5.4.3 扩频通信技术

扩展频谱通信(Spread Spectrum Communication)简称扩频通信,其基本特点是其传输信息所用信号的带宽远大于信息本身的带宽或者所传输信息必需的最小带宽。

扩频通信原理如图5-30所示。

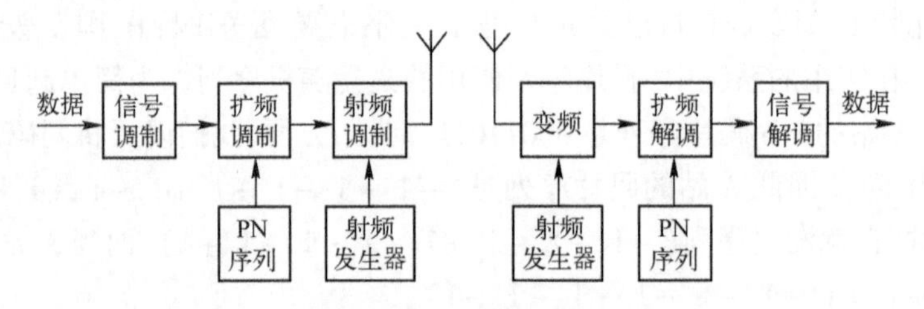

图5-30 扩频通信原理图

如图5-30所示,发送端输入的数据先经信号调制形成数字信号,然后由扩频码发生器产生的扩频码序列去调制数字信号以展宽信号的频谱。展宽后的信号调制到射频再发送出去。接收端收到的宽带射频信号,先变频至中频,然后由本地产生的与发送端相同的扩频码序列进行解扩,恢复成原始数据输出。扩频通信采用的扩频码序列与所传输的信息无关,它具有近似于随机信号的性能,因此,扩频码又称伪随机码即PN(Pseudorandom Number)码。

由此可见,与一般通信系统相比,扩频通信增加了扩频调制和解扩。

扩频通信具有以下优点:①抗干扰性能好,由于各种干扰信号在接收端的非相关性,解扩后窄带信号中只含有很微弱的成分,这提高了信噪比,增强了抗干扰性;②安全保密性好,因为采用伪随机序列对比特流进行扩展频谱,相当于对信息进行加密,当不知道扩频系统所采用的扩频码序列时,就无法解扩破译;③具有隐蔽性和较低的截获概率,由于扩频信号在相对较宽的频带上被扩展了,单位频带内的功率很小,信号湮没在噪声里,一般不容易被发现,想要检测信号的参数(如伪随机编码序列)是相当困难的;④可多址复用和任意选址;⑤扩频通信发送功率极低(1~650mW),可工作在信道噪声和热噪声背景当中,易于在同一地区重复使用同一频率,也可与现今各种窄带通信共享同一频率资源。

此外,扩频通信还具有安装简便、易于推广应用等优点。因此扩频通信已被广泛应用于蜂窝电话、无绳电话、微波通信、无线数据通信、遥测、监控、报警等系统中。

按照扩展频谱的不同工作方式,现有的扩频通信主要有直接序列扩频、跳频扩频、跳时扩频,以及几种方式组合的混合扩频等。下面分别介绍。

1. 直接序列扩频

直接序列扩频(Direct Sequence Spread Spectrum,DSSS)简称直扩,就是在发送端直接利用具有高速变化的扩频码序列和各种调制方式扩展信号的频谱,在接收端则利用相同的扩频码序列进行解扩,把展宽的扩频信号还原成原始的数据。

如图 5-31 所示为直扩系统原理框图。图中,假定发送的是一个频带限于 f_b 以内的窄带信号。首先,将此信号在信号调制器中对某一副载波 f_0 进行调制(如调幅或窄带调频),得到一中心频率为 f_0 而带宽为 $2f_b$ 的信号,这就是通常的窄带信号。一般的窄带通信系统直接将此信号在发射机中进行射频调制后由天线辐射出去。但是,在扩频通信中还需要增加一个扩展频谱的处理过程。直接序列扩频就是用一频率为 f_c 的随机码序列对窄带信号进行二相相移键控调制,并选择 $f_c \gg f_0 \gg f_b$,这样就得到了带宽为 $2f_0$ 的载波抑制的宽带信号,此信号再送到发射机经射频 f_T 调制后由天线进行发射。

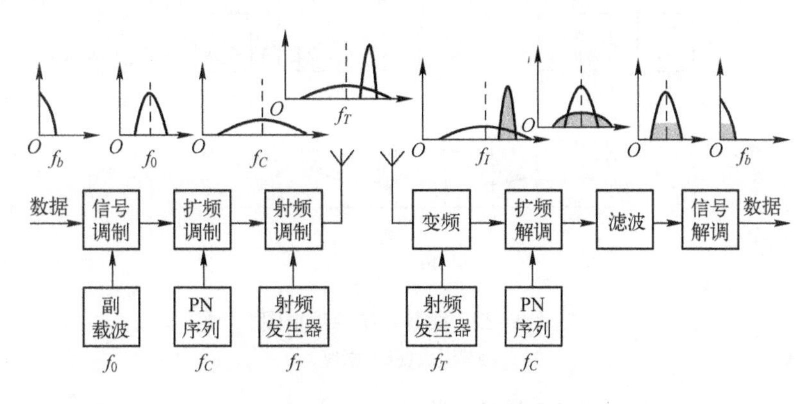

图 5-31　直扩系统原理框图

由于信号在信道传输过程中必然受到各种外来信号的干扰,因而进入接收机的信号除有用信号外还存在干扰信号。假定干扰信号是功率较强的窄带信号,宽带有用信号与干扰信号同时经变频至中心频率为 f_1 的中频输出,然后再对这一中频宽带信号进行解扩处理。解扩实际上就是扩频的反变换,通常是利用与发送端相同的调制器,以及完全相同的伪随机码序列对接收到的宽带信号再一次进行二相相移键控,这正好把扩频信号恢复成相移键控前的原始信号。从频谱上看,这表现为宽带信号被解扩压缩还原成窄带信号。这一窄带信号经中频窄带滤波器,由信号解调器恢复成原始信号。但是,进入接收机的窄带干扰信号,在调制器中同样也受到伪随机码的二相相移键控调制,变成宽带干扰信号。由于干扰信号频谱的扩展,经过中频窄带通滤波器,因只允许通带内的干扰通过,这使干扰功率大为降低。所以,直扩系统具有很强的抗干扰能力。

2. 跳频扩频

跳频扩频(Frequency Hopping Spread Spectrum,FHSS)简称跳频,是利用伪随机码序列进行选择性的多频率频移键控。跳频的载频受一个伪随机码的控制,在其工作带宽范围内,其频率合成器按 PN 码的随机规律不断改变频率。在接收端,接收机频率合成器受伪随机码控制,并保持与发送端变化规律相同。简单的频移键控如 2FSK,它只有两个频率,分别代表传号和空号。而跳频系统则有几个、几十个、甚至上千个频率,由所传信息与扩频码的组合进行选择控制,发生随机跳变。频率跳速的高低直接反映跳频系统的性能,跳速越高抗干扰的性能越好,军事上的跳频系统可以达到每秒上万跳。

如图 5-32 所示为跳频系统原理框图。发送端用扩频码序列去控制频率合成器,产生跳变的主载频,再与已调制信号混频,通过高通滤波器后发送出去,如图 5-27(a)所示。由图 5-27(b)可见,输出频率是在很宽的频带范围内的某些频率上随机地跳变的。在接收端,为了解跳频信号,需要有与发送端完全相同的本地扩频码发生器去控制本地频率合成器,使其输出的跳频信号能在混频器中与接收信号差频出固定的中频信号,然后经中频带通滤波器及信号解调器输出恢复的数据。

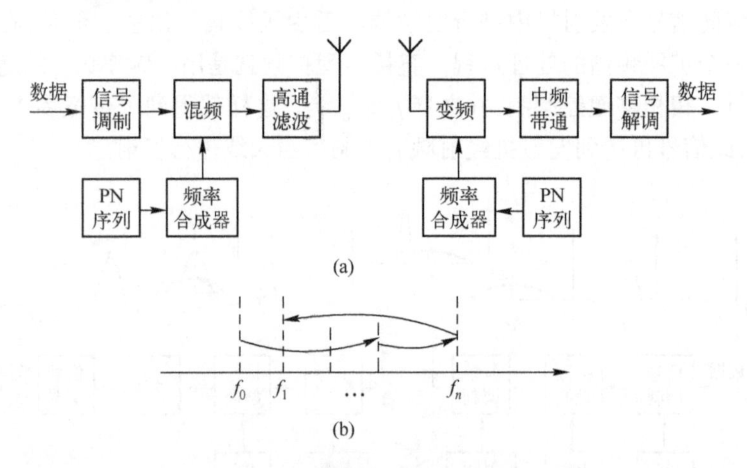

图 5-32 跳频系统原理框图
(a) 组成;(b) 原理。

跳频扩频的优点:①跳频图案的伪随机性和跳频图案的密钥量使跳频系统具有保密性;②由于载波频率是跳变的,具有抗单频及部分带宽干扰的能力;③利用载波频率的快速跳变,具有频率分集的作用,从而使系统具有抗多径衰落的能力;④利用跳频图案的正交性可构成跳频码分多址系统,共享频谱资源,并具有承受过载的能力;⑤跳频系统为瞬时窄带系统,能与现有的窄带系统兼容通信。

3. 跳时扩频

跳时扩频(Time Hopping Spread Spectrum,THSS)简称跳时,是使发射信号在时间轴上跳变。首先把时间轴分成许多时片,由扩频码序列控制一帧内究竟哪个时片发射信号。因此,跳时可理解为利用一定码序列进行选择的多时片时移键控。跳时扩频也可以看成是一种时分系统,所不同的是,它不是在一帧中固定分配一定位置的时片,而是在扩频码序列控制下按一定规律跳变位置的时片。

由于采用了相对很窄的时片去发送信号,相对而言,也就展宽了信号的频谱。如图 5-33 所示为跳时系统原理框图。在发送端,输入的数据先存储起来,由扩频码发生器的扩频码序列去控制通断开关,先经二相或四相调制,再经射频调制后发射(图中未绘出)。在接收端,由射频接收机输出的中频信号经本地产生的与发送端相同的扩频码序列控制通断开关,经二相或四相解调器,送到数据存储器和再定时后输出数据。只要收发两端在时间上严格保持同步,就能正确地恢复原始数据。

跳时系统虽然也是一种扩展频谱技术,但因其抗干扰性能不强,通常并不单独使用。在时分多址通信系统中利用跳时可减少网内干扰,并能改善系统中存在的远近效应。

4. 混合扩频

上面所述的每一种扩频技术都各有优点和不足。若是采用几种基本扩展频谱系统的组合,则可进行优势互补。在上述几种基本扩频方式的基础上,进行组合构成各种混合方式,俗称混合扩频。混合扩频带来的好处:提高系统的抗干扰能力,降低部件制作的技术

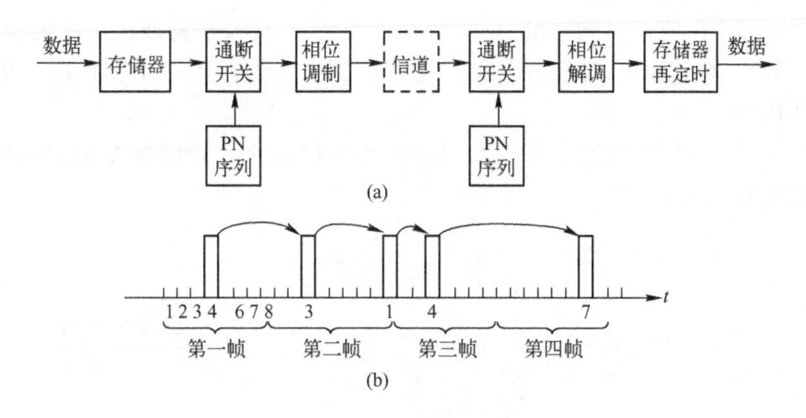

图 5-33　跳时系统原理框图

(a) 组成;(b) 原理。

难度,使设备简化,降低成本,以及满足使用要求。

混合扩频主要有以下几种形式:直扩/跳频(DS/FH)扩展频谱系统;直扩/跳时(DS/TH)扩展频谱系统;直扩/跳频/跳时(DS/FH/TH)扩展频谱系统。

5.4.4　交换技术

交换技术始于电话交换,在电话交换技术的基础上,继而开发了网络交换技术,包括电路交换、报文交换和分组交换。

1. 电路交换

电路交换是根据一方的请求在一对站(或数据终端)之间建立的电气连接过程。利用电路交换进行数据通信要经历三个阶段,即建立电路、传送数据和拆除电路,因此电路交换属于电路资源的预分配。在双方进行通信之前,需要为通信双方分配一条具有固定带宽的通信电路,不管电路上是否有数据在传输,通信双方在通信过程中将一直占用所分配的资源,这犹如为用户提供了完全“透明”的信号通路,直到通信双方有一方要求拆除电路连接为止。

电路交换的特点是采用面向连接的方式,接续路径采用物理连接。

电路交换的主要优点:①传输时延小,实时性强;②双方通信时按发送顺序传送数据,不存在失序问题;③“透明”传输处理开销少,效率较高;④交换设备及控制均较简单,成本较低。

电路交换的主要缺点:①电路的接续时间较长;②电路的带宽利用率低,一旦电路被建立不管通信双方是否处于通话状态,分配的电路都一直被占用;③在传输速率、信息格式、编码类型、同步方式、通信规程等方面,通信双方必须完全兼容,这不利于用户终端之间实现互通;④当一方用户终端设备忙或交换网负载过重时,可能会出现呼叫不通(即呼损)的现象。

2. 报文交换

为了克服电路交换存在的缺点,提出了报文交换的思想。当 A 用户欲向 B 用户发送数据时,A 用户并不需要先接通至 B 用户的整条电路,而只需与直接连接的交换机接通,并将需要发送的报文作为一个独立的实体,全部发送给该交换机。然后该交换机将存储的报文根据报文中提供的目的地址,在交换网内确定其路由,并将该报文送到输出线路的队列中去排队,一旦该输出线路空闲,就立即将该报文传送给下一个交换机。依次类推,最后送到B用户。

如图5-34所示为报文交换示意图。图中,由发信端H_s发送的报文M经由路径$N_1-N_3-N_6$传送到收信端H_D。

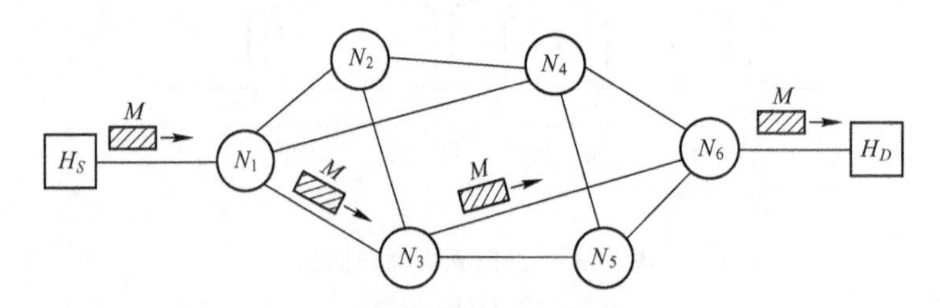

图5-34 报文交换示意图

报文交换的特点是交换机要对用户信息(即报文)进行存储和处理,因此它是一种接收报文之后,将报文存储起来,等到有合适的输出线路再转发出去的技术。它适用于传输报文较短、实时性要求较低的通信业务。

报文交换的主要优点:①线路利用率较高,一条线路可为多个报文多路复用,从而大大地提高了线路的利用率;②交换机以“存储-转发”方式传输数据信息,它不但可以起到匹配输入/输出传输速率的作用,还能起到防止呼叫阻塞、平滑通信业务量峰值的作用;③易于实现各种不同类型终端之间的互通;④不需要发、收两端同时处于激活状态;⑤采用“存储-转发”技术,便于实现多种服务功能,包括速率/格式转换、多路转发、优先级处理、差错控制与恢复,以及同文报通信(指同一报文由交换机复制转发到不同的收信端)等。

报文交换的主要缺点:①报文交换的实时性差,不适合传送实时或交互式业务的通信;②交换机必须具有存储报文的大容量和高速分析处理报文的功能,这增加了交换机的投资费用;③报文交换只适用于数字信号。

3. 分组交换

分组交换是报文分组交换的简称,又称包交换。它是综合了电路交换和报文交换两者优点的一种交换方式。分组交换仍采用报文交换的“存储-转发”技术。但它不像报文交换那样,以整个报文为交换单位,而是设法将一份较长的报文分解成若干个定长的“分组”,并在每个分组前都加上报头和报尾。报头中含地址和分组序号等内容,报尾是该分组的校验码,从而形成一个规定格式的交换单位。在通信过程中,分组是作为一个独立的实体,各分组之间没有任何联系,既可以断续地传送,也可以经历不同的传输路径。由于分组长度固定且较短(如每个分组为512b),又具有统一的格式,就便于交换机存储、分析和处理。

如图5-35所示为分组交换示意图。图中,发信端H_s将报文M划分成三个分组P_1,P_2和P_3,这三个分组经由不同的路径传输到目的结点交换机。P_1经由$N_1-N_2-N_4-N_6$,P_2经由$N_1-N_4-N_5-N_6$,P_3经由$N_1-N_3-N_5-N_6$。请注意图中P_3可能先于P_2到达N_6。

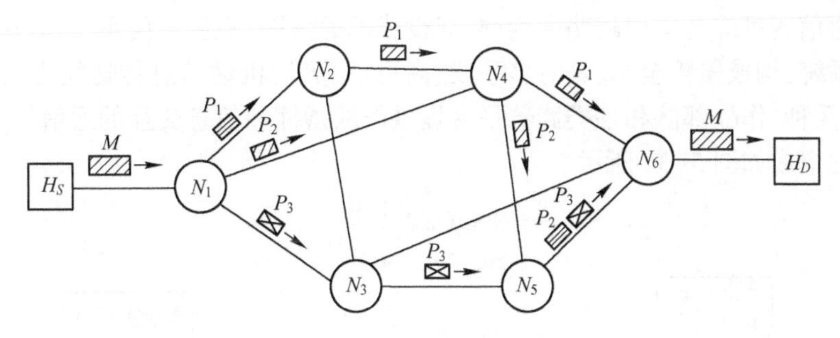

图 5-35　分组交换示意图

分组交换的特点与报文交换相同,是面向无连接而采用存储转发的方式。但是,由于分组穿越通信网及在交换机中滞留的时间很短,因而分组交换能满足大多数用户对实时数据传输的要求。

分组交换的主要优点:①传输时延较小,且变化不大,能较好地满足交互型通信的实时性要求;②易于实现线路的统计时分多路复用,提高了线路的利用率;③容易建立灵活的通信环境,便于在不同类型的数据终端之间实现互通;④可靠性好,分组作为独立的传输实体,便于实现差错控制,从而大大降低了数据信息在分组交换网中传输的误码率,"分组"的多路由传输,也提高了网络通信的可靠性;⑤经济性好,数据以"分组"为单位在交换机中进行存储和处理,节省了交换机的存储容量,提高了利用率,降低了交换机的费用。

分组交换的主要缺点:①尽管分组交换比报文交换的传输时延少,但仍存在存储转发时延,而且其结点交换机必须具有更强的处理能力;②由于网络附加的传输信息较多,影响了分组交换的传输效率;③当分组交换采用数据报服务时,可能出现失序、丢失或重复分组,分组到达目的结点时,要对分组按编号进行排序等工作,增加了技术实现的难度。若采用虚电路服务,虽无失序问题,但有建立虚电路、数据传输和释放虚电路三个过程。

总之,若要传送的数据量很大,且其传送时间远大于呼叫时间,则采用电路交换较为合适;当端到端的通路有很多段的链路组成时,采用分组交换传送数据较为合适。从提高整个网络的信道利用率上看,报文交换和分组交换优于电路交换,其中分组交换比报文交换的时延小,尤其适合于计算机之间的突发式的数据通信。

5.5　军用通信网及数据链

5.5.1　军用通信网概述

如果要在多点之间相互通信则需要交换设备才能实现,多个交换设备使传输链路互联构成一定的拓扑结构组成通信网。通信网内的交换等设备的集合通常称之为交换节点,包含交换节点的通信系统才能称为通信网。通信系统和通信网是相互包容的,复杂的通信系统中含有通信网,例如战略通信系统中有军用电话网、军用数据网,而通信网中也含有一些通信系统,例如军用电话网中有光纤通信系统。这些网系在物理空间上分布在太空、空中、地面及海上,而它们所承担的通信任务分别属于骨干网、驻地网及接入网。

军事通信网可综合运用战略通信网、战役战术通信网、卫星通信系统和数据链系统等各种通信系统,构成覆盖全军、具有多手段、高可靠、灵活机动信息传送能力的通信网络,为总部、军兵种、作战部队和各类武器平台提供作战指挥和信息交互的通信保障。典型军事通信网的组成如图5-36所示。

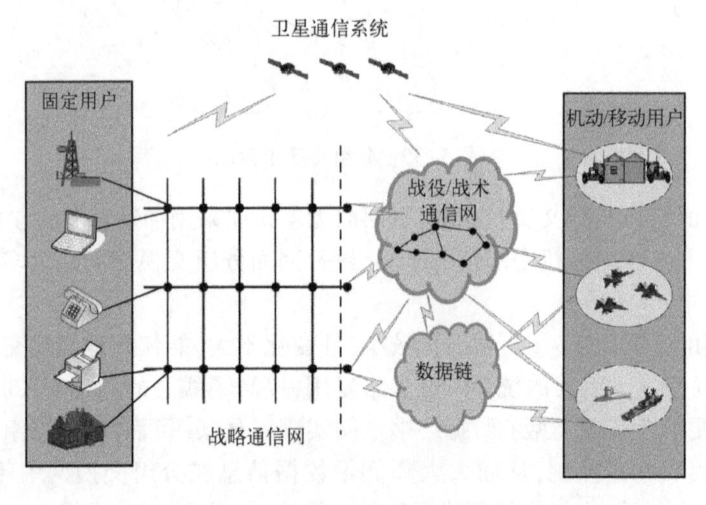

图5-36　军事通信网组成图

战略通信网是一种大容量、多手段、高可靠和灵活机动的广域通信网络,它以固定通信装备和设施为基础,以机动通信装备和设施为补充,覆盖范围包括军队各级指挥机关、作战部队、通信枢纽和指挥所,是组织实施战略指挥通信的必备手段,是三军共用的通信网。它是保障战略指挥控制的重要手段,同时也是战役战术通信网的依托。战略通信网的主要特点包括:覆盖范围广、能够覆盖大部分国土范围;抗毁能力强,具有天、空、地等多种通信手段。按其功能和作用可分为基本战略通信网和最低限度应急通信网两大类。基本战略通信网是国家军事通信网的核心网,通信容量大,服务种类多,能够支持话音、数据、视频、多媒体和军事专用业务等;最低限度应急通信网具备最低限度的保障能力。

基本战略通信网是指提供基本战略指挥能力的通信网,包含的网系从通信业务上分主要有军用电话网、军用数据网、军用保密电话网、军用B-ISDN等;从传输手段上分主要有军用光通信网、战略短波电台网和战略卫星通信系统。具体而言,典型的基本战略通信网在构成上主要分为核心网和机动网。核心网主要采用光纤和卫星通信方式构成广域网络,提供机动部分和固定用户之间的远程连接。固定用户内部采用局域网通信方式,并通过光纤、地面无线电或卫星通信链路与核心网接口。机动网包括战场上部署的各种机动通信系统,它们通过多个综合接入点接入核心网。移动部队用户通过无线电台和无线接入设备连接到机动网或核心网。此外,基本战略通信网还包括由多种军用和商用卫星通信系统组成的空间部分,为远距离机动作战部队和移动部队提供通信支持。

最低限度应急通信网是指在遭到敌方高强度打击,特别是核武器袭击之后,常规通信手段均被敌干扰或摧毁以致通信中断的危急时刻,用以确保完成最基本任务的通信网。常用手段包括对流层散射通信、极高频卫星通信、对潜甚低频/超低频通信、机载指挥所通信、低频地波应急通信、流星余迹通信、地下通信等。

战役/战术通信网是保障战役/战术作战指挥的通信网,主要由便携式或车载(机载、舰载)式通信设备组成。它综合运用野战光缆、短波、超短波、微波和卫星等通信手段构成覆盖整个作战区域的通信网络,是诸军兵种遂行战役/战术联合作战、保障信息传送与分发的基础通信平台。如图5-37所示,典型的战役/战术通信网主要包括地域通信网、战术电台网、空中通信节点系统、卫星通信系统、数据链等。地域通信网是一种能够快速在战场机动部署的骨干通信网络,主要使用微波、散射和卫星等无线通信装备和机动通信枢纽交换装备,具备大容量传输和节点交换能力。战术电台网则是一种支持运动通信"动中通"的移动通信网络,是战术用户接入网的重要组成。战役战术通信网还通过数据链、空中通信节点、卫星通信系统延伸扩展保障范围,单兵通信系统则是战术通信网的末端系统。

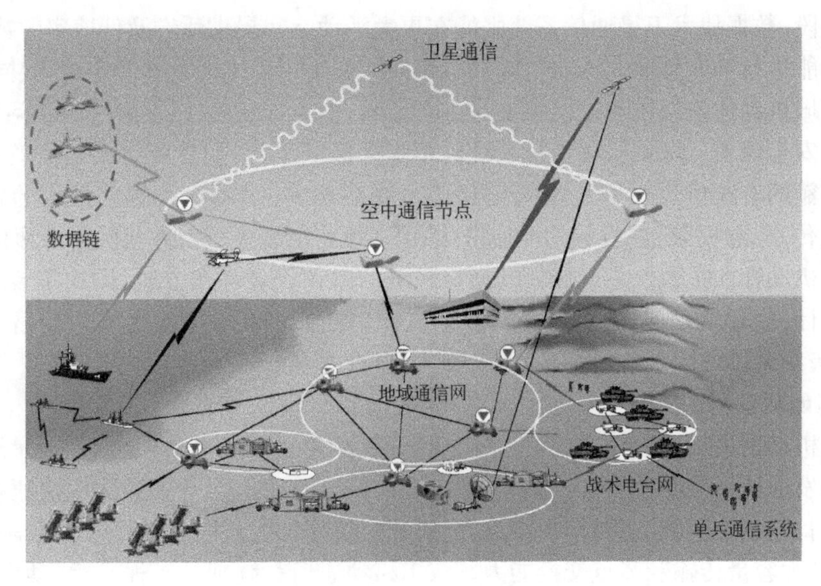

图5-37 战役战术通信网典型构成

限于篇幅,这里仅介绍区域机动网、战术互联网以及数据链的基本知识。

5.5.2 区域机动网

1. 区域机动网概述

区域机动网是为了保障战役、战术指挥,而在作战区域内临时布设的通信网络。就军事指挥而言,战役通信的保障对象是战役、方面军战役和战区战役;战术通信的保障对象则是师及师以下的战术部队。因此,区域机动网是战役/战术信息系统网中多种网系的集成。

区域机动网比较确切的称谓是区域机动通信系统。这一概念始于20世纪60年代。1967年,英军曾利用商用的通信设备组成了一个数字化区域机动通信系统,即"熊(Bruin)"系统。1962年,美军利用人工交换机等设备,组成了一个设有16个节点的军规模的栅格状通信网。1971年,英国研制了"松鸡(Ptarmigan)"系统。法国在1978年推出了由5个节点构成的小型区域机动通信系统"里达(RITA)"。20世纪90年代,区域机动通信系统的研究进入了新的时期,如法国 Alcatel 公司的 101 系统,它在交换系统的智能化、功能综合化,以及传输系统的抗干扰及网络自动管理等方面都具有突出的特点。

区域机动通信网具有下列特点:

(1) 区域机动网的主体是覆盖作战区域范围内的干线节点网。各干线节点之间用多路传输链路互联构成栅格状网络结构。这种干线节点网的特点主要体现在:所有节点是平等的;网络布设相对于用户独立,用户能在任何节点上入网;干线节点网能在不影响通信的情况下转移;用户号码是唯一的,它与用户所处的物理位置无关。

(2) 无线通信以群路传输为主要形式。无线通信主要依靠视距接力和对流层散射,若节点距离远,则利用卫星通信。

(3) 能实现"动中通"。军用双工移动通信系统和单工无线电台网是实现"动中通"的主要手段,数据战术卫星通信系统则能在更大活动空间提供话音及低速率的数据通信。

(4) 能进行网间互联。由于不同的军用网往往采用不同的话音数字编码、同步、信令方式。区域机动通信系统使用网关设备进行编码、信令的变换,以及解决同步问题。

(5) 安全保密。区域机动通信系统采用多种保密手段,如在所有无线信道和长度大于某一限额的有线信道对所传输的信息进行线路加密;对用户终端上发出的各种业务(如话音、传真、数据等)进行端到端加密;采用多级密钥管理机制并与网络管理相结合。

(6) 机动性和抗毁性。区域机动通信系统的各种设备均按方舱、厢式车装载方式进行结构设计,使其具有良好的机动、抗震和抗冲击性能。在系统级上采用栅格状网络结构,设备级则采用加固及备份,以保证系统的抗毁性。

2. 区域机动网的组成

区域机动网由地域通信网、双工移动通信系统、单工无线电台网、战术卫星通信系统和空中转发通信系统等分系统(或称子网)组成。地域通信网是一种能够快速在战场机动部署的骨干通信网络,主要使用微波、散射和卫星等无线通信装备和机动通信枢纽交换装备,具备大容量传输和节点交换能力。双工移动通信系统则是一种支持"动中通"的移动通信网络,是战术用户接入网的重要组成。单工无线电台网则是战术通信网的末端系统。战术卫星通信系统和空中转发通信系统则扩展延伸了区域机动网的保障范围。

下面分别予以介绍。

1) 地域通信网

地域通信网是覆盖一定作战地域、机动式栅格状公用通信网,它的主体是分布在作战地域范围内的干线节点构成的干线网络。它是区域机动通信系统的重要组成部分,通常用于保障集团军及其所属部队遂行作战任务时的通信联络。

地域通信网主要由干线节点、入口节点、网络控制中心、用户设备等组成(图 5-38)。①干线节点。它是地域通信网的信息交换中心。由干线节点交换机、分组交换机、群路密码机、多路传输信道设备(如接力机)等组成。用于地域通信网络群路传输和交换。若干个干线节点通过群路传输设备互联可形成一个具有路由选择能力的栅格状干线节点网。采用视距接力传输的地域通信网的干线节点间距通常都在 35km 以内(这正是视距无线电传输的单跳距离)。对于战区级地域通信网干线节点间的距离一般在 100 ~ 150km,此时最佳传输方式应该是对流层散射。而对于采用卫星群路传输的地域通信网,干线节点间距和站址不受限制。②入口节点。由入口交换机、分组交换机、复接器、群路传输设备和保密设备等组成。根据军事指挥所的级别和用户容量不同,可分为大入口节点和小入口节点。大入口节点配置在集团军、师基本指挥所,以2~3条群路传输信道分别与不同方向的干线节点相连入网;小入口节点配置在团级或相当于团级的指挥所,以1~2条群路传输信道与干线节点相连。主要用于各级指挥所本地交换和进入地域通信网交换。③网络控制中心(简称网控中心)。由一级网控中心、二级网控中心和设备控制器组成。主要功能是对地域通信网实施规划、控制与管理。④用户设备。包括电话机、电报机和图像、数据终端等设备。单工无线电台可通过单工无线电入网单元进入干线节点网与固定或移动用户通信。通过适当的接口设备,地域通信网也能与友邻部队使用的地域通信网及战略通信网、民用通信网等互连互通。

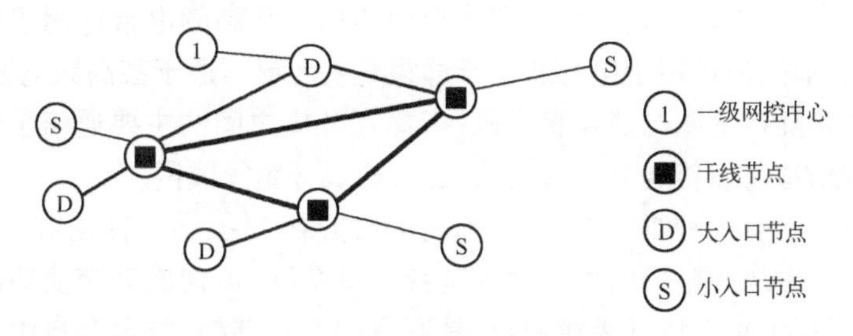

图5-38　地域通信网组成示意图

地域通信网改变了传统的按指挥机关逐级组网的通信方式,在预定作战地域建立公用通信网,具有自动路由选择与迂回、自动操作与控制功能,有较强的抗干扰性、电磁兼容性、机动性和互通性。其主要特点:①指挥所与干线节点分开配置,干线节点的位置不受指挥所的约束,指挥所无辐射电磁能量的通信设备,有利于指挥所缩小规模和隐蔽,提高指挥所的机动能力;②网络基本形式为栅格状,网络内任意两用户间隔既有直达路由,又有迂回路由,大大提高了抗毁性;③网络内的各类用户,包括无线的和有线的、固定的和移动的、数字的和模拟的,都能互联互通;④网内各种设备都安装在不同类型的车辆或其他运载工具内,能迅速开设、撤收和转移,机动性强;⑤综合了以无线电为主的各种通信手段,采用以密话为主的各种通信方式;⑥打破了建制界限,便于实施军种间、兵种间、友邻部队间的协同;⑦比较适合于平原和丘陵地区作战使用。

2)双工移动通信系统

双工移动通信系统是一个共用信道的通信系统。它由一个中心台和若干个移动用户台组成。中心台包括多信道的无线发信机、收信机、信道控制器以及无线交换机。一般情况下,每个中心台(车载)有4~12个无线信道,按照多址协议以按需分配的方式连接20~50个移动用户台。移动台需要通信时,首先发出申请,中心台为移动台与中心台之间分配一个信道,即能通过中心台与另一个移动用户或有线用户进行通信。移动台之间、移动台与中心台无线交换机上的有线用户之间的接续皆由无线交换机完成。

双工移动通信系统具有两个特点:一是能够实现"动中通",即在行进中进行话音、数据业务的通信;二是能够进行双工通信。

双工移动通信系统的无线交换机的体制、用户编号方式等与地域通信网的入口交换机、节点交换机相兼容,具有多个标准的中继群端口,以实现系统自身组网以及与地域通信网、宽带综合业务通信网、卫星及其他通信网的互联互通。

若干个双工移动通信系统可组成独立的双工移动通信网。典型的双工移动通信网有6~7个无线中心台,它们之间互连,覆盖一定的地域范围。根据作战意图、作战态势、作战地形统一配置,这特别适合于机械化部队的作战应用。

双工移动通信系统不但具有对抗电子战的能力,支持话音和数据业务,保持信息的高度安全,还具有分布式自组织、自恢复组网功能。

3) 单工无线电台网

单工无线电台是团、营以下的指挥员及参谋人员常处于战斗前沿,或在行进中与上、下级进行话音通信的主要通信工具。利用单工无线电台组成的通信网称为单工无线电台网,又称战斗网电台(Combat Network Radio,CNR)。单工无线电台网由单边带电台和甚高频调频电台组成,可以构成辐射状组网或专向通信。甚高频电台适用于相距较近的分队人员间的通信,而短波单边带电台适用于远距离或地形不适于甚高频电波传播的地方。单工无线电台还是陆地部队与战斗直升机、指挥直升机之间的主要通信手段。利用单工无线电台的无线信道可以传送分组形式的数据,构成分组无线网。

单工无线电台网有两种组网方式:一种是组成栅格状网;另一种是组成分布式网。20世纪80年代中期,由法国推出的单工无线电台入口系统,可构成有交换功能的栅格状单工无线电台网,可以汇集有线和无线用户,具有有线无线转换、抗毁和自组织能力。分布式组网是把网络控制功能分散到各个用户设备当中,把集中统一的作战指挥格局改变为分散且重叠配置,从而避免网络中心受损而引起指挥全网的通信中断。

4) 战术卫星通信系统

战术卫星通信系统是以战术为目的的军用卫星通信系统。用于集团军、师(旅)与方面军、军区、总部之间的通信,也是实现机动通信的辅助手段。为了适应战术上的需要,战术卫星通信系统与其他卫星通信系统相比有以下特点:机动通信(即动中通)、保密程度高、抗干扰性能强、组网灵活、能适应各军兵种不同使用需求、可支持各级指挥所的协同通信。

战术卫星通信系统的卫星通信地球站因战术使用要求,除常见的固定站、车载站外,还有满足不同军兵种使用的站型,如单兵背负站、舰载站、潜艇站、机载站、装甲车载站等。通过接口转换,总部、军区、方面军指挥员或参谋人员可以对集团军所辖部队进行越级指挥。

5) 空中转发通信系统

在升空的通信平台上安装信道转发器甚至通信节点(一般工作在超短波、微波波段),信道转发器可以增大链路的有效传输距离,通信节点可使通信网立体化,有效地扩大节点的覆盖范围,可作为中继站传输电话、电报、数据和图像信息,也可作为无线电通播使用,还可以用于远程超视距侦察、监视、警报及通信干扰等。此外,空中通信平台还是一种抗干扰、抗摧毁的手段。目前可供选用的平台主要是直升机、系留气球和遥控飞行器。

5.5.3 战术互联网

1. 战术互联网概述

战术互联网是通过网络互联协议将主要战术通信网系和信息终端互联为一体,面向数字化战场的一体化战术机动通信系统,是战术通信系统的组成部分。战术互联网融合了战场态势感知功能,并将野战综合业务数字网和战术电台互联网互联在一起,且可通过卫星通信系统和升空平台通信系统扩大和延伸网络覆盖范围,从而形成信息优势和倍增的通信能力,使作战部队从依赖于地理连接向依赖于电子信息连接转移,作战指挥从相对机动战术指挥向高度移动指挥转移。战术互联网是数字化部队机动作战的信息基础设施,是诸军种、兵种遂行联合作战时指挥控制、情报侦察、火力支援和电子对抗等电子信息系统传输交换的公共平台。通常应用于师、旅及旅以下部队通信的无缝连接,其主要功能是承载数据业务,利用商用互联网协议交换可变消息格式(VMF)的文电。为作战地域内实施运动作战的各要素提供战场态势、指挥控制、武器控制和战斗支援等指挥控制数据的共享,为部队提供近实时的战场态势感知,完成战斗单元的动态组网与协调通信,提高部队的整体作战能力。

基于战术互联网面临的野战环境,以及战术应用的特殊性,战术互联网具有以下特点:

(1) 网络和用户的移动性,要求战术互联网具有动态拓扑变化和动态路由,实现数据和话音的“动中通”。

(2) 由于受无线信道带宽的限制,信息传输速率不高,业务容量较小。

(3) 无线信道要适应野战的恶劣环境,必须具有抗干扰能力和信息安全保密措施。

2. 战术互联网的组成

战术互联网主要由信道传输、路由交换、网络保障、用户服务和装载平台等分系统组成。信道传输分系统包括空、天、地的传输手段,为网络各类节点、终端提供综合可靠的传输通道;路由交换分系统包括野战 ATM 交换机、互联网控制器、网关电台等路由交换设备,为网络业务提供交换和路由支持,为用户提供端到端的信息传送服务;网络保障分系统包括战术互联网的综合网络管理和网络安全保密两个子系统,为网络的安全、高效、可靠运行提供保障;用户服务分系统为战术互联网用户提供接入网络服务的功能,包括各种终端系列和用户末端网络,如指挥所或指挥车内的局域网;装载平台分系统包括车载、机载、舰载等系列平台。

战术互联网的体系结构通常为三层结构:第一层是无线分组子网层,主要由单工战术电台和单工跳频电台组成;第二层是无线干线网层,由宽带数据电台及其终端构成的通信网络,用于提供广域网连接;第三层是宽带数据网层,由装载在系统综合车、指挥控制车、战斗指挥车等的车载宽带数传设备组成,为师、旅及旅以下陆军作战指挥系统与其他系统之间提供数据和图像通信链路。战术互联网是一个复杂的系统,其拓扑结构可随时变化,所有节点都能够以任意的方式移动和动态连接。图 5-39 是美军使用的战术互联网的典型结构。

美军战术互联网的典型结构在应用上分为旅以上部分和旅及旅以下部分。旅以上部分传输的信息量较大(高于 2Mb/s),多数采用点对点链路传输。旅及旅以下部分由于受带宽限制,多采用无线电广播通信,并对移动性要求较高。图 5-39 中,增强型定位报告系统(EPLRS)是旅及旅以下网络的骨干传输网络,为战术互联网提供高速广域网链路,主要用来传输态势感知数据。单信道地面与机载无线电系统(SINCGARS)主要传输指挥控制数据。

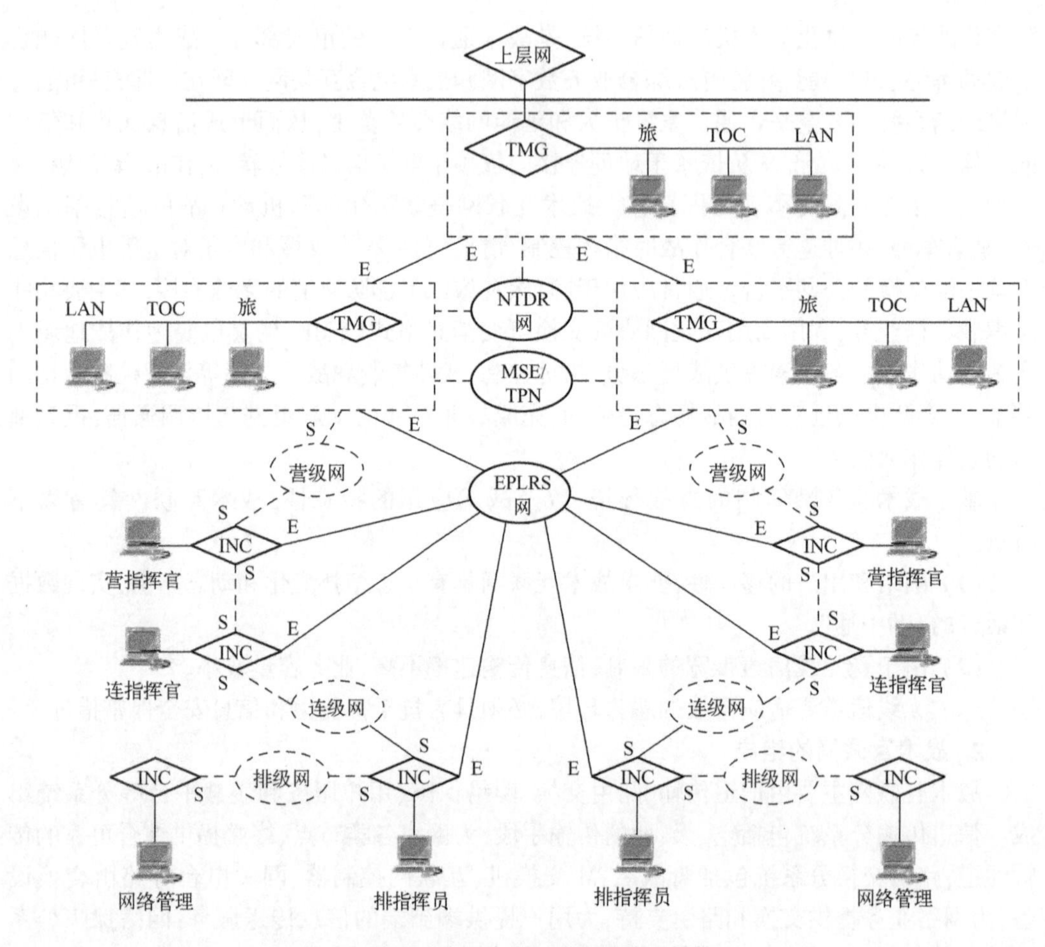

图5-39 美军战术互联网的典型结构

TMG—战术多网网关;TOC—战术作战中心;LAN—局域网;MSE—移动用户设备;TPN—战术分组网;
S—SINCGARS(单信道地面与机载无线电系统);NTDR—近期数字无线电;
E—EPLRS(增强型定位报告系统); INC—互联网控制器。

传统的战术通信网网系向战术互联网的演变是一个渐进过程,将野战地域通信网与战术电台网(包括超短波电台网和短波电台网)有机融合则构成初级战术互联网,其中野战地域网构成机动通信平台,战术电台网构成运动通信平台,再综合运用机动卫星通信系统、升空平台通信系统等多种通信手段可形成一体化的野战公共通信平台。

5.5.4 数据链

1. 数据链概述

数据链是现代信息技术、新的作战指挥理念和先进武器平台相结合的产物,是战术通信系统的组成部分。数据链,又称战术信息链或战术数据链,是以提高作战效能、实现共同的战术目标为目的,将作战理念与信息编码、数据处理、传输组网等信息技术进行一体化综合,采用专用数字信道作为链接手段,以标准化的消息格式为沟通语言,建立从传感器到武器系统之间的无缝链接,将不同地理位置的作战单元组合成一体化的战术群,以便在要求的时间内,把作战信息提供给需要的指挥人员和作战单元,对部队和武器系统实施精确的指挥控制,构成“先敌发现、先敌击”的作战优势,快速、协同、有序、高效地完成作战任务。

对数据链最早提出需求的是海军和空军。早在20世纪50年代,美军就启用了“半自动防空地面环境系统(SAGE)”,它是数据链的雏形。SAGE使用各种有线/无线的数据链,将系统内21个区域指挥控制中心,36个不同型号共214部雷达连接起来,通过数据链自动地传输雷达预警信息,从而大大地提高了北美大陆的整体防空能力。现代战争作战形式的改变加快、作战节奏的增加幅度也越来越快,迅速交换情报信息的数据链可使海军舰队中各舰艇或飞行编队中的各机共享全舰队或整个机队的信息资源,其战场感知范围由原先的各舰或各机所装备的传感器探测范围扩大到全舰队或全机队所有的传感器探测范围,从而使编队内的各平台被数据链连接为一个有机整体,极大地提高了各平台的战场态势感知能力。

数据链的定义目前尚无统一说法。美军参联会主席令(CJCSI6610.01B,2003.11.30)的定义是:“战术数字信息链通过单网或多网结构和通信介质,将两个或两个以上的指控系统和(或)武器系统链接在一起,是一种适合于传送标准化数字信息的通信链路,简称为TADIL”。从这个定义可见,战术数字信息链由标准化的数字信息、组网协议和传输信道三个要素所组成,其主要连接对象是传感器、指控系统和武器系统。“TADIL”是美国国防部对战术数据链的缩写,而北约组织和美国海军对战术数字信息链的简称是“LINK”,二者通常是同义的。

数据链最大特点是传输能力强和传输效率高,而且自动化程度也很高,是将传感器、指控系统与武器系统三者一体化的重要手段和有效途径,目前已成为提高武器系统信息化水平和整体作战能力的关键。数据链的应用模型如图5-40所示。

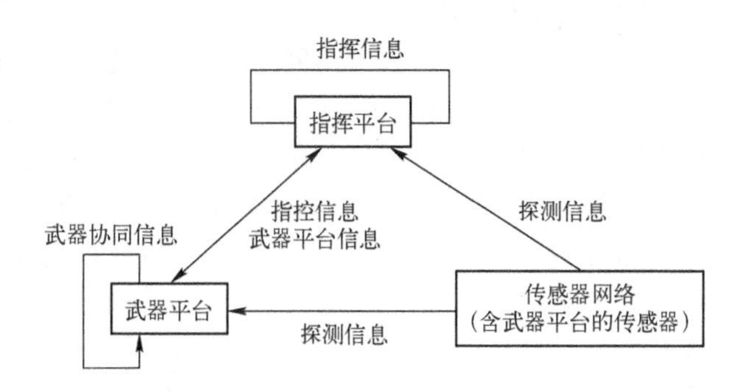

图5-40　数据链的应用模型

图5-40中,传感器网络包括分布在陆、海、空、天的各类传感器,是作战部队在战场环境中进行不间断的侦察和监视,并通过数据链获取战场态势信息的主要来源。指挥平台包括各级各类指挥所,是部队实施作战指挥的核心。武器平台包括各类陆基武器平台、海上武器平台、空中武器平台和天基武器平台。从应用角度,数据链有三种类型:指挥控制数据链、情报侦察数据链和武器协同数据链。指挥控制数据链可覆盖整个战场区域,将作战区域内的敌我分布态势实时分发到各参战单元,并指示、引导各作战成员做好准备,及时捕获敌方目标;情报侦察数据链用于图像、视频等高速侦察情报信息分发;通过武器

协同数据链,在武器平台之间分发目标信息和武器协同命令,再根据各武器平台的特点,在敌方攻击之前,协同地对敌目标实施攻击。这几种数据链相辅相成,将大大增加系统作战的整体效能。除专用数据链之外,也可构成既具备作战指挥又具备武器协同功能的数据链,即具备多种功能的综合数据链,如联合战术信息分发系统(JTIDS)。

指挥控制数据链是传送指挥控制命令和态势信息的数据链,主要是作战指挥控制和武器控制系统用于命令传递、战情汇报和请示、勤务通信及战术行动的引导指挥。例如,可用于控制中心向战斗机编队传送控制命令或配合作战命令,也可用于指挥所之间传送协调信息。它所传送的信息通常是简单的非话音命令数据或态势信息(包括传感器获取的目标参数、平台自身的导航参数、对机动平台的引导信息、超视距目标指示信息等)。大致可以分为两类,一类是适用于各军兵种多种平台、多种任务类型的通用数据链,例如,美军的 Link 4、Link 11、Link 16 等。其中 Link 4 以指挥命令传达、战情报告和请示、勤务收集和处理、战术数据传输和信息资源共享等功能为主;Link 11 以远距离情报资料收集和处理、战术数据传输和信息资源共享等功能为主;Link 16 则有下达命令、战情报告和请示、勤务通信等功能,可在网络内互相交换平台位置与平台状况信息、目标监视、电子战情报、威胁警告、任务协同、武器控制与引导信息等。另一类指挥控制数据链是专为某型武器系统而设计,例如美军“爱国者”导弹专用的“数字信息链(PADIL)”。

情报侦察数据链的功能是完成情报侦察信息的分发,把情报侦察设备获取的信息从侦察平台传输到情报处理系统,然后将产生的情报产品分发给相关用户。情报侦察数据链是实现传感器、情报处理中心、指挥控制系统和武器平台之间无缝链接的关键环节,是实现情报侦察数据实时共享、完成侦察打击一体化目标的重要装备。目前该类数据链已可适用于多种平台,包括有人侦察机、预警机、战斗机、无人侦察机,以及海上侦察平台、侦察卫星等,甚至单兵也开始装备。例如美军的“多平台通用数据链(MP - CDL)”能够实现多种类型作战平台的大规模高速组网。

武器协同数据链是用于实现多军兵种武器协同的数据链,装载于飞机、舰艇、装甲战车、导弹发射架等武器平台以及炮弹、导弹、鱼雷等弹药上,实现各种武器联合防御、协同攻击的作战效果。武器协同数据链主要传递复合跟踪、精确提示和武器协同信息。例如美军典型的武器协同数据链“战术目标瞄准网络技术(TTNT)”,在未来有人、无人空中平台和地面站间建立一个高速的数据链网络,满足空军作战飞机对机动性很强的地面活动目标的精确打击需求。

2. 数据链的基本组成

数据链的主要任务是在传感器、指控系统与武器系统之间,按照共同的通信协议和信息标准,使用自动化的无线(或有线)收发设备实时地传送和交换战术信息。数据链的三个基本组成要素是传输信道设备、通信协议和标准化的消息格式。如图 5-41 所示为数据链系统构成示意图。与三要素对应,数据链系统通常由信道传输设备、通信协议控制器和信息处理设备组成。信道传输设备主要由信道机、传输控制器和保密设备组成,负责信息的传输和加密;通信协议控制器用来产生点对点、一点对多点、多点对多点等数据通信协议;信息处理设备将战术数据依照规范的通信协议和消息标准进行处理。有的数据链还有网络管理中心,负责接纳入网用户,分配信道资源,维持网络的有效运行。

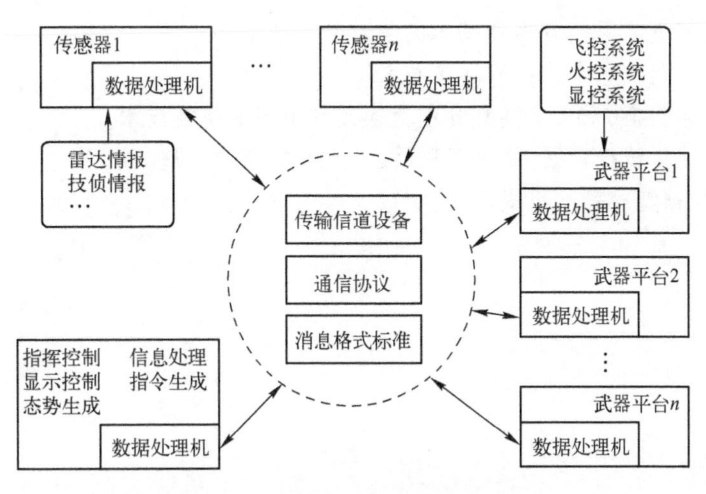

图5-41 数据链系统构成示意图

数据链的工作过程:首先由平台信息处理系统将本平台欲传输的战术信息,通过战术数据系统(TDS)按照数据链消息标准的规范转换为标准的消息格式,经过接口处理及转换,由终端机上的组网通信协议进行处理后,再通过传输设备发送出去(通常是通过无线信道)。接收平台(可能由数个)由其无线电终端机接收到信息后,再由战术数据系统(TDS)还原成原来的战术信息,送交到平台信息处理系统进行进一步处理和应用,并显示在平台的显示器上。

数据链的工作频段一般为HF、VHF、UHF、L、S、C、K。具体的工作频段选择取决于被赋予的作战使命和技术体制。例如,短波(HF)一般传输速率较低,却具有超视距传输的能力;VHF和UHF可用于视距传输,传输速率较高的作战指挥数据链系统;L波段常用于视距传输、大容量信息分发的战术数据链系统;S、C、K波段常用于宽带高速率传输的武器协同数据链和大容量卫星数据链。

参考文献

[1] 杨心强,等. 数据通信与计算机网络[M].3版. 北京:电子工业出版社,2007.

[2] 总装备部电子信息基础部. 信息系统——构建体系作战能力的基石[M]. 北京:国防工业出版社,2011.

[3] 童志鹏,等. 综合电子信息系统[M].2版. 北京:国防工业出版社,2008.

[4] 张冬辰,等. 军事通信[M].2版. 北京:国防工业出版社,2008.

[5] 骆光明,等. 数据链[M]. 北京:国防工业出版社,2008.

思 考 题

1. 阐述军事通信系统的基本组成与结构。
2. 阐述军事通信系统的主要要求及地位作用。
3. 什么是通信信道?军事通信有哪些主要的信道?各有什么特点?
4. 请解释数字通信系统模型。
5. 什么是调制与解调?

6. 什么是信道复用?有哪些基本的信道复用技术?
7. 简要描述几种基本的扩频通信技术。
8. 比较电路交换、报文交换和分组交换三种不同的交换技术。
9. 简要描述区域机动网、战术互联网,以及数据链的作用。
10. 阐述数据链的基本组成。

第6章 6 指挥控制系统

第1章介绍了指挥控制及指挥控制系统的基本概念。本章将详细介绍指挥控制系统的定义、功能、组成,及关键技术等。

6.1 指挥控制系统概述

6.1.1 指挥控制系统的定义

根据第1章对指挥控制系统的定义,指挥控制系统是支撑指挥员及其指挥机关对所属部队及武器系统进行指挥控制的系统。

指挥控制系统是指挥信息系统的核心组成部分,是实现指挥所各项作战业务和指挥控制手段自动化的信息系统,是指挥信息系统的核心,在作战过程中辅助指挥员对部队和主战兵器实施指挥控制。指挥控制系统具有较强的信息收集与处理、信息传递、信息检索、信息显示、辅助决策、武器控制、系统监控和适时报告运行状态与安全保密等功能。指挥控制系统包括指挥组织、信息处理系统及各种设备,并用通信系统把它连为一体,其主要部分有指挥组织各成员席位与工作台、各种显控设备、服务器、视频指挥系统等。按照设备在地理上的配置情况,指挥控制系统的结构可分为集中、分布和虚拟式结构。

指挥控制系统通常部署在指挥所或指挥中心内。师以下的指挥机构称为指挥所,军以上指挥机构称为指挥中心。指挥所和指挥中心都是指挥控制系统部署的物理场所和载体,是指挥员及指挥机关指挥军队作战的机构和场所,是收集、综合、处理作战信息的实体,是保障指挥员做出决策与发布命令的地方;此时,指挥控制系统又称为指挥所系统。

指挥控制系统作为指挥控制的主要手段,用于支持指挥控制的各个业务过程,两者之间的关系如图6-1所示。指挥控制过程是指挥控制系统的功能基础和源泉,两者具有密切的映射关系,但并不是一一对应关系,而是多对多的映射关系。

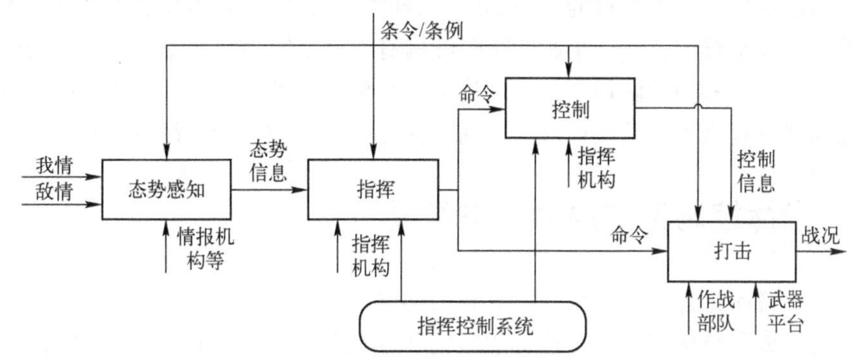

图6-1 指挥控制系统与指挥控制过程的关系

指挥控制系统按军队指挥关系,自上而下形成一个整体。军队指挥关系是由各级指挥员及其指挥机关和指挥对象组成的具有一定结构关系的指挥体系。军队的指挥体系视各国的情况而异。一般,高中级(国家、战区、战役或战术军团)指挥控制系统的指挥控制对象是下一级的指挥机关或直属部队的指挥所系统。战术级(师以下)指挥控制系统一般与情报和武器结合较紧,因此,它们基本上是一个小型的包含指挥、控制、通信和情报功能的指挥信息系统。

6.1.2 指挥控制系统的地位与作用

目前,我军的指挥信息系统是由指挥控制、情报侦察、预警探测、通信、电子对抗和作战信息保障六大功能域组成,在本书中,情报侦察与预警探测统称为态势感知。其中,指挥控制系统是指挥信息系统的核心,在作战过程中辅助指挥员对部队和主战兵器实施指挥和控制,发挥着神经中枢的作用。

在指挥信息系统中,指挥控制系统的地位相当于人的大脑,是整个指挥信息系统的灵魂,它对情报侦察、预警探测、通信、电子对抗和作战信息保障等其他系统具有支配、主导作用,这些系统分别从不同角度为指挥控制系统的决策提供支持和保障,所以,情报侦察、预警探测、通信、电子对抗和作战信息保障等系统只有在指挥控制系统的统一指挥和协调下,才能发挥其应有的价值。

指挥控制系统在军队指挥体系中的地位至关重要。军队指挥体系是按军队指挥关系,自上而下形成的一个有机整体。它由指挥主体(指挥机构)、指挥对象(下级指挥机构、部队、武器系统)和指挥手段(指挥控制系统)三部分组成的。其中,指挥机构是指挥员实施作战指挥的具体组织工作部门,是完成作战指挥任务的中枢,处于核心地位,而指挥控制系统是各级指挥机构在信息化条件下最重要的指挥手段。在信息化战争时代,只有依托指挥控制系统,指挥机构才能全面、实时地掌握战场态势,才能准确、有效地形成一致的理解和判断,才能快速、合理地做出科学的决策和控制,从而保障作战任务高效、顺利地完成。

一旦指挥控制系统遭到破坏,不能完成指挥控制功能,则整个军队必将陷入混乱状态。也正因为指挥控制系统的重要性,战争中交战双方都将其作为摧毁和破坏的首要目标(尤其在现代战争中,不是以最大限度地摧毁敌人的有生力量为目标)。在海湾战争、科索沃战争、伊拉克战争等历次局部战争中,指挥所都是敌对双方首要的打击对象。例如,在海湾战争中,以美国为首的多国部队空袭的首批目标就是伊拉克军队的指挥机构及其指挥系统。在空袭中,伊军的地面指挥机构有60%严重被毁,其中包括总统府、国防部、空军司令部、共和国卫队司令部等。战争后续的推进表明,伊拉克军队各级指挥机构以及信息枢纽一旦遭到严重破坏,整个军队的指挥系统必然处于瘫痪状态。

6.2 指挥控制系统的功能与组成

本节主要说明指挥控制系统的组成和结构、功能以及主要装备等方面的内容。指挥控制系统的组成和结构主要说明系统的组成部分及其相互之间的关系,指挥控制系统的功能主要从系统组成的角度说明各子系统应具备的能力和条件,指挥控制系统的主要装备主要说明指控系统的硬件实体和软件实体。

6.2.1 指挥控制系统的功能

指挥控制系统的功能是指在各种军事环境下，为了提高指挥控制业务过程的科学化、实时化、自动化和智能化等方面的程度，指挥控制系统应具备的能力或条件。根据指挥控制的业务需求，指挥控制系统的功能包括文电处理功能、信息共享功能、安全保密功能、管理监控功能、态势处理功能、方案制定功能、业务计算功能、计划制定功能、仿真模拟功能、态势监视和评估功能等。

1. 文电处理功能

文电处理功能主要为军事指挥人员和参谋业务人员提供相关军用文书的处理能力，具体包括文电的起草、编辑、接收、发送、归档、删除及检索等方面的功能。军用文书是军队各级首长机关在处理公务和组织指挥作战中，形成和使用的具有法定效力和规范体式的各种文电图表的统称。文书内容包括收/发日期、收/发单位、主题词及正文等，文书类型包括上级的命令、通知、通报；下级的请示、请求、报告；友邻部队之间的协同信息等。

文电起草、编辑功能是指提供各种类型的文电模板，辅助军事指挥人员和参谋业务人员快速进行文电的创建、拟制、修改和校对等方面的能力。

文电删除功能支持军事指挥人员和参谋业务人员在符合安全等级的条件下，删除没有保留价值的文电。该功能有伪删除和彻底删除两种情况，前者是可恢复的删除，后者是不可恢复的删除。

文电发送功能是指指控系统能够按照优先级（特急、加急、急）和密级（绝密、机密、秘密）进行文电的自动发送能力，并具有单地址发送、多地址发送和广播发送及提示是否发送成功的能力。

文电接收功能是指指控系统能自动接收文电，并将文电自动存入文电库中，并为用户提供文电到达提示，用户阅读文电后，系统可自动将回执发往文电发送方。

文电归档功能是指指控系统自动将收发的文电存入文电数据库，经整理后归入各指挥控制部门的业务文电汇编数据库。

文电检索功能是指军事指挥人员和参谋业务人员可以通过关键字在文电库中检索、查询文电，授权用户还可以对业务文电汇编库进行检索和查询。

2. 信息共享功能

信息共享功能主要为军事指挥人员和参谋业务人员提供各种信息资源共享的能力，具体包括信息分发功能、信息检索功能和信息订阅功能。

信息分发功能是指信息的提供方根据信息的内容、类别及重要程度主动将信息发送给特定的信息需求方，信息的需求方处于被动的接收状态。实时性要求高、并且需求方比较明确的信息通常采用这种方式。如气象水文实况（如航空兵机场天气实况、特定目标点的大气参数等）、实时的海空情信息、各种突发情况等信息。

信息检索功能是指信息的提供方预先将信息资源存储在信息资源库中，信息的需求方可随时通过关键字、索引号等方式检索所需要的信息内容。比较稳定的、实时性不强的信息通常采用这种共享方式，如气候水文基础数据（各地区一年四季各种典型气象水文过程及统计分析结果)、军事地形(地形区域特征、区域纵/横向道路、适宜场所等)、战场设施、固定目标、兵要地志、作战理论、典型战例、法律法规、新闻舆论等信息。

信息订阅功能是指信息的需求方预先向信息的提供方定制所需要的信息内容和格式,信息的提供方不定期地向信息的需求方发布相关的信息。周期性的信息通常采用这种信息共享方式,如气象水文预报(潮汐、波浪、风、云、气温、能见度、天气现象、水文趋势等预报)、卫星过境等信息。

3. 安全保密功能

安全保密功能主要是为指挥人员和参谋业务人员使用指挥控制系统提供信息安全保障。加强信息安全是确保指挥控制系统顺利使用的前提,是信息制胜的重要保证。指挥控制系统的安全使用必须综合考虑管理与技术。为了防止不安全因素破坏信息的安全,在制定管理条款、安全保密策略同时,指控制系统必须在技术上具有数据加密、访问控制、病毒防治等功能。

数据加密是指通过加密技术对数据加密处理,防止信息泄露,提高指控系统及数据的安全性和保密性。访问控制是指是给每个终端用户分配不同的安全属性,这些安全属性不能被轻易修改,可利用防火墙、数字签名验证等方式设置访问控制,阻止局域网外非法用户对指控系统的入侵。病毒防范是指将静态扫描技术和动态仿真跟踪技术结合起来,将查找病毒和清除病毒结合起来,全面实现防毒、查毒、杀毒,做到“防杀结合,防范为主”。

4. 管理监控功能

管理监控功能主要是在指挥控制系统运行的过程中对系统设备、计算机软件以及通信网络提供实时的、自动的检测和响应机制,保障指挥控制系统正常和安全的运行。

任何防范机制和措施不可能做到十分完美,几乎所有的指控设备、通信网络、系统软件和应用软件都或多或少存在不安全或不稳定的因素,大多数系统设备和软件都可能存在错误的配置,用户也可能会出现各种操作上的失误,所有这些因素都可能会造成系统的瘫痪和信息安全漏洞,所以,相对于预防机制,管理监控功能对于系统的安全、正常运行更加有效。

管理监控功能具体包括以下几方面的功能:

(1) 数据库安全监控功能:帮助用户实时发现数据库操作中的越权、敏感或违规行为,记录重要的数据库操作细节。

(2) 应用系统运行监控功能:提供对指控系统运行环境及应用软件运行情况实时监控的手段。

(3) 网络监控功能:提供对指挥专网运行环境及运行情况实施管理和监控的手段。

(4) 主机安全监控功能:对指控系统所有主机的外设复制、非法外联等行为进行安全监控。

(5) 综合监控功能:为指控系统提供分散管理下的应用、网络、安全系统的集中式综合运行监测功能。

5. 态势处理功能

态势处理功能是支持军事指挥人员和参谋人员对不同来源、不同媒体、不同格式的态势信息进行接收、转换、融合、标绘、判断及预测等方面操作,目的是形成精确的、及时的公共态势图，为军事指挥人员的决策提供必要的态势情况支持。

军事行动的态势主要指敌对双方部署和行动所形成的状态和形势，包括陆、海、空、天及电的各种军事实体、实体属性及实体间的关系。军事行动态势可分为战略态势、战役态势和战术态势。战略态势一般表现国家武装力量及重要军事装备设施的情况；战役态势一般表现战役行动范围内军以上行动力量进行战役行动、主要军事装备设施及重点地区和重点方向的情况；战术态势一般表现战术行动范围内各行动力量进行军事行动及军事装备设施的情况。

态势处理功能主要包括态势接收、态势转换、态势融合、态势标绘、态势判断、态势预测等功能，以及分类、存储、检索、显示等信息服务功能。

态势接收功能主要提供汇集敌情、我情、友情及其他各种态势信息的能力；态势转换功能是将不同来源、不同媒体、不同格式的信息转换为可识别、统一格式的能力；态势融合功能是对多源态势信息的冗余或互补进行处理的能力；态势标绘功能是对态势信息进行可视化表示及显示的能力；态势判断功能是指辅助军事指挥人员对当前的态势提供动态威胁判断的能力；态势预测功能是指辅助军事指挥人员对当前态势的发展趋势做出预测的能力。

6. 方案制定功能

方案制定功能是指辅助指挥人员根据综合态势判断结论，进行敌情、我情、战场环境的分析，拟制行动方案（预案），明确行动决心等方面的能力。

辅助分析功能主要是为军事指挥人员对敌情、我情及战场环境的分析和判断提供定性和定量的辅助手段，为军事指挥员和参谋人员制定行动方案提供决策依据。

（1）敌情分析的内容主要包括敌社会动向、政治企图、指挥体系及编组、作战能力及部署情况、主要目标分布及特征、敌作战重心及强弱点、强敌可能采取的干预行动等。

（2）我情分析的内容主要包括我方指挥体系及编组、主要武器装备情况、综合作战能力，重要保卫目标分布情况，我方的优势和不足，友军的支援情况等。

（3）战场环境分析的内容主要包括战场准备情况（阵地、港口、机场、指挥设施、防护工程等）、战场电磁环境情况、军事交通情况、气象水文情况、战场环境对作战任务的影响情况等。

拟制行动方案功能主要是辅助指挥人员或参谋业务人员拟制各种可行的行动方案（预案），提出行动决心建议（包括遂行任务的方法、兵力兵器编成、任务分配、行动时节、行动协同和指挥程序等）。

明确行动决心功能是指将若干决心建议进行计算机仿真模拟推演、比较优劣，供指挥员选择最佳行动方案。其中，仿真模拟功能后文将详细说明。

7. 业务计算功能

业务计算功能主要为参谋业务人员提供自动化的业务计算能力，如时间计算、弹量计算、油量计算、装载计算、兵力计算等。

业务计算功能的基础是指挥员确定的行动决心方案，业务计算的结果为进一步制定详细的行动计划提供参考依据。

除了一些通用的业务计算功能外，不同军兵种、不同业务部门的指控系统还具有一些特有的计算功能，例如：陆军指控系统的地面武器、工程、防化等方面的业务计算；海军指控系统的指定地点潮时、潮高计算、舰艇机动路线计算等;空军指控系统的战斗机批次、突防概率计算等。

8. 计划制定功能

行动计划是指挥人员组织、筹划的结果表现,是实施军事行动的必要依据。

计划制定功能主要为指挥人员和参谋业务人员根据业务计算的结果提供行动计划的起草、修改、审阅、存储、检索、浏览及输出等方面的能力。

拟制行动计划是军事指挥人员和参谋业务人员以行动决心方案及业务计算的统计结果为基础,对行动任务、兵力、时间、手段和方式等主要问题进行具体的、统一的设计,使指挥决策的具体化和周密化,是进行态势监视与实时控制的依据。

行动计划通常可分目标描述、行动描述和环境描述三个部分。目标是制定行动计划的依据,行动计划的目的就是要完成目标,环境影响行动计划的制定,也是行动作战计划的条件,同时,行动计划作用于环境,通过环境的改变来体现目标。

1) 目标描述

目标描述包括目标序列、目标内容和评估标准。目标序列是对目标的分解,目标内容是说明军事行动的具体要求,如打击的目标是敌指挥机构。评估标准是对目标的评估,说明完成目标的要求,如对毁伤要达到一定的概率。

2) 行动描述

行动描述包括行动序列、执行单元、资源、时间、行动位置等。

(1) 行动序列:行动的集合,按照一定的时序关系组合而成。

(2) 执行单元:执行单元是行动的执行者,根据任务特点、要求和兵力特点,对任务执行单元进行角色和职责的分配,并明确执行单元相互之间的关系。

(3) 资源:军事行动所涉及的人员、装备、物资等,执行单元从某种意义上来讲也是资源。

(4) 时间:行动时间的描述可以分为相对时间和绝对时间。相对时间可以用某一参考量T作为基准,用$T-$、$T+$分别表示T时刻之前或者T时刻之后。绝对时间用具体的数字表示作战时间。

(5) 行动位置:作战位置类也可以分为相对位置类和绝对位置类。相对位置类可以以某地作为参考量,通过经度、纬度和海拔的偏移量来表示。绝对位置可以通过点、线、面和空间四种方式表示。

3) 环境描述

环境包括物理环境、军事环境和民事环境。物理环境包括陆地、海洋、天空和太空一些基本的自然条件的类型。军事环境包括作战双方的部署、资源、组织结构、指挥策略等,民事环境包括敌方的政治、经济、文化等各个要素。

9. 仿真模拟功能

指挥控制系统的仿真模拟功能目前并不是必备的,随着装备与系统建设的发展,将来很可能会要求系统必须具备配套的仿真模拟功能。

指挥控制系统的仿真模拟功能是指运用系统工程的观点和运筹学的方法,采用计算机仿真技术,模拟行动方案/计划的执行过程,从而实现对行动方案/计划的评估、修正、比较及选优等方面的功能。

指挥控制系统的仿真模拟功能是通过敌我行动方案/计划的对抗模拟来动态评估、筛选和修正方案/计划,相对于按指标或规则的静态评估有更大的真实感和周密性,可以有效地提高行动方案/计划的科学性、正确性和可行性。根据仿真模拟的过程划分,指挥控制系统的仿真模拟功能可分为仿真建模、智能推理和过程模拟三个层次的功能。

(1) 仿真建模功能。仿真建模功能为军事人员提供友好的人机界面,支持将敌我双方的行动计划转化为规范的计算机仿真模型。仿真建模功能主要解决行动方案/计划的结构化问题,可以使行动计划为机器所理解,便于行动计划的自动执行。

(2) 智能推理功能。智能推理功能是基于行动方案/计划的仿真模型进行推理,寻找可能存在的时间冲突、资源冲突等问题,其基本原理是平行展开敌我双方决策树,利用专家系统、神经网络技术自动地或用人工干预技术交互地选择决策路径,从而实现行动方案/计划智能推理的目的。

(3) 过程模拟功能。过程模拟功能是通过随机或按概率产生不确定事件,反复模拟在动态战场环境下、敌我双方对抗条件下行动方案/计划的执行过程,然后通过大量的仿真数据对行动方案/计划的科学性、合理性进行动态的分析。

除上述功能之外,指控系统还应该提供仿真模型的建立、删除、编辑、存储以及管理等方面的功能,同时,不同军兵种、不同业务部门的指控系统还应包括一些特有的功能,如仿真数据的评估功能、敌行动方案/计划模型库等。

10. 态势监视和评估功能

态势监视和评估功能是指为军事指挥人员提供对计划实施过程实时的监视能力,以及对计划执行效果及时、科学的评估能力。态势监视和评估功能可以分为态势监视和态势评估两个方面。

指挥控制系统的监视功能为军事指挥人员提供态势展现、话音、文电等方式实时掌握情况的变化以及行动计划的进展情况。其中,态势展现是指通过视频、图像、态势标绘图等可视化手段展现行动计划的执行情况。

指挥控制系统的评估功能为军事指挥人员提供对环境变化和行动执行效果提供科学的评价能力,如毁伤效果评估功能、电磁干扰效果评估功能等,为指挥人员适时提出行动计划的调整建议,直至军事行动的结束。

态势监视和评估功能将计划的制定和动态的执行过程进行连接,军事指挥人员在监视和评估过程,必须根据情况的变化及时地调整意图、行动计划及人员安排。识别变化的能力和调整的能力决定了指挥控制的敏捷性。

6.2.2 指挥控制系统的组成

指挥控制系统的组成主要是指从不同的角度说明系统的组成部分,由哪些子系统组成,而指挥控制系统的结构主要说明这些组成部分之间的逻辑上或物理上的关系。从不同层次、不同角度来看,指控系统的组成存在较大的区别,以下分别从体系的角度和单个指控系统的角度介绍指控系统的体系组成和单个指控系统的组成。

1. 指控系统的体系组成

指控系统的体系组成是指成建制系列的指挥控制系统组成,涉及不同级别、不同军兵种以及不同业务的指挥控制系统。

指控系统的体系组成取决于军队的指挥体系、作战编成和作战指挥职能。从纵向分析指控系统的体系组成,指挥控制系统包括战略、战役和战术三级指挥控制系统,每一级指挥控制系统还可以分为多个级别,例如,战术级指挥控制系统可以进一步分为师级、团级以及营级指挥控制系统。从横向分析指控系统的体系组成,指挥控制系统包括各军兵种的指挥控制系统,如陆军、海军、空军、常导等军种的指挥控制系统。

指控系统的体系组成可以以美军的全球指挥控制系统(Global Command and Control System,GCCS)为例进行说明,如图6-2所示。GCCS采用三层结构:最底层是战术层,由战区军种所属各系统组成;中间层是战区和区域汇接层,主要由战区各军种司令部、特种/特遣部队司令部和各种作战保障部门指挥控制系统组成;最高层是国家汇接层,包括国家总部、参谋长联席会议、中央各总部、战区各总部等。

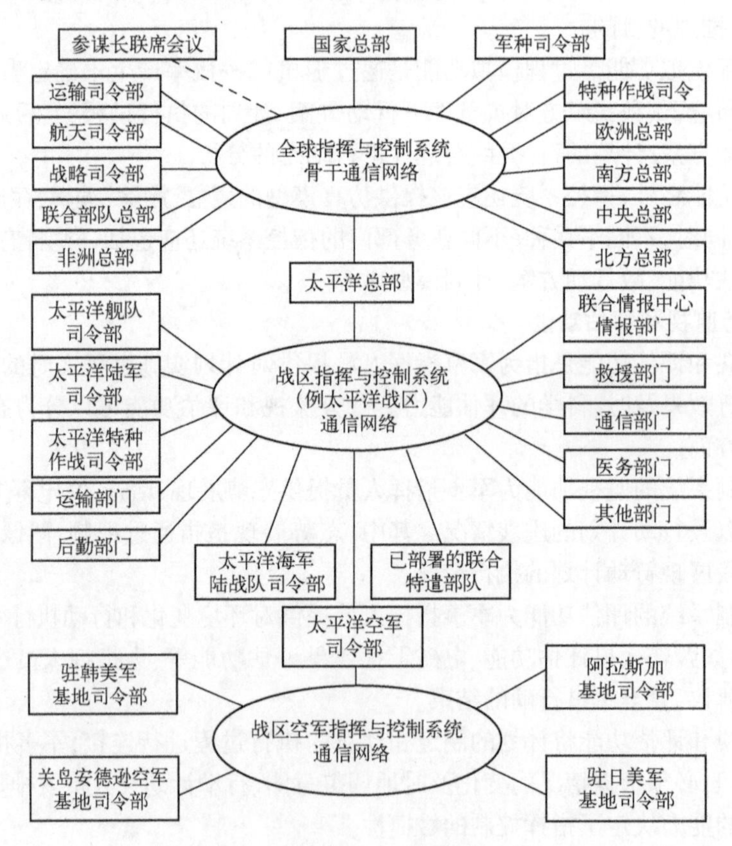

图6-2 美军GCCS的体系组成

2. 单个指控系统的组成

单个指控系统通常是指特定级别、特定军兵种的指挥中心或指挥所内的指控系统。不同类型的指控系统在组成要素上存在一定的区别,但通常而言,单个指控系统通常是由态势处理分系统、指挥作业分系统、技术保障分系统和通用操作分系统组成。每个分系统不同的功能部分通常需要设置相应的席位,同时,每种席位需要根据指控系统的级别和规模设置相应数量的终端,一个终端通常由1~2人负责。

1) 态势处理分系统

态势处理分系统是各级各类指控系统的主要组成部分,具有态势信息的收发、转换、融合、显示、判断及预测等方面的功能。

该分系统的主要任务是接收来自上级、下级、友邻发送的态势信息以及各种侦察、监视设备采集的各种信息，进行综合/融合处理、威胁判断后，形成战场态势，一方面提供给指挥控制分系统的指挥员用于决策和作战指挥，另一方面用于上报、通报和分发。

态势处理分系统除了包括安全、可靠、高效的硬件设备外，还有一套适应多种传输规程与信息交换标准的信息收发与处理软件，主要包括态势信息接收与分发软件、信息综合/融合软件、态势标绘软件、威胁评估与判断软件等。

态势处理系统的席位典型设置通常是由态势接收与分发席、态势融合席、态势标绘席和态势综合席组成的。其中态势接收与分发席的职责是负责态势信息的接收、分类和分发，态势融合席的职责是负责态势信息的格式统一、消除冗余冲突、去伪存真等整合处理，态势标绘席的职责是负责态势信息的标绘和展现，态势综合席的职责是负责态势信息的判断和评估。

2）指挥作业分系统

指挥作业分系统是指控系统的核心系统，是指挥人员进行指挥和参谋人员进行参谋作业的主要分系统。

指挥作业分系统的主要任务是：根据态势处理分系统提供的综合态势判断结论，辅助指挥人员制定行动方案；根据指挥员确定的决心方案，进行业务计算、制定行动计划和命令，并将行动命令下达到各执行单位；在计划实施过程中，实时监视敌我双方态势的变化，适时提出计划调整建议。

指挥作业分系统除了安全、可靠、高效的硬件设备外，还包括一套满足指挥作业要求的，易于掌握的，鲁棒、安全、高效的指挥作业软件，主要包括行动方案辅助软件、业务计算软件、行动计划/命令生成软件、仿真模拟软件、态势监视与评估软件等。

指挥作业分系统视所在指挥所的级别、类型的不同而设置不同的席位和终端、通常包括综合席、方案计划席和仿真评估席。其中综合席的职责是负责指挥和协调指控系统各席位的工作、下达命令、传达首长指示、上报行动情况，同时，实时监视行动计划的实施情况，及时调整行动方案和计划；方案计划席的主要职责是提出方案决心建议，进行业务计算，拟制详细的行动计划；仿真评估席的主要职责是对行动方案、计划以及行动实施效果进行仿真评估，为指挥员提供决策依据。

3）技术保障分系统

技术保障分系统是指控系统的重要组成部分，主要提供安全保密功能、管理监控功能。该系统主要是由技术人员使用，其主要任务是为指控系统的正常、安全运行提供必要的技术保障。根据技术保障任务的类型，技术保障分系统可以分为安全保密系统和管理监控系统两个主要的子系统。

安全保密系统主要为指控系统提供信息安全方面的保障，除了防火墙、加密机等一些硬件设备外，系统主要是由一系列软件组成的，具体包括以下软件。

（1）密码服务软件：为数据提供加解密的服务功能。

（2）指控系统安全管理软件：对指控系统的安全设备进行统一管理。

（3）补丁管理与分发软件：可收集和管理操作系统和应用软件补丁，并进行分发。

（4）网络隔离接入软件：实现指挥控制系统与其他网络之间在安全隔离条件下的信

息交换。

(5) 访问控制软件:可利用防火墙、数字签名以及安全认证体系等手段阻止局域网外非法用户对指控系统的入侵。

(6) 查杀病毒软件:查找并清除各种计算机病毒。

管理监控系统主要是在指控系统的运行过程中监测和管理系统硬件、软件及其通信网络的运行情况。管理监控系统的硬件部分主要有环境监测设备和网络监控设备,软件部分主要包括以下四个软件。

(1) 系统运行监控软件:提供对指控系统的运行环境及应用软件运行情况实施网上监控的手段。

(2) 网络管理软件:提供对指挥专网运行环境及运行情况实施网上管理和监控的手段。

(3) 主机安全监控软件:对指控系统所有主机的外设拷贝、非法外连等行为进行安全监控。

(4) 数据库访问安全监控软件:实时发现数据库操作中的越权,敏感或违规行为。

4) 通用业务分系统

通用业务分系统是指控系统的通用构成部分,主要为各类人员提供文电处理、信息共享等方面的功能。之所以将其称为通用业务分系统,一方面是因为该系统可以作为各级各类指控系统的一个通用组成部分;另一方面是因为该系统为指挥人员、参谋人员及技术人员等各类军事人员提供通用的业务服务。通用业务分系统主要包括文电处理系统、军事地理信息处理系统和信息共享系统等。

文电处理系统(Message Handling System,MHS),通常又称为消息处理系统,是通过计算机网络交换邮件、电报、数字传真、话音、可视图文等各类军用文电的综合业务通信系统。文电处理系统是以存储转发为基础,能够适应多样化的信息类型。

文电处理系统主要由软件构成,包括文电服务软件、名录服务软件、文电客户端软件、文电配置管理服务软件、短格式报文处理软件等。其中,文电服务软件主要为文电处理系统提供服务端软件;名录服务软件提供网络资源定位服务,主要为文电处理系统提供名字和地址服务;文电客户端软件主要为文电用户提供网络应用和单机应用两种模式下的客户端软件;文电配置管理服务软件主要为文电系统提供远程配置、启动、监测文电服务和管理文电用户的管理服务;短格式报文处理软件提供格式化数据指挥手段,通过指挥手段的代码化,数据的信息化,实现指挥的自动化,提高指挥效率。

军事地理信息处理系统提供自然地理环境和人文地理环境的分析功能,为制定作战计划、组织作战行动等提供必需的地理信息资料,包括地形地貌和兵要地志等,同时支持包括地理坐标获取、高程信息查询、地理要素查询、距离计算、面积计算、高差计算、通视计算、断面分析等功能。

信息共享系统主要为各类军事人员在授权许可范围内实现信息的存储、订阅、查询和分发等方面的功能。信息共享系统可以提供公共数据字典及数据的存储功能,以及文字、图片、声音、视频等多种格式的信息资源共享能力,具有快速、准确、安全、可靠等特点。

信息共享系统也主要是由软件构成的,包括信息订阅与分发软件、信息检索软件、信息点播软件。其中,信息订阅与分发软件提供灵活的信息订阅与分发能力,使用户方便、快捷地获取最新的实时态势信息;信息检索软件提供各种文献检索工具和各种军用文书的索引服务;信息点播软件提供实时视频信息的浏览、回放及客户端设置的功能。

6.3 指挥控制系统的主要装备

指挥控制系统的装备是实现控制功能的物理设施,包括硬件和软件两个部分,其中软件又可分为系统软件、通用软件和业务软件三个层次。

6.3.1 指挥控制系统的硬件装备

指挥控制系统的硬件装备主要包括计算机设备、人机交互设备、存储设备、网络及通信设备等四种类型。

1. 计算机设备

计算机是指挥控制系统的核心,广泛应用于电子信息装备的各个领域,计算机及其网络设备是构建各种军事信息装备的基础。指控系统中使用的计算机可以分为微型计算机、服务器、巨型计算机和嵌入式计算机四类。

微型计算机就是指常用的个人计算机,包括各种台式计算机、笔记本电脑等,主要面向个人应用,是指控系统最常用、最主要的终端装备。

服务器是具有大量数据存储、处理和访问能力的计算机系统。指控系统需要存储和处理海量的态势信息,这些信息通常分布存放在网络中的服务器上,服务器可以使指挥系统提供高性能、高可靠性和高安全性的数据存储和处理功能。

巨型计算机拥有非常强大的并行计算能力,其运算速度快,存储容量大,结构复杂,价格昂贵,主要用于科学计算,在气象、情报等方面承担大规模、高速度的计算任务。

嵌入式计算机是一种以应用为中心、以微处理器为基础,软硬件可裁剪的精简计算机系统。各种武器平台上的指挥控制系统通常以嵌入式计算机为主。

2. 人机交互设备

人机交互设备是各类用户与指控系统进行交互的媒介和方式。指控系统的人机交互设备要求操作简单、使用方便,常用的人机交互设备主要包括鼠标、键盘、扫描仪、传真机、显示屏、打印机、投影仪等。在一些特殊的指挥控制系统中,通常需要专用的人机交互设备,如各种武器平台的指控系统一般使用特制的鼠标和键盘。

随着多媒体技术、信息技术的不断发展,未来指控系统将手写设备、触摸屏、语音识别设备、指纹识别设备以及虹膜识别设备等多模态设备作为主要的人机交互设备。

人机交互技术的发展和应用将为用户创造一种自然、协调的工作环境,增强指挥人员对各种信息的理解,扩大指挥人员的思维空间,提高指挥控制的有效性,满足虚拟现实环境应用的要求。

3. 存储设备

指挥控制系统涉及海量信息的存储、处理和访问,因此数据的存储、备份与恢复对其尤为重要。指控系统一般采用成熟度高、使用广泛的民用存储设备进行数据存储,磁盘、磁带和光盘作为主要的存储介质,使用磁盘阵列、网络存储等多种方式。

磁盘阵列使用磁盘快取控制和 RAID(Redundant Array of Inexpensive/Independent

Disks)技术两个方面的技术。某些级别的RAID技术可以把速度提高到单个硬盘驱动器的400%。磁盘阵列把多个硬盘驱动器连接在一起协同工作,大大提高了速度,同时把硬盘系统的可靠性提高到接近无错的境界。这些"容错"系统速度极快,同时可靠性极高。使用磁盘阵列技术能大大提高磁盘的存储容量和存取速度,同时提高了磁盘存取的安全性。

像磁盘阵列、磁带机和光盘塔等,这一些传统的存储设备是通过并行SCSI总线与某一特定的主机连接,存储设备只能被该主机直接访问和控制,而其他主机访问这些存储设备中的数据时必须通过该主机转发,这一瓶颈不利于指控中心数据的集中和共享。目前,可采用NAS、SAN及基于IP网络的网络存储等多种存储技术和设备。网络存储是以存储设备为中心,将数据存储从传统的主机系统中分离出来,存储设备通过网络连接,成为一个相对独立的存储系统。

存储虚拟化技术将底层存储设备进行抽象化统一管理,向服务器层屏蔽存储设备硬件的特殊性,而只保留其统一的逻辑特性,从而实现了存储系统集中、统一而又方便的管理。对比一个计算机系统来说,整个存储系统中的虚拟存储部分就像计算机系统中的操作系统,对下层管理着各种特殊而具体的设备,而对上层则提供相对统一的运行环境和资源使用方式。提高存储效率主要表现在释放被束缚的容量、整体使用率达到更高的水平。虚拟化存储技术解决了这种存储空间使用上的浪费问题,它把信息系统中各个分散的存储空间整合起来,形成一个连续编址的逻辑存储空间,突破了单个物理磁盘的容量限制,几乎可以100%地使用磁盘容量,而且由于存储池扩展时能自动重新分配数据和利用高效的快照技术降低容量需求,从而极大地提高了系统存储资源的利用率。

为节省存储设备的成本,提高存储系统的性能,可采用分级存储技术将具有不同重要性和访问频度的数据分别存储在不同性能的存储设备上。另外,采用集群技术也是保证信息系统高可用性的重要技术手段。

4. 网络及通信设备

指控系统与外部系统的互连、互通能力是指控系统非常重要的战技指标之一,指控系统必须具有与外部系统安全、可靠的数据通信能力,所以网络及通信设备是指控系统非常重要的外围设备。指控系统的网络及通信设备主要包括计算机网络设备、通信系统设备和信息加(解)密设备。

计算机网络设备包括网络交换机、路由器和与计算机接口设备(如计算机网卡、调制解调器)等。网络交换机将不同类型的计算机系统集成为不同的计算机局域网系统,实现在指挥所内部指控系统各单元之间的信息共享。

路由器就是一种连接多个网络或网段的网络设备,它能将不同网络或网段之间的数据进行翻译,以使它们能够相互读懂对方的数据,从而构成一个更大的网络。路由器的一个作用是连通不同的网络,另一个作用是选择信息传送的线路。通信系统设备,包括与国防通信系统的接口设备、移动通信设备和指挥控制系统内部通信设备。内部通信设备一般有传输设备、交换设备、用户设备和维护测试设备等,为指挥员提供话音、电话会议和数据通信等功能。交换设备用于沟通指挥所内指挥要素通信终端之间的通信联络以及指挥系统与外部通信系统的连接。

信息加(解)密设备包括干线加(解)密设备、终端加(解)密设备以及加(解)密软件等。

6.3.2　指挥控制系统的软件装备

指挥控制系统的软件装备主要包括系统软件、通用软件和业务软件三个层次。

1. 指控系统的系统软件

指挥控制系统软件主要包括操作系统、综合数据库、地理信息系统和图形支撑环境。

1）操作系统

操作系统运行和管理计算机平台，提供支持综合数据库等基础服务，以及应用支撑层、应用层等其他软件所需的核心服务，服务以接口的方式供上层调用，使核心环境特性的实现对应用软件尽可能地透明。操作系统提供的服务包括内核操作、实时扩充服务、实时线程扩充服务、时钟/日历服务、系统故障管理服务、外壳和实用程序、操作系统对象服务及媒体处理服务。指挥控制系统中常用的操作系统包括 Windows、Linux、UNIX 等。Windows 操作系统因良好的人机界面，其上有众多成熟的应用软件，所以在指挥系统的工作席位中被普遍使用。

由于受硬件环境的约束，在许多武器控制系统中都采用嵌入式操作系统。嵌入式操作系统已经从简单走向成熟，主要有 VxWorks、嵌入式 Linux、QNX、Andriod 等。在众多的实时操作系统和嵌入式操作系统产品中 VxWorks 是较有特色的一种实时操作系统，它支持 POSIX，ANSI C 和 TCP/IP 网络协议等工业标准，具有支持各种实时功能的高效率的微内核。

2）综合数据库

综合数据库系统是指挥信息系统必备的信息存储管理系统。综合数据库系统属于基础服务层，为上层应用提供基础数据、作战数据和业务数据的支持。基础数据是指支持系统运行的基础数据；作战数据包括存储与指挥控制有关的各种数据，如敌方兵力编成、武器装备的战术技术性能、各种信息装备的基础参数等，直接为作战服务；业务数据主要指专项业务信息数据，如通信、侦察、作战、军务、装备、机要、政工数据等，为各项业务服务。

指挥控制系统中普遍使用 Oracle 数据库管理系统来实现综合数据库系统。数据库管理系统使数据独立于创建或使用它们的进程，可长期保存，并且能为许多进程所共享。数据库管理系统提供数据管理、被管理对象功能及对结构化数据的受控访问和修改功能，提供并发控制和异构平台的分布式环境使用不同模式的数据。使用国产化数据库系统替代国外的数据库产品是未来的发展方向。

3）地理信息系统

军事地理信息系统基于综合数据库，为上层提供地理信息相关功能的支持。

军事地理信息系统主要是分析自然地理环境和人文地理环境，研究其对军事行动和国防建设的影响，为制定作战计划、组织战役行动等提供所必需的地理信息资料。军事地理信息按其记述特点分为：军事地理志，从作战角度记述和评价地理环境对军事行动影响的信息资料；兵要地志，记述和评价地区地理条件对军事行动影响的地方志；地形、地貌、地物信息，包括地形、道路及其结构、内陆水系通航河段、铁路、城市等；军事地理声像资料，多媒体形式的说明材料。军事地理信息处理主要包括地理信息查询、量测判读、专题分析等功能。地理信息查询是根据军事需要查询指定点的地理信息，如地理坐标获取、高程信息查询、地理要素查询等。量测判读是对地理目标进行量测、分析及统计,有距离计算、面积计算、高差计算、通视分析、断面分析等。专题分析是对军事专题涉及的战区范围内的地理信息进行分析,如高程分析、坡度分析、通行条件分析等。

2. 指控系统的通用软件

指控系统的通用软件具有不依赖于各军兵种、各部门的业务特点,由全军统一配发。主要包括文电处理软件、信息共享软件、管理监控软件、安全保密软件及其他通用软件。

文电处理软件具有军用文书的拟制、图文表混合编辑功能;提供不同业务部门和不同场合使用的格式模板,可以进行模板的定制,并对模板进行管理;具有文书的审批与签发控制功能,可存储、查询、分发和输出军用文书。

信息共享软件为各类授权用户提供各种的信息分发、检索和订阅等方面的功能,信息统一存入在服务器的数据库中。

指控系统中使用的安全保密软件主要包括信息加(解)密软件和网络安全软件。信息加(解)密软件包括干线加(解)密软件、终端加(解)密软件。信息加(解)密软件符合国家的安全保密要求、规范和标准,能实现不同的加(解)密系统间的互联、互通。

网络安全软件包括防病毒系统、防火墙、入侵检测系统、漏洞扫描系统、数字签名与安全认证系统等。主要用于软件安全,如保护网络系统不被非法侵入,系统软件与应用软件不被非法复制、篡改,不受病毒的侵害等;用于网络数据安全,如保护网络信息的数据不被非法存取,保护其完整一致等;用于网络安全管理,如运行时突发事件的安全处理等,包括采取计算机安全技术,建立安全管理制度,开展安全审计,进行风险分析等。

管理监控系统用于组织管理、监视和控制指控系统的工作状态,保障其良好的运行环境。主要包括网络监控软件、主机安全监控软件、数据库安全监控软件和应用系统运行监控软件等。

其他通用软件主要包括文字处理软件、电子表格软件、图像处理软件、视频处理软件、音频处理软件、视频会议软件等。

文字处理软件具有创建、编辑、合并和格式化文档的能力,支持文字、图形、图像、声音混编,智能的格式化和编辑服务,如风格指导、拼写检查、目录生成、页眉、页脚、轮廓设置等。常用字处理软件有 Word、WPS 等,可用于军用文书的编辑、生成和阅读。

电子表格处理软件具有创建、处理和呈现在表中或图中信息的能力,并可利用程序关系处理电子表格。典型的电子表格产品是 Excel,可用于日常管理数据的记录与统计。

视频处理软件具有获取、混合、编辑视频和静止图像信息的能力和流媒体制作、发布和播放视频点播能力。视频文件类型有 AVI、MPG、MPEG－4 等,常用产品如 Adobe Premiere、Windows Movie Maker 等,可用于战场情况录像的编辑与播放。

音频处理软件具有获取、混合、编辑音频信息的能力。语音文件类型包括 WAV、WMV、MP3、RAW 等,音频处理产品如 Soundforge、Samplitude、Vegas。

视频会议软件提供在不同站点之间的双向视频传送,包括事件和参加者以双向方式的全活动显示。典型的视频会议产品如 VCON H. 323(基于 ISDN 和 IP 网络)视频会议系统,通过 IP 网实现的三网合一视频会议系统,可用于指挥所系统内部或系统之间视频会议的召开。

3. 指挥控制系统的业务软件

指挥控制系统的业务软件构建在系统软件和通用软件基础之上，是面向各军兵种指控业务需要的软件系统。业务软件需要根据各军兵种、各业务部门业务指挥的特点进行功能定制。根据指控系统的领域功能分类方法，指控系统的业务软件主要包括作战计划软件、仿真模拟软件、作战决策支持软件、作战指挥软件和武器控制软件。

作战计划软件包括计划编辑工具、计划模板管理工具，用于各种作战决心、作战计划和作战保障计划的制定。计划编辑工具应具有文字、图形、表格的综合表现能力；可按照军事条例考虑作战样式的特点，并参照军事知识和经验建立模型模板，规范各种计划的描述内容和描述方法。在计划拟制时，已掌握或积累的多种信息可以根据需要作为数据来源引入计划中，包括敌我基本情况、战场态势、作战预案以及相关计划等。在计划拟制过程中可利用辅助决策工具进行分析和决策。

仿真模拟软件具有提供基于作战知识、规则及推理机的人工智能的能力。根据军事专家的经验建立知识库，模仿专家的逻辑思维进行推理，给出问题的解决方案，用于战场情况判断、作战决心咨询等方面的定性分析。专家系统主要包括知识库和推理机两部分，具有产生式、框架等知识的表示能力，采用确定性与非确定性、神经网络、黑板原理等多种技术进行推理。专家系统在作战指挥领域已有较长时间的研究和应用，有助于提高作战指挥系统的自动化程度。

作战决策支持软件以人工智能的信息处理技术为工具，以数据库、数据仓库、专家系统、决策模型为基础，通过计算、推理等手段辅助指挥人员制定作战方案和作战保障方案。建立在专家系统之上的作战决策支持软件，继承了传统决策支持系统中数值分析的优势，也采纳了专家系统中知识及知识处理的特长，同时又结合数据仓库技术进行联机分析及数据挖掘，既可得到定性的结果，也可得到定量的答案。

作战指挥软件是为执行军事行动而制定和发布作战命令的软件。它用来监视战场实际情况并与行动计划进行比照，评估计划任务完成情况；控制战场态势的发展，指导计划的实施；根据战场态势变化及时调整作战行动计划；处理获取在任务执行过程中冲突各方部队及资源、目标、兵力与武器消耗数据以及各类设施等变化的情况；进行部队状态管理、目标状态管理，指挥所属作战力量的行动，以达到预期的作战目标等。

武器控制软件是根据作战行动的要求形成武器打击参数，将其传递到武器平台，进而控制武器的动作。如对飞机、舰船的引导；对地面固定式、机载、舰载导弹的发射控制；对雷达、电子战武器的参数装订等。武器控制涉及打击目标数据、武器特性参数、打击条件及环境因素等，根据各种武器的行动模型进行解算。实施武器控制的目的是缩短作战指挥控制周期，提高武器打击效能。

6.4 指挥控制系统的关键技术

6.4.1 人工智能技术

人工智能是研究如何应用计算机来解决需要知识、感觉、推理、学习、理论及类似认知能力等方面问题的一门学科，是一门研究如何实现人类脑力活动自动化的学科。人工智能着眼于对知识的处理,研究如何使计算机做事情就像人们思考问题与处理问题那样具有智能性。人工智能的中心问题是人类行为活动和思维活动的模拟。人工智能以智能机器系统为实现手段,以对人类思维活动进行模拟的方法,实现人类脑力活动自动化的目的。

人工智能是作战模拟中实现军事决策自动化的基本手段,是实现作战过程全程模拟的基本条件。目前,人工智能研究的核心问题是知识表示、推理技术和启发式搜索。

(1) 知识表示。军事知识通过指挥员的实战经验存放在脑子里,随时都可以用联想的方式找到相关知识。而人工智能就是要模仿人大脑的工作机理,使计算机也能按照这种方式工作。其中首先要解决的问题就是知识的获取和表示问题。所谓知识就是一大套事实,用某种表示技术予以描述。目前,表示知识的方式有多种,在军事领域中常用的是产生式规则。产生式规则是以规则作为构成知识的基础,它类似于人类的一般思维规则,便于思维活动的模拟。

(2) 推理技术。使用知识的事实(命题)信息判断处理对象的真假叫作推理。人工智能的推理技术一般采用两种基本方法:一是形式逻辑法,二是概率统计法,对于军事问题中的经验判断,概率统计法更为有用。

(3) 启发式搜索。搜索就是通过一定的方式找到需要的有关知识。启发式搜索就是尽可能多地提取有关信息,通过分析对比,以做出决策(结论)。搜索一般用树图的方式进行。

现代战争中的情况是极其复杂的,指挥的稳定性、快速性和不间断性、管理的复杂性、信息情报的不确定性以及战场变化的急剧性等,都对指挥决策提出了极高的要求。如何充分利用指挥员的丰富经验、军事知识和推理思维,适应作战环境的要求,快速而又准确地处置作战指挥中的问题,是摆在人们面前的新课题,传统的作战模拟方法难以实现指挥决策在机器内的自动进行,而人工智能的特性就决定了它在这些问题的解决上将能发挥重要作用。

现代战争中,需要计算机协助处理和完成的任务大量是非数值性的,信息形式很不规则,没有明确的计算方法,问题的解决依赖于知识和经验,与人的信息交换主要靠自然语言等,而这正是人工智能技术能够发挥特殊作用的领域。人工智能技术能使军事决策适应现代战争中出现的各种意外情况,大大增强指挥能力,使指挥系统具有更大的灵活性。

6.4.2 作战模拟技术

仿真模拟技术是以控制论、相似性原理和计算机技术为基础,以计算机和专用物理设备为工具,利用系统模拟对实际(或设想)系统进行试验研究的一门综合技术。

仿真模拟技术,较之理论分析和实际试验而言具有可控、无破坏性、安全、允许多次重复、高效和应用广泛等特点,从国防到国民经济的各个领域,仿真模拟技术的应用正获得日益明显的社会和经济效益。仿真模拟技术将复杂的设计和方案实验过程形象化,无须建立实际的模型就可以看到一种设备或武器系统的真实面貌。仿真模拟技术具有高速绘图、非线性问题求解、仿真验证和确认功能,可用于大型武器系统研制计划,以减少设计和生产费用、缩短研制周期、改进系统性能、增强指挥控制能力以及提高部队的训练水平。在系统设计过程中,利用仿真模拟技术,可以有效地增强人机系统的性能和操作适应能力,不管是系统设计,还是系统的改进,都可达到这种效果。在战斗管理系统中采用仿真模拟技术可以用来评估敌方各种复杂的武器系统的性能和技术水平。

仿真模拟技术可以有多种分类方法:按模型的类型,可分为连续系统仿真、离散(事件)系统仿真和连续/离散(事件)混合系统仿真;按模型的实现方式和手段,可分为全数学仿真、半实物仿真和实物仿真。

20世纪90年代以来,随着人工智能、专家系统、并行处理、计算机网络、虚拟现实等技术的发展,指挥控制系统的模拟仿真能力得到了大大加强,同时也促进了分布交互式仿真(Distributed Interactive Simulation,DIS)的产生与发展。分布式交互仿真训练系统是运用联网仿真技术,采用一致的结构、标准和算法,通过网络将分散在不同地理位置、不同类型的仿真系统连为一体的,人机可交互的、具有时空一致性、互操作性和可伸缩性的综合环境系统。分布式交互仿真使复杂军事系统构成综合仿真环境成为可能,它广泛地共享数据库、模型和其他仿真资源,部分或全部地给出了一个作战环境、作战过程等逼真景象。

分布交互式仿真训练系统由仿真节点和计算机网络构成。仿真节点除了负责本节点的动力学和运动学模型解算、视景生成、网络信息接收与发送、人机交互等仿真功能外,还要负责维护网络上其他实体的状态信息。典型的分布式交互仿真训练系统至少由两个局域网组成,局域网之间通过路由器连接。局域网中包括各类仿真应用、二维态势显示、三维场景显示、计算机兵力生成和数据记录器等。

6.4.3　决策支持技术

决策是指挥的核心,决策的科学化是指挥控制系统建设的一个重要内容。决策支持技术是对信息进行提取、处理以辅助决策者进行决策的技术,在指挥控制系统中通常以决策支持系统(Decision Support System,DSS)的形式出现。DSS是通过数据、模型和知识,以人机交互方式辅助决策者决策的计算机应用系统。它是管理信息系统向更高一级发展而产生的。它通过人机对话为决策者提供分析问题、建立模型、模拟决策过程和方案的环境,调用各种信息资源和分析工具,帮助决策者提高决策水平和质量。

在电子计算机发明之前,人们利用笔、纸、算盘等各种工具记录、处理信息以辅助决策,使用这些工具的技术是最原始的决策支持技术。计算机出现之后,为人们提供了新的决策支持技术。基于计算机技术的DSS研究始于20世纪70年代,目前已经发展成为以“信息论、计算机科学、管理科学、运筹学、控制论、行为科学和人工智能”等学科(技术)为主要基础与应用形式的综合性很强的理论,同时也是一种开放的技术,将计算机的高速运算与人类的逻辑推理能力有效结合起来。

信息化条件下,战场空间日益扩大,纵深性、立体性不断增强,战争在海、陆、空、天电全面展开,战争态势瞬息万变;武器装备不断更新,对抗日趋激烈,战斗节奏加快;一体化联合作战使得指挥更加复杂,指挥失控因素增多。这一系列的现实变化致使信息化条件下的作战指挥决策具有高度不确定、不完备信息条件、强对抗性环境以及时间节奏快等特点。在这种情况下,只靠指挥员及参谋的头脑和手工操作,根本无法从纷乱繁杂、稍纵即逝的战场信息中对各种情况进行综合、演算、推理、判断、预测和优化,从而做出最优的作战方案。因此,必须利用计算机等先进设备对决策者提供一定程度的支持。作战辅助决策为指挥员提供实时的战场态势和非实时的信息;提供态势要素、威胁要素、决策要素及其分析结果,作为决策依据;为指挥员提供多个备选决策方案;具有人机交互的能力;辅助指挥员正确进行情况分析和判断,进行科学的资源分配、部队部署,生成合理的作战预案,为有效组织作战行动,提高快速反应能力,提高工作时效性打下基础。

人类决策的行动主要包括"确定目标""设计方案""评价方案"和"实施方案"四个阶段,各阶段均围绕模型展开。DSS以计算机处理为基础,其关键在于建立用于决策问题描述和分析的模型。DSS通过预置模型来提高它的信息分析和处理能力,因此它的所有设计、分析、运行都必须以预置的决策模型为主要依据。它不仅能有效地利用原有的数据、模型、方法进行辅助决策,同时还能在决策过程中,进行推理和判断,生成新的数据、模型和方法,来为辅助决策服务。

传统的DSS主要以模型库系统为主体,通过定量分析进行辅助决策,目前通过与数据仓库、人工智能等新兴领域知识的结合形成了多样的新一代DSS。不论DSS如何发展,它的基本结构还是由"三部件+人机交互"组成,具体为数据部分、模型部分、推理部分和人机交互部分,如图6-3所示。

(1)数据部分包括数据库及其管理系统。

(2)模型部分包括模型库及其管理系统。

(3)推理部分由知识库、知识管理系统和推理机组成。

(4)人机交互部分是决策支持系统的人机交互界面,用以接收和检验用户请求,调用系统内部功能软件为决策服务,使模型运行、数据调用和知识推理达到有机地统一,有效地解决决策问题。

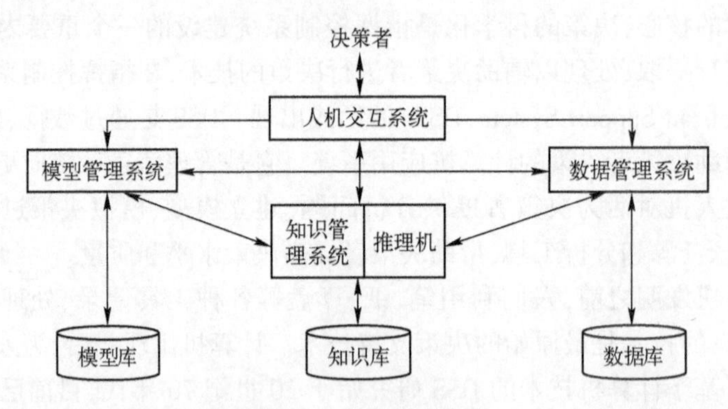

图6-3　DSS基本构成

决策支持涉及信息的搜集、整理、综合、分析等各个方面,主要包括军事运筹、人工智能、知识发现和数据挖掘、专家系统、仿真与作战模拟等理论和技术。军事运筹是应用数学方法及现代计算技术研究军事问题的定量分析及决策优化的理论与方法,如武器装备、军队编制、人员训练、指挥决策等。人工智能技术是一种研究机器智能和智能机器的技术,它的近期目标是研究如何使计算机去做目前只有人脑才能进行的复杂活动,如推理、分析、决策、学习等。知识发现和数据挖掘技术是从大量数据中提取有用知识的技术。专家系统是一种具有大量专门知识的计算机智能信息系统,它运用特定领域的专门知识和人工智能中的推理技术来求解和模拟通常要由人类专家才能解决的问题。仿真与作战模拟技术是利用硬件和软件仿真模拟实际的作战环境,使指挥员在战斗中进行快速而正确的决策的技术。随着计算机网络等技术的进步,决策支持系统已由原来的单用户、面向模型的系统发展成可支持群决策的系统。

系统建立在对影响作战方案的诸因素进行综合分析的基础上,利用多属性方法对作战方案所涉及的各要素进行系统分析,建立作战方案评估指标集。系统由智能化人机界面、问题处理系统、数据库及其管理系统、模型库及其管理系统、知识库及其管理系统组成。其中,数据库包括动态数据库和静态数据库,动态数据库用于记录战场态势,静态数据库包括数字化地图库系统、指标库、编制装备库、武器性能库;模型库包括作战模拟模型、决策模型、预测模型、优化模型等;知识库包括主攻方向(或主要防御方向)、战法、编成、配置等。

6.4.4 虚拟现实技术

虚拟现实(Virtual Reality,VR)技术,又称灵境技术,是模拟技术发展的一个分支,一经出现,立即引起人们的广泛关注,尤其受到军方的高度重视。虚拟现实技术已在全球的文化娱乐、模拟训练、医疗诊断、监视系统等方面得到成功应用。

虚拟现实是利用计算机生成的一种虚拟模拟环境(如飞机驾驶舱、操作现场等),通过多种传感设备使用户"沉浸"在该环境中,实现用户与该环境直接进行自然交互的技术。虚拟现实有仿真性、交互性、人工性、沉感性、电子现场、全身心投入、网络化通信等特征,但最主要的三个基本特征是沉浸、交互和构想,这三个特征强调了人在虚拟现实中的主导作用。

虚拟现实技术提供了一种比一般计算机模拟更好的方法,有更高的逼真度。使用虚拟现实技术构造出来的虚拟环境,使人们用视觉、听觉和触觉而不是通过计算机屏幕上的枯燥文字和数据变化去感知计算机传达出来的信息;虚拟现实技术可使人们通过日常的手段,如语言、手和脚的动作而不是键盘去和这个虚拟环境交换信息。虚拟现实技术能使现代作战模拟做得非常逼真,以至于发展到可以替代实兵演习的程度,可望成为人类认识世界和改造世界更强有力的武器。

虚拟现实技术作为一种最新的计算机人机交互技术,在军事训练领域引发了一场新的训练方法及手段的革命,首当其冲的在作战训练中得到广泛应用。其主要特点是情景逼真、近于实战、易于操作、交互性强,并能大大缩短训练时间、提高训练效率和训练质量、降低训练费用。无论是模拟效果,还是在应用范围上,都远远超过了现有的模拟器。

虚拟现实应用于作战模拟时,为研究战争问题、作战指挥和训练提供了更科学的方法,使研究的进程更加逼真、更加近于实战,而且使研究结果更加可信,有利于指挥技术和作战技能的提高。

虚拟现实技术可以实现全方位的作战技能训练;能够进行在真实世界里不可能进行的各种危急情况的处理训练;能把原来难于考虑的、人的行为因素"揉"进作战模拟模型,使得虚拟模拟能比实兵演习更加接近实战效果,是提高部队战斗力的最佳训练器材。

虚拟现实技术可以人工制造"未来作战环境",甚至可以制造出一支虚拟的"计算机部队"加入到演习、训练或决策模拟中去,可将视角、听觉、触觉和其他感觉从计算机实时地传达给局中人,能与虚拟的对象——敌人进行近乎实战的对抗,而无须借助实装、实物,使局中人有强烈的临场感。

利用计算机的分布交互和虚拟化技术,可以实现虚拟化分布交互的作战模拟环境。

(1) 虚拟武器。虚拟武器是计算机生成的武器,虚拟武器平台并无物理实体,却有武器平台实体的外观显现和操作界面,具有武器平台的过程功能,有机动能力、探测能力和发射能力。平台和武器的外观和操作界面利用物理建模技术形成。这些虚拟武器分布在网络的各个节点上。

(2) 虚拟战场。虚拟现实技术利用地形高程数据生成三维地形图;利用航拍照片及计算机扫描和纹理映射生成真实的海洋和地貌图;可使大气数据虚拟化;可采用分形技术和粒子系统技术生成一些特殊的自然景色,如云彩、雪花、雷雨和雾等天候景象。虚拟现实技术生成的这个虚拟战场(包括空间、大气、海洋、陆地、电磁场以及各种人为环境和处于该环境中实际的外部特性)还可保证人或人通过设备与其进行自然、实时的交互。这个虚拟战场形成了虚拟战斗的战场环境或平台。

(3) 虚拟战斗。通过作战过程的虚拟化,可以实现虚拟的武器平台之间、武器平台与武器之间、武器与武器之间以及武器平台与战场环境之间的交互作用和相互影响。雷达波、声波和光波的传播特性、目标特性、红外热辐射效应、战场气氛的声光效果、射击目标的破坏效应等,都可在虚拟技术的支持下实现。

虚拟现实技术可用于虚拟战斗人员操作虚拟武器进行的作战,模拟指挥人员根据虚拟战场态势和虚拟战场环境的指挥,模拟导调人员对虚拟战场场景的观察等。通过虚拟技术构筑的虚拟武器、虚拟战场、虚拟战斗可模拟大规模的实战场境,进行成千上万个战斗单位间的协同和战斗演练,为各种态势下的军事决策提供依据。

武器装备的虚拟原型是所涉及产品的数字化模型,可以在计算机上运行。建立了武器装备的虚拟原型后,设计者可以看到所设计产品的样子;可以对许多零部件进行测试和装配;可以检查产品的工作情况。如当需要设计一种新型作战飞机时,虚拟现实模拟系统的计算机能够显示出机舱内仪表、操纵杆等各种设备位置。试飞员戴上头盔显示器、数据手套等传感器设备,就能操作这架"飞机",感觉操作时是否方便、舒适,如不满意,可按照自己意愿进行调整。所不同的是,在这架虚拟飞机中进行的调整和修改经济快速,还十分安全。飞机制造完成后,就能保证完全合乎飞行员的需要。

分布式虚拟环境将对科学研究带来巨大的帮助。美国的研究人员已经利用分布式虚拟环境来进行大系统的并行工作。如有几千名设计者参加的海军战舰的设计,每人都可以通过浸入式的分布式虚拟环境,观察庞大复杂的战舰设计结果,了解不同的设计方案对战舰其他部分的影响,促进各部门间的协作,而这一切都可在图纸设计阶段就能实现。

6.5 指挥控制系统的发展趋势

6.5.1 指挥控制系统一体化

指挥控制系统一体化是实现一体化联合作战的基础,其发展的一个重要的方向是实现从传感器到武器平台的一体化。通过将情报侦察系统与作战指挥、电子对抗和火力武器等系统和平台联为一体,最大限度地满足指挥和作战的情报需求,使打击行动具备实时和近实时性,从而提高火力打击的效率,在现代战争中具有重要的地位,发挥了举足轻重的作用,主要体现在:

(1) 指控系统一体化的深入发展,使得未来作战形态和指挥控制模式发生重大变化。

(2) 极大地提高精确打击能力和杀伤能力,将以更少的武器装备,获取更大的作战效果。

(3) 提高快速反应能力,特别是对付时间敏感目标有重大意义,并促进作战进程。

(4) 为作战装备的无人化和智能化的发展提供了坚实的基础。

指挥控制系统的一体化主要包括以下三个内容:

(1) 战略、战役和战术信息系统一体化,以战役、战术为主。例如,美军的M1A2① 主战坦克,集成了21世纪旅及旅以下部队作战指挥系统(FBCB2)后,极大地提高了战地信息实时传递能力,使其坦克作战能力比M1A1提高了一倍。FBCB2通过系统集成到主平台的方式用于主战坦克和步兵战车,可提供综合的、运动中的实时和近实时的作战指挥信息和态势感知能力,实现为指挥员提供态势感知、共享通用作战图、显示友军和敌军位置、目标识别、综合联勤支持等战术任务。

(2) 建立信息栅格服务,利用信息栅格技术、计算机网络技术和数据库技术的最新成果,建设按需进行信息分发、按需提供信息服务、强化信息安全和支持即插即用的网络信息栅格(信息栅格、指控栅格、武器栅格以及作战保障栅格),支持一体化指控系统的建设与应用,以提高系统整体作战能力。通过网络中心化将陆上、海上和空中力量整合成一支网络化部队,通过互联网协议、软件无线电技术、无线网络等技术,将地理上分散的传感器、指控系统和武器平台联在一起,并以网络为中心协调各军兵种的联合作战。陆军士兵可以看到空中飞行员和海军水手所见到的战场态势。在未来战争中,作战平台、通信系统、指挥控制系统、传感器等组成战场系统的各要素,都可有一个独立的IP地址,单个士兵都可以按需实时地看到战场态势,并相互补充,实现未来战场的透明性。

(3) 逐步把所有的武器装备系统、部队和指挥机关整合进入全球信息栅格,使所有的作战单元都集成为一个具有一体化互通能力的网络化的有机整体,从而建成一体化联合作战技术体系结构,实现不同军兵种之间的互联,使其了解和理解战场情况并使作战行动得以同步。将通信和网络嵌入到移动平台,使得指挥控制系统能够对作战平台实时有效的战斗指挥,提高部队的快节奏进攻能力,实现从传感器到射手的快速打击。

总之,伴随着信息技术的飞速发展,指挥控制系统和信息化武器装备一体化程度的不断提升,使得遂行军事行动的作战能力也不断加强,具体表现在陆、海、空、天一体化、军兵种一体化、从传感器到射手的一体化以及信息获取、处理、存储、分发和管理的一体化。这样在信息主导和融合下,指挥控制系统的整体作战效能更加强大,从而实现体系作战能力整体水平的提升。

6.5.2 指挥控制系统智能化

错综复杂的电子对抗和信息对抗环境,迫使军事电子信息装备朝着智能化方向发展。随着新型高能计算机、专家系统、人工智能技术、智能结构技术、智能材料技术等的出现和广泛应用,指挥控制系统装备智能化将成为现实。

适应网络中心战的指挥控制系统作战能力包括共享态势感知、协同决策、自同步等。其中,态势感知能力和协同决策能力是网络中心化的指挥控制系统的两大核心能力,也是

---

① M1A1/M1A2坦克全称艾布拉姆斯坦克,属于美军战后第三代主战坦克。

夺取信息优势和增强决策优势的基础。

指挥控制系统装备智能化主要表现在:

(1) 态势感知透明化,增强对战场态势的感知能力。战场态势感知的透明化是未来战争对指挥控制系统的情报获取和处理提出的一个基本要求,就是要准确、实时地了解和把握战场上不断变化的己方信息、敌方信息和作战环境信息。通过对空、天、地面和水下等多种侦察监视情报信息的网络化收集和按需保障,实现一点发现、全网皆知。指挥控制系统装备中显示的战场态势图既是一个完整的作战信息和情报图,又是一种实时、直观、可读的全方位的战场信息,呈现为一个综合的、实时的、真实的三维战场空间,使部队变得“耳聪目明”,保持信息优势。

(2) 指挥决策智能化,提高决策的正确性和指控的准确性、灵活性,提高作战效能。通过网络化信息资源的利用,建立基于一定作战原则,适应不同作战样式的作战模型和统一的作战数据库,根据组织战役作战和应对突变事件需要,快速生成作战方案预案,实现高效决策、全网互动。指挥控制系统可支持不同指挥机构之间和统一指挥机构不同部门之间的作战计划的网上协同制定,并自动整合,形成完整配套的作战计划。系统还可比较作战方案的可行性,以便于指挥员选择最佳方案,将“信息优势”转化为“决策优势”。

(3) 作战协同网络化,实现作战活动自我同步,提高兵力协同和武器装备协同作战能力。

6.5.3 系统组织运用高效化

随着军队信息化建设和指挥控制系统的发展完善,指挥控制系统的组织运用呈现出高效化的发展趋势,主要体现在:

(1) 将以模块化、可部署指挥所为中心,组织整体保障,进一步提高指挥控制系统适应部队高度机动要求的组织调整能力。

为了提高系统的综合化抗毁能力,通过对指挥控制系统中各类信息的分布式协同处理和多重网络安全防护措施,有效抵御敌方的“软”“硬”攻击,实现动态重组、全网顽存。指挥控制系统的核心设备异地备份设置,可全功能实时接替;各种作战力量指挥所的同类系统,硬件和软件配置一致,可根据指挥关系的变化或任务接替的需要进行灵活重组;统一指挥控制系统内的席位功能可根据作战指挥任务的变化柔性调整;当某一节点被毁时,指挥控制系统或武器平台可自动切换到其他节点,保持在网运行;当多个网络节点被毁时,仍可以脱网状态工作,保证最低限度作战指挥的需要。

(2) 随着机动指挥控制系统越来越依托无基站的无线网络,将使战场频谱管理和网络管理进一步得到加强。

战场电磁频谱的管理与使用,直接关系到指挥控制系统的组织运用效率,从而影响到作战指挥的顺畅、武器威力的发挥、信息作战的成败,成为夺取战场信息优势的决定性因素。针对目前战场频谱管理还存在着战前准备时间长,需要集中指派成千上万个频点,协调任务重;战术规划烦琐,战前需要进行大量频谱的规划工作;频谱管理灵活性差,静态指派方法不适应动态、密集的战场电磁环境及频谱资源利用率低,成为制约指挥控制系统作战效能发挥的重要因素等不足。确定加强频谱管理的目标,即通过软件自动配置电子设备的工作参数和通过标准化的规程预先指定管理协议和计划预案,从而缩短战前准备时间;战术频谱规划自动适应作战区域、位置和战术策略等因素的变化,实现自适应战术规划;通过战场频谱态势实时感知和资源共享,更有效地管理频谱和提供频谱保证,实现动态频谱管理;在正确的时间、正确的地方使用正确的频段,实行按频谱的优化利用。为更好地加强频谱管理工作,确保指挥控制系统高效运用,构建频谱管理系统,频谱管理呈现出如下三个特点和发展趋势:从单一功能向多功能、从单一频段到全频段、从满足某一特殊需要向面向联合作战权威频谱管理发展;注重应用于作战部队和通信网元、雷达、电子战以及武器系统平台等嵌入式等频谱管理的系统和模块的研制,提高战场频谱的动态管控能力,实现战场频谱的全域服务;加强战场频谱网络化管理和智能化辅助决策技术研究,提升频谱管理的随遇入网、即插即用、频谱的按需分配和自适应的共享能力。

指挥控制系统是以计算机网络为基础的。正是计算机网络将系统管理、系统用户和系统装备紧密地联结起来,形成一个一体化的整体。在系统的组织运用阶段,网络管理也称为指挥控制系统管理工作的核心。网络管理是指监督、控制网络资源的使用和网络运行状态的活动。指挥控制系统除了故障管理、配置管理、性能管理、计费管理和安全管理五大功能外,还具备包括网络设计规划与管理、无线电频率规划与管理、密钥管理、通信资源与管理、通信事务管理等功能。为适应未来信息化战争的需求,网络管理正呈现出不断提高网络的安全路由交换能力、可控可管能力、动态组网和顽存能力、子网随遇接入能力、即插即用能力和端到端通信服务能力的特点和发展趋势。

参考文献

[1] 曹雷,等. 指挥控制系统[M]. 北京:解放军出版社,2010.
[2] 童志鹏. 综合电子信息系统[M]. 2 版. 北京:国防工业出版社,2008.
[3] 苏建志,等. 指挥自动化系统[M]. 北京:国防工业出版社,1999.
[4] 李德毅,曾占平. 发展中的指挥自动化[M]. 北京:解放军出版社,2004.
[5] 罗雪山. 指挥信息系统分析与设计[M]. 长沙:国防科技大学出版社,2006.
[6] 徐伯夏,丁国辉. 信息时代的作战指挥控制系统[J]. 电光与控制,2008,15(1):1-5.
[7] 裴燕,徐伯权. 美国 C4ISR 系统发展历程和趋势[J]. 系统工程与电子技术,2005,27(4):666-670.

思考题

1. 什么是指挥控制系统,具有什么特点?
2. 指挥控制系统的地位与作用是什么?
3. 指挥控制系统主要包括哪些功能?
4. 简述指挥控制系统的组成和分类。
5. 指挥控制系统的主要包括哪些硬件装备和软件装备?
6. 态势处理分系统的功能与组成是什么?
7. 指挥作业分系统的功能与组成是什么?
8. 技术保障分系统的功能与组成是什么?
9. 通用业务分系统的功能与组成是什么?
10. 指挥控制系统的发展趋势有哪些?

第7章 7 指挥信息系统的对抗与安全防护

7.1 指挥信息系统的对抗概述

信息化条件下作战,主要表现为作战体系之间的对抗,而体系作战能力的生成是作战体系功能和作用的直接体现。信息化作战已不是单一兵器、单一战斗单位之间的对抗,而是敌对双方整个作战体系之间的对抗,必须以信息感知和利用为主线,以指挥信息系统为依托,将各军兵种的作战平台、武器系统、情报侦察和指挥控制系统以及保障系统等作战要素进一步融合。其中,指挥信息系统的效能能否充分发挥,将直接影响到部队的整体作战能力。敌对双方围绕指挥信息系统使用效能的削弱与反削弱、破坏与反破坏的斗争——指挥信息系统的对抗与安全防护,已成为现代战争的一个重要组成部分和显著特征。在本章,我们主要介绍基于指挥信息系统的对抗与安全防护的概念、技术与方法。

7.1.1 指挥信息系统对抗的定义

随着指挥信息系统在现代高技术战争中的地位和作用不断提高,敌对双方围绕抑制对方指挥信息系统在作战中所起作用的斗争越来越激烈。20 世纪 80 年代以来,指挥信息系统对抗问题应运而生。

美军将指挥信息系统对抗最早用 C3CM(C3 Counter Measures)表示,解释为:"是电子战、火力压制、情报保障、战术欺骗和作战保密合为一体的综合战术,是在复杂多变的战场电磁环境中作战的有效战术。其主要作战任务是干扰压制敌方 C3I 系统,保障己方 C3I 系统正常进行工作。"

指挥信息系统对抗的内涵包括对敌方指挥信息系统的攻击和保护本方指挥信息系统不受敌方和作战环境与其他因素的影响,从而达到以己方最小损失换取敌方最大损失,实现兵力的真正倍增的目的。这里所说的"不受敌方和环境与其他的影响",包括两个方面的因素。敌方的攻击是主要的因素,但是由于本方的无线频率管理不得当,或战术有误,会造成自己干扰自己,这就是"作战环境与其他因素的影响"。

传统的指挥信息系统的对抗是指以专用电子设备、仪器和电子打击武器系统降低或破坏敌方电子设备的工作效能,同时保护己方电子设备效能的正常发挥。对抗系统一般由侦察传感设备、显示操作设备、干扰执行设备、通信设备以及数据处理中心等组成。其根本任务是:干扰和破坏敌指挥信息系统,使其完全瘫痪或执行错误动作;有效地保护己方指挥信息系统不受敌干扰、破坏和打击,并处于良好的工作状态。很显然,传统的指挥信息系统的对抗属于电子对抗的范畴。

随着信息时代的到来,战争的形式也在发生着深刻的变化,现代战争已成为信息的战争。信息是战略资源、决策资源，是战场的灵魂和武器系统的核心。而网络是敌对双方借以获取信息优势的制高点，网络战已成为军队作战的新模式。

本章所述的指挥信息系统对抗主要是指电子对抗、信息对抗和近年来才提出的赛博空间行动，其基本手段是在陆、海、空、天、赛博等空间中开展的侦察与反侦察，干扰与反干扰，反辐射摧毁与反摧毁等，如图7-1所示。

图7-1给出了在现代战争中敌对双方指挥信息系统间的对抗。在战场信息的获取与感知中，存在着监视与反监视、侦察与反侦察、定位与反定位的对抗；在战场信息传输过程中，存在着通信、数据链与网络的对抗，在信息分析与处理中存在着情报对抗，在信息的开发利用过程中有指控战，当然还有武器平台之间的隐身与反隐身、制导与反制导之间的对抗。

通过图7-1可以看到，指挥信息系统间的对抗均利用指挥信息系统的脆弱性来实施。由于指挥信息系统是一个地理上分布的开放系统，通信、情报和计算机网络都可通过物理或电磁的方法进行干扰破坏，这是系统脆弱的原因之一。此外，由于指挥信息系统的建设大量采用了民用标准、技术、商品设备与系统结构等，有许多系统是军民两用的，这也为非法访问指挥信息系统提供了可能，为实施以电子战、信息战、网络战和赛博空间行动为主要样式的指挥信息系统对抗留下了空间。

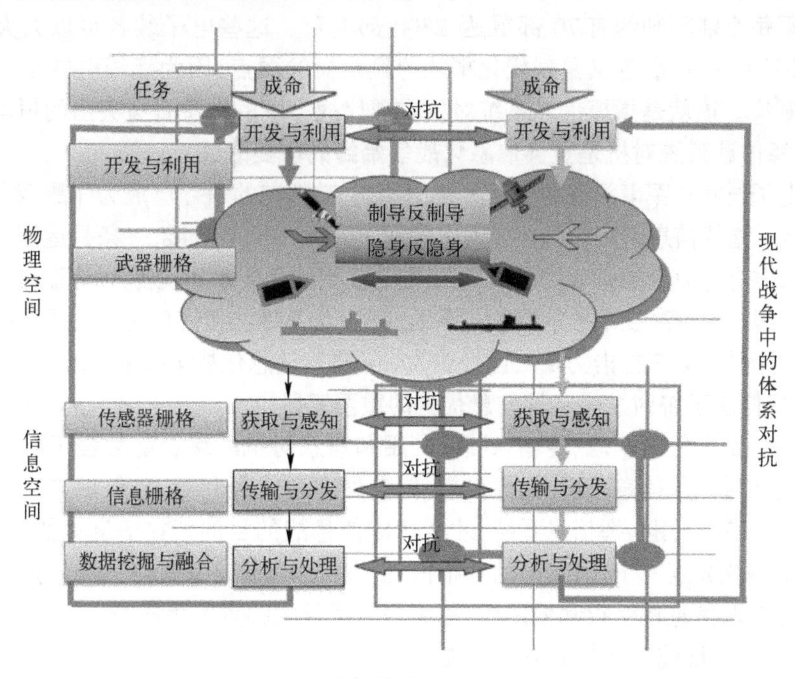

图7-1　指挥信息系统间的对抗

7.1.2　指挥信息系统对抗的地位与作用

指挥信息系统是作战力量的倍增器，系统的黏合剂，在现代战争中的地位和作用不断提高。为了抑制敌对双方指挥信息系统在作战中所起的作用，指挥信息系统对抗的研究应运而生。指挥信息系统对抗是电子信息技术与军事斗争日益结合的产物，是在信息空间展开的斗争，存在于作战指挥过程的各个环节。为了取得作战的胜利，最初是直接杀伤敌方战斗人员和摧毁敌工事,后来演变为首先摧毁敌武器系统,进而发展为首先攻击作战用的信息系统。随着专门用于电子对抗的飞机、舰艇、卫星,以及用来摧毁雷达等装置的反辐射导弹相继出现,使对抗的地位和作用大大提高,并逐渐以一种直接用于攻防的作战手段,活跃在信息化战争的舞台上。攻击指挥信息系统除了采用传统的硬杀伤式的摧毁外,还可利用电磁信号辐射和网络交换自身的特点,在信息空间进行干扰,传统的陆、海、空战已发展形成了加入天、电和网络的"多维立体战",指挥信息系统对抗以一种实施"软杀伤"为主要特点的新战法贯穿于战争的全过程。这种软杀伤是指挥信息系统对抗区别于其他作战手段的显著特点之一。

7.1.2.1 指挥信息系统对抗在现代高技术战争中的突出地位

指挥信息系统是整个作战系统的"神经中枢"。如果使用某种手段致瘫"神经中枢",可取得事半功倍的效果,从而以最小的代价换取最大的胜利,因此攻击敌方和保护本方指挥信息系统自然成为作战的重要任务之一。

在现代战争中,越是处于优势的军队,电子设备的装备密度越大,对电子装备的依赖性也就越强。例如,在北约和原华约国家的一个师的展开地域内,每一千平方千米中分别有3632个和251个电子辐射源。俄罗斯军队一个摩托化步兵师约有60部雷达、2040部电台。美军每个陆军师约有70部雷达、2800部电台。这些电子装备可以大大提高部队的战斗力,但另一方面,这又是现代化军队的最致命的弱点,因为无线电电子装备容易遭受干扰而瘫痪。这就是指挥信息系统对抗在现代战争中的地位日益突出的根本原因。

1. 指挥信息系统对抗是贯穿信息化战争始终的重要战线

由于电子技术在军事领域的广泛渗透,围绕电磁频谱的争夺已成为作战双方激烈争夺的又一焦点。指挥信息系统对抗在客观上构成了两条不同的战线,一条是运用硬杀伤武器直接杀伤对方有生力量的有形战线;另一条则是使用信息技术和设备,以夺取制信息权为目的的无形战线。随着高技术战争形态的不断变化,电子对抗和信息对抗的手段被称为与火力、机动力并列的"第三打击力量",已经成为一条贯穿信息化战争越来越重要的战线。

2. 指挥信息系统对抗是夺取信息优势的重要手段

信息优势是指信息获取、传输、处理、利用和信息对抗的综合能力强于对方的有利形势。为了破坏对方的信息获取、信息传递、信息处理和信息利用,并保护自己的信息不被敌方所利用,只有利用指挥信息系统,才能达成信息战的目的。在信息化的战场上,军队的指挥控制系统高度电子化,70%的情报信息依赖于电子设备获得,所以,指挥信息系统间的对抗是夺取信息控制权和使用权,达成信息战目的的重要手段。

3. 指挥信息系统对抗是战斗力构成的重要因素

由于指挥控制及武器系统对电子设备的高度依赖,打击和破坏对方的电子系统,就可以成倍地削弱敌武器系统的威力,有效地降低对方的整体作战能力;而采取有效措施保证己方电子设备的正常工作,就能保证己方作战能力的正常发挥,对战斗力起到倍增作用。这一点,已经被中东战争、海湾战争、科索沃战争以及伊拉克战争所证实。据统计,带自卫电子对抗设备的轰炸机,生存率可达70%~95%,反之则不超过25%;作战飞机带电子对抗设备出击时的生存率为97%,反之不超过70%;水面舰艇不装电子对抗设备,被导弹击中的概率约为加装电子设备的20倍。可见,指挥信息系统间的对抗确实对高技术战争中的战斗力形成发挥着重要作用。

4. 指挥信息系统对抗是保障主战武器平台效能发挥的关键

武器控制是指挥信息系统的重要功能之一。现代精确制导武器大都是采用光电制导来进行控制的,它们靠雷达、激光、光学探测器和红外探测器发现目标和照射目标并控制导弹飞向目标。因此,精确制导武器都是可以用某种方式进行对抗的,都是可干扰、可欺骗的。叙利亚和以色列贝卡谷地之战就是一场典型的指挥信息系统对抗电子战。由于以军根据事先侦察的情况对叙利亚的地空导弹和指挥截击机的指挥信息系统实施了针对性的干扰,使叙军的指挥信息系统失去作用,作为其主战武器的导弹因无法制导而失去作战效能,而以军在 E－2C 指挥飞机的指挥下有条不紊地作战。仅短短几个小时的战斗中,叙军就有 19 个地空导弹群和 29 架战斗机被摧毁,以军飞机却无一损失。另一报道,美军研制的舰载电子战成套设备(Design－to－Price Electronic Warfare Suite,DPEWS)系统能够同时使至少 75 枚来袭的导弹迷失目标。1986 年在美国和利比亚的冲突中,美军以强有力的电子战,使利军指挥系统和制导雷达系统失灵,利军只能盲目地乱发导弹,美军在半小时内就完成了轰炸利比亚指挥中心的任务,仅损失 1 架飞机。

7.1.2.2　指挥信息系统对抗的主要作用

指挥信息系统对抗的主要作用有以下几方面。

1. 获取重要军事情报

未来战争是信息化战争,利用电子对抗的装备和手段,查明敌电子设备的工作性能、技术参数、类别、数量和配置位置等,判断其兵力部署和行动企图,是赢得战争胜利的关键。1943 年 4 月,日本联合舰队司令长官山本五十六到前线(中所罗门岛)视察,日本第 8 舰队司令给另一个指挥所发出了视察路线、时间的电文,这一电文被美军截获并破译,当山本五十六出发后,美军出动 18 架战斗机将山本座机击落。海湾战争中,多国部队为了对伊拉克实施空袭、获取伊军雷达及防空系统情报,美在投入的 53 颗各类卫星中,至少有 12 种共 18 颗侦察卫星,300 余架预警侦察飞机及地面电子情报站,伊军大多军事行动难逃多国部队的“电子耳目”监视。海湾战争爆发前,沙特在美国授意下数次派战斗机闯入伊领空,以激起伊军的雷达反应,从而测定其雷达位置,分析其性能,美军空袭时就顺利实施了电子干扰和压制。美国防技术安全局为美军提供了伊拉克核、生、化、导弹研制和常规武器生产设施的情况及位置,为轰炸提供了目标信息。美国防测绘局提供了 1.16 亿张复制地图和上万张照相地图,为“战斧”巡航导弹袭击陆上目标提供了有价值的情报。

2. 破坏敌方作战指挥

破坏敌指挥系统,使敌军瘫痪陷入被动挨打地位,是指挥信息系统对抗的重要任务。1944 年,苏军在加里宁格勒附近包围了德军一个重兵集团,德军试图用无线电与大本营联络,求得增援和突围。苏军派出无线电干扰分队压制了德军的无线电通信,使德军 250 次联络未能成功,结果全军覆灭。德集团军司令被俘后供述,投降的主要原因之一是无法与大本营取得通信联络。

3. 掩护突防和攻击

雷达作为预警和兵器制导装备,已成为防御体系的“哨兵”和“千里眼”。它们能对空、对海实施警戒,及早发现来袭敌机、导弹、舰艇,可对火器实施射击控制和导弹的制导等,进攻时则可对敌雷达系统实施干扰、欺骗或摧毁,使其失去效能。在海湾战争中,多国部队空袭编队得到了各种电子战飞机4000多架次的电子支援,掌握了制电磁权,有效掩护突防,致使伊军作战飞机和防空导弹部队未能做出有效反应。

4. 保卫重要军事目标

在重要城镇、桥梁、机场、工厂和军事要地等目标附近,设置有力的雷达干扰设备或采用欺骗手段,能有效干扰敌轰炸机瞄准雷达和导弹的制导系统,使飞机投弹不准,导弹失控,减少被击中的概率,达到保卫重要目标的目的。如海湾战争中,伊"飞毛腿"导弹发射系统对多国部队构成了一定的威胁,成为多国部队重点轰炸目标,伊军为了欺骗多国部队,用铝板和塑料制成许多假导弹发射架,这些假导弹发射架在雷达荧光屏上显示的雷达回波与真发射架极为相似,引诱多国部队无效轰炸,有效地保存了实力。

5. 夺取战场主动权

未来高技术战争中,指挥信息系统对抗技术将越来越先进,其对抗领域将越来越广阔,作用将越来越重要。不掌握信息优势和制电磁权,自身作战兵力兵器的作战效能就无法正常发挥,就很难掌握整个战场的主动权。

由此可见,指挥信息系统对抗是夺取战场信息优势、实施指挥控制、保障火力突袭、压制和摧毁敌指挥信息系统的重要手段,在现代战争中的地位极为重要。

7.1.3 指挥信息系统对抗的运用方式

7.1.2节中已经指出,指挥信息系统之间的对抗与反对抗、破坏与反破坏出现在作战的各个过程中。对指挥信息系统的破坏,主要发生在临战前夕和战争爆发之后。反破坏是针对可能的破坏而采取的若干措施,这些措施如果在战争已爆发之后再来采取显然已经来不及了,所以必须在建设系统的和平时期就有针对性地予以充分准备。特别是指挥信息系统的对抗分系统并不是在系统之外再附加一个或数个子系统,它只是表明在研究、制造、安装指挥信息系统的每个子系统以及协调各个子系统时,应当使各个子系统与全系统都具有反破坏的整体能力。这就要首先研究实施指挥信息系统对抗破坏对方指挥信息系统的可能方式。

美国国防部1980年给出了其指挥信息系统(当时美军称之为C3I系统)对抗的实施原则,它们是:"①为获得成效,C3I的对抗行动必须与其他军事行动配合;②针对特定环节所采取的C3I对抗措施必须是频繁重复的,这是由于C3I系统的结构以及对它的破坏效果都具有不确定性;③C3I对抗措施的效果决定于对敌方C3I系统的详细了解。"

从第二次世界大战以来的几场局部战争看,指挥信息系统对抗措施的破坏方式主要有火力摧毁、实施干扰、进行欺骗、军事保密和网络对抗。

1. 火力摧毁

用火力摧毁敌方的电子设备是C3I系统对抗手段中最有效、最彻底的办法。也就是反复用炮火、导弹或飞机轰炸等方式来摧毁敌方各级指挥所、情报/传感器关联中心、空中防御与进攻指挥所等。这里的关键是要事先通过各种情报手段准确侦察到这些单位的所在地。如海湾战争开始不久,多国部队就是成功地运用这种手段彻底破坏了伊拉克的战略指挥中心。当然,对于有线通信信道和大型无线电发射与接收装置,也可用炮火或轰炸予以摧毁,也可用人员偷袭的方法予以破坏。

另外,还可以采用反雷达导弹来对付敌方雷达。反雷达导弹上装有被动式自动导引头,它利用雷达波束进行制导,主要发达国家已装备或正在研制的反雷达导弹(或称反辐射导弹)就有20多种型号,部队装备的数量也不断增加。为提高反辐射导弹的抗干扰能力和滞空时间,英、德、以色列正在研制袭扰无人驾驶飞机。该机有较大的航程,可攻击敌方纵深目标,机上装有反辐射导弹的导引头和战斗部,在敌雷达关机和受到欺骗干扰时,可升高盘旋,待敌雷达开机再重新实施攻击。

2. 实施干扰

在对方无线电通信的频率上或对方雷达的工作频率上,施行大功率干扰,或施放诱饵物对雷达进行无源干扰,从而使对方的通信、侦察和制导失灵。这在1982年6月9日和6月10日以色列与叙利亚的贝卡谷地之战中,1986年4月15日美国对利比亚的偷袭中,以及海湾战争多国部队对伊拉克的轰炸中,都起到了令世人瞩目的作用。

3. 进行欺骗

这主要是指“兵不厌诈”“示形”这些古老军事原则在当今的应用,以使敌方从己方获得假情报,或故意向对方输送假情报。只是在当今除了在军事上造假以外,经常配合以政治上和舆论上的假象。从第二次世界大战的偷袭珍珠港、诺曼底登陆,到战后的多次局部战争,无不都是“虚则实之,实则虚之”这类欺骗手段的灵活运用。获得情报的一方,按照该情报来准备战争或放松准备,当然是要吃大亏的。无论全局战争还是一次战役,都有着制造假象以使对方因其千方百计才获得的“情报”而上大当吃大亏的现象。

电磁欺骗是欺骗活动的一种重要手段。电磁欺骗的方法很多,一般可以分成四类。第一类是改变目标的反射特性,避免目标被探测;第二类是改变传输媒介的电磁特性;第三类是潜伏性破坏,即阻止电磁探测和传输系统的正常工作;第四类是设置人造假目标。

改变目标反射特性可以用吸收材料涂抹在目标上,也可以通过改变目标外形结构的方法减少雷达反射截面。美国的“战斧”巡航导弹使用了前一种技术,隐身飞机F-117A则利用结构设计改变了其电磁波反射特性,使其雷达反射截面减少到$0.02m^2$。

改变传输媒介电磁特性的方法有制造人造电离层、气悬体、箔条云等方法,也可用烟幕等衰减红外以及激光等传播。诱饵欺骗主要是用来对付红外制导导弹的,最典型的就是由红外干扰投放器投放红外光热弹。红外诱饵放射与载机相同性质的红外光来诱骗寻的式红外制导导弹。

随着高科技的发展及在军事上的应用,诸如红外线制导导弹、电视制导导弹、激光制导导弹等光学探测器材装备已屡见不鲜,而且,未来战场还将出现高能激光、粒子束以及大功率微波束武器。这些高科技武器的出现,将打破过去电子战的概念和范畴,出现更加一体化多功能电子战装备。如美军在20世纪90年代中期装备部队的INEWS全频谱电子战系统,适用范围包括毫米波、红外、激光频谱,能对威胁告警进行数据处理、选择最佳反应方式实施干扰和进行功率管理等。

潜伏性欺骗是用计算机病毒潜伏在敌计算机网络和武器系统的控制计算机中心中,在预定时刻让其发作,并传播开来,破坏敌方指挥信息系统的正常工作。

人造假目标的方法,除了使用假目标干扰机外,无源造假的方法也可使用角反射器、伪装导弹和坦克等。

4. 军事保密

军事保密是牵制对方的一种重要手段。军事保密主要是指防止敌方采用窃听(对有线或无线通信)、破译、偷窃、集"废",以至派特务或收买间谍等手段,从己方指挥信息系统中或其工作过程中获取资料和信息为其所用。

5. 网络对抗

网络对抗是敌对双方为干扰、破坏敌方网络信息系统,并保证己方网络信息系统的正常运行而采取的一系列网络攻防行动。它通过破坏敌方的指挥控制、情报信息和防空等系统,达到不战而屈人之兵。

美国非常重视网络对抗。2003年2月14日,美国正式将网络安全提升至国家安全的战略高度,并发布了《国家网络安全战略》,从国家战略的全局谋划网络的正常运行并确保国家和社会生活的安全稳定。2009年6月,美国国防部长盖茨宣布正式创建网络战司令部,对分散在美国各军种中的网络战指挥机构进行力量整合,协调当前美军的各种网络战武器,并制定关于如何运用这些武器的策略,明确美军的网络战战略,使得网络战科学、有序地长期进行。2006年、2008年、2010年先后进行了代号为"网络风暴Ⅰ""网络风暴Ⅱ""网络风暴Ⅲ"的网络攻防对抗演习。2014年5月21日,美国防部高级研究计划局(DARPA)信息创新办公室五角大楼举办了"2014演示日",展示了先进的网络空间攻防技术项目,主要包括网络空间全面监控和网络实时态势感知的基础性网络监控技术,封闭网络无线渗透、超级电脑硬破解和新型APT(高级持续性威胁)病毒攻击等突破性网络攻击技术,以及网络攻击容错回复、网络移动目标防御、无线网络防御等网络防御技术。

除了美国之外,俄罗斯、英国、日本、韩国、以色列以及我国的台湾地区都已组建或正在积极组建、发展自己的网络战部队。

7.1.4 几个重要的概念

在本章的指挥信息系统对抗中,关于电子战、信息战、网络战和赛博空间作战等概念及其关系比较容易混淆。本小节就对这些概念先行进行阐述,详细内容参见7.2节和7.3节。

(1) 电子战,也称电子对抗,是使用电磁能、定向能和声能等技术手段,控制电磁频谱,削弱、破坏敌方电子信息设备、系统、网络及相关武器系统或人员的作战效能,同时保护己方电子信息设备、系统、网络及相关武器系统或人员作战效能正常发挥的作战行动。包括电子对抗侦察、电子进攻、电子防御。分为雷达对抗、通信对抗、光电对抗、无线电导航对抗、水声对抗,以及反辐射攻击等。它是信息作战的主要形式。

(2) 信息战是综合运用电子战、网络战、心理战等形式打击或抗击敌方的行动。目的是在网络电磁空间干扰、破坏敌方的信息和信息系统,影响、削弱敌方信息获取、传输、处理、利用和决策能力,保证己方信息系统稳定运行、信息安全和正确决策。主要包括信息作战侦察、信息进攻和信息防御。

(3) 网络战,亦称网络对抗。在信息网络空间,为破坏敌方网络系统和网络信息,削弱其使用效能,保护己方网络系统和网络信息而实施的作战行动。

(4) 赛博空间,通过网络化系统及相关的物理基础设施,利用电子和电磁频谱存储、修改和交换数据,通过对数据的存储、修改或交换连接各领域。赛博空间是一个全球信息网,包括因特网、电信网、计算机系统及各类关键工业中的嵌入式处理器和控制器。赛博空间是美军提出的概念,在我国常被称为“网电空间”,但近来趋于直接用“网络空间”来指代赛博空间,特指基于计算机网络而存在的虚拟空间。

(5) 赛博空间作战(简称赛博作战)是围绕赛博空间行动自由而展开的军事对抗。赛博作战包括赛博攻击、赛博防御和赛博利用。赛博空间作战的实质是赛博空间从一种支撑和保障载体,质变成为新的作战领域。

(6) 赛博空间与信息战。两者之间是作战领域和领域作战中赋予的任务关系,赛博空间描述的是作战领域,信息战是用于对作战任务的描述,信息战可以在包括赛博空间的任何作战领域发生,在赛博空间的作战也不仅仅限于信息战。

(7) 赛博空间与电子战的关系。电子战是利用电磁能和定向能控制电磁频谱攻击敌人的军事行动,电子战依托电磁频谱,利用、控制电磁波的发射产生战斗效能。赛博空间由有线和无线网络组成,不进入赛博空间的最好方式就是断开网络,无线网络毫无疑问是以电磁波形式传输的,而有线网络无论是采用光纤连接,还是以铜缆或双绞线等其他电缆连接,在有线中传输的都是电磁波信号,只是频段不同。因此,在物理属性上,赛博空间都工作在电子频谱上。他们之间不存在包含关系。

(8) 赛博空间作战和网络战。赛博空间作战包含了网络战,其概念要大于网络战。如果以空战比喻赛博空间作战,网络战相当于某种飞机作战平台间的交战,而空战并不仅是飞机作战平台上的空中交战,还可以使用其他空中作战平台进行空战等。两者类似空战和某种空中作战武器平台的关系。

7.2　指挥信息系统对抗的具体作战样

7.2.1　信息战与信息战系统

信息技术革命已将人类带入信息时代。信息与物质、能量并称为人类可资利用的三大战略资源,在现代战争中起着越来越重要的作用。美军在2001年版《作战纲要》中就将信息作为战斗力的构成要素,认为信息不仅可以加强机动、火力、防护的效果,还能使指挥官获得战场态势感知能力。正因为如此,围绕着信息的获取与反获取、传输与反传输、利用与反利用的斗争——信息战亦日趋激烈。

7.2.1.1　信息战

美海军电子司令部副司令小阿尔贝·加洛塔少将最早于1985年提出信息战的概念。同年,我国学者沈伟光在国内首次提出这一概念。1990年,出版世界第一本信息战专著《信息战》。随着信息战研究的展开,关于信息战概念有各种各样的观点和解释,例如:

美国学者乔治·斯坦教授认为,从广义上讲,信息战就是利用信息达成国家目标的行为,是未来战争中的一种重要的作战样式。

俄罗斯军方认为,信息战是在军事(战斗)行动的准备和进行中,为夺取和保持对敌方的信息优势,按照统一意图和计划所实施的信息保障、信息对抗和信息防护的综合措施。

中国人民解放军新版《军语》将信息战定义为:“敌对双方在信息领域的对抗活动”,认为信息战如同在地面、空中和海上领域一样,是在一个新的领域进行的争夺。

由此可见,信息战是敌对双方在信息领域为争夺制信息权而采取的一系列行动,这个概念具有广义和狭义之分。从广义上讲,信息战是指军事集团抢占信息空间和争夺信息资源的战争,是指敌对双方为达成各自的国家战略目标,为争夺在政治、经济、军事、科技、文化、外交等各个领域的信息优势,运用信息和信息技术手段而展开的信息斗争。从狭义上讲,信息战是指战争中交战双方在信息领域的对抗。

7.2.1.2 信息战的主要特点

与工业时代的战争,特别是与机械化战争的作战样式相比,信息战具有如下基本特点或主要特征。

(1) 信息战是信息、知识和智能的对抗。争夺信息优势是信息战最本质的特征,在信息化战争中起主导作用的不是飞机、大炮和钢铁,也不是传统的体能、热能或核能,而是信息,是人与武器的智能,战争中非致命武器的运用比例逐渐增大。

(2) 信息战拓展了战场空间,使“战场”概念发生巨变。信息对抗具有社会性与全民性,信息对抗不再局限于军事领域,还渗透到经济、政治、外交、文化等所有领域。信息战的作战空间不再局限于军事方面,还包括了民用公共事业方面。

(3) 信息战模糊了平时和战时的界限。信息战不同于任何传统的作战行动,它可贯穿于从和平、竞争、冲突、危机直至升级到战争,再从战争降级到和平整个时期的各个阶段。即使在和平竞争阶段,侦察监视和情报收集一刻也不曾停止。

(4) 信息战模糊了前方、后方的界限,彻底改变了传统的战场地理疆域概念。未来的信息化战争将没有国界之分,前方与后方的界限也难以区分,将在海、陆、空、天、电与赛博空间中实施全方位的作战。

(5) 信息战模糊了战略、战役、战术的界限。信息战使得战争的时空观发生了重大变化:战场空间大大拓展,战争的时间跨度大大延伸,前线与后方难以区分,平时与战时也难以明确界定,指挥体制由树状结构向网状结构变化,趋于横宽纵短的“扁平化”。所有这些都使以往战略、战役、战术行动之间的明确界限变得越加模糊不清。

(6) 信息战改变了集中兵力的概念,集中兵力的关键是集中火力和信息能力。在未来的高技术信息化战争中,战场几乎是透明的,加上远距离目标的精确打击能力和先进的指挥控制体系,兵力数量和规模的集中是极其危险的,它意味着无形中帮助敌人提高了对己方实施物理攻击和摧毁的效能;另一方面,己方无须集中兵力就能集中使用火力对敌方目标同时实施连续精确的攻击。因此,信息化战争中集中兵力的含义发生了巨大变化,由集中兵力、兵器的数量变为集中运用火力和信息能力。即便是必要的兵力集中,也由集中陆、空兵力为主向集中陆、海、空、天、电的兵力转变。

(7) 信息战“战场”的无形化使其具有极强的渗透性、隐蔽性、突然性和危险性。各领域的信息战都在不知不觉地进行着,信息攻击可以不知不觉地渗透到各个领域,而且可以发动突然袭击。

(8) 信息化战争的作战样式、作战方法和手段更为灵活多变。未来的信息化战争,既可能是正规战同非正规战高度结合的联合作战,也可能是以基于信息的特种战、游击战为主的小规模非正规战。由专门组建的、从事高智能“电脑打击”的特种战和游击战部队，运用软杀伤武器和特殊作战手段，可以通过无形的信息网络战场空间来攻击敌方战略决策指挥系统、武器系统和经济系统，同样可以起到运用高技术硬杀伤武器打击敌战略目标的效果。

(9) 信息战是真正的“全民战争”，作战不再仅限于正规军人的行动。在先进的信息网络世界里，每个芯片都可能是一种潜在的武器，每台计算机都有可能成为一个有效的作战单元，任何社会团体或人员，只要掌握计算机网络和通信技术，就可以攻击与网络相联系的武器系统，甚至发动一场特殊的战争。作战已不再仅限于传统的正规武力战场和正规军人的行动，而可能遍布于整个社会，成为真正意义上的“全民战争”。

(10) 信息战将使“不战而屈人之兵”的思想得以真正实现。只有信息战才为实践“不战而屈人之兵”的全胜战略提供了必要手段，即通过信息攻击等手段直取战争重心，并摧毁敌方战争基础和抵抗意志，“使敌人无力抵抗”，从而达到战争目的。

7.2.1.3 信息战的主要形式

信息战在军事领域和非军事领域有着多种表现形式。兰德公司发表的《赛博战正向我们走来！(*Cyberwar is Coming*!)》一文把基于扩展的全球化信息基础结构的信息战划分为四个基本类型(表7-1)。表中按抽象的意识形态冲突级别由高到低的顺序列出各种形式的信息战作战样式。当将这些冲突形式的发生映射到从和平升级到战争，再从战争降级回到和平的常规的冲突时间表上时，这些冲突形式之间的关系是顺序的，并有所重叠。

表7-1 信息战的几种主要形式

战争样式	目的	手段	目标
网络战	通过驾驭目标人群的认知对国家行为产生预期的影响	通过网络通信和信息控制来驾驭认知，以影响所有潜在的社会目标	整个社会(政治、经济、军事)
政治战	影响国家政府领导层的决心和政策	影响国家政治体制和政府机构的各种措施	政治系统
经济战	影响国家政府领导层的决心和政策	通过生产和出口配额来影响国家经济的各种手段	经济系统(制裁、封锁和技术窃取)
指挥控制战(C2W)	通过实施针对军事目标的作战行动达到军事目的	在以信息为基础的原则上，实施情报利用、心理战、欺骗和电子战等一体化的军事行动	军事系统

(1) 网络战。这是一种在最高层次上针对国家政权或社会团体的、与信息密切相关的冲突形式，旨在扰乱、危害或歪曲目标人群对其自身和周围环境的了解。网络战是通过计算机通信网络，特别是因特网，截取、利用、篡改、破坏对方的信息，利用假冒信息或病毒来影响对方的信息与信息设施，并保护己方的信息与信息基础设施，以达到预期目的的行动。网络战的目标可以是国家，但进攻方却不必是国家。网络可以使没有物理力量的进攻者能在网络空间内发动有效的攻击，尽管他们的力量与对方相比是“不对称的”。网络战的武器包括外交、宣传和心理战、政治和文化颠覆、利用当地媒体进行欺骗或干扰、甚至对计算机数据库进行渗透，以及通过计算机网络鼓动、支持那些持不同政见者和反对派的运动。

(2) 政治战。由国家政府、外交机构行使的政治力量,而对将升级为更激烈战争样式的种种威胁在国家政府间围绕政治领域开展的各种斗争。

(3) 经济战。以经济指标为目标的冲突,通过采取影响国家经济诸要素(贸易、技术、信托)的行动将政治战从政治层激化到更有形的层次上来。

(4) 指挥控制战。这是针对对方的指挥信息系统而采取军事作战行动的一种最激烈的冲突形式。美国国防部将指挥控制战定义为"在战场上实现信息战与一体化物理摧毁的军事战略。其目的是使敌指挥机构与其所指挥的部队'身首分离'"。也有人将"身首分离"称为"斩首原则"。

对照常规冲突从和平升级到战争,再从战争降级到和平的时间轴(图7-2)不难看出,很多人把网络战描述成信息进攻、信息利用和信息防御不断发展变化的连续过程,其激烈程度可以从日常无组织的零散攻击到日益加剧的、焦点突出的网络战,直至军队参与的指挥控制战。

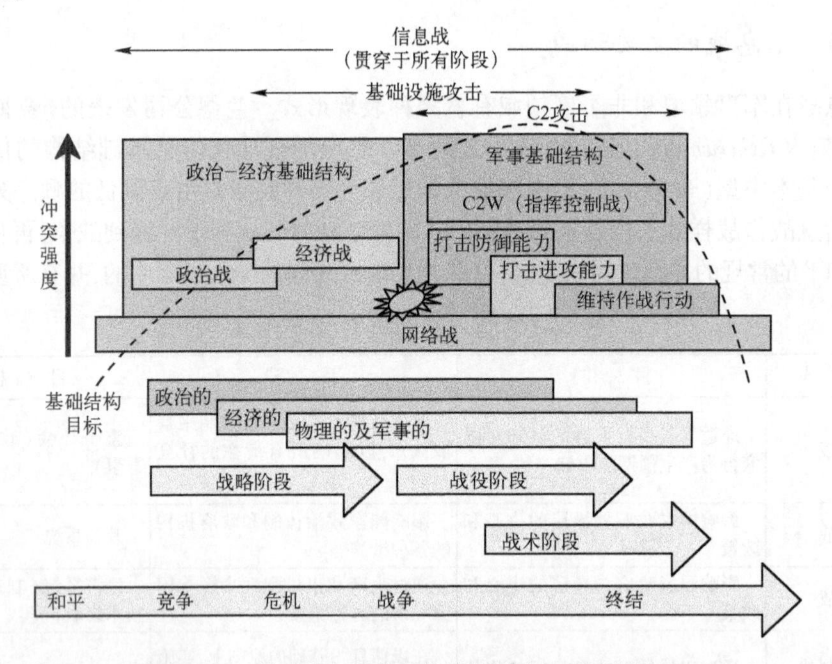

图7-2 信息战行动从竞争扩展到冲突,直至战争

信息战在军事领域的基本作战样式可以分为情报战、电子战、网络战、心理战和摧毁战五类,如图7-3所示。

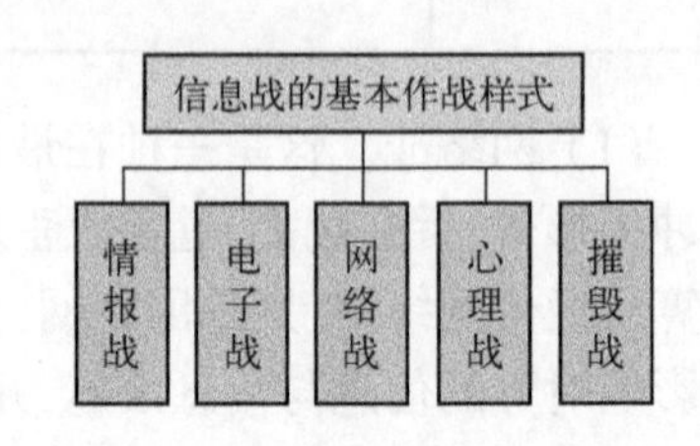

图7-3 信息战的基本作战样式

情报战是指对抗双方通过侦察、运用对方情报,并防止对方侦察、获取己方情报的过程。情报战的本质是对信息获取权的争夺与对抗。在信息战中,情报是第一位的,没有真实、迅速的情报,任何战争都难以取得胜利。

电子战是利用电磁能和定向能争夺电磁频谱的控制权和使用权,包括电子攻击、电子防护和电子支援,参见7.2.2节。

网络战是以计算机和计算机网络为主要攻击目标，以先进信息技术为基本手段，在整个信息网络空间上所进行的各类信息攻防作战的总称。网络战包括网络的攻击、保护和支持三个分支，它们的功能与应用如表7-2所列。

表7-2 网络战的三个分支

组成部分	功 能	应 用
网络攻击	在信息基础设施上使用信息武器，以渗透安全保密和利用、获得、降低、失效或摧毁基础设施的程序或信息	偷窃安全保密信息； 偷窃电子商务设备； 破坏计算机设施，破坏数据，通过计算机欺骗； 摧毁基础设施单元
网络保护	采取行动以保护信息基础设施免受网络攻击	控制计算机的访问(信息和实体的访问)； 保护计算机程序和数据的完整性
网络支持	采取行动以搜索、标图、识别、表征特性和定位信息基础设施的单元或活动，以截取和利用信息	外部网的扫描、分析； 截取保密访问信息(如口令)； 密码分析和密码攻击

心理战是根据人的心理活动规律，按照己方的目的，利用各种媒体，通过有效的信息影响、改变敌方心理和保护己方心理的综合行动。心理战实际上就是瓦解敌人，激励自己。是一种精神战，或者说叫"心战"。心理战是信息战的重要内容。通过具有威慑作用的信息显示己方力量，迫使敌人不敢轻举妄动或放弃无望对抗。充分利用正当的名义和信息武器的威力进行心理战能起到常规武器所起不到的作用。"三军可夺气""将帅可夺心"，在高技术战争中仍是如此。

摧毁战简单说就是以兵力、火力和新概念武器等对信息系统和信息化武器系统实施直接破坏和打击的行动。摧毁战也叫实体摧毁或信息系统摧毁战，主要是打击敌方的信息系统，它是阻止和破坏敌信息和信息系统最彻底的方法。

7.2.1.4 进攻信息战和防御信息战

1. 进攻信息战

进攻信息战是指在情报支持下，综合运用作战安全、军事欺骗、进攻性心理战、电子战、物理摧毁，以及计算机网络攻击等手段，利用、恶化或破坏敌方的信息、基于信息的过程及信息系统的各种行动。主要包括：

(1) 窃取、截获和利用敌方信息。通过各种侦察手段(各种有线及无线网络、侦察接收设备)窃取或截获敌方信息系统中对己方有用的情报，进行处理、破译和利用，以支援己方作战。

(2) 军事欺骗。采取行动，在己方作战能力、企图和行动等方面，故意错误地引导敌方决策者，以使其采取有利于己方完成任务的具体行动；向敌方各种信息系统、各种传感器以及各种传媒发出假情报、假数据、假目标、假信号等，使敌方获得错误信息，做出错误决断。

(3) 进攻性心理战。利用各种传播媒体(报刊、广播、影视、网络、传单等)向敌方宣传己方政策、意图及事实真相等，影响敌方军民认识、敌方士气及敌方决策，使敌方战斗力降低或停止抵抗。

(4) 电子战。使用电磁能干扰敌方的各种传感器(各种雷达、侦察接收系统等)及各种通信系统,使敌方丧失信息探测和信息传输能力,进而使敌方作战能力削弱或丧失。

(5) 物理摧毁。用精确制导武器或其他武器攻击敌方的各种信息系统或要害部位,用强电磁能、定向能、辐射能或电子生物等破坏敌方的信息系统或电路;破坏敌方信息系统的电力供应等保障系统等。

(6) 计算机通信网络攻击。通过通信网络、计算机网络或无线手段,向各种信息系统的各种硬件、软件发起进攻,使敌方信息、基于信息的过程及信息系统运行环境恶化或瘫痪,使敌方丧失"耳目",丧失指挥控制能力。

此外通过精心设计电子信息系统,使其具有对各种信息攻击、电子攻击与实物攻击所必需的指挥、控制、通信和情报的支持能力的信息系统。

2. 防御信息战

防御信息战是指集成与协调政策、程序、人员与技术以防护信息与信息系统,通过信息确保、物理安全、作战安全、反欺骗、反心理战、反情报和特种信息行动等实施,防止已方信息、基于信息的过程及信息系统被利用、恶化或破坏,确保已方信息、基于信息的过程及信息系统充分发挥效能的各种行动。针对敌方可能的进攻信息战,已方防御信息战应包括以下内容。

(1) 反情报。通过信息加密、应用低截获概率技术、严格信息分发制度和程序加强情报保密的认证、批准管理等多种措施,加强关键和敏感信息和情报的保密等。

(2) 防御性军事欺骗和反欺骗。部署信息系统重要部位(雷达站、通信天线及节点、指挥中心等)和武器系统的假设施——诱饵;充分掌握情报,识别敌方真实意图;采用相应技术,识别敌方的虚假信息(假情报、假数据、假目标和假信号等)。

(3) 防御性心理战。采取多种方式,加强思想宣传教育工作,及时揭露敌方宣传企图,保持旺盛的战斗力,做出正确决策。

(4) 电子防御。在已方实施电子战或敌方实施电子战时,已方的各种信息系统,特别是各种传感器和无线通信、导航定位等系统,必须具备抗干扰能力,以保证各种信息系统正常发挥功能。已方武器系统也必须具备抗干扰功能。

(5) 防物理摧毁。对已方信息系统进行系统加固、电路加固;对已方信息系统和武器系统以及作战平台进行伪装或隐身;建造备用、机动(地面机动、空中机动)或地下信息系统;干扰敌方来袭的精确制导武器(巡航导弹、制导炸弹等);建设自主式信息系统应急供电等供电保障设施;提高信息系统的重组能力。

(6) 计算机、通信网络及软件的安全防护。隔离(防火墙)、探测和清除非法入侵;提高操作系统和应用软件的抗病毒免疫力。

(7) 系统防护。在已方指挥信息系统或综合电子信息系统进行设计时,就必须充分考虑信息、基于信息的过程和各种信息系统应具有较强的信息战防护和信息确保与安全能力,以防止系统环境被利用、恶化或破坏。

随着信息技术、武器系统和作战平台的迅猛发展,进攻和防御信息战的内容还将不断发展。

7.2.1.5 信息战在现代战争中的作用

我国古代军事家孙武关于信息在战争中的重要作用的理论,一直被国内外军事专家所推崇、所引用。在信息技术广泛应用的今天,信息化战争就是信息朝代的高技术战争,信息战是其主要形式。信息战将对现代高技术战争产生重大影响。

(1) 信息战是现代高技术战争军事战略发展的决定性因素之一。信息战是信息革命在军事革命中的反应,将深刻影响着军事学说、理论与作战方针,从而改变部队的组建与编成。

(2) 信息战对战争胜负的作用。信息和信息系统是兵力的倍增器,在现代高技术战争中,获取信息优势的一方将以较少的兵员、较短的时间以及较小的伤亡赢得战争的胜利。海湾战争已证明了这一点。

(3) 信息战在改变现代高技术战争的作战样式。信息战不仅在战时和战场进行,和平时期也在进行。信息战将贯穿战争的过程,进攻性信息战和防御性信息战相互交叉,协同作战。

(4) 信息战是一项非对称性的战略手段。对信息基础结构的进攻,将给国家造成灾难性的后果。信息技术越发达的国家,信息和信息系统易损性影响越大,就越惧怕信息战进攻;信息战成为发展中国家对付霸权主义国家的一项非对称性手段。

(5) 信息战的威慑作用。在一方强大的信息优势的压力情况下,阻止战争的发生,甚至不战而屈人之兵,做到不战而胜,如美国对海地的战争。

7.2.1.6 信息战系统

信息战系统又称为信息对抗系统,它是为完成特定的信息对抗任务,将若干个功能不同的信息对抗设备有机地联结在一起,组成协调一致工作的信息攻击和信息防御系统。典型的信息对抗系统由情报侦察、指挥控制、信息攻击、信息防御和系统通信网络五部分组成,如图7-4所示。

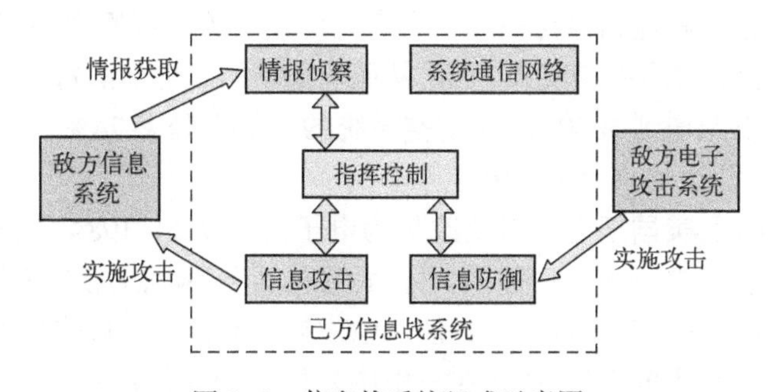

图7-4 信息战系统组成示意图

情报侦察用于侦察和分析敌方指挥信息系统的特点和弱点,以便采取有效的信息攻击策略。指挥控制用户根据情报获取的情报信息,选择正确的信息攻击和防御策略,并协调系统进行工作。信息攻击用于根据侦察的情报和特定的攻击对象,选用合适的信息攻击手段和信息攻击策略,对选定的目标实施有效的攻击。信息防御用于根据敌方信息攻击系统和信息攻击手段,选用合适的信息防御手段和信息防御策略,对特定的目标实施有效的防御。系统通信网络用于协调和保障系统各部分之间的通信。

7.2.2 电子战与电子战系统

7.2.2.1 电子战

20世纪初爆发的第一次世界大战中,制空权还不是胜败的重要因素。无线电刚刚发明,电子战只限于无线通信领域。1914年第一次世界大战中,英国对德国宣战,英国在地中海的巡洋舰“格罗斯塔”号,发现了两艘德国巡洋舰。为了歼灭他们,英军使用无线电向基地报告这一情况,但在拍发这一电报时,遭到德舰的干扰,使英舰电台无法工作,德舰便趁机逃跑了。这是世界上最早的无线电对抗,从此便揭开了电子对抗的序幕。

第二次世界大战已广泛应用雷达探测空中目标,应用远距离无线电进行通信。雷达和无线电通信在防空作战和突击作战中发挥了较大的作用。与此同时,便产生了对雷达和无线电通信进行电子干扰(有源干扰和无源干扰)的技术,而雷达和无线电通信也采用了诸如改变工作频率、动目标显示等抗干扰措施。为了有效地进行干扰和抗干扰,还必须进行电子侦察,即用无线电侦察设备探测、接收、分析敌方雷达、无线电通信或干扰机的信号频率、波形等特性。当时,将干扰、抗干扰、侦察等对抗行动称为电子对抗。

20世纪40年代的第二次世界大战,飞机、大炮和坦克成为战争的主要武器。制空权的作用明显上升。无线电普遍使用,而雷达、导弹刚刚诞生,属于电子战发展为通信对抗和雷达对抗的初级阶段。例如在1942年,德军高炮部队装备了“维尤茨堡”炮瞄雷达,使防空火力的准确性大大提高,给英美联军的轰炸机群造成很大的威胁。1943年夏,英美联军第八航空队装备了“地毯式”杂波干扰机,对德军的炮瞄雷达进行积极干扰,即有意识地发射或转发某种电磁波以扰乱或欺骗敌方电子设备,使其无法工作或受欺骗,从而使德军的防空系统效能大大降低。德军企图以改变雷达频率来避开干扰,但英美联军又在战斗中投掷了大量铝箔金属条,使德军的炮瞄雷达失去作用。为此,德军又研制了一种活动目标显示电路,但这种电路对付积极干扰毫无用处。英美联军采用了积极干扰和消极干扰同时使用的办法,来保护其轰炸机群,从而使德军的高炮部队每击落一架轰炸机所消耗的炮弹,由800发激增到3000发,其防空系统的效能下降了74%。而联军飞机的损失比在没有干扰德军雷达时减少了一半。

在越南战争期间,美国把电子对抗改称为电子战(EW)。1984年美国在军语词典中给出了电子战的定义:电子战是一种军事行动,它包括利用电磁能来确定、利用、削弱或阻止敌方使用电磁频谱的行动和保护己方使用电磁频谱的行动。现代战争特别是海湾战争中,电子战技术有了较大的发展,并且在战争中发挥了较大作用。在现代防空作战中,对敌机和精确制导武器进行有效的电子、光学干扰,欺骗干扰所花的经费,是用昂贵的地空导弹拦截敌机所花经费的1/100。在定向能武器有较大发展的情况下,1993年3月美国参谋长联席会议备忘录(MOP6)对电子战重新定义为:电子战是使用电磁能和定向能控制电子频谱或攻击敌军的任何军事行动。

7.2.2.2 电子战的基本内容

电子战在近几年来几场局部战争中的实战效果,引起了人们对电子战的兴趣和广泛关注。但不同地区或不同国家对电子战同一概念的描述采用了不同术语。电子战系统的分类，按功能分为电子支援、电子进攻和电子防护。按作战任务可分为战略电子战系统和战役战术电子战各级系统。按电子战的设备所处的平台又可分为星载、舰载、机载和地面电子战系统，如图 7-5 所示。

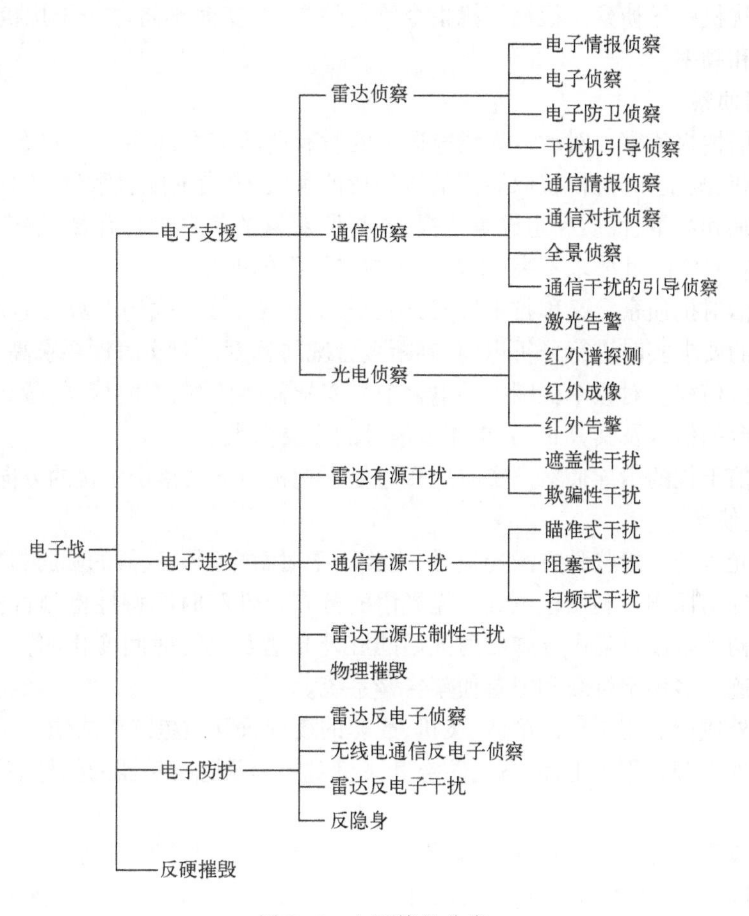

图 7-5　电子战的分类

1. 电子支援

电子支援是通过对电磁辐射信号进行搜索、截获，对被截获信号进行分类、信号参数测量、分析处理，对辐射源进行测向和定位，对目标进行分析、判断，获取战略电子战情报和战役战术电子战情报的措施。电子支援的基本任务主要是为电子进攻和电子防卫提供情报支援，其中有些电子支援情报也是战略/战术决策的重要情报源。按照电子支援的功能，其分类如下：

1）雷达侦察

（1）电子情报侦察。主要用于指定区域内的各类雷达的电磁信号进行监视搜索和截获处理，是电子支援的战略情报侦察手段。

（2）电子侦察。是电子支援的战术应用。用于对战场上敌方雷达/雷达网的工作状态、构成的威胁、雷达阵地的变动、雷达信号环境变化等进行监视，有很高的实时性要求。

（3）电子防卫侦察。其基本工作内容是威胁告警，通常是电子防卫系统的组成部分。

用于实时地监测、截获攻击被保护目标(如飞机、舰艇、地面重点目标等)的火控和制导系统的信号。发现威胁信号时实时发出告警,也能为自卫火控、制导和电子干扰系统实时地提供自卫控制信号。

(4) 干扰机引导侦察。根据干扰指令给定的参数,实时地将电子干扰机引导到指定干扰的方向和频率。

2) 通信侦察

(1) 通信情报侦察。对敌方无线电通信的所有通信信号,包括对复杂的、特殊的通信信号进行截获、测量和分析,获取通信信号的特征参数、电台的配置数量、工作体制、位置,通信网的类别和数量、性质和组成等情报,并将所获取的信息进行存储、解密,获取战略/战术情报。它对实时性要求不高,主要用于战略情报的搜集。

(2) 通信对抗侦察。又称技术侦察,用于实时搜索、截获战场上敌台通信信号,并根据指挥控制的要求实时进行分析识别、判断敌台威胁程度。对实时性要求高。

(3) 全景侦察。对频率范围内的电台信号实施侦察监视,实时搜索、截获和显示该频率范围内电台的信号及其分布,分析获取信号的主要参数。

(4) 通信干扰的引导侦察。实时地将通信干扰机引导到指定干扰的方向和频率。

3) 光电侦察

(1) 激光告警。接收敌方激光信号,主要用于对激光制导武器的威胁告警。

(2) 红外谱探测。利用检测红外光光谱的分布特性和时间特性检测目标信息,如检测导弹发射初始阶段过程中导弹喷射火焰的红外光谱及其随时间变化的特征,监测导弹的发射和轨迹。多用于机载和卫星侦察告警系统。

(3) 红外成像。用于地面部队、飞机、舰艇的夜视仪和卫星红外成像等。

(4) 红外告警。用于地面、海上防空和飞机对导弹及隐身兵器的红外侦察告警。

2. 电子进攻

电子进攻是一种软、硬兼备的进攻性手段。主要用于对威胁性电磁信号进行电磁干扰压制,扰乱敌方电磁频谱的使用效能,或采用反辐射导弹、定向能武器摧毁敌方高威胁电磁辐射源,使其丧失工作效能。采用电子干扰压制敌方电磁频谱的应用被称为“软杀伤”。软杀伤的特点是当停止后,敌方可能恢复电磁频谱的正常应用。采用反辐射导弹或高能武器摧毁辐射源,是一种不可逆转性杀伤,故称为“硬杀伤”。在电子进攻中,软、硬杀伤混合应用,已是常见的战术。

一般情况下,电子进攻多在进攻作战和防御作战中用作战术进攻和防卫武器,与其他武器装备配合作战,使敌方通信失灵,无法实施指挥,使敌方雷达“致盲”、制导失灵,无法探测和攻击海上/地面目标,以夺取战场制电磁权、制空/制海权,也可以向敌方通信系统注入欺骗信息,扰乱敌方战术决策和指挥。

必要时也可采用电子进攻对敌方战略目标(如指挥通信、预警探测等)实施攻击,包括采用电磁能、高能武器、反辐射导弹等摧毁措施。

电子进攻按功能有以下几种分类和组成。

1) 雷达有源干扰

无线电干扰机向指定空域辐射电磁干扰信号能量,压制和扰乱敌方雷达和通信台站的接收系统接收有用信号,使其降低或丧失工作效能。人们把这种阻止、削弱敌方有效使用电磁频谱的行为称为有源干扰,这是电子进攻的基本组成部分,有源干扰又分为雷达有源干扰和通信有源干扰。

雷达有源干扰包括遮盖性干扰和欺骗性干扰。遮盖式干扰多用于干扰目标搜索类雷达;而欺骗性干扰多用于干扰目标跟踪类雷达。

2) 通信有源干扰

通信干扰目前还局限于有源干扰范围。采用向敌方通信接收系统发送一定样式的干扰信号,将虚假信息传送给敌方,使敌方通信系统无法接收或恢复发送端所传送的模拟或数字信息,降低敌方通信的有效性和可靠性。通信有源干扰主要包括瞄准式干扰、阻塞式干扰和扫频式干扰。

3) 雷达无源压制性干扰

应用具有一定空间密度的导电媒质在空中滞留期间反射的强干扰回波,使雷达接收通道饱和,阻止或妨碍雷达对干扰区中真实目标的探测。这种干扰称为无源压制性干扰。这种干扰物外表涂敷导电层,制成对无线电波散射特性的锡箔条,散布在一定空域。锡箔条的长度近似地等于被压制雷达工作波长的一半,能在相应波长的空间电磁信号的激励下产生电谐振,具有较强的电磁波反射能力。在自卫干扰时,由自卫平台(舰船、飞机等)用发射器向空中发射箔条弹。利用偶极子体在空间散开所形成的偶极子云强回波引开敌方火力(如雷达制导的导弹等),保护舰船或飞机安全。

4) 物理摧毁

根据电子支援情报,用各种火力、电磁能或定向能等摧毁敌方指挥中心、通信枢纽、雷达、通信台站、广播中心等有辐射源的目标,或其他重要目标、装备、人员。

3. 电子防护

军事指挥中心、通信枢纽、情报侦察系统和无线通信、有源雷达以及各类武器系统等都或多或少存在着空间电磁辐射和目标征候暴露。这些都成了敌方电子侦察和电子进攻(干扰和摧毁)的对象。因此,必须系统地规划,采取以反电子侦察、反干扰和反摧毁为基础的电子防护措施,以提高己方反情报战的能力,保守所使用的电磁频谱和军工设施的机密,保障使用和管理电磁频谱的有效性与人员和设施的安全。据报道,海湾战争中伊拉克曾大量使用军事伪装技术,使多国部队在38天的轰炸中命中的目标有70%～80%是伪装目标(假目标)。

当电子防护侦察告警系统截获到威胁信号时,能实时发出告警信息,必要时告警系统能对电子防卫系统的有源/无源干扰系统实施防卫控制。

军用雷达广泛应用于预警、引导、火控和制导等方面,是极为重要的目标截获和控制设备。不同类型雷达的频率、波形参数、天线波束形状和扫描方式等存在着差异。因此,掌握了雷达的基本参数,就能分辨出雷达类型,判别出雷达的用途和威胁程度,分析出雷达网配置、制导和火控武器系统部署等情报。同时,雷达参数也是干扰雷达和摧毁雷达的基本依据。一旦雷达参数被敌方获取,将危及空防和海防雷达情报网的安全,危及空防和海防的安全。

雷达反电子侦察采用的主要方法包括技术措施和战术措施。其中,技术措施包括采用相控阵天线技术、超低副瓣技术、跳频、捷变频、变换信号参数、低截获概率信号、被动定位雷达等技术;战术措施主要有控制功率辐射时间、功率辐射空间、频率的使用、信号参数和工作模式的使用及频段雷达和武器系统等。这些战术技术措施在实战中已经得到广泛应用,并取得了一定效果。

无线电通信反电子侦察采用的战术技术措施有扩频通信技术(低截获概率技术)、自适应跳频技术、猝发传输、信息加密、无线电通信伪装以及控制发信时间、频率和功率等。目前在实战中十分重视这些战术技术的应用。

雷达反电子干扰的主要战术技术可以归纳为采用无源杂波干扰抑制技术、发挥新体制雷达的抗干扰性能(如双/多基地雷达等)、采用多种目标观测手段、雷达组网以及摧毁干扰源等。通信反电子干扰主要有扩频通信技术、自适应技术、猝发传输技术、纠错技术以及通信组网等技术。

反隐身是针对隐身目标的特点和弱点,采用低波段雷达、多基地雷达、无源探测或大功率微波武器等多种手段,探测隐身目标,或烧蚀其吸波材料。

提高电子系统反干扰的有效性,必须依靠提高电子系统自身的抗干扰能力。电子系统的一种反干扰措施往往又是反侦察措施。因此,在统一协调管理下,按照一定的策略综合发挥雷达网和通信网中各种电子系统的电子防卫作用,是电子战的一项重要任务。

4. 反硬摧毁

现代军用电子设备多与武器控制、目标监测、情报传递和指挥控制系统等相关联,而且抗干扰能力越来越强,仅用电子干扰已难以夺取电子战优势,因而更多地使用硬摧毁。实践中使用最多的是反辐射导弹(ARM),这使雷达受到的威胁最大。电子战中主要反硬摧毁的方法有:多站、控制开关机、加固、机动、有源诱饵、伪装、掩体、反侦察、干扰敌方硬摧毁武器的制导系统等。

7.2.2.3 电子战系统

电子战系统又称为电子信息对抗系统,是为完成特定的电子对抗任务,经若干个不同功能的电子对抗设备有机地联结起来,组成协调一致动作的电子系统。

典型的电子信息对抗系统由侦察传感、信号处理、显示控制、干扰执行和系统通信五部分组成,如图7-6所示。

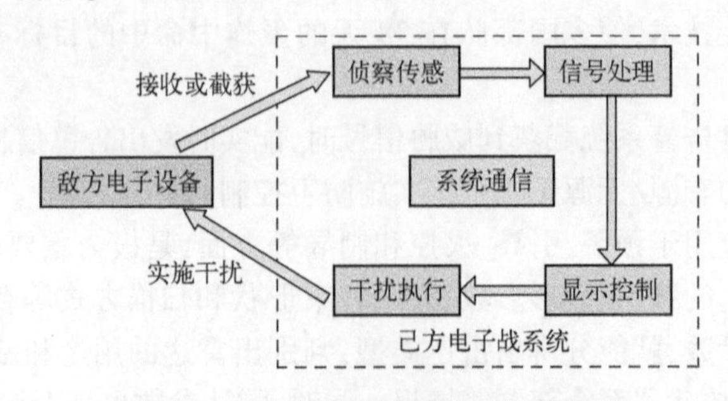

图7-6 电子信息对抗系统组成示意图

侦察传感为侦察测向接收设备,用于截获敌方电子设备辐射的电磁信号、测量信号的技术参数和到达方向。信号处理由专用的计算机及其相应的软、硬件组成,用于从大量的信号中分选、识别出感兴趣的敌方电子设备的辐射信号,经分析后给出电子情报和最佳对抗策略。显示控制由显示器和操作面板构成,用于提供人机对话和人工干预的界面,并能自动或半自动地控制全系统协调一致地对敌方辐射源做出反应。干扰执行由有源干扰设备和无源干扰设备构成,它在系统的控制下,在特定的方向上对特定的目标发射干扰信号和投放无源干扰器材,以扰乱敌电子设备的正常工作。系统通信由电缆或通信设备组成,用于保障系统内部各设备之间的信息传递,以及与外部的信息交换。电子信息对抗系统按用途分为通信对抗系统、雷达对抗系统、光电对抗系统和水声对抗系统等。通信对抗系统是指对敌方无线电通信进行侦察,以测定其技术参数,据此采用适当的无线电干扰手段,破坏和扰乱敌方的无线电通信,降低敌方的通信、指挥效能,同时确保己方保持正常通信的电子系统。雷达对抗系统采用专门的电子设备和器材,对敌方雷达进行侦察、干扰、反辐射攻击,削弱或破坏其有效使用的各种战术技术的电子系统。光电对抗系统指敌对双方在光波波段范围内,利用光电设备和器材,对敌方光电制导武器和光电侦察设备等光电武器装备进行侦察告警并实施干扰,使敌方的光电武器削弱、降低或丧失作战效能,利用光电设备和器材,有效保护己方光电武器装备和人员免遭敌方侦察和干扰的电子系统。水声对抗系统是一种舰艇防御武器系统,一般由水声侦察报警设备、指挥控制设备、发射施放设备和水声对抗器材等设备组成,用于干扰、破坏敌方水声探测设备和水声制导武器(主要为鱼雷)的正常工作,使其效能降低或彻底失效的硬件和软件的总称。

电子信息对抗系统按战术用途可分为支援式电子信息对抗系统和自卫式电子信息对抗系统。支援式电子信息对抗系统通常安装在电子对抗飞机上,作战中电子对抗飞机在敌方防空武器范围之外盘旋,发射大功率的电子干扰信号,压制防空雷达和指挥通信链路,掩护作战飞机突防和空袭作战。自卫式电子信息对抗系统安装在被保护的作战飞机、军舰和坦克等目标上,可对高威胁辐射源给出告警信号,并自动释放干扰、投放箔条和红外诱饵弹,保障目标的自身安全。电子信息对抗系统还可按运载平台分为地面电子信息对抗系统、舰载电子信息对抗系统、机载电子信息对抗系统和星载电子信息对抗系统。

20世纪60年代中期以前,电子对抗设备基本上是单一功能的单机,虽然有多个单机组合在一起工作的情况,但主要靠人工操作,还不能称之为电子信息对抗系统。在20世纪60年代中期之后,随着计算机技术的发展,侦察、测向和电子干扰设备由计算机进行管理,其信号处理能力、反应速度和自动化程度有了大幅度的提高,从而出现了电子对抗系统。20世纪80年代以来,电子信息对抗系统与武器平台相结合,并出现了综合电子信息对抗系统。目前电子信息对抗系统正朝着综合化、一体化、小型化、智能化方向发展。

7.2.3　网络战及相关技术

7.2.3.1　网络战

网络战是为干扰、破坏敌方网络信息系统,并保证己方网络信息系统的正常运行而采取的一系列网络攻防行动。

作为世界互联网技术的发源地,美国是最早提出网络战并组建网络战部队的国家。早在1993年,兰德公司的两名研究人员就发表了题为《网络战就要来了》的论文,对网络战概念和作战理念进行了前瞻性探讨。2002年12月,美国海军率先成立海军网络战司令部,指挥全球范围内大约7000人的海军网络部队。2005年3月在五角大楼《国防战略报告》中,明确将网络空间定义为和陆、海、空、天同等重要的,需要美国维持决定性优势的第五大空间。2007年9月,美国空军也成立临时网络战司令部,下属55个网络战中队。2008年五角大楼斥资300亿美元建造“国家网络靶场”。建设目标是模拟真实的网络攻防作战环境,针对敌对电子攻击和网络攻击等电子作战手段进行试验,以打赢网络战争。2009年6月23日,美国国防部正式宣布创建网络战司令部,成为第一个组建此类司令部的国家。网络战司令部的建立将帮助美国国防部“确保在网络空间的行动自由”。这也意味着美国正式将传统的战争空间由真实的陆海空天延伸到虚拟的网络空间,意味着网络战将作为一种国家层面的战争形式走进人类历史。

除美国外,世界其他主要大国也纷纷组建网络战部队,英国、日本、俄罗斯、法国、德国、印度、以色列等国家都已建立成编制的网络战部队。早在20世纪90年代,俄罗斯就设立了信息安全委员会,并将信息网络安全与经济安全置于同等重要的位置,还建立了专门的网络战部队。2002年推出《俄联邦信息安全学说》,将网络信息战比作未来的“第六代战争”。英国也早在2001年就秘密组建了一支隶属军情六处、由数百名计算机精英组成的“黑客”部队。2009年6月25日出台首个国家网络安全战略,并宣布成立两个网络安全新部门,即网络安全办公室和网络安全行动中心。日本在构建网络作战系统中强调“攻守兼备”,拨付大笔经费投入网络硬件及“网战部队”建设,分别建立了“防卫信息通信平台”和“计算机系统通用平台”,实现了自卫队各机关、部队网络系统的相互交流和资源共享。日本防卫厅根据其2005—2009年《中期防卫力量发展计划》,已经组建了一支由5000名军中计算机专家组成的“网络空间防卫队”,研制开发的网络作战“进攻武器”和网络防御系统,目前已经具备了较强的网络进攻作战实力。

总之,网络战是21世纪危及国家安全的最为重要的一种战争形式,敌方在战争期间发动网络战将会在第一时间内迅速使一个国家经济、军事和民生的正常运转出现瘫痪,直接导致这个国家陷入全面混乱的局面。网络战必将在未来战场上起到任何有形武器无法达到的能迅速瘫痪一个国家,从而不战而屈人之兵的作用。

7.2.3.2 网络战的主要特点

网络战是信息战的一种形式。具有突然性、隐蔽性、不对称性和代价低、参与性强等特点。从本质上说,网络战争也是一种传统战争策略的延伸。在战争中获取信息控制权是制胜的关键。这包括在指挥、控制、通信、情报和搜索等方面全面超过对手,抢在敌人之前了解敌人、欺骗敌人和发动奇袭。

网络战通过广泛运用多种技术,对指挥控制、情报收集、处理和分配、战术通信、定位、确定敌友以及智能武器系统等实施电子致盲、干扰、欺骗、超载和侵入敌方信息和通信系统等手段,进行网络攻击。

与传统战争相比,网络战有两大特点:

(1) 界限模糊。在网络战当中,战略性、战役性和战术性信息在集成化网络环境中有序流动,呈现出紧密互联、相互融合的特点。这势必使得网络战的战略、战役、战术界限模糊,日益融为一体。

(2) 战场不定。传统战争离不开陆地、海洋、空中和太空等有形空间,而网络战是在无形的网络空间进行,其作战范围瞬息万变,网络所能覆盖的都是可能的作战地域,所有网络都是可能的作战目标。传统作战改变作战方向需要长时间的兵力机动,而网络战,只需点击鼠标即可完成作战地域、作战方向、作战目标和作战兵力的改变,前一个进攻节点与后一个进攻节点在地域上也许近在咫尺,也许相距万里。网络空间成为战场,消除了地理空间的界限,使得前方、后方、前沿、纵深的传统战争概念变得模糊,攻防界限很难划分。

7.2.3.3　网络战的主要方法

尽管网络战的目标各有不同,有的是政府和军队网络,有的是银行系统,有的是企业的信息中心;攻击的方法也形形色色,有的是采用缓冲区溢出攻击,有的是采用口令攻击,有的是采用拒绝服务攻击,有的是采用恶意程序攻击,但与实施军事行动类似,一次完整的网络攻击过程一般而言都遵循“五阶段法”,包括网络侦察、网络扫描、获取权限、维持访问和掩盖踪迹五个阶段:

(1) 网络侦察。在网络中发现有价值的和可能被攻击的组织的网点,即寻找和确认攻击目标,获取有关目标计算机网络和主机系统安全态势的信息,收集目标系统的资料,包括各种联系信息、IP 地址范围、DNS 以及各种服务器信息。

网络侦察是进行网络攻击的第一步,对于识别潜在的目标系统,确认目标系统适合哪种类型的攻击,能否成功和顺利实施网络攻击具有至关重要的作用。一般需要进行网络侦察的内容包括:① 主机或网络的 IP 地址(段)、名字和域;② 各种联系信息,包括姓名、邮件地址、地理位置、电话号码等;③DNS、邮件、Web 等服务器;④ 目标机构的业务信息;⑤网络拓扑结构;⑥ 其他一切对网络攻击产生作用的各种信息。

网络侦察的常用方法包括搜索引擎信息收集、通过 whois 查询获取目标站点的注册信息、DNS 信息查询和网络拓扑发现等。

针对不同的网络侦察手段,可以采取不同的方法进行网络防御。通过保护己方的 web 站点防御搜索引擎的侦察;通过保证注册记录中没有额外的信息可供攻击者使用来防御 whois 查询。防御 DNS 侦察则可以从减少通过 DNS 泄露额外的信息、限制 DNS 传送和使用 DNS 分离技术等几个方面来进行。

(2) 网络扫描。使用各种扫描技术检测目标系统是否同互联网相接、所提供的网络服务类型等,进而寻找系统中可攻击的薄弱环节,确定对系统的攻击点,探测进入目标系统的途径。包括扫描系统运行的服务、系统的体系结构、互联网可访问的 IP 地址、名字或域、操作系统类型、用户名和组名信息、系统类型信息、路由表信息以及 SNMP 信息等。

网络扫描的方法和手段种类多样,攻击者通过网络扫描主要可以达成主机发现、端口扫描、操作系统检测和漏洞扫描等目的。

① 主机发现。判断目标主机的工作状态,即判断目标主机是否联网并处于开机状态。网络中以 IP 地址作为通信主机的标识,攻击者的攻击也是针对 IP 地址进行的。如果一个 IP 地址没有在网络中使用,或者该 IP 地址所对应的主机在某个时间点没有开机,攻击者都无法在此时间对相应的 IP 地址进行攻击。根据网络协议的不同主机发现技术可以分为基于 ICMP 的主机发现和基于 IP 的主机发现。

② 端口扫描。判断目标主机的端口工作状态,即端口处于监听还是处于关闭的状态。端口与网络服务相联系,例如,端口号从 0 ~ 1023 的端口被称为公认端口(Well

Known Ports),这些端口通常与特定的网络服务紧密绑定,像80号端口通常被HTTP服务使用,20号端口通常被FTP服务使用。端口处于监听状态即意味着主机开放了相应的网络服务。

③ 操作系统检测。判断目标主机的操作系统类型。通过扫描可以大致判断目标主机运行的是Windows操作系统、Linux操作系统,还是AIX等其他类型的操作系统。攻击者攻击时所采用的方法与目标主机的操作系统紧密联系。

④ 漏洞扫描。判断目标主机可能存在的安全漏洞。向目标主机发送精心设计的探测数据包,根据目标主机的响应,能够判断出目标主机存在的安全漏洞。很多网络扫描软件汇聚了主机系统可能存在的各类安全漏洞的信息,在对目标主机实施扫描后能够详尽提供目标主机存在的安全漏洞。此类网络扫描软件通常需要经常更新以保证漏洞信息的全面。攻击者也可以就自己感兴趣的某个或者某一组漏洞设计探测数据包,对目标主机进行针对性更强的探测。

(3) 获取权限。在收集足够的信息基础上,攻击者正式实施攻击来获取系统权限。一般在操作系统级别、应用程序级别和网络级别上使用各种手段获得系统访问权限,进入目标系统,具体采用的方法有缓冲区溢出漏洞攻击、口令攻击、恶意程序、网络监听等,其中利用缓冲区溢出进行攻击最为普遍,据统计80%以上成功的攻击都是利用缓冲区溢出漏洞来获得非法权限的。由于攻击获取的权限往往只是普通用户权限,需要以合法身份进入系统,进一步通过系统本地漏洞、解密口令文件、安全管理配置缺陷、猜测、窃听等手段获取系统的管理员或特权用户权限,从而得到权限的扩大和提升,进而可以做网络监听、清除痕迹、安装木马等工作。

(4) 维持访问。攻击者在成功攻占系统后,接下来要做的是维持访问权限的工作,为下次方便进入系统做好准备。一般利用特洛伊木马、后门程序、机器人程序和rootkit等恶意程序或技术来达到目的,这个过程最强调的是隐蔽性。

(5) 掩盖踪迹。攻击者在完成攻击后离开系统时需要设法掩盖攻击留下的痕迹,否则他的行踪将很快被发现。主要的工作是清除相关日志内容、隐藏相关的文件与进程、消除信息回送痕迹等。

7.3 赛博空间与赛博行动

7.3.1 基本概念

7.3.1.1 赛博空间的定义与特征

赛博空间是加拿大作家威廉·吉布森(William Gibson)1984年在其科幻小说《神经症漫游者(*Neuromancer*)》中创造的一个词语。20世纪90年代,学术界对Cyberspace概念进行了不断的探讨,当时形成的看法是,Cyberspace基本与互联网(internet)同义。

进入21世纪后,Cyberspace逐渐得到美国政府和军方的广泛重视,并随着对其认识的不断深入而多次对其定义进行修订。表7-3给出了赛博空间概念的演变。

表 7-3　几种赛博空间代表性定义

定义出处	定　义	关 键 词
Wikipedia 大百科全书	赛博空间是可以通过电子技术和电磁能量调制来访问与开发利用的电磁域空间,并借助此空间以实现更广泛的通信与控制能力	电子技术、电磁能量、电磁域空间、通信与控制
2006 年《赛博空间国家军事战略》	赛博空间是一个作战域,其特征是通过互联的、因特网上的信息作战域、互联、信息系统、电子技术、电磁频谱、交换和利用数据	系统和相关的基础设施,应用电子技术和电磁频谱产生、存储、修改、处理数据
2009 年美国总统国家安全令	赛博空间是一个相关联的信息技术基础设施的网络,包括因特网、电信网、计算机系统以及关键产业中的嵌入式处理器和控制器。通常在使用该术语时,也代表信息虚拟环境,以及人们之间的相互影响	相关联、信息技术基础设施、网络、控制、信息虚拟环境、相互影响
2010《美国陆军赛博空间作战概念能力规划 2016—2028》	赛博空间是一个全球范围的域,由一些独立的信息技术基础设施和网络构成,这些网络包括因特网、电信网、计算机系统,以及嵌入式处理器和控制器	域、信息技术基础设施、网络、控制

目前,赛博空间最新权威的定义是:赛博空间是通过网络化系统及相关的物理基础设施,利用电子和电磁频谱存储、修改和交换数据的领域,是真实的物理领域,贯穿于陆海空天领域而同时存在,通过对数据的存储、修改或交换连接各领域。赛博空间是一个全球信息网,包括因特网、电信网、计算机系统及各类关键工业中的嵌入式处理器和控制器。因此,赛博空间是比电磁空间更为广泛的概念,它包含网络系统,因此以赛博空间取代电磁空间更为科学。

赛博空间在时域、空域上同陆、海、空、天等域重叠。作为第五维作战领域,赛博空间有其自身的特征。

(1) 无界性。网络同电磁频谱空间的规模可无限大,这使得赛博空间几乎可覆盖任何区域,凡是电磁波能到达的地方都是赛博空间范围。

(2) 高速性。信息在赛博空间靠网络传输,能达到光速。赛博空间提供了快速决策、快速打击、快速实现作战预期的途径。

(3) 开放性。电磁空间和信息网络空间是开放的,任何人都可进入赛博空间,成为赛博人员。

(4) 突变性。赛博空间作战不受时间、距离影响,可瞬间达成作战效果。赛博空间是不断变化的,要根据战情不断调整赛博进攻和赛博防御措施。

7.3.1.2　赛博行动与赛博空间作战

赛博空间由许多不同节点和网络组成。虽然不是所有的节点和网络都是全球连接或可访问的,但赛博空间互联程度在不断提高。特别是随着信息技术的发展,加速了计算机网络与通信网络的融合,而这些网络则越来越依赖于部分电磁频谱,导致对这部分电磁频谱的竞争将越来越激烈。

2008 年,美军正式成立空军赛博司令部,定义赛博空间为整个电磁频谱空间,实现从信息域到赛博(Cyber)域的跨越。作战人员能利用掌控的技术实现在时域、空域、频域中的对抗,使作战系统的复杂性发生质的变化。

2009年,美国空军组建了赛博作战部队,能够联合力量进行精确打击、精密导航、可靠通信、透视战场和保护网络。同年,美军完成了第5次“施里弗(Schriever)”太空战军事演习,主要集中于太空和赛博空间的整合、对太空态势感知存在至关重要的需求、联合参与者的军力倍增能力,以及把商业太空能力融入整体作战中的需求。标志着美国最先提出赛博战概念,也最先应用于实战。

2010年,美军评估赛博作战部队及其作战中心已经达到了“就绪”水平,具备了赛博空间作战的初始作战能力(IOC),意味着美军具备了执行任务关键元素的能力。同年5月,美军完成了第6次“施里弗”太空演习,共有美国、澳大利亚、加拿大及英国的30家机构大约550名军事、民事专家参与演习。演习目的为研究太空与赛博空间的候选方案、能力等,以便满足未来需求;调查太空与赛博空间对未来威慑战略的贡献;探寻一体化的规划程序保护并实施太空与赛博空间领域的运行。

赛博空间作战可以产生真实的作战效果,影响敌方部队、指挥人员的作战能力。与在信息空间的信息战相比,赛博行动并不与信息战相抵触,相反,如果在赛博空间作战中获得制电磁权,能够促进信息战的实施,提高信息战的作战效果。因此,与信息战相比,赛博行动的范围更广,它的层次更高。

7.3.2 赛博空间的体系架构

赛博空间是与陆、海、空、天并列的第五大领域。这五大领域是相互依存的。赛博空间节点在物理上融于上述四大领域之中,在功能和运行上,又独立于这四大领域。赛博空间的活动影响其他领域的活动,其他领域的活动也影响着赛博空间的活动。

赛博空间分为三层,既物理层、逻辑层和社会层,由地理组件、物理网络组件、逻辑网络组件、角色组件和赛博角色组件构成,如图7-7所示。

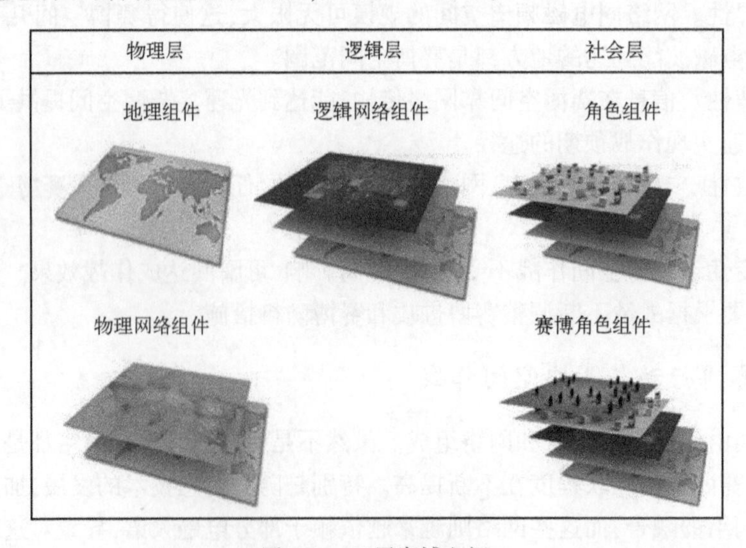

图7-7 三层赛博空间

(1) 物理层。物理层包括地理组件和物理网络组件。地理组件是网络各要素的物理地点,物理网络组件包括支撑该网络的所有硬件和基础设施(有线、无线和光学基础设施)以及物理连接器(线缆、电缆、射频电路、路由器、服务器和计算机)。

(2) 逻辑层。逻辑层包含逻辑网络组件,该组件在本质上是技术性的,由网络节点间的逻辑连接组成。节点是连接至计算机网络的任意装置,包括计算机、PDA、蜂窝电话或其他网络设备。在 IP 网络中,节点是分配有 IP 地址的某种装置。

(3) 社会层。社会层由人和认知要素组成,包括赛博角色组件和人员组件。赛博角色组件包括网络上人员的身份或角色(电子邮件地址、计算机 IP 地址、手机号码等)。人员组件由网络上的实际人员组成。一个人可以担任多个赛博角色,如有多个电子邮件地址。一个赛博角色也可能包含多名用户,如多名用户同时使用同一个账号。

7.3.3　赛博行动的框架结构

赛博行动由赛博态势感知、赛博网络运维、赛博战和赛博支持四部分组成,其相互关系如图 7-8 所示。

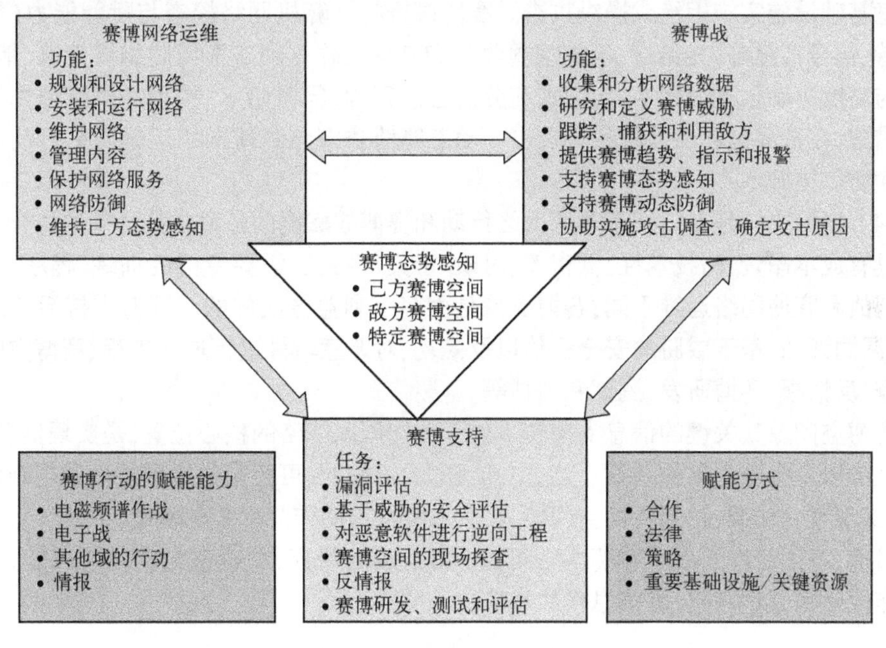

图 7-8　赛博行动框架结构

(1) 赛博态势感知是指在整个赛博空间内遂行的己方、敌方以及其他相关行动信息的即时理解。赛博态势感知既源于赛博网络运维、赛博战和赛博支持,又能对后三者提供支持。赛博态势感知主要内容包括:①理解在整个赛博空间内遂行的己方、敌方和其他相关行动;②评估己方的赛博能力;③评估敌方的赛博能力;④评估己方和敌方的赛博漏洞;⑤理解网络上的信息流,确定其目的和危险程度;⑥理解己方和敌方赛博空间能力降级所产生的效果和对任务的影响;⑦有效规划和遂行赛博空间行动所必需的赛博能力的可用性。

(2) 赛博网络运维是赛博行动的组件之一,主要涉及构建、运行、管理、保护、防护以及指挥控制、重要基础设施和关键资源,以及其他特定的赛博空间。赛博网络运维由赛博企业管理、赛博内容管理和赛博防御三部分核心内容组成。赛博防御又包括信息保障、计算机网络防御,以及重要基础设施的保护。赛博网络运维利用这三个核心要素,与赛博战和赛博支持之间是相互支持关系。

赛博企业管理是指有效运行计算机和网络所需要的技术、过程和策略。赛博内容管理是指提供相关的、准确的信息感知所需要的技术、过程和策略,能自动访问新发现的或重现的信息,能及时有效地以适当的形式可靠地交付信息。赛博防御措施将信息保障、计算机网络防御和重要基础设施保护与电子防护、重要基础设施防护等各种赋能能力相结合,对敌方操纵信息和基础设施的能力进行预防、探测并最终做出响应。

(3) 赛博战是赛博行动的组成部分,它将赛博力量扩展到全球信息栅格的防御边界以外,以探测、威慑、拒绝和战胜敌方。赛博战的能力主要以计算机网络和通信网络以及设备、系统和基础设施的嵌入式处理器和控制器为目标。赛博战包括赛博探查、赛博攻击和动态赛博防御,他们与赛博网络运维和赛博支持是支持和被支持的关系。

赛博攻击将计算机网络攻击与赋能能力(如电子攻击、物理攻击等)相结合,对信息和信息基础设施实施拒绝或操纵攻击。赛博探查将计算机网络探查与赋能能力(如电子战支持、信号情报等)相结合,实施情报收集和其他工作。动态赛博防御将策略、情报、传感器与高度自动化过程相结合,识别和分析恶意行为,同时暗示、提示并执行预先批准的相应措施,在造成破坏前挫败敌方攻击。动态赛博防御与赛博网络运维防御行动协同提供纵横防御措施。

(4) 赛博支持是专门用于赛博网络行动和赛博战赋能的各种支持活动的集合。这些活动具有成本昂贵、高技术性、低密度、时敏/密集等特征,需要专门的训练、程序和策略。与赛博战和赛博网络运维不同,赛博支持是由多个利益方实施的。赛博支持活动的实例包括:漏洞评估、基于威胁的安全评估以及修复、对恶意软件进行逆向工程、赛博空间的现场探查、反情报、赛博研发、测试和评估等。

赛博空间及其关键的信息支撑技术处于美国国家战略的核心位置,是实现信息优势、决策优势以及全域主宰的基石。建立功能强大、可信的、可互操作的国防公共基础设施环境,是实现联合作战,达到赛博空间能力,获取赛博空间作战优势的基础。

目前,各国纷纷开展了对赛博空间和赛博行动的研究,加速整合赛博作战能力,建立联合作战体系,以争夺全维信息作战优势。

7.4 指挥信息系统的安全防护

指挥信息系统对抗的重要任务是在信息攻击与信息防御中获得相对的信息优势。即在进攻性信息对抗中,使用各种进攻手段破坏敌方的信息保障措施与信息系统,包括信息的阻止、扰乱、削弱、利用、信息欺骗和对敌方指挥信息系统的摧毁;在防御性信息对抗中,在敌方对己方实施信息战进攻的条件下,采取各种防御手段,防止敌方对己方信息保障措施和信息系统的进攻,包括信息防护、探测攻击和恢复。由此可见,对指挥信息系统的安全防护是赢得信息优势的基础和重要保障。

7.4.1 指挥信息系统安全防护的基本概念

指挥信息系统信息安全是指在指挥机构的统一领导下,运用各种技术手段和防护力量,为保护指挥信息系统中各类信息的保密、完整、可用、可控,防止被敌方破坏和利用,而采取的各种措施和进行的相关活动。随着军队建设和未来战争对信息的依赖程度越来越高,指挥信息系统信息安全问题日益突出。

近 50 年来,信息系统安全技术的发展经历了信息保护技术、信息保障技术和生存技术。

信息保护技术的基本技术原理是保护和隔离,通过保护和隔离达到信息系统中的信息真实、保密、完整和不可否认等安全目的。信息的保密性、完整性、可用性、可识别性、可控性和不可抵赖性成为信息安全的主要内容。

"信息保障"首次出现在美国国防部(DOD)1996 年 12 月 6 日颁发的官方文件"*DOD Directive S - 3600. 1: Information Operation*"中。该文件把"信息保障"定义为"通过确保信息和信息系统的可用性、完整性、可识别性、保密性和不可抵赖性来保护信息和信息系统的信息作战行动,包括综合利用保护、探测和反应能力以恢复系统。"信息保障特别将保障信息安全所必需的"保护(Protection)、检测(Detection)、响应(Response)和恢复(Restoration)"(PDDR)视为信息安全的四个动态反馈环节,从而安全的将工作管理在一个大的框架下,能够针对薄弱环节,有的放矢,有效防范,围绕安全策略的具体需求有序地进行组织,架构成一个动态的安全防范体系。

生存技术就是系统在攻击、故障和意外事故已发生的情况下,在限定的时间内完成使命的能力,具有"可生存性",其核心就是要做到入侵容忍。当故障和意外发生的时候,可以利用容错技术来解决系统的生存问题,如远地备份技术和拜占庭式(Byzantine)容错冗余技术。除了容错之外,还要解决因攻击者攻击而造成的系统错误。所以,生存技术中最重要的并不是容忍错误,而是容忍攻击。容忍攻击是指在攻击者到达系统,甚至控制部分子系统时,系统不能丧失其应该有的保密性、完整性、真实性、可用性和不可否认性。解决了入侵容忍,也就解决了系统的生存问题。入侵容忍技术是第三代信息安全技术的代表和核心,也被直接称为第三代信息安全技术。

7.4.2　指挥信息系统面临的威胁与安全防护特点

7.4.2.1　指挥信息系统面临的威胁

信息化条件下的现代战争中,战场侦察监视系统将日趋完善,大量精确制导武器和电子武器、信息武器将广泛投入作战运用,指挥信息系统安全面临严重威胁。

1. 侦察技术空前提高,精确打击威胁极大

现代战场上,发现目标的手段多样,侦察、监视系统与精确制导武器组成了"精确定位打击系统",从而实现侦察、指挥控制、打击的一体化。敌对双方可利用巡航导弹、反辐射导弹、精确制导武器对信息结点实施精确打击和破坏。反辐射导弹以对方指挥系统的电子设备、无线电台、无线网桥通信系统的电磁源为引导,对指挥信息系统构成更为直接的威胁。"斩首攻击"等作战思想,使指挥信息系统的重要地位凸显出来,指挥信息系统一旦被敌方侦察系统所捕获,则难逃被打击的命运。在海湾战场上,以美军为首的多国部队从"沙漠风暴"行动一开始,就把伊军的指挥控制中心和通信枢纽作为首要突击目标,使用了从空中到地面的众多高技术武器装备实施"软打击"和"硬摧毁",开战不到 10 天,就使伊军指挥信息系统瘫痪,使指挥机构失去了对部队的控制,从而控制了战局。

2. 电磁攻击手段多样,系统稳定性易遭破坏

指挥信息系统的网络数据交互,主要有有线通信组网、无线通信组网以及混合通信组网三种基本链路组织方式。有线方式通过野战光缆、野战被覆线、双绞线连接,其信息流量大,受自然环境的影响小,通信质量高,抗干扰能力且保密性强。不利之处是,开设周期比较长,对人力、物力保障依赖大。因此为保证实现快速互联,必将利用无线传输,以无线或混合通信的组网方式进行互联。但无线通信方式易遭受敌方的电磁攻击。如敌对双方可采用有源电子干扰方式,发射或转发与对方信号形式相同的电磁波,使对方指挥单元的无线通信接收信号受到扰乱和破坏。也可采用压制性电子干扰方式,可造成指挥信息单元电子设备的接收系统过载、饱和,难于获取有用信号。还可采用欺骗式干扰,发送假信号,使对方系统或操作人员难以辨别真伪,在指挥的关键时刻对指挥决策进行扰乱,破坏指挥信息系统的稳定。

3. 网络战地位凸显,通信链路易被瘫痪

敌对双方可通过实施计算机病毒攻击等信息攻击手段,在网络战场上对对方指挥信息系统进行攻击。其主要方式包括利用计算机网络系统的安全缺陷实施“软侵入”,窃取、修改或伪造指挥信息,和通过暴露的有线或无线通信链路,采用非法入侵、病毒破坏、信息阻塞等方法,达到削弱甚至瘫痪信息系统的目的。科索沃战争中,北约指挥信息系统的互联网及电子邮件系统受到南联盟黑客的攻击,其服务器被严重阻塞,无法正常工作。此外,黑客还注入病毒造成北约计算机通信链路瘫痪。

7.4.2.2 指挥信息系统面临的安全防护特点

信息化条件下,指挥信息系统的安全防护具有以下特点:

(1) 防护范围广阔。当前,指挥信息系统已经延伸至陆、海、空、天多维空间。横向上,除了传统的情报侦察、通信、指挥控制等领域外,在武器控制、导航定位、战场监控等领域也得到广泛运用。纵向上,指挥信息系统已经将上至战略指挥机构下至每一个战术单位和作战单元甚至单兵联成一体。从信息安全防护角度看,信息空间的每一个局部、节点都可能成为信息攻击的目标,并进而影响整个系统的信息安全。

(2) 防护措施综合。未来信息化战争中指挥信息系统信息安全将面临着火力打击、电子侦察、电磁干扰、病毒破坏、网络渗透等越来越多的“硬杀伤”和“软杀伤”威胁,为了确保指挥信息系统信息安全,仅靠某一手段和方法难以达到目的,而必须采取综合一体的防护措施。从安全技术运用来看,除了需要运用传统的防电磁泄漏和信息加密技术外,还必须综合运用防病毒、防火墙、身份识别、访问控制、审计、入侵检验、备份与应急恢复技术;从信息的安全管理角度上看,既要重视发挥各种信息安全防护技术手段等“硬件”的作用,又要重视加强对各类信息的安全管理,提高指挥信息系统各类使用和维护人员的信息安全意识和能力,发挥好“软件”的作用。

(3) 攻防对抗激烈。指挥信息系统是各类军事信息的集散地和信息处理中心,针对其进行的信息攻击,可以达到牵一发而动全身的效果,并且其行动代价小,易于实现,具有较强的可控性。现在和未来军事斗争的需要必将推动以指挥信息系统为目标的信息斗争进一步发展,无论是战时还是平时,在指挥信息系统对抗方面的斗争将更加复杂、激烈。

7.4.3 信息系统安全体系结构

国际标准化组织在对OSI开放互联环境的安全性进行了深入研究的基础上提出了OSI安全体系结构，于1988年发布了《信息处理系统开放系统互连基本参考模型第二部分——安全体系结构(ISO7498－2)》作为研究设计计算机网络系统以及评估和改进现有系统的理论依据。OSI安全体系结构定义了系统应当提供的安全服务，提供这些服务的安全机制及相应的安全管理，以及有关安全方面的其他问题。此外，它还定义了各种安全机制以及安全服务在OSI中的层位置。在信息系统中，全部信息活动所获得的安全服务都是通过信息系统各功能层次中的安全机制提供的。

7.4.3.1 指挥信息系统的主要安全服务

在对信息系统安全威胁进行分析的基础上，规定了五种标准的安全服务：

(1) 对象认证安全服务。用于识别对象的身份和对身份的证实。OSI环境可提供对等实体认证和信源认证等安全服务。对等实体认证服务在连接建立过程或数据传送阶段的某些时刻，用来验证一个或多个连接实体的身份，它可以确认对等实体此时没有假冒身份，或没有试图非授权重放先前的连接。而信源认证服务用于验证所收到的数据来源与所声称的来源是否一致，它不提供防止数据中途被修改的功能。

(2) 访问控制安全服务。访问控制的目的是防止对信息系统任何资源(如计算机资源、通信资源或信息资源)进行非授权的访问。所谓非授权的访问包括未经授权使用、泄露、修改、销毁以及颁发指令等。访问控制安全服务提供对非授权使用资源的防御措施。这种安全服务可应用于对资源的各种不同类型的访问或对某种资源的所有访问。这种安全服务要与安全策略协调一致。

(3) 数据保密性安全服务。对数据提供保护，使之不被非授权地泄漏。可分为信息保密、选择段保密和业务流保密。它的基础是数据加密机制的选择。

(4) 数据完整性安全服务。该服务对付主动威胁。在一次连接中，连接开始时使用对等实体鉴别服务，并在连接的生命期使用数据完整性服务，可为连接中传送的所有数据单元的来源提供完整性保证，防止非法篡改信息，如修改、复制、插入和删除等。

(5) 防抵赖性安全服务。是针对对方抵赖的防范措施，用来证实发生过的操作，它可分为对发送防抵赖、对递交防抵赖和进行公证。

7.4.3.2 指挥信息系统的安全机制

为提供上述安全服务，可以借助以下安全机制：

(1) 加密机制。借助各种加密算法对存放的数据和流通中的信息进行加密。加密机制是安全机制中最基础、最核心的机制，见7.4.5节密码理论、技术及其应用。

(2) 数字签名。采用公钥体制，使用私钥进行数字签名，使用公钥对签名信息进行证实。

(3) 访问控制机制。根据访问者的身份和有关信息，决定实体的访问权限。访问控制机制的模型应包含执行功能和判决功能，访问控制机制的模型如图7-9所示。

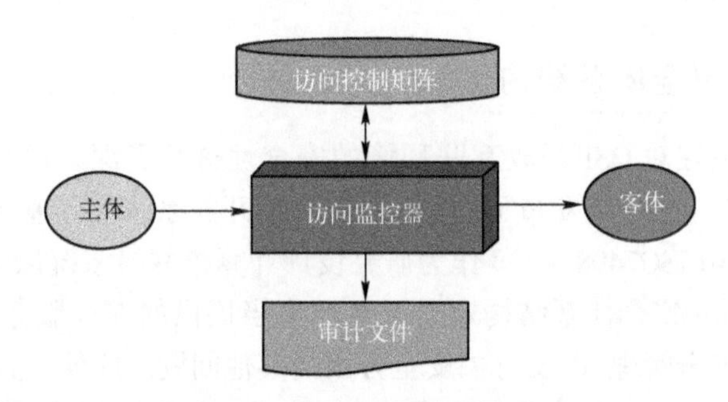

图7-9 访问控制的功能模型

根据控制方式的不同,访问控制可分为自主访问控制和强制访问控制。自主访问控制是用户可在系统中自主地规定存取资源的实体,即用户可选择能够与其共享资源的其他用户。强制访问控制通过无法回避的访问限制,防止非法入侵。除了系统管理员,任何用户都不能直接或间接地改变权限。在实施访问时,信息系统通过比较用户和文件的安全属性来决定用户能否访问该文件。在指挥信息系统中,常将强制访问控制和自主访问控制给合在一起使用。

(4) 数据完整性机制。判断信息在传输过程中是否被篡改过,与加密机制有关。

(5) 认证交换机制。以交换信息的方式确认实体真实身份的一种安全机制。认证交换机制主要通过利用鉴别信息、密码技术或该实体的特征或拥有物来实现。它可以设置在某一协议层上用来实现同层之间的认证。

(6) 防业务流量分析机制。通过填充冗余的业务流量来防止攻击者对流量进行分析,填充过的流量需通过加密进行保护。

(7) 路由控制机制。路由能动态地或预定地选取,确保只使用物理上安全的子网络、中继站或链路,防止不利的信息通过路由。目前典型的应用为网络层防火墙。

(8) 公证机制。确保在两个或多个实体之间通信的数据的性质(如完整性、原发、时间和目的地等)。保证由第三方公证人提供,为通信实体所信任。

7.4.3.3 安全服务与安全机制的关系

一种安全服务可以通过某种安全机制单独提供,也可以通过多种安全机制联合提供。一种安全机制可用于提供一种或多种安全服务。ISO 7498－2 标准说明了实现某一安全服务应该采用哪种机制,如表7-4所列。它只是说明性的,而不是确定性的。

表7-4 OSI安全服务与安全机制之间的关系

安全服务	安全机制							
	加密	数字签名	访问控制	数据完整性	认证交换	防业务流量分析	路由控制	公证
对等实体认证	Y	Y			Y			
信源认证	Y	Y						
访问控制			Y					
信息保密	Y						Y	
选择段保密	Y							

（续）

安全服务	安全机制							
	加密	数字签名	访问控制	数据完整性	认证交换	防业务流量分析	路由控制	公证
业务流保密	Y					Y	Y	
可恢复连接完整性	Y			Y				
无恢复连接完整性	Y			Y				
选择字段连接完整性	Y			Y				
无连接完整性	Y	Y		Y				
选择字段无连接完整性	Y	Y		Y				
对发送防抵赖		Y		Y				Y
对递交防抵赖		Y		Y				Y
说明：Y表示机制适合提供该种服务；空格表示机制不适合提供该种服务。								

7.4.4 信息系统的安全防护体系

信息安全的最终目的是确保信息的机密性、完整性、可用性、可审计性和抗抵赖性，以及信息系统主体对信息资源的控制。从信息系统安全总需求来看，安全服务、安全机制及其管理只解决了与通信和互联有关的安全问题，而涉及与信息系统构成组件及其运行环境安全有关的其他问题（如物理安全、系统安全等），还需从技术措施和管理措施两方面的结合上来考虑解决方案。因此为了系统地、完整地构建信息系统的安全体系框架，可以考虑信息系统安全体系由技术体系、组织机构体系和管理体系共同构建，如图7-10所示。

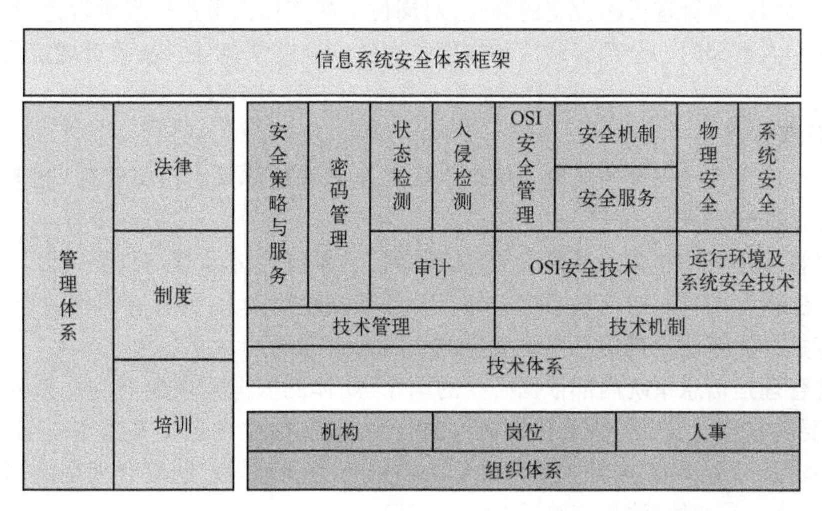

图7-10　信息系统安全防护体系

1. 技术体系

技术体系是全面提供信息系统安全保护的技术保障系统。通过技术管理将技术机制提供的安全服务分别或同时在OSI协议层的一层或多层上，为数据、信息内容和通信连接提供机密性、完整性和可用性保护,为通信实体、通信连接和通信进程提供身份鉴别、访问控制、审计和抗抵赖保护。这些安全服务分别作用在通信平台、网络平台和应用平台上。

运行环境及系统安全技术,通过物理机械强度标准的控制使信息系统的建筑物、机房条件及硬件设备条件满足信息系统的机械防护安全;通过对电力供应设备以及信息系统组件的抗电磁干扰和电磁泄漏性能的选择性措施,使信息系统组件具有抗击外界电磁辐射或噪声干扰能力,以及控制由电磁辐射造成的信息泄露;通过对信息系统与安全相关组件的操作系统的安全性选择措施或自主控制,使信息系统安全组件的软件工作平台达到相应的安全等级,一方面避免操作平台自身的脆弱性和漏洞引发的风险,另一方面阻塞任何形式的非授权行为对信息系统安全组件的入侵或接管系统管理权。

2. 组织体系

组织体系是信息系统安全的组织保障系统,由机构、岗位和人事部门三部分构成。

机构的设置分为三个层次:决策层、管理层和执行层。决策层是信息系统主管单位决定信息系统安全重大事宜的领导机构,以单位主管信息工作的负责人为首,由行使国家安全、公共安全、机要和保密职能的部门负责人和信息系统主要负责人参与组成。管理层是决策的日常管理机构,根据决策机构的决定全面规划并协调各方面力量实施信息系统的安全方案,制定、修改安全策略,处理安全事故,设置安全相关的岗位。执行层是在管理层协调下具体负责某一个或某几个特定安全事务的一个逻辑群体,这个群体分布在信息系统的各个操作层或岗位上。

岗位是信息系统安全管理机构根据系统安全需要设定的负责某一个或某几个特定安全事务的职位。岗位在系统内部可以是具有垂直领导关系的若干层次的一个序列,一个人可以负责一个或几个安全岗位,但一个人不得同时兼任安全岗位所对应的系统管理或具体业务岗位。因此,岗位并不是一个机构,它由管理机构设定,由人事部门管理。

人事部门是由管理机构设定的岗位,对岗位上的工作人员进行素质教育、业绩考核和安全监管。人事部门的全部管理活动在国家有关安全的法律、法规、政策规定范围内依法进行。

3. 管理体系

管理是信息系统安全的灵魂。信息系统安全的管理体系由法律管理、制度管理和培训管理三个部分组成。

法律管理是根据相关的国家法律、法规对信息系统主体及其与外界关联行为的规范和约束。法律管理具有对信息系统主体行为的强制性约束力,并且有明确的管理层次性。与安全有关的法律法规是信息系统安全的最高行为准则。

制度管理是信息系统内部依据必要的国家、团体的安全需求制定的一系列内部规章制度,主要内容包括安全管理和执行机构的行为规范、岗位设定及其操作规范、岗位人员的素质要求及行为规范、内部关系与外部关系的行为规范等。制度管理是法律管理的形式化、具体化。是法律、法规与管理对象的接口。

培训管理是确保信息系统安全的前提。培训管理的内容包括法律法规培训、内部制度培训、岗位操作培训、普遍安全意识和与岗位相关的重点安全意识相结合的培训、业务素质与技能技巧培训等。培训的对象不仅仅是从事安全管理和业务的人员,而几乎包括信息系统有关的所有人员。

7.4.5 密码技术及其应用

密码技术通过对信息的变换或编码,将机密的敏感信息变换成对方难以读懂的乱码型信息,以此达到使对方无法从截获的乱码中得到任何有意义的信息和使对方无法伪造任何乱码型信息这两个目的。

密码技术不仅可以解决信息传输的保密性,而且可用于解决信息的完整性、可用性及真实性,是整个信息安全技术的核心和基石。

7.4.5.1 密码系统模型

密码系统(Cryptosystem),简称为密码体制,用数学符号描述为:$S = \{M,C,K,E,D\}$,如图 7-11 所示。式中:

M 为明文空间,表示全体明文集合。明文是指加密前的原始信息,即需要隐藏的信息。

C 为密文空间,表示全体密文的集合。密文是指明文被加密后的信息,一般是毫无识别意义的字符序列。

K 为密钥或密钥空间。密钥是指控制加密算法和解密算法得以实现的关键信息,可分为加密密钥和解密密钥,两者可相同也可不同。

密码算法是指明文和密文之间的变换法则,其形式一般是计算某些量值或某个反复出现的数学问题的求解公式,或者相应的程序。

E 为加密算法,D 为解密算法。解密算法是加密算法的逆运算,且其对应关系是唯一的。

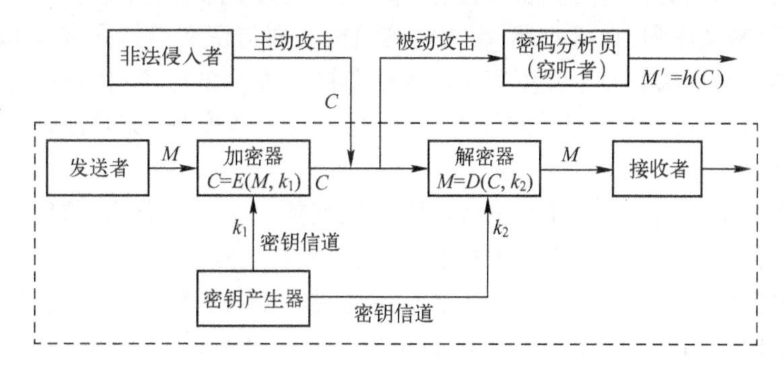

图 7-11　典型密码系统组成

密码系统可以采用的两种安全策略:基于算法保密和基于密码保护。但基于算法保密的策略存在着以下不足:

(1) 算法的开发非常复杂,一旦算法泄密,重新开发需要一定的时间。

(2) 不便于标准化,由于每个用户单位必须有自己的加密算法,不可能采用统一的硬件和软件产品。

(3) 不便于质量控制,用户自己开发算法,需要好的密码专家,否则对安全性难以保障。

因此,密码系统大多采用基于密码保护的安全策略。为了保证所设计密码系统的安全性能,要求满足以下设计要求:系统即使达不到理论上不可破译,也应该是实际上不可破译的(也就是说,从截获的密文或某些已知的明文和密文对,要决定密钥或任意明文在计算上是不可行的);加密算法和解密算法适用于所有密钥空间的元素;系统便于实现和使用方便;系统的保密性不依赖于对加密体制或算法的保密,而依赖于密钥。

7.4.5.2 密码体制

密码体制一般是指密钥空间和相应的加解密运算的结构,同时也包括明文信源与密文的结构特征,这些结构特征是构造加密运算和密钥空间的决定性因素。密码体制大致分为对称密码体制和非对称密码体制。

1. 对称密码体制

对称密码体制的加密密钥和解密密钥相同,也叫单钥密码体制或者秘密密码体制,如图7-12所示。

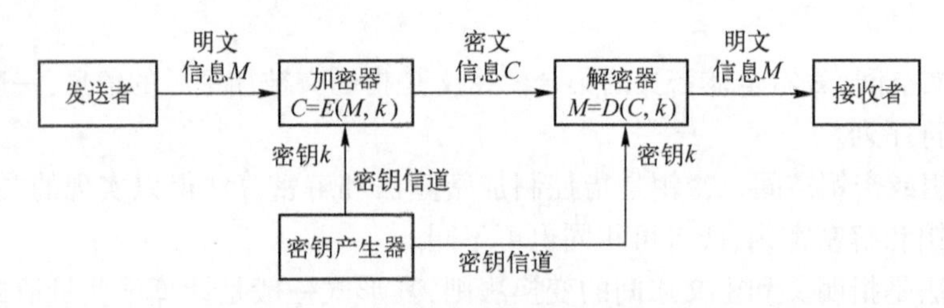

图7-12 对称加密体制的模型

对称密码体制对明文加密有序列密码和分组密码两种方式。

序列密码以明文的比特为加密单位,用某一个伪随机序列作为加密密钥,与明文进行异或运算,获得密文序列,在接收端,用相同的随机序列与密文进行异或运算便可恢复明文序列。序列密码算法的安全强度完全取决于伪随机序列的好坏,因此关键问题是伪随机序列发生器的设计。序列密码的优点是错误扩散小、速度快、实时性好、安全程度高。缺点是密钥需要同步。

分组密码的主要原理是在密钥的控制下一次变换一个明文分组,将明文序列以固定长度进行分组,每一组明文用相同的密钥和加密函数进行运算,如图7-13所示。分组密码优点是容易检测出对信息的篡改,且不需要密钥同步,具有很强的适应性。其缺点是(与序列密码相比)分组密码在设计上的自由度小。最典型分组密码是DES数据加密标准,它是对称密码体制的最成功的例子。

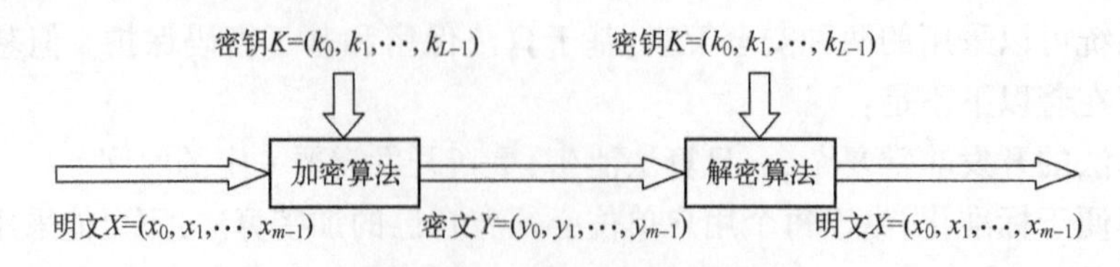

图7-13 分组密码原理框图

对称密码技术具有加解密算法简便高效,加解密速度快、安全性很高的优点,广泛应用于加密和认证。但也存在密钥分配困难、需要密钥量大等问题。

2. 非对称密码体制

非对称密码体制,又称为公钥密码体制或双钥密码体制。1976 年,Diffie,Hellmann 在论文“*New directions in cryptography*”中提出了双钥密码体制,每个用户都有一对密钥:一个是公钥,可以像电话号码一样进行注册公布;另一个是私钥,由用户自己秘密保存;两个密钥之间存在某种算法联系,但由一个密钥无法或很难推导出另一个密钥,如图 7-14 所示。

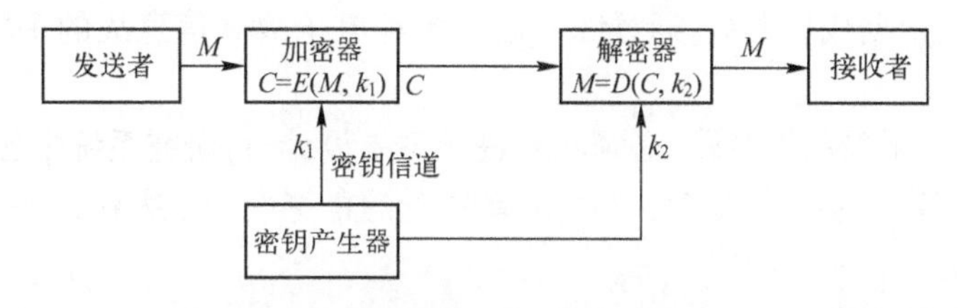

图 7-14　非对称加密体制的模型

整个系统的安全性在于:从对方的公钥 $k_{公}$ 和密文中要推出明文或私钥 $k_{私}$ 在计算上是不可行的。双钥体制的主要特点是将加密和解密能力分开,可以实现多个用户加密的消息只能由一个用户解读,即保密通信;也可实现只由一个用户加密消息而使多个用户可以解读,即数字签名认证。

双钥密码体制的实现技术根据其所依据的数学难题可分为如最著名的双钥密码体制 RSA 的大整数分解问题类、椭圆曲线类、离散对数问题类三类。

7.4.5.3　密钥管理

1883 年,由柯克霍夫斯在其名著《军事密码学》中提出重要原则:一个密码系统的安全性都应该基于密钥的安全性,而不是基于算法(细节)的安全性。换句话说,即使算法已为密码分析者所知,也无助于用来推导明文和密钥。这表明,密码体制保密的核心是密钥。

在系统中只要采用加密机制,就需要有密钥管理。密钥管理涉及密钥产生、分配、存储、销毁等多个方面的管理活动。密钥的产生是指高质量密钥或密钥对产生的过程。密钥的产生应具有不可预测性,密钥产生的环境应有很高的物理安全性。

密钥管理的内容包括:定期产生相应安全等级的相应密钥;根据访问控制要求确定哪些实体可以接受密钥副本;在实际的开放系统中以秘密方式把密钥分配到各实体。它包括客体的登记、密钥的产生、密钥的公证、密钥的验证、密钥的分配和密钥的维护等。网络密钥管理,要着重解决好两个问题:一是网络以外的用户非法入侵的问题;二是网络内的两个用户在进行通信时,网内其他用户都不能知道其通信内容的问题。

7.5　指挥信息系统对抗与安全防护的发展趋势

7.5.1　指挥信息系统对抗的发展趋势

高技术条件下的指挥信息系统对抗涉及范围极为广泛,不仅涉及雷达、通信、导航、制导、电视、遥控等各电子领域,而且涉及各军兵种和各作战领域,遍及从空间、空中、地面、水面、水下的所有信息领域,覆盖了从米波、微波、毫米波、红外、紫外的所有电磁频谱。

信息技术与网络技术的飞速发展,使得现代战争呈现出信息化的特征,围绕着信息资源的争夺日趋激烈,电子战和信息战系统的发展呈现出以下发展势头。

1. 对抗手段综合化

对抗手段综合化是指指挥信息系统在作战手段的设计和使用方面,应以系统对抗和体系对抗为核心,根据战场态势,通过综合运用多种电子战和信息战的手段,使得系统对抗的功能最优。

为了实现对抗手段的综合化,必须在对进行系统设计时,研究系统中各个设备功能的综合利用和系统效能的综合发挥,以便在有限资源的条件下,达到最好的系统对抗的效果。

2. 系统结构弹性化

系统结构弹性化是指发展一体化、通用化、系列化、标准化、模块化的电子对抗系统,从而实现系统的灵活控制、动态重组、功能互补,以提高系统的快速反应能力,完成系统对抗任务。

为了实现系统结构的弹性化,首先需要突破灵活的系统组网、系统控制的关键技术,使得系统在实现过程中可以根据作战区域的大小和作战要求的不同灵活地部署和控制。其次注重系统的通用化、系列化、模块化和标准化建设,通过研制基本型,采用“一机多用”“一机多型”“一弹多用”等发展思路,满足各军种的不同作战需要,同时通用化、系列化、模块化和标准化建设能有助于信息共享,武器装备互补、互用,缩短维护和修复时间,满足未来联合作战的需求。

3. 系统对抗分布化

在进行指挥信息系统对抗时,采用分布式干扰技术对所选定的指挥信息系统或军事电子设备进行干扰。

所谓分布式干扰就是将一定数量的体积小、重量轻、价格便宜的小型电子干扰机散布在接近被干扰目标附近的空域、地域上,自动或受控地对所选定的军事电子设备进行干扰的干扰方式。

分布式干扰是主瓣干扰,它可以使现代雷达中广泛使用的超低副瓣天线、副瓣匿隐、副瓣对消等空间选择抗干扰措施失效,故分布式干扰可比副瓣干扰减少40~60dB(等于雷达天线主副瓣比和副瓣对消得益)的干扰功率,故分布式干扰机数量较多,且散布在不同的空域、地域上,它可使通信、导航接收设备的天线方向图自适应零战控制技术难以发挥作用,故分布式干扰机可比集中式干扰机降低20~30dB的功率要求。由于分布式干扰机可以投放到离被干扰目标较近的距离上,因此同样的干扰功率,在被干扰目标上可以产生更大的干扰强度,而且近距离的干扰机容易实施高效率的瞄准式干扰和转发式干扰,以掩护远距离的目标。

对于未来分布式的雷达探测网和通信网,以及带有天线方向图自适应零点控制的抗干扰GPS接收机,分布式干扰是一种非常有效的干扰方式,具有很好的应用前景。

4. 发展新型的系统对抗技术

研究增强综合电子战和信息战能力的新技术,最大限度地提高综合电子战和信息战的整体作战效能。

研究军事卫星的电子对抗技术。军事卫星是进行情报侦察、战区通信、精确导航的主要手段。在海湾战争中,军事侦察卫星提供了90%以上的战场情报,军事通信卫星提供了战区间通信联络业务的75%,GPS导航卫星提供了一天24h的精确导航信息,因此,能否有效地对抗军事卫星,已成为敌对双方争夺信息优势的关键。电子战是对抗军事卫星现实而有效的手段,它比应用硬摧毁武器杀伤敌方军事卫星花费的代价小、技术要求低、容易实施,不易引起政治纠纷。

研究军用计算机网络攻击技术。军用计算机网络是现代战场信息处理、情报提取、态势分析、辅助决策、战场管理、武器控制的主要手段,是影响现代军事系统综合作战能力的关键,也是对电子战十分敏感的环节。对这个环节实施攻击,有可能从整体上瓦解敌方军事系统的作战能力。但与民用计算机网络相比,军用计算机网络具有更强的封闭性、保密性和抗扰性。特别是作战平台或武器系统内部的计算机网络大多自成系统,与外部网络交连很少,对其攻击更加困难。主要研究内容包括:军用计算机网络的情报窃取技术、病毒注入和激发技术、电磁能攻击技术等。

研究高功率微波武器技术。高功率微波武器是指应用高能量密度的微波信号毁坏作战平台及其电子器件的设施。它包含高功率微波定向能武器和电磁脉冲炸弹两大类。高功率微波武器与电子干扰机的主要区别为:前者是一种电子战硬杀伤设备,它能对被攻击的设备造成永久性的破坏;后者是一种电子战软杀伤设备,被攻击的设备在受到攻击时失去工作能力,干扰过后仍能正常工作。

7.5.2 指挥信息系统安全防护的发展趋势

指挥信息系统的安全防护伴随着攻击与防御技术的发展螺旋式上升,呈现出以下特点。

1. 信息安全由被动防御转向主动免疫

指挥信息系统以及战场信息资源越来越多地构架于PC和互联网之上,在新的病毒层出不穷、未授权访问和非法入侵屡禁不止,除了无止境的防火墙升级、杀病毒软件更新之外如何营建一个安全可信的环境。信息安全技术从原有的防火墙和入侵检测等被动防御开始转向通过可信计算机和可信网元,构建可信的内网(信任域)的主动免疫。

1999年10月,由Intel,Compaq,HP,IBM以及Microsoft发起成立了一个“可信计算平台联盟(Trusted Computing Platform Alliance,TCPA)”。该组织致力于促成新一代具有安全、信任能力的硬件运算平台。截至2002年7月,已经有180多家硬件及软件制造商加入TCPA。2003年4月8日,TCPA重组为“可信计算组(Trusted Computing Group,TCG)”。各种迹象表明,安全PC未来的发展会非常迅猛。

可信计算针对旧有的防御手段在体系设计上就存在着一些问题,从底层做起,从PC终端做起,它在原PC结构中增加了可信平台模块TPM,如图7-15所示。可信计算平台技术在这种情况下就显现出它的优势所在,以构建信任链的全新思路而

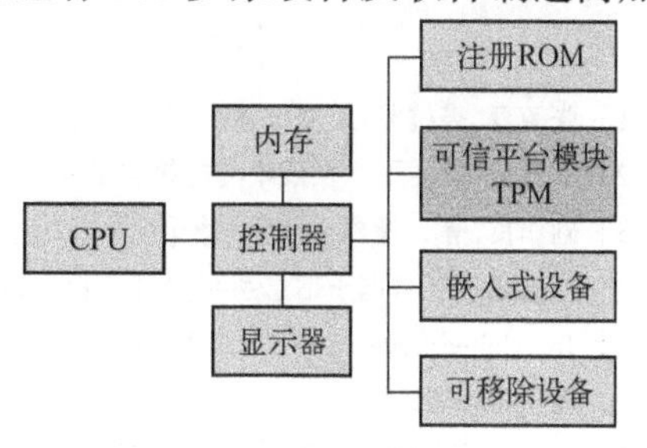

图7-15 可信平台模块TPM

跃上前台。

2. 计算技术向量子计算和生物计算发展

安全算法、协议的设计离不开高性能计算机,安全算法的破解离不开高性能计算技术。为了提高信息系统的安全性能,人们采用了多种方法加以尝试,特别是量子计算和生物计算技术的提出,在很大程度上为保密通信提供了有力保障。

在量子计算的新世界中,在单个的原子中对信息进行编码。量子密码就是根据当前的电子技术和量子计算技术的发展而提出的,在安全性证明、发现通信过程是否被窃听及量子密码方案不受电磁干扰等方面具有经典密码技术所无法比拟的优越性。

针对电路器件的过度密集和电路相互干扰、散热困难等问题,科学家使用酶作为生物计算机的"硬件",DNA 作为其"软件",输入和输出的"数据"都是 DNA 链,把溶有这些成分的溶液恰当地混合,就可以在试管中自动发生反应,进行"运算"。DNA 处理器用的是价格低廉、干净、易获取的生物材料,而且它最大的优点是惊人的存储容量和运算速度,在速度和尺寸即将成为硅质微处理器极限的新世纪,生物计算机芯片运算速度要比当今最新一代的计算机快 10 万倍,能量消耗仅相当于普通计算机的十亿分之一,存储信息的空间仅占百亿亿分之一,非常适用于进行安全算法的设计或密码破解。

3. 传统安全技术向系统可生存发展

现有指挥信息系统的安全策略采取"堡垒"模型,注重抵抗敌方入侵和恶性攻击。但是现有安全方案无法解决全部的安全问题,没有人能够保证一个系统是能够抵制任何攻击、故障和事故的。为此,人们提出了生存性思想。

生存性指当系统面对攻击、故障、意外事故等人为或非人为异常条件时,能在一定时限内完成其基本任务和功能,并在异常事件结束后及时恢复系统全部服务、进化系统的能力。

指挥信息系统以计算机为基础,融合通信、计算机、情报、监视和侦察等子系统,依靠计算机网络传送信息。指挥信息系统的生存性是指在一定技术条件支持下,在一定的时间内可"带病"工作,继续提供基本服务,提高系统在恶劣环境下的生存能力。

容忍入侵技术是解决系统的生存问题的关键技术之一。它在考虑对系统可用性保护的同时,还考虑了对系统数据和服务的机密性和完整性等安全属性的保护,即使系统的某些部分已经遭到破坏,系统仍然能够触发一些防止这些入侵造成系统完全失效的机制,对外继续维持系统的运行,提供核心服务或基本服务,从而达到防患于未然的目的。

参 考 文 献

[1] 张毓森,裘杭萍,宋金玉,等. 信息战概论[M]. 北京:解放军出版社,2007.

[2] 李德毅,曾占平. 发展中的指挥自动化[M]. 北京:解放军出版社,2004.

[3] 刘作良,等. 指挥自动化系统[M]. 北京:解放军出版社,2001.

[4] 童志鹏. 综合电子信息系统[M]. 2 版. 北京:国防工业出版社,2010.

[5] The United States Army's Cyberspace Operations Concept Capability Plan 2016 - 2028, 22 February 2010, TRADOC Pamphlet 525 - 7 - 8.

[6] 叶征. 信息化作战概论[M]. 北京:军事科学出版社,2007.

[7] 吴礼发,等. 网络攻防原理[M]. 北京:机械工业出版社,2012.

思　考　题

1. 简述我军指挥信息系统面临的主要威胁有哪些？
2. 指挥信息系统对抗的主要作战目标有哪些？
3. 信息战系统主要包括哪些内容？
4. 信息战必须遵循的基本原则有哪些？
5. 信息战的内容主要是什么？
6. 电子战技术主要包括哪些技术？
7. 电子战装备主要有哪些？
8. 电子战系统主要有哪几类？
9. 电子战作战样式分为哪几种？
10. 电子进攻的概念和主要内容是什么？
11. 电子防御的概念和主要内容是什么？
12. 如何理解电子战将日益成为信息作战的核心要素？
13. 试述电子战的主要发展趋势。
14. 简述指挥信息系统的主要安全服务。
15. 信息系统的安全防护体系的组成及其相互关系是什么？
16. 面向服务的指挥信息系统技术架构的主要特点是什么？
17. 试简要阐述安全服务与安全机制的关系。
18. 试简要阐述赛博空间的基本概念及其构成。
19. 试简要阐述赛博空间行动的框架结构。
20. 如何理解信息战是双刃剑？

第8章

8 指挥信息系统的组织运用

指挥信息系统的组织运用是一种作战指挥活动,属于司令部工作的重要内容,是指挥信息系统本身能否充分发挥作战效能的重要环节。指挥信息系统本身的建设质量与战术技术性能指标固然重要,但如果作战指挥人员无法正确组织运用,没有实现人与系统的有机结合,也无法充分发挥系统的作战效能。这一点对于任何一种武器装备或系统均是如此。

历史上,第二次世界大战中德军运用大规模集群坦克快速突进分割包围的战法,使其对手法军和苏军分散配置、步坦协同的传统组织运用方式相形见绌,从而横扫整个欧洲大陆,创造了“闪击战”的辉煌成果。海湾战争中,以美军为首的多国部队实施“空地一体战”,运用空中力量集中对地打击,42 天的战争中有 38 天是空中打击,地面战只进行了约 100h,歼灭对手 42 个师,而美军自身仅伤亡 184 人。2003 年的伊拉克战争中,美军充分发挥其指挥信息系统的体系效能,夺取了战场上的信息优势,创造出一种非对称作战态势,压倒性地取得了战争的胜利。

如果说前述海湾战争和伊拉克战争战例中主体的实力相对其对手优势过于明显,依靠系统组织运用所发挥出效能的说服力还不够的话,那么,在 1999 年的科索沃战争中,处于绝对弱势一方的南联盟军队采用全新的组织运用方式,将型号相对老旧的捷克产“塔马拉”雷达和苏制“萨姆-3”地空导弹配合使用,击落美军 F117 隐形战机,打破其不可被发现和战胜的神话,可以说是组织运用的典范战例。

因此,正确认识指挥信息系统组织运用的概念、原则、要求、内容和方法步骤,在具体实施时规范工作流程,确保系统正常运行,充分发挥指挥信息系统在指挥作战中“效能倍增器”的作用,关系到信息化条件下一体化联合作战的成败,是形成基于信息系统的体系作战能力、打赢信息化战争的关键。

由于不同军兵种和指挥层次的指挥信息系统在组织运用具体实施时有一定差别,所以本章仅针对指挥信息系统组织运用过程中的基本概念、一般过程和主要步骤等共性内容进行简要介绍,其背景大致是基于陆军集团军以下指挥信息系统的组织运用。

8.1 概述

8.1.1 基本概念

按照高级汉语词典的定义,组织是指按照一定的目的、任务和形式对事物进行编制和安排,使之成为系统或构成整体。运用是指把某种东西用于某个特定的预期目的,与使用、利用的概念相近。组织运用所作用的对象都是某一实体,如机构、系统或设备等。

在军事上，组织运用主要是指将武器装备系统按照作战目的、任务，以一定的形式加以编制和安排，使之充分发挥系统整体效用，并直接用于作战、训练或演习。因而，组织运用是一种指挥活动，是作战指挥的重要内容，如火力组织运用、通信装备组织运用等。

相应地，指挥信息系统组织运用则是指各级指挥员和指挥机构，根据作战目的、任务、行动及其对指挥信息系统的要求，科学合理地编制与安排系统，实施系统计划、建立、开设、运行、防护、保障与管理维护的全部活动。指挥信息系统组织运用的目标是为了使系统与作战过程紧密结合、互相匹配，以充分发挥系统功能，提高指挥效率，增强部队整体作战能力，夺取信息优势和决策优势。

指挥信息系统组织运用的核心就是要形成一套系统完整的方法，用于指导作战部队围绕作战使命任务，科学合理地编制和安排指挥信息系统，以充分发挥系统整体最优的作战效能，实现“人－系统－作战过程”的有机结合。

需要注意的是，由于指挥信息系统结构复杂，根据其级别和规模的不同，有可能会覆盖联通多级指挥机构、参战各军兵种作战集团、作战部队、作战单元和各类武器平台；因此，其组织运用既有一般作战指挥理论和武器装备运用的性质、特点、规律、原则和方法，又有其特殊的要求和内容。

8.1.2 发展历史

伴随着指挥信息系统本身的发展，其组织运用形式也随之不断发展，大体经历了三个阶段，分别是：单一系统独立组织运用阶段、多系统联合组织运用阶段以及多军兵种一体化组织运用阶段。

在单一系统独立组织运用阶段，各种指挥信息系统彼此相对独立、自成体系，由各部门自行组织和独立运用，这在20世纪80年代以前是比较普遍的组织运用模式。

进入20世纪90年代以后，特别是在1991年的海湾战争中，产生了多业务领域指挥信息系统联合组织运用的需求和实际应用，典型的战例是以美军为首的多国部队运用“爱国者”导弹拦截“飞毛腿”导弹的过程。在战争中，伊拉克军队的“飞毛腿”导弹一发射，12s之后，位于太平洋上空的美国国防支援计划(DSP)导弹预警卫星就可发现目标，迅速测出其飞行轨道和预定着陆地区，并把预警信息及有关数据传递到美国航天司令部位于澳大利亚的一个数据处理中心；数据处理中心的巨型计算机紧急处理这些数据之后，得到对“飞毛腿”导弹进行有效拦截的参数，传给美国本土的夏延山指挥所；之后，再从美国本土将这些参数通过卫星传给位于沙特阿拉伯利雅得的“爱国者”防空导弹指挥中心；防空导弹指挥中心命令“爱国者”操作员进入战位，并将数据装填到“爱国者”导弹上发射。整个过程看似简单，实际上要牵动部署在大半个地球上的诸多系统与兵器，光是在90s的预警阶段，就要依赖空间系统和多种指挥信息系统之间的多次传接配合。众多武器与系统之间超远距离的实时协作，形成了前所未见的作战能力，而这是之前无法想象的事情。在这次战争中，伊拉克共发射了80余枚“飞毛腿”导弹，其中向沙特阿拉伯发射了42枚，向以色列发射了37枚，向巴林发射了3枚，但只有一枚命中目标；大部分导弹不是被“爱国者”拦截，就是因技术原因自爆。该战例充分反映了多系统联合组织运用的需求与实际效果，通过这种多业务领域指挥信息系统的联合组织运用，发挥了极大的作战效能。

随着世界各国新军事变革和军队转型建设的持续推进,信息化战争已经成为现代战争的核心形态,基于信息系统的体系作战能力成为对军队作战能力的全新要求,这进一步要求实现多军兵种多要素的一体化组织运用。

海湾战争集中体现了指挥信息系统组织运用方式第二阶段的特点,但那场战争同时暴露出美军各军兵种独立的、"烟囱式"C4ISR系统之间互通性差的严重问题。战后,美国国防部以及海陆空各军种分别提出计划,试图将各军兵种原本独立的C4ISR系统集成为一个大系统,经过10余年的不断建设发展,使"网络中心战"的作战思想得以成熟,围绕全球信息栅格(GIG)等概念建设的指挥信息系统逐步成型,多军兵种一体化组织运用方式不断完善,并最终在2003年的伊拉克战争中得到实际应用和实战检验。

在伊拉克战争中,多军兵种指挥信息系统围绕作战过程进行综合集成,实现了较大程度的信息共享与互操作,使指挥信息系统的组织运用真正进入到多军兵种一体化组织运用阶段。美军仅用21天就攻下巴格达,投入兵力12万,阵亡131人,美国国防部长拉姆斯菲尔德的新战争理念取得巨大成功。该理念强调军队必须具备多军兵种一体化联合作战能力,未来军队的陆军、空军和海军应不再界线分明,而是你中有我,我中有你,各军兵种之间应能更密切地配合,同时各军兵种又必须具备一体化的联合作战能力。而这一切均需要一体化指挥信息系统以及对系统全新的组织运用方式的支撑。

在制订作战计划时,以美军为首的多国部队联军采用了"超常折叠式指挥"法[①],将以往由上到下、由前向后、循序渐进的指挥环节和内容,超常压缩到一个时间段内进行,甚至在制定作战计划时,便超常规地将时间序列由后向前推。例如,计划五天完成的作战行动,从第五天倒过来拟订作战计划。

有关研究表明,这种战法可以明显地减少重复指挥作业,大大提高作战效率。实战中,多国部队采用这种组织计划方法,一次制订出3~5天的作战方案,既有总体方案,也有分方案,并根据作战效果,适时进行修正。

实际作战进程中,由多军兵种组成的作战部队,在南、北、西三个方向同时展开,既有空袭行动,也有地面作战,还有特种作战等,且后勤保障点多、线长、面广。正如美军中央司令部司令弗兰克斯所说:"对多方向上作战力量的控制与协调的难度是前所未有的"。由于采用了先进的指挥信息系统组织运用方式,多国、多种参战单位几乎是在同一时刻展开,即通过对指挥程序、内容和步骤的"折叠"(或者"压缩""合并"),达成了高效指挥的目的。

此外,联军还采用了"越级并行式指挥"方式。在现代信息化战争条件下,战争的时空观、效能观发生了深刻变化;战场范围空前扩大,作战节奏明显加快,战斗准备时间短促,有利战机稍纵即逝,谁能够在最短时间内捕捉住战机,谁就能占有先机之利。越级并行式指挥法是采取简化部分程序,跳过部分步骤,减少部分内容,越过一定的指挥层次实施的作战指挥方法。

相对于传统较为固化的层层下达的逐级程序式指挥方式而言,越级并行式指挥允许在特殊紧急情况下让战略层直接指挥战术层,甚至直接指挥单兵作战,还可借助于多军兵种一体化的指挥信息系统,使各个作战部队同时受领任务、同时展开作战行动。这种组织

① 高东广,孙兵,何伟华. 高科技驱动信息化作战指挥新变革[N]. 解放军报,2005-12-17(11).

运用方式能够有效地减少指挥环节，精简指挥程序，提升指挥效能。借助于高度发达的指挥信息系统，可使战略、战役与战术一体化，实现诸军兵种作战力量、地方动员系统及后勤保障等同步计划、同步实施。

多军兵种一体化的指挥信息系统组织运用方式可以依靠高科技手段，全时空、全景式地观看到战场作战和后勤保障场景，实时地实施数据化、可视化作战指挥，这也是 21 世纪世界各国军队指挥信息系统的建设目标与组织运用方式的发展方向。

但是，同时也必须看到，实施多军兵种一体化的指挥信息系统组织运用的难度相当之大，即使是目前走在世界各国前列的美军，也仍然存在许多待解决的复杂问题。目前，横亘在其军兵种之间的鸿沟之上只是架起了一些桥梁，离完全弥合乃至互相融合还有相当长的距离。这其中有着作战活动和指挥信息系统本身作为开放复杂巨系统所固有的复杂性原因，也有着不同军种核心利益之间的矛盾冲突原因。因此，在可以预见的未来相当长一段时间内，世界各国军队都将为此不断地进行建设和演进。

8.2　指挥信息系统组织运用的理论体系与基本原则

8.2.1　指挥信息系统组织运用的理论体系

正如 8.1 节所述，指挥信息系统的组织运用问题一直是世界各国军队研究的重点课题。为了更好地解决问题，应当注重指挥信息系统组织运用的理论研究，这与军队信息化建设的整体思路也是一致的。

纵观世界先进国家的军队信息化建设历程，科学的做法是作战理论研究先行，然后是具体的方法和技术研究，接着是实际应用系统的建设，最后是系统组织运用与实践改进，普遍遵循“理论 - 方法 - 应用 - 改进”的建设路线。类似地，在每一个子阶段，科学的做法仍然是按照理论先行、理论指导实践、实践验证并修订理论的步骤展开。因此，要针对指挥信息系统组织运用的特点与规律进行研究，努力形成一套科学、系统的理论，整理出科学规范的指挥信息系统组织运用模式、内容、程序和方法。这对于丰富和发展军队的作战指挥理论、指导指挥信息系统组织运用实践活动、提升指挥信息系统建设和保障水平乃至最终提高指挥信息系统作战效能均起到十分重要的作用。

指挥信息系统组织运用理论研究的基本任务是要揭示指挥信息系统组织运用活动的一般规律，研究组织运用活动的内容体系和具体方法，用以指导指挥信息系统组织机构和指挥信息系统保障部队的具体实践活动，其理论体系可分为基本理论和应用理论两个层次。

1. 基本理论

任何基本理论都侧重于研究事物的一般规律和本质特点，指挥信息系统组织运用的基本理论也不例外，其内容包括指挥信息系统组织运用的基本概念、基本要求、指导思想、基本原则、工作流程、计划制订、组织实施等方面的内容，具有通用性和规范性的特点。

其中，指挥信息系统组织运用的指导思想和基本原则是指挥信息系统组织运用活动需要遵循的一般原则，可作为组织运用活动的行动指南。指挥信息系统组织运用的工作流程,主要研究指挥信息系统组织运用活动的阶段划分,以及阶段工作的内容、程序和方法。

指挥信息系统计划制订工作涉及内容较多,主要包括:

(1) 确定指挥信息系统保障任务及兵力编成。包括确定指挥信息系统保障目标,各作战集团指挥信息系统保障部(分)队任务,指挥信息系统保障业务人员、装备编组及运用,指挥控制装备、技术保障等内容。

(2) 确定指挥信息系统结构与功能。主要包括指挥信息系统总体结构及分系统组成,各作战集团指挥信息系统结构及分系统组成、指挥信息系统网络规划、指挥所系统组成等。

(3) 拟制指挥信息系统组织运用组织方案。主要包括指挥信息系统保障方案、指挥信息系统装备技术保障方案、指挥信息系统信息安全防护计划方案等。

(4) 确定指挥信息系统使用规定和措施。主要包括指挥信息系统使用规定、指挥信息网络使用规定、指挥信息网络地址编排规定、指挥信息系统安全警卫措施、指挥信息系统建立和开启时限等。

最后是指挥信息系统的组织实施,其内容包括系统开设、伪装、防护、转移、撤收,管理维护等方面的内容、程序和方法。

2. 应用理论

应用理论主要研究和解决指挥信息系统组织运用某些特殊的、专有的特点和规律问题,是指导各级、各类指挥机构在各种作战环境、作战样式、作战条件下进行指挥信息系统组织运用的原则和方法,具有针对性和实用性的特点,是基本理论在各种作战背景下具体应用的延伸。

应用理论研究可按不同的作战任务、作战级别、作战力量和系统种类,分别展开组织运用研究。

(1) 按作战任务区分。既可总体研究联合作战、多样化军事任务条件下指挥信息系统组织运用问题,也可研究联合火力打击、封锁作战、登岛作战、机动作战、山地作战、城市作战、机(空)降作战、边境反击作战、反空袭作战和信息作战等具体作战样式或条件下指挥信息系统的组织运用。

(2) 按作战级别区分。可分别研究战略级、战役级和战术级指挥信息系统组织运用,如联指中心指挥信息系统组织运用、作战集团指挥信息系统组织运用和各作战部队指挥信息系统组织运用等。

(3) 按作战力量的军种属性区分。可分别研究陆军、海军、空军和第二炮兵指挥信息系统组织运用。若按兵种区分,内容会更细,如分别研究陆军步兵、炮兵、防空兵、侦察兵等指挥信息系统组织运用。

(4) 按系统种类区分。可分别研究指挥所信息系统、指挥信息网和作战单元(或武器平台)指挥信息系统的组织运用。

以上这些内容的集合,构成指挥信息系统组织运用的应用理论体系。

本章后续的内容主要围绕指挥信息系统基本理论展开,介绍一般、通用的组织运用内容与方法。

8.2.2　指挥信息系统组织运用的基本原则

指挥信息系统的组织运用原则是使系统用于支撑军队遂行作战指挥行动的基本准则，必须遵守科学规律和作战原则，按照系统工程的思想，在体系结构、职能划分、人机互动等系统行为上综合分析、统筹考虑，兼顾指挥关系需求、作战要求、技术条件以及指挥员掌握运用系统的素质能力。

指挥信息系统的组织运用的基本原则是各级各类指挥信息系统组织运用过程中通常都要遵循的原则，主要包括：

1. 统一领导、分级负责

指挥信息系统的组织运用必须在指挥信息系统保障业务主管机构的统一领导和协调下，按照统一的计划，着眼全局，密切协调各军兵种力量，对各军兵种指挥信息系统的组织实施进行统一控制和管理。在具体实施过程中，应由各级指挥信息系统保障业务主管部门根据上级的统一部署和安排，分级负责实施具体的组织、保障和管理工作。

2. 立体配置、综合集成

指挥信息系统的配置应在地理上分散，由建立在陆、海、空、天等多种平台上的各类单元组成，形成一种立体的网系，这样既保证了对作战空间的覆盖，也具备了手段的多样性和更高的战场生存能力，能够在体系对抗和部分损毁等条件下实现指挥信息系统的基本功能。系统中各功能模块应相互独立，又要具有统一规范的接口，这样既能完成单一具体功能，也便于综合集成。

3. 信息主导、整体保障

在指挥信息系统组织运用中，要以整个战场空间指挥信息链形成和指挥信息流贯通为主导，充分利用信息的联通性与融合性，实现前后方、诸军兵种、上下级之间指挥信息系统的互联互通，并通过指挥信息系统，将情报、侦察、监视和打击联成一体，覆盖整个作战流程，将单一能力聚集形成整体保障能力。

4. 野固结合、军民兼容

要充分利用作战地域内的指挥信息系统资源，以军用和民用既设设施为基础，以固定指挥信息系统为依托，固定和野战（机动）指挥信息系统相结合，做到相互兼容、优势互补，建立起作战地域内指挥控制的综合保障体系。

5. 确保重点、灵活主动

要在全面组织、统筹考虑的基础上，突出重点地区、重点方向以及重点部队指挥信息系统的组织与运用，把担负主要作战任务的部队、高层指挥机关和技术含量高的军兵种作为优先运用的重点。为适应战场态势变化和作战行动的调整，系统必须具有灵活性和主动性，在不降低信息质量和不影响信息流动的前提下，各级指挥信息系统要能够及时调整与重组，以适应作战行动重点地区、重点方向或重点部队发生改变的需要。

6. 攻防兼备、安全保密

在指挥信息系统的组织运用中，必须兼顾进攻和防御两个方面，正确处理攻与防之间的辩证关系。还要在技术、战术和管理等方面采取有效的安全保密措施，以确保指挥信息系统运行的安全可靠。

7. 适应性强、注重时效

系统要能够适应不同作战任务、作战环境、作战对手、作战样式的需要,做到因人、因地、因敌而异。指挥信息系统的构建应具有弹性,可在一定范围内适应多种可能情况,同时要有若干种系统建立的预案,能根据情况变化组成新的系统。由于未来信息化战场作战节奏加快,战场情况变化急剧,指挥信息系统的组织运用必须能够在规定时限内完成系统的建立、展开和重构等工作,具备高度的时效性。

8.3 指挥信息系统组织运用的指挥体系与基本要求

8.3.1 指挥信息系统组织运用的指挥体系

指挥信息系统组织运用的指挥体系是作战指挥体系的有机组成部分,是战时指挥信息系统组织运用的重要保证,是科学组织运用指挥信息系统的基础和前提。作为指挥员和指挥机关对部队和武器系统实施指挥和控制的重要手段,指挥信息系统组织运用指挥体系必须与军队作战指挥体制相适应。

8.3.1.1 美军的指挥体系

1. 历史沿革

美国军队长期强调"专业主义、文人至上"的传统,要求对"文人政府"保持政治上的中立。所谓"文人政府",是指由文人来领导的政府,其中的"文人"是相对于"现役军人"而言的,不排除"文人"曾经在军队任职多年。事实上,所谓"文人政府"不外乎是两党轮流执政,本质上仍然是资产阶级政党实现对军队的控制和领导,只是在表述上更加隐蔽而已。从美国独立战争开始,美国军队作为个体或整体利益集团,主动或被迫卷入政治斗争的案例十分常见。从根本上说,军队作为政治的产物,想完全脱离政治而成为超然之物是绝对不可能的。

在美军的作战历史上,因为文职领导人干预具体作战行动而导致作战失利的战例比比皆是,最典型的例子莫过于19世纪60年代的美国内战和20世纪60年代的越南战争。美国内战时期,总统和陆军部长经常亲自干预完全属于战场指挥官权限范围的事情,致使联邦军队在战争初期屡战屡败。经过近一个世纪的改革之后,到越南战争时,美军的指挥体制已经比较健全和完善,按理来说,似乎不应该再出现类似的问题。但是,战前及战争期间,文武双方关于战争指导问题一直存在着矛盾,美军在战争中不仅出现了令出多门、指挥混乱的情况,还出现了美军历史上少有的尴尬局面:对地面战来说,军队希望总统动员后备役部队;而关于空战,他们则要求立即攻击所有的关键目标;然而,军方两方面的意见均被否决。在文人的有限战争战略与军人的全面战争战略的较量中,前者占了上风。军方的不满曾达到异常剧烈的程度,据报道,参谋长联席会议曾一度考虑于1967年夏天集体辞职。由于战场指挥官与文职总统及其助手之间的互不信任达到了登峰造极的地步,以至于最后总统干脆在白宫里制作出越南战场的沙盘模型,利用现代通信手段,从白宫直接指挥前线的校级军官及地面部队作战,此事后来一直被传为笑柄。

20世纪70~90年代,美军在总结越战教训的基础上,根据作战指挥与行政领导分离的原则,实施了作战指挥系统改革,其理论依据主要来自于陆军率先提出、随后被空海军所接受的“任务式指挥(Mission Command)(委托式指挥)”理论。根据这一理论,美军要求最大限度地发挥各级指挥官的主动性,最大限度地将作战决策权下放给各级军事指挥官,而上级指挥官的任务只是明确下达总的作战任务目标和计划,用于统一和协调战场行动。在美军作战指挥链的最高层,“任务式指挥”要求文职领导人总统和国防部长只就“打不打”和“为什么要打”等根本性问题做出决定,而由各联合作战司令部司令官及其部属决定“如何具体实施作战”。

1980 年,美军特种部队实施的“沙漠一号”行动(营救被伊朗扣压的美国使馆人质行动)因文职领导人直接干预导致惨败。之后,美国最高领导人终于接受了“任务式指挥”这一理论。1986 年通过的《哥德华特 - 尼科尔斯法》(国防部改组法)最终确认了各联合作战司令部司令对战区所有部队的指挥权,大幅减少了总统与各大总部司令之间的指挥层次,并以法律的形式认可了“任务式指挥”理论。

2. 统帅机构

美军的统帅机构由总统、国家安全委员会、国防部(包括国防部领导下的参谋长联席会议和陆、海、空三个军种部)以及各大联合作战司令部组成。

(1) 总统。根据美国宪法,总统兼任武装部队总司令,是全军的最高统帅。美国第一枚核武器的发射必须由总统亲自下令。总统通过国防部的两个渠道领导与指挥全军,这两个渠道分别是:通过陆、海、空三个军种部对全军实施行政领导;通过联合作战司令部对全军实施作战指挥。

(2) 国家安全委员会。国家安全委员会成立于 1947 年,它是总统的咨询机构,就有关美国“国家安全”问题向总统提供决策咨询,其任务是向总统提供“与国家安全有关的内政、外交和军事政策的综合建议,以便使军事部门和政府其他部、局在国家安全事务上进行更有效的合作”。国家安全委员会的四个法定成员是总统、副总统、国务卿和国防部长,法定军事顾问是参谋长联席会议主席,法定情报顾问是中央情报局局长。总统国家安全事务助理(国家安全顾问)负责委员会的日常工作。除了上述成员外,总统还有权根据会议议题,邀请其他相关人员参加该委员会的会议。

(3) 国防部。国防部是美国武装部队的最高统帅机关,其前身为 1789 年经美国国会批准正式成立的陆军部,后根据 1947 年的《国家安全法》,定名为国家军事部,根据 1949 年的《国家安全法》,正式成立了国防部。国防部的主要职责是:根据美国的国家政策和利益,制定全军统一的国防政策和军事战略,通过三个军种部对全军实施行政管理,并通过参谋长联席会议对全军实施作战指挥;制定国防预算和全军兵力规划;统一领导全军国防科学技术的研究和后勤供应工作;对外负责军事谈判、派遣军事顾问团、培训外国军队和监督军事援助的使用等。

为适应冷战后的新形势,美国于 1997 年制定了《国防改革倡议》,提出以改革、精减、整编、竞争来对国防部进行大规模改革。当前国防部系统由国防部长办公厅,国防部所属 17 个局,国防部各专业机构,参谋长联席会议,陆、海、空三军种部,以及 10 个联合作战司令部组成。

其中,参谋长联席会议是根据 1947 年的《国家安全法》正式设立为国防部长直辖的军事参谋机构。目前,参谋长联席会议由主席、副主席、陆军参谋长、海军作战部长、空军参谋长和陆战队总司令组成。参谋长联席会议无权直接指挥军队,在国防部长的领导下,负责向作战指挥官下达总统和国防部长对武装部队的命令。参谋长联席会议主席由军队高级将领担任,是总统、国防部长和国家安全委员会的首席军事顾问,副主席在与主席不同的军种中挑选,在主席缺席的情况下,副主席代理其职权。各军种的参谋长是其军种中军衔最高的现役军人,他们以顾问身份工作。参谋长联席会议的职责是:制定美国武装力量的战略方针;制定战略行动计划;制定应急行动计划;向总统和国防部长提出关于军队建设、国防发展项目和预算、对采办计划的需求评估、制订联合作战条令和武装部队联合训练政策等方面的建议;在战时协助国家指挥当局对美国武装力量实施战略指挥,监督各联合司令部的军事活动。

参谋长联席会议的常设机构是联合参谋部,由参谋长联席会议主席全权领导。联合参谋部主任由参谋长联席会议主席征求参谋长联席会议其他成员意见后,经国防部长同意后任命。联合参谋部对作战部队没有指挥权,其职责仅限于提出建议。联合参谋部的编制员额为1375人,其中841名军官,318名士兵和216名文职人员,来自陆、海、空三军种的人数大致相等。其下设8个职能部(人力人事部、情报部、作战部、后勤部、战略计划与政策部、指挥控制通信和计算机系统部、作战计划与协调部、部队结构资源与评估部)和一个支援部(管理部)。

陆、海、空三个军种部直属国防部长领导,负责各自军种的人事管理、训练教育、军事科研、武器装备和后勤保障等,没有作战指挥权,部长均为文官,由总统提名,经参议院同意后任命。另设副部长和若干名助理部长及帮办,协助正副部长分管各项工作。

美军原来的9个联合作战司令部分别是大西洋司令部、太平洋司令部、欧洲司令部、南方司令部、中央司令部等5个战区司令部和航天司令部、战略司令部、特种作战司令部、军事运输司令部等4个职能司令部。1999年10月7日,美国国防部批准了联合作战司令部的调整计划:首先,将原大西洋司令部改为联合部队司令部,它负责各军种部队的联合作战训练、实验各种战术、建议修改联合条令、制定作战思想以及为地方当局的救援提供军事支援;其次,赋予航天司令部信息战研究的新职责,探索网络防御和进攻的方法;另外,调整计划中缩小了联合部队司令部(大西洋司令部)和太平洋司令部的辖区,扩大了欧洲司令部的辖区,南方司令部和中央司令部的辖区不变。美军希望通过这次调整,能够使其指挥机构更加适应未来战争的新形式,提高美军联合作战和信息战能力,为打赢两场战区性战争提供可靠的指挥保证。

2002年4月17日,美国国防部长拉姆斯菲尔德和参谋长联席会议主席迈尔斯公布了美军最新的《联合司令部计划》,该计划是冷战结束以后,美军联合作战指挥体系的一次重大调整。

根据新的《联合司令部计划》,将美军原有的9个联合司令部调整为10个,其中有5个职能性司令部和5个地域性司令部(即战区),将全世界(包括南极洲)划分到美军的5大战区之中。

美军对联合作战指挥体制进行大幅调整,是经过深入研究和长期论证的。美军现有航天司令部、战略司令部、运输司令部和特种作战司令部这4个司令部的职能在新的《联合司令部计划》中没有任何调整,现有的联合部队司令部未来将改组为美军第5个职能性司令部,改组后的联合部队司令部将不再担负地区防务职责,其原有责任区将划归美军北方总部和美军欧洲总部。

该《联合司令部计划》的一个显著变化是组建北方司令部以加强本土防御。北方司令部是美国有史以来第一个全面负责本土防务的战区司令部，其司令官将兼任北美防空司令部司令官。美军在过去数十年间一直关注着外部世界的形势，很少考虑如何保卫美国本土。"9·11"恐怖袭击事件使美军认识到，未来的作战对象可能不仅是特定国家的正规军队，而且还包括难以预测的非常规威胁。

另一特点是大幅扩大欧洲司令部的责任区，除了包括现有的欧洲和非洲地区以外，还将包括俄罗斯和北冰洋，以及大西洋的大部分水域和岛屿。目前有关俄罗斯的安全事务均由美国国防部直接处理，未来除重要事务外，与俄罗斯有关的日常事务将交由欧洲司令部直接处理，有关俄罗斯远东军区的事务则由欧洲司令部与太平洋司令部共同处理。

从深层次分析，这种调整实质上是因为美军的战略重心日益向太平洋地区，根据美军对当前世界重要的地缘政治利益分析，其分析报告中所列举的四个重要的前沿威慑地区，有三个位于太平洋战区。

关于将联合部队司令部改为职能性司令部，美国国防部解释这一变化的原因是为了使联合部队司令部解放出来，集中精力进行军事变革，并指导美军联合部队的训练和演习。但是这一变化在作战方面的真实含义是：将大量美军从没有实际威胁的大西洋地区防务中解脱出来，改造成一支大规模的、可以快速部署到全球各地的机动作战力量。之所以要保持这样一支机动力量，是因为美军目前无法判断下一场大规模冲突将发生在哪里；授命联合部队司令部组建一支高度一体化联合部队，有助于提高美军的快速反应能力，使其在未来任何作战环境中都保持决定性的优势。

3. 高层作战指挥系统

当前，美军战略级的作战指挥系统称为全球指挥与控制系统，用于支撑美军最高指挥机构及战区级指挥机构的高层作战指挥。美军最高指挥机构是由总统和国防部长组成的国家最高指挥机构，其指挥流程是：总统和国防部长的命令由参谋长联席会议主席通过国家军事指挥系统下达给各联合作战司令部司令，由各联合作战司令部下达给野战司令部，再由野战司令部具体负责指挥所属部队。最高指挥机构和联合作战司令部(总部)对作战部队有指挥权，参谋长联席会议及其主席无作战指挥权，而是二者联系的桥梁和纽带。当然，在特殊情况下，最高指挥机构也可以越级指挥一线部队。

目前，美军正逐步用新的全球指挥与控制系统(GCCS)替代始建于 1962 年古巴导弹危机期间的全球军事指挥控制系统(WWMCCS)①，其长远发展规划是最终实现各军兵种所有指挥、控制、通信、计算机系统和情报网之间的最大互通，把海军的"哥白尼"C^4I 体系结构、空军的战区战斗管理系统、陆军战士指挥控制系统以及海军陆战队战术指挥控制系统完全综合在一起，建立一个全球统一的信息管理和控制体系。

全球指挥与控制系统的核心功能是确保美军各军兵种与各级指挥部之间能畅通无阻地交换信息和数据，保证美国国家指挥机构在平时、危机时和全面战争的各个阶段都能不间断地指挥控制美国在全球各地的战略部队。其具体任务是：监视全球形势；提供攻击预

---

① 关于 WWMCCS 和 GCCS 可参见 10.1 节。

警;对威胁做出判断;协助国家指挥当局和战区以上司令官在平时和战时实施指挥控制;在遭到核攻击后,协助国家指挥当局重新编成并执行单一整体作战计划。

全球指挥与控制系统的分系统包括国家军事指挥系统、联合作战司令部指挥系统、本土防空作战指挥系统、核大战指挥系统和美国与盟国的联合作战指挥系统等。

(1) 国家军事指挥系统。是支撑其国家最高指挥当局在平时和战时指挥美国武装力量的系统,其特点是生存能力高,能确保对全军部队实施连续的、不间断的和实时的指挥与控制。它主要由三个作战指挥中心组成,即:国家军事指挥中心,成立于1962年10月,设在五角大楼内,是国家最高指挥当局的基本指挥所;国家预备军事指挥中心,1955年建于距华盛顿市约90km的弗吉尼亚贝里维尔的韦瑟山中,是国家军事指挥中心的备用地下指挥所,又称韦瑟山绝密工程;国家空中作战中心,设在内布拉斯加州的奥弗特空军基地,由4架E-4B型飞机组成,称为“尼普卡”,当国家指挥当局登上“尼普卡”时,该中心就成为美军主要指挥所。

(2) 联合作战司令部指挥系统。联合作战司令部是美军高级指挥机构,通常按战区或专业职能划分,均由多军种部队组成。根据1986年《哥德华特—尼科尔斯法》,“联合作战司令部”是指“负有范围广泛、连续性强的任务,并由两个以上军种的部队组成的军事司令部”。该法赋予了联合作战司令部司令官广泛的权力,包括对战斗部队享有绝对控制权、作战指挥权、部队部署权、任免下级军官权,以及对战区内的后勤保障有完全的控制权,同时有权决定向战区部署部队与装备的优先次序。如前所述,目前美军有十个联合作战司令部。

(3) 本土防空作战指挥系统。美国为确保本土安全,专门设立了本土防空作战指挥机构,即“北美航空航天防御司令部”。该司令部负责统一指挥美国本上航空航天防御部队和加拿大防空部队,司令由美国航天司令部司令兼任,加拿大空军司令任副司令。下辖七个防空区司令部(美国本土四个、阿拉斯加一个、夏威夷一个、加拿大一个)。其指挥系统由预警系统、指挥与控制系统和民防警报系统组成。

美国本土防空作战的指挥程序是:国家指挥机构——→北美航空航天防御司令部/美国航天司令部——→各防空区司令部——→航空航天防御部队。其指挥信息系统由北美航空航天防御司令部/美国航天司令部夏延山航天防御作战中心和各防空区作战控制中心组成。

其中,夏延山航天防御作战中心是空间防御作战的指挥中枢,于1966年4月设立,中心位于山下400~600m的深处,能经受核武器直接打击,是美军最坚固的固定指挥中心。指挥中心内部设施完善,战时可供需1800人工作30天。该指挥所的主要机构有:作战指挥中心,负责航天司令部空间防御作战的全面指挥与控制;空间防御作战中心,负责全球空间探测与跟踪系统的指挥;计算中心,负责从各预警系统、空间防御部队和各防空区作战控制中心搜集各种数据情报,从战略司令部、美国国防部和加拿大国防部获取各类战略情报,通过电子计算机进行综合分析,根据显示出的敌我态势对各防空区的作战行动进行指挥与协调。

防空区作战控制中心是各防空区防空作战指挥部,其任务是自动搜集和处理空情,掌握本防区空情动态,识别来袭目标,并指挥引导防空兵器进行拦截作战,向北美航空航天防御司令部/美国航天司令部和有关单位通报空情。

(4) 核大战指挥系统。美国的“三位一体”核力量由洲际弹道导弹部队、战略轰炸机部队和导弹核潜艇部队构成。核力量的使用权集中控制在总统手中，核作战的指令由总统通过参谋长联席会议主席下达。苏联解体后，核大战的威胁大大降低，美国的核力量结构也做了重大调整，地面部队不再装备核武器，海军的非战略核力量也停止了海上部署，战略轰炸机取消了每日戒备，与此相适应，专门用于核战争指挥的国家紧急空中指挥所已改名为国家空中作战中心，其指挥职能也扩大到核战以外的范围。为战略导弹核潜艇部队提供空中通信中继勤务的空中通信中继飞机，也于1991年5月25日宣布停止24小时不间断飞行。目前，美国所有战略核部队在战时均交由1992年成立的美国战略司令部直接指挥。

（5）美国与盟国的联合作战指挥系统。美国与盟国实施联盟作战时，通常由组建的联军司令部直接指挥，美国总统和国防部长通过参谋长联席会议及各个军事条约组织或美国军事顾问团指挥美军作战。联军司令部下辖的部队一般按各国单独编组，有时也按军种混合编组。北大西洋公约组织的联军作战指挥系统和美国与韩国的联军作战指挥系统即根据上述原则组建。其中，北大西洋公约组织联军作战指挥系统的指挥程序是：北大西洋公约组织防务计划委员会（美国国防部长是其成员）——→北大西洋公约组织军事委员会（美国参谋长联席会议派有常驻代表）——→国际军事参谋部——→三个战区盟军司令部（欧洲盟军最高司令部、大西洋盟军最高司令部、海峡盟军最高司令部）和美、加地区计划委员会——→下属各地区盟军司令部及部队。欧洲盟军最高司令由美军驻欧洲总部司令兼任，大西洋盟军最高司令由美军大西洋总部司令兼任，南欧盟军司令由美驻欧海军司令兼任，美国在北大西洋公约组织中具有绝对的控制权。北约有些指挥机构与美军的指挥机构都是“两个班子，一套人马”。

不过，随着近年欧盟实力的不断提升，欧美之间的利益冲突与矛盾也在不断加大。因此，目前北约与美军之间已经存在微妙的差别，这在2011年的利比亚战争中表现较为明显。

8.3.1.2　我军一般的指挥体制

1. 指挥关系

按照我军传统的指挥体制，指挥信息系统组织运用的指挥体系主要由各级指挥机构通信中心下设的指挥信息系统保障部门（组）、指挥信息系统保障部（分）队及其相互关系构成，并可从上到下分为联指指挥中心、作战集团、作战部队等不同的等级，如图8-1所示。

其中，指挥信息系统保障部门通常由各级通信部门负责组建，其主要职责是：统一计划使用本级（含下级）指挥信息系统资源和直属系统保障力量；负责本级指挥所信息系统和指挥信息网建立；负责组织直属系统保障部（分）队完成系统值勤、维护、管理等作战保障任务。

通常，指挥信息系统保障部门作为通信中心的下属机构，在本级首长和通信中心的领导下开展工作。在指挥所内部，作战指挥中心（部门）负责整个作战计划的拟制和执行，提出指挥信息系统作战保障需求，它对通信中心及指挥信息系统保障部门构成业务指导关系。其他部门与指挥信息系统保障部门的关系属于业务协调关系。

不同级别的指挥信息系统保障部门之间构成业务指导关系，同级指挥信息系统保障

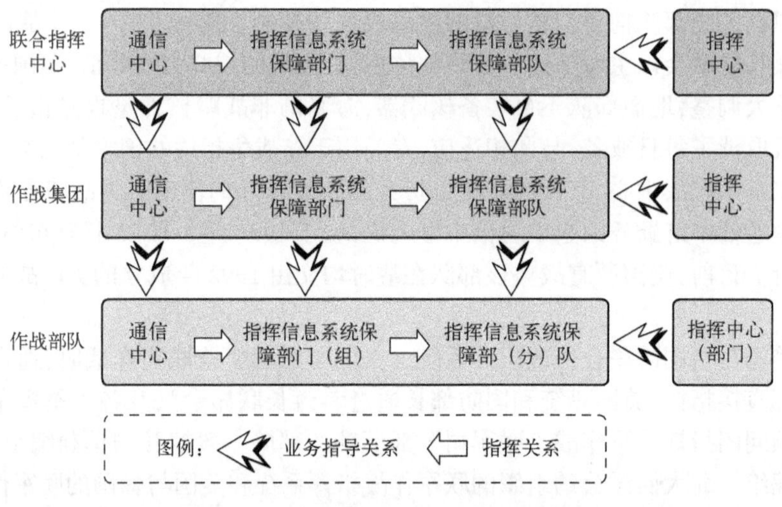

图 8-1 指挥信息系统组织运用指挥体系

部门之间构成业务协调关系,如果当上级部门明确某一方作为另一方的加强或支援力量时,其关系则转变为业务指导或业务支援关系。

2. 战时编组

战时,需对保障力量进行编组,可以按保障的指挥层次进行编组,如区分指挥层次编组成立联指中心指挥信息系统保障部队、各作战集团指挥信息系统保障部队和各作战部队指挥信息系统保障部队。也可按保障的指挥所的性质进行编组,如按照基本指挥所、预备指挥所、后方指挥所以及必要的前进指挥所、防空指挥所等进行编组,并建立相应指挥所的指挥信息系统保障部(分)队。

指挥信息系统保障部门可按综合计划协调组、指挥信息网络组、指挥所信息系统组、系统安全防护组等进行编组。其中以综合计划协调组为指挥信息系统保障部门的核心组织,其他各组在综合计划协调组的协调下开展工作,共同完成指挥信息系统组织运用的筹划、组织与管理任务。

如果是师旅一级单位,可设信息保障组,并在信息保障组下设各种席位,如通指保障席、频谱管控席、机要保障席、基础服务席等,负责建立野战通信网络和指挥信息系统,统一规划管理战场电磁频谱,组织通信网络和指挥信息系统密码技术保障和密钥管理,提供各类基础信息服务等①。

(1) 综合计划协调组。综合计划协调组是指挥信息系统保障部门的核心要素,是指挥信息系统组织运用的决策建议提供者和组织者,起实施指挥信息系统组织运用的首脑作用。通常由各军兵种的作战、情报、通信和指挥信息系统保障业务参谋人员组成。其主要职责是:①负责系统保障部门内部及与外部在业务工作上的各种协调工作。②负责综合形成系统保障方案、计划、指示。③负责协调所属各种系统保障力量行动。④组织检查本级指挥信息系统保障工作,指导下级指挥信息系统保障工作。⑤组织所属指挥信息系统保障部(分)队临战训练。

---

① 上述两种编组方式只是一般的指挥信息系统指挥体系,具体的指挥中心、指挥所,不同的作战部队,会根据实际情况和习惯传统灵活设置。

(2) 指挥信息网络组。指挥信息网络组的基本任务是组织指挥信息系统保障部(分)队组建本级指挥信息系统，并对作战指挥所需的各种信息进行组织、加工、利用、存储、传递和管理。通常由通信、指挥信息系统保障业务参谋组成。其主要职责是：①负责统一计划使用本级指挥信息网资源。②负责拟制指挥信息网的组织方案、计划。③负责组织本级指挥信息网建立，协助完成其他信息支援保障系统的接入。④组织直属指挥信息网保障部(分)队完成本级指挥信息网值勤、维护、管理等工作。

(3) 指挥所信息系统组。指挥所信息系统组依托各级指挥所开展工作，其主要职责是：①负责统一计划使用本级指挥所拥有的各类信息系统资源。②负责拟制指挥所信息系统保障方案、计划。③负责组织本级指挥所信息系统建立，协助完成数据装载和其他信息支援保障系统的接入等工作。④组织直属信息系统保障部(分)队完成系统值勤、维护、管理等工作。

(4) 系统安全防护组。系统安全防护组的主要职责是：①负责统一计划使用本级系统安全防护资源。②负责拟制系统安全防护组织方案、计划，负责本级指挥信息系统及网络的工程防护与伪装。③负责组织本级安全防护系统建立。④组织直属安全防护部(分)队完成系统监控、维护、管理等工作。⑤必要时，提出对敌方与电子战、网络战相关的设施和力量实施打击的有关建议。

8.3.2　指挥信息系统组织运用的基本要求

在现有指挥关系与战时编组方式下，为了适应信息化作战的需求，指挥信息系统的组织运用要特别注意遵循以下基本要求：

1. 以指挥员指挥活动为依据

指挥信息系统的组织运用是一种作战指挥活动，要求在信息处理、信息综合、信息分发等各种组织运用过程中，必须以指挥员和指挥机关的作战指挥活动需求为依据，以确保指挥顺畅为出发点和落脚点。

为了更好地发挥指挥员的主体作用，要将指挥信息系统的组织运用作为指挥活动的重要内容，与整个作战指挥过程紧密联系。组织运用方案要服从并服务于总体作战任务，并与总体作战方案同步、相融，成为实施作战计划的重要组成部分。

2. 以一体化组织运用为核心

指挥信息系统的组织运用不仅要求各作战业务分系统要综合一体，而且要覆盖、联通各级指挥机构和参战各军兵种作战集团，分别实现横向、纵向的综合一体化。这里面既包括对已经具有一体化功能的指挥信息系统的组织运用，还包括在一体化程度不高时，通过组织运用来构建一体化指挥信息系统的情况。在实施指挥信息系统一体化组织运用时，还要与兵力、火力及其他武器装备系统统一计划、统一行动，以提高联合作战指挥的水平和整体作战效能。

3. 以信息处理和利用为重点

在一般的指挥作战活动中，指挥信息系统获得的信息量已经远远超过指挥员消化、整理和评估的能力，如果不能有效地处理和利用好这些信息，指挥员的决策将得不到准确有力的信息支持。

对各类作战信息的处理和利用，应贯穿于指挥信息系统组织运用的全过程。要把信息的处理和利用作为指挥信息系统组织运用的主要任务和重点内容,并通过有效的管理控制手段,确保满足作战指挥对信息的需求。

4. 建立健全运行管理制度

指挥信息系统的运行管理内容复杂,信息量大,必须建立健全系统运行管理的各项规章制度,保证指挥信息系统有序运行。

在有关规章制度中,要明确各级指挥员、指挥机关和技术保障人员在指挥信息系统组织运用中的具体职责与相互关系,规范系统在建立、使用、安全防护、技术保障等方面的有关规定与要求。

考察运行管理制度是否健全,还重在对执行效果的检查与评估,在执行时要加强统一领导,理顺工作关系,完善管理机制,注重信息采集、关键过程监控和效果评估,以便及时发现和纠正存在的问题。为强化指挥信息系统组织运用的管理机制,可组建一支常设的系统联合管理与技术保障队伍,并依托信息网络等技术手段,提高信息采集、过程监控和效果评估的易用性和时效性。

5. 周密协调系统之间关系

各级各类指挥信息系统之间存在多种业务互相融合、横向联系紧密、业务关系复杂等情况,加上战场情况复杂多变、信息流量大,各类系统只有协调一致,才能发挥整体效能。必须围绕统一的作战意图,及时协调各类系统的组织计划,调整相互之间的工作关系。

对主要作战方向、主要作战部队、重要作战阶段和时节的指挥信息系统,尤其要进行重点协调和一致行动,在对抗力量的组织和方式方法的运用等方面相互配合,切忌各自为战。

8.4 指挥信息系统组织运用的内容与方法

指挥信息系统的组织运用主要包括组织计划、开设配置、使用保障、伪装防护和管理维护等内容。

8.4.1 组织计划

指挥信息系统的组织计划指根据作战任务、上级指示和首长决心,为保障高效、稳定和不间断地实施指挥,针对作战编成之内和可能加强的系统、装备与人员等实际情况,统筹制订指挥信息系统组织运用的实施计划。指挥信息系统的组织计划要按照统筹兼顾、突出重点、科学严密、符合实际、留有余地的原则,其内容主要包括指挥信息系统的任务、组织方案、系统构成、各要素的编组配置、与外部的连接关系、应急保障措施等。组织计划的目的是使投入使用的指挥信息系统结构合理、使用方便、生存能力强、一体化程度高,能够实施高效指挥并能稳定可靠地运行。

《司令部条例》规定:“司令部应当根据作战需要和首长指示,迅速、隐蔽、安全地组织建立与作战指挥体系相适应的指挥信息系统”,“组织建立指挥信息系统,应当周密制定计划,主要明确指挥信息系统的构成和任务,主要保障方向和重点,力量编组和任务区分,各分系统的配置、连接、开设时间和运行方式,既设设施的区分、任务转换时间,与上级和友邻连接的要求,预备力量的组织和配置,安全保密、防护和技术保障措施等","组织建立指挥信息系统,应当以本级指挥信息系统和既设设施为依托,对编成内诸军兵种部队的指挥信息系统进行综合集成",上述规定是对组织建立指挥信息系统的基本要求,是依据高技术条件下局部战争的特点,组织建立指挥信息系统的自身规律和我军组织指挥信息系统的实践经验所提出的,必须严格遵守。

在具体实践中,不同的军兵种、不同的作战需求需要不同的指挥信息系统,其具体的分系统和要素组成会有所不同,各级司令部门应根据战时的实际情况,确定具体的系统组织结构。一般来说,指挥信息系统的组织计划工作包括"确定系统建立的总体方案"和"制定系统建立计划"。

8.4.1.1 确定系统建立的总体方案

指挥信息系统建立的方案包括总体方案和分系统方案。其中,系统建立的总体方案是对组织建立指挥信息系统的基本构想和考虑,通常由作战指挥主管部门(主要是各级各类司令部)负责拟制。分系统建立方案则是对建立指挥信息系统过程中指挥控制、通信、电子对抗、信息获取及其他信息保障等分系统的基本考虑,各分系统建立方案必须符合指挥信息系统建立总体方案的统一要求,通常由相关的各业务部门负责拟制。

指挥信息系统建立总体方案的主要内容包括:指挥信息系统的组成形式、力量使用、编组方法和任务,各分系统的编组、配置和任务区分,遂行任务的基本方法,人员、装备器材调整补充方法,系统防护、管理、保障的组织,完成系统开设的时限,与上级、友邻、下级其他指挥信息系统实现信息互通的方式等。

确定建立指挥信息系统的总体方案,必须在全面、不间断地搜集和掌握有关情况的基础上进行。"全面"是指搜集和掌握情况必须涵盖敌我双方的各个方面,主要是针对战场信息环境,具体可能包括敌我双方的各类战场信息资源、信息传输范围、指挥信息系统性能与配置情况,以及战场空间的地形地貌、气象水文等情况;至于"全面"到什么程度,是以满足系统建立的需要为标准。"不间断"是指搜集和掌握情况必须贯穿系统建立和运行的全过程,不间断地掌握情况,才能随时了解掌握战场情况的发展变化,制定出正确的措施,确保系统建立的顺利实施。当然,"全面""不间断"地搜集和掌握情况,还必须具体问题具体分析。建立系统所需的情况非常多,要求很高,很难把各方面情况都能全面地搜集和掌握清楚。因此,在搜集和掌握情况上要区分轻重缓急,有重点、有步骤地进行,必须力求做到及时、准确、完整和高效。为此:一要综合运用各种方法和手段,特别是要注重发挥高技术侦察装备和器材的作用;二要采取预先积累与临时搜集相结合的方法;三要突出系统建立所急需的情况。

指挥信息系统建立的总体方案,通常是根据上级的有关指示和作战指挥的需要,在搜集掌握情况、分析判断情况以及充分听取有关部门建议的基础上确定的。因此,在这一过程中所涉及的有关部门应正确领会上级意图,理解本级任务,认真分析判断情况,围绕系统建立总体方案的主要内容提出建议。

8.4.1.2 制定系统建立计划

指挥信息系统建立计划是指为完成建立指挥信息系统的任务而做出的预先安排,用于指导系统建立的准备和实施,是系统建立总体方案的具体实现和细化,是指挥信息系统建立的基本依据。

根据所涉及范围的不同,系统建立计划又可细分为系统建立的总体计划和各分系统建立计划,总体计划是制定各分系统建立计划和实施系统建立的基本依据。

"凡事预则立,不预则废",预先周密的计划组织,是成事之道,没有事先的计划和准备,就不可能建立起有效的指挥信息系统。周密制定指挥信息系统建立计划,是组织系统建立的基础。为了迅速和有条不紊地建立起运作高效、协同灵活、反应迅速、稳定可靠和安全保密的指挥信息系统,保证其正常运行,确保系统效能的发挥,就必须周密地制定好系统建立计划。

指挥信息系统的建立涉及作训、通信、情报、电子对抗、后勤等多个业务部门和有关部(分)队,因此,在制定建立系统的计划时,通常应以指挥信息系统业务主管部门(注:目前我军的指挥信息系统业务主管部门主要是通信部门,将来也许会发生变化)为主,依据作战部门提出的建立要求,会同通信、情报、电子对抗和后勤等各业务部门共同完成。

制定系统建立计划主要的依据包括:上级关于建立指挥信息系统的指示、本级的意图和任务、系统建立总体方案、所属指挥信息系统保障力量和配属与加强的部(分)队、军地可资利用的资源、敌方指挥信息系统情况,以及敌方可能对我系统采取的对抗措施等。由于组织指挥信息系统建立具有特殊性和复杂性,在拟制系统建立计划时,必须周密、细致、准确、简明,围绕首长决心,立足最困难、最复杂的情况,正确处理全局与局部的关系,迅速拟制,并注意保密。

如前所述,按照《司令部条例》的规定,指挥信息系统建立计划的主要内容具体包括:系统的构成和任务,主要保障方向和重点,力量编组和任务区分,各分系统的配置、连接、开设时间和运行方式,既设设施的区分、任务转换的时间,与上级和友邻连接的要求,预备力量的组织和配置,安全保密、防护和技术保障措施。

制定系统建立计划通常应在预案的基础上补充和完善,应当正确区分任务以进行力量的编成与编组,合理使用技术力量和装备器材,灵活运用各种方法,以确保计划符合战时实际。

8.4.2 开设配置

指挥信息系统的开设包括对指挥机构、侦察机构、保障机构和指挥信息系统软硬件的综合开设,从首长定下决心下达作战命令起,至完成作战指挥准备止。

指挥信息系统的开设应适应指挥体系和指挥机构编成,根据作战指挥需求和首长指示,迅速、隐蔽、安全地展开,一般应依据系统建立方案和计划,按照受领任务、开设准备、确定方案、实施展开等过程进行。开设时,要注意科学配置系统各要素,协调系统内各种电子设备的工作环境和使用机制,并为系统的机动和转移预先做好准备。

8.4.2.1 基本内容

指挥信息系统的开设,是指对担负作战任务的指挥信息系统的各个组成要素(包括计算机硬件设备、网络、应用软件等)进行展开与设置的过程。整个过程由司令部统一负责,由指挥信息系统保障业务主管部门具体组织实施。需要注意的是,由于指挥所是指挥信息系统的依托,是指挥、参谋人员实施作战指挥的主要场所,因此,往往指挥信息系统的开设配置是基于指挥所进行的。

系统开设时,要在上级规定的完成作战准备时限之前,先期完成指挥信息网络的联通和调试,确保指挥机构按时实施作战指挥工作。

指挥信息系统的撤收是开设展开的逆操作,是转移和再次顺利展开系统的保证,当指挥机构完成作战指挥任务或指挥位置受到严重威胁时,应按照预案和程序迅速撤收并适时转移,由预备系统接替。

8.4.2.2 具体步骤

指挥信息系统在开设之前,应确定组织展开的负责人和组成人员,负责人通常由参谋长确定,由副参谋长担任;由参谋长或开设负责人确定组织机构和组员,通常由作训、通信、工程、运输等参谋人员3~4人组成。其中,作训部门主要负责指挥机构的展开,通信部门主要负责信息保障系统软硬件的展开,各部门在作训部门的牵头和协调下共同完成开设工作。指挥信息系统开设的具体步骤包括:

1. 明确编成编组

指挥信息系统通常依托于指挥所进行开设,其编成是动态变化的,需根据所遂行的任务、部队的级别、指挥机关的规模以及指挥装备等条件确定。目的是将担负作战指挥任务的各类指挥员、参谋人员以及政治工作、后勤和装备保障等方面的人员临时组成相对集中、职能明确的有机整体。

在依托指挥所开设时,有时需要对指挥所进行编组,编组是指根据作战指挥任务,对指挥员、指挥机关和其他有关人员进行的临时组合与任务分工,以及对指挥器材进行的分配活动。例如,可编组指挥、情报、通信、信息(电子)对抗、火力协调、作战计划、兵员装备协调、作战保障、干部组织、宣传等若干机构(中心或小组)。

2. 拟制展开方案

指挥机构及信息保障系统的分类与编组,战前通常有预案,具体实施时,可根据作战任务进行修改完善,快速形成展开方案,通常包括《指挥所编成、编组方案》和《信息系统编组方案》。

3. 实施编成编组

需要注意针对现代信息化战争的特点和指挥信息单元方舱的空间大小进行,必须减少指挥层次,力求精干,在野战条件下,往往需要打破部门限制,围绕移动指挥装备进行定人定位编组。可以考虑区分三类方舱:

(1) 作战指挥方舱,由军政主官、参谋长、作训参谋、机要参谋组成,主要任务是实施决策,审定作战计划、处理作战中的重大情况。

(2) 指挥作业方舱,由司令部各部门主要参谋和部分政治军官参加组成。主要任务是综合作战情况报告,提出决心建议,拟制计划、命令、指示,并协调部(分)队行动。

(3) 信息处理方舱,由通信部门、侦察部门、电抗部门、指挥信息系统保障业务参谋人员组成。主要任务是收集、控制和处理战场信息,控制和管理电子频谱、负责沟通方舱间以及各指挥所之间的通信联络。

对于以基本指挥所作为主要指挥机构、展开指挥信息系统的情况,战役级作战单位通常要设置指挥中心、火力中心、情报中心、通信中心、电子对抗中心。战术级作战单位通常设置指挥组、情报组、通信组、电子对抗组等。

其他指挥所则根据任务分工,一般不设中心,通过席位终端履行相应职能,特别是前进指挥所,精干的人员组合只通过有限的工作席位履行综合指挥任务。

4. 组织现地勘察

随着现代化侦察技术的发展,传统的现地勘察手段已经逐步被高技术侦察手段取代,组织现地勘察的价值越来越小。然而,有条件的情况下仍应组织现地勘察,因为目前道路、桥梁等地形地物变化较快,其具体通行能力、展开点的通信质量、工程伪装手段等都需通过现地勘察加以确认。否则,只凭侦察情报展开,一旦由于微小的情况差异导致指挥车辆进出困难、形成通信遮障等,必定延误开设时机。特殊条件下如果无法对指挥机构和指挥信息系统展开点进行勘察,应设法获取指挥所展开地区近期的航天航空相片和相关信息情报,通过图上作业、情报分析,尽量达到现地勘察的目的。有条件时,还可组织直升机或无人机单独或联合勘察。

现地勘察分为集中勘察和分组勘察,当时间充裕时,勘察组人员共同按基本指挥所、预备指挥所、后方指挥所的顺序逐点进行,全面了解掌握各指挥所分布情况。当时间紧迫时,按职能分别组织对各指挥所勘察,司令部主要负责对基本指挥所、预备指挥所的勘察,后勤、装备部门主要负责对后方指挥所的勘察,通信、电抗、工程部门分别组织人员参加各勘察小组行动,掌握并提出展开方案和建议。

5. 确定配置

指挥信息系统的优化配置(或部署),是其展开的一个环节。对于依托指挥所建立的指挥信息系统而言,其配置工作包括各指挥所之间的配置和指挥所内部各指挥单元之间的配置。

信息化战争中,指挥信息系统是敌对双方打击的重点,此外,由于目前指挥信息系统的高度集成化与模块化,这使得"分散配置"成为移动指挥所配置的显著特征。当采用方舱式指挥平台构建指挥所时,其数量多、目标大、电磁辐射强,加上各种业务及保障车辆,作为一个庞大的车辆装备集团,极易被敌侦察系统发现。这也要求对方舱式移动指挥所必须进行分散化配置。

在具体实施配置时,要注意确保各分散单元之间的可靠通信传输,确保一套指挥信息系统不会同时遭敌毁伤兵器和打击系统的破坏,还要确保我方电子设备工作时不相互干扰。一般情况下,一个集团军(师)基本指挥所的各单元之间配置通常在50~300m范围内,以20台车辆计算,指挥所的总展开面积在1km^{2}左右。为了提高隐蔽性,指挥保障部(分)队应配置在距基指500~1000m的距离上,大中功率电台群、物资库、临时机场应距指挥所1~2km处选定。在实际开设时,可根据敌情和作战任务、通信保障能力强弱(涉及通信方式,受技术条件和参数的限制)以及开设地的地形特征,来确定其展开面积。

6. 确定开设方案

信息化条件下指挥信息系统的展开,通常以《指挥所编成、编组方案》和《信息系统编组方案》为依据,按职能划分网络,确定通信连接方式与组网方式,按照装备数量分配工作席位,并拟制指挥信息系统开设方案。

由于作战样式、作战编组或信息化装备的不同,职能中心和工作席位的划分也各不相同;工作席位的分配还受指挥信息单元数量的限制,应根据指挥信息系统中信息单元的开设位置和总席位数量,在各指挥单元的计算机终端设置相应工作席位,并在网络中的席位服务器上构建各职能中心和席位名称。在构建工作席位时,要根据作战任务和人员编组情况,合理安排计算机终端,并尽量预留机动席位和信息单元,便于临时对席位进行接替、补充和扩展。

7. 组织展开

组织展开是指指挥机构从集结地域向作战地域机动以及开设指挥信息设施,完成作战指挥准备工作的全过程。由于现代战争中指挥机构庞大、保障单位多元,对快速隐蔽地展开造成诸多不利因素。为了确保指挥信息系统及时、安全、顺利展开,应认真准备、严密组织。

指挥机构组织展开的一般程序如图 8-2 所示。

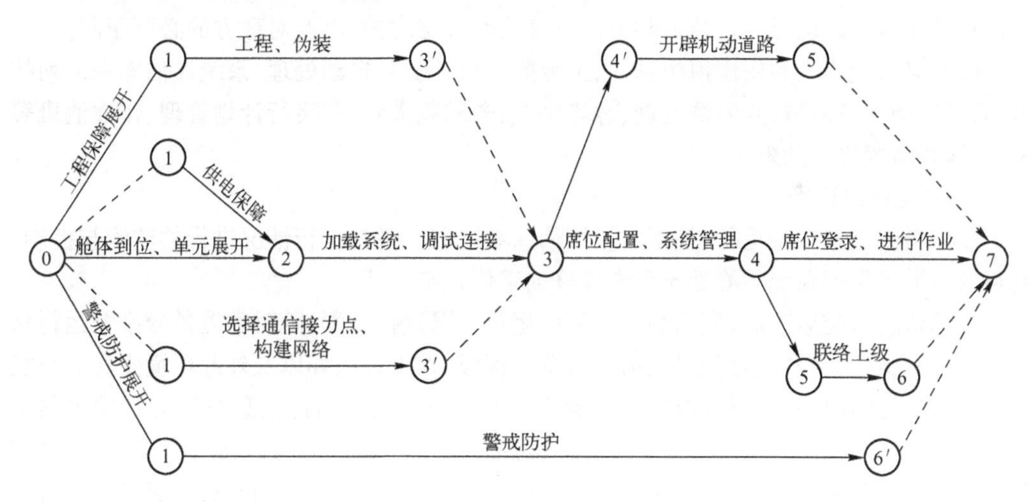

图 8-2　指挥机构展开程序示意图

8.4.3　使用保障

指挥信息系统使用保障,是在系统建立后,在作战训练活动中,为确保系统正常运行而进行的各项功能运用和组织保障工作。

指挥信息系统的使用与保障,是发挥系统效能的重要环节。各级指挥员和各类技术保障人员,要根据有关条令条例和规章制度,正确操作和使用组成系统的软硬件,合理运用各种装备和资源,实现情报侦察监视处理、信息安全快速传输、对作战力量的指挥控制等指控系统的主要功能。同时要有效监视系统运行状态,协调各要素之间的关系,及时处理系统运行中出现的各种问题或故障,保证系统的正常使用,发挥作战效能。

1. 功能运用

指挥信息系统的功能主要是为满足作战指挥的基本需求,实现指挥作业、情报信息共享和辅助决策等功能。在作战指挥过程中,需要运用的功能主要包括:

(1) 军事地理信息处理。基于地理信息平台,利用地图处理、导航定位等手段,通过战场的二维或三维空间模型来反映战场地理环境和作战行动,它是作战指挥的基本依托。

(2) 情报信息处理。通过对各类情报信息的接收、处理与融合,结合作战数据库中的兵要地志、业务数据等信息资源,形成战场环境和作战态势。

(3) 作战业务计算。通过基于各类军、兵种作战业务的战术计算模块,利用预先编制的战术计算公式和与作战相关的军事规则,快速完成作战计算作业。

(4) 军用文电处理。通过文书编辑器和预先设置的文书模板,实现军用文电编辑、生成和文电的收发,实现对军用文电的管理和基于文电的指挥决策。

(5) 作战态势标绘。在军事地理信息系统的支撑下,通过要图标绘、军用标号库等实现作战行动的图形化记录、显示与传递。

(6) 网络协同通信。综合利用各种通信信道资源,实现各种军事通信网络的组网和通信,并在网络环境下实现协同,实现基于文电、数据、态势等信息的作战指挥。

(7) 信息对抗与防护。综合运用电子对抗、网络攻防、电磁屏蔽等各种手段和技术,实现对指挥信息系统、网络、装备和关键信息的隐蔽与防护,以及对敌方的必要压制。

(8) 辅助决策。利用模拟仿真、人工智能、决策支持、自动处理、系统评估等一系列技术,通过战场环境模拟、空海情处理、态势生成、电磁频谱管理、飞行计划管理、作战值班等模块,提高指挥决策的效率。

2. 监控系统运行

监控指挥信息系统运行,是指对指挥信息系统和设备的运行情况进行的监测与控制,其目的是为了保证系统始终处于正常良好的工作状态。

指挥信息系统运行后,应当组织对系统运行情况进行监测,随时掌握各分系统运行状况、通信信道状态、网络节点连接、信息流量分配、敌方干扰破坏以及外部环境变化对系统运行的影响等情况,并及时采取相应的措施。不间断地监控指挥信息系统运行情况是系统连续、稳定运行的重要保证,只有不间断地监测系统的运行情况,才能及时地对运行情况进行正确的判断和预测,才能尽可能地把问题解决在萌芽状态,同时也才能对已出现的问题进行及时的解决。

监测指挥信息系统运行情况的内容,主要包括三个方面:一是监控各指挥信息分系统整体的业务运行情况、运行环境以及系统与外部的信息传输情况;二是监控各指挥信息分系统内各种设备的运行情况以及分系统与其他分系统接口处的信息传输情况;三是监控指挥信息系统设备本身各种功能部件的运行情况,以及本设备与其他设备接口处信息的传输情况。

对系统运行情况的监测结果处理应把握以下两大原则:一是对运行情况的监测结果应当及时进行分析与评估,判断和预测可能出现的问题;二是对监测中发现的问题应当迅速查明原因,及时解决,重大问题应当立即报告上级。各级各类指挥信息系统都必须按以上原则认真处理监控运行情况,确保系统稳定、安全有效地运行。

3. 协调系统运行

组织协调指挥信息系统运行,主要是指根据系统运行情况变化,及时调整各分系统和要素的配置与工作状态,协调运行关系,确保系统正常运行。

组织协调指挥信息系统运行是一项复杂的系统工程,它涉及的单位和部门多,工作关系和环节复杂,很容易出现一些问题和矛盾,如不及时加以解决,必然会影响到指挥信息系统的正常运行。应当及时了解掌握部队遂行任务情况的发展变化,根据系统运用要求,针对运行中出现的问题,及时组织协调,纠正偏差,保证系统整体功能的有效发挥。

组织协调的重点主要包括以下三个方面:一是重要方向和主要作战行动的指挥信息系统保障力量、资源、信息流量、信道数质量等方面的协调;二是信息获取分系统、电子对抗分系统和通信分系统之间的协同运行;三是电磁频谱环境、工作方式和时间等方面的协调。

组织协调指挥信息系统运行应尽量采用以计划协调为主的方法,与此同时,为适应战场复杂多变的情况,还应当注意运用临机协调的方法,对突发和意想不到的情况进行及时的协调处理。

4. 系统运行保障

指挥信息系统运行的各种保障工作主要包括:装备技术保障、工程保障、伪装保障、警戒保障、机动保障和生活保障等。系统运行保障是指挥信息系统组织运用的重要组成部分,周密全面地搞好运行保障已成为系统运用的一个重要原则。

在具体实施系统运行保障时,根据不同的保障规模、保障样式和战场环境等实际情况,其组织领导也有所不同。其中,装备技术保障是由指挥信息系统保障业务主管部门会同装备、侦察、通信、电子对抗等有关部门组织的,与工程保障、伪装保障、警戒保障、机动保障和生活保障等在组织领导等方面上有所不同。而工程保障、伪装保障、警戒保障、机动保障、生活保障等其他保障,其组织领导通常有两种情况,一种是将系统运用的有关保障纳入整个战场保障中,由相应的工程部门、电子对抗部门、勤务保障部门等负责组织,指挥信息系统运行保障业务主管部门只提出有关保障需求;另一种是将有关的保障力量配属给指挥信息系统保障力量,由指挥信息系统保障业务主管部门负责统一组织保障。

各种保障活动的组织通常在指挥信息系统运用计划确定之后进行,根据计划组织实施。但有些保障工作或保障准备工作应提前组织,通常在接到上级下达的预先号令后,就开始进行有关的保障工作或保障的准备工作。

(1) 装备技术保障。指挥信息系统运用过程中的装备技术保障,是指为保持和恢复指挥信息系统运行的良好状态而采取的各项保障性措施和进行的相应活动,主要包括对指挥信息系统设备的供应、保养、检查、维修、改装等,它是系统正常运行和生存的基础,其保障的好坏,直接影响系统运用效能的高低。

指挥信息系统保障业务主管部门应当会同有关部门,周密组织指挥信息系统运用的装备技术保障,统一计划和运用装备技术保障力量与装备器材,合理区分任务,明确保障方式,及时检查指导各分系统的装备技术保障工作。

(2) 工程保障。指挥信息系统运用的工程保障,是提高其生存能力的一种重要手段,应当着眼指挥信息系统运用的特点、任务、战场环境、敌情等情况,实施重点保障。战役、战术单位和用于野战的指挥信息系统,通常可分为预设工程和临战前构筑工程。不管组织哪个层次或种类指挥信息系统的工程保障,都应该明确工程专业力量运用与工程任务的区分,确定完成任务的顺序、时限与要求,区分工程保障的轻重缓急,确定保障的重点,对重点项目的工程作业,应当进行重点关注和指导。

应力求将指挥信息系统的重要设备和节点枢纽配置在山洞、坑道或重型掩蔽部中,以提高系统的生存能力。组织工程保障必须预先准备,加强指挥,依靠部队和人民群众的力量,充分发挥工程兵技术力量和工程装备器材的作用,并广泛利用就便器材。

(3) 其他保障。对指挥信息系统组织运用的保障是一项复杂的系统工程,由于各级各类指挥信息系统保障的种类和要求不尽相同,因此,在组织系统运用保障时,应根据实际情况实施。除了上述的装备技术保障、工程保障之外,通常还应当组织伪装、警戒、生活等保障。

8.4.4 伪装防护

指挥信息系统的伪装防护,是为了降低敌方发现概率,确保己方指挥信息系统正常发挥效能而采取的各种防护行动和措施。在未来的信息化战争中,指挥信息系统将成为敌方对我军实施信息作战的重要目标,系统的安全和效能面临着严峻的威胁。因此,有效的伪装防护本身就是指挥信息系统整体作战效能的一部分,加强指挥信息系统的安全与防护,对于保障指挥员及其指挥机关实施不间断的指挥、提高作战指挥的效率等,具有极其重要的意义。

经过多年的建设,我军的指挥信息系统具备了抵御一般攻击的能力,但还要针对信息化战争条件下的新威胁进行专门防护,这些新威胁主要包括电子干扰、精确打击、网络攻击等,必须根据作战对象的特点,不同的作战类型以及敌方可能采取的手段,有重点地进行防护。

1. 伪装隐蔽

利用伪装来实现隐蔽,破坏敌人的侦察,是指挥信息系统防护的首要环节。在选择地形、地物进行隐蔽时,应将指挥信息系统方舱配置在植被比较茂密的地点,让其迷彩外观与自然色融为一体,必要时舱车分离隐蔽。还可以适当改造环境,通过搭置伪装网、在坡度地形上构筑等方式进行伪装。

由于各种现代化侦察器材能在很大程度上克服地形、夜暗、不良天气等障碍,使自然环境对隐蔽企图、隐蔽军队和保持生存能力的作用大为降低,因此,对伪装技术的要求也随之越来越高。指挥信息系统的伪装,不仅应采用传统的伪装方法,还必须采用现代伪装技术,运用防光、电侦察的伪装器材来隐蔽自己。另一方面,可以采用“示假隐真”的手段,即设置大量的各种类型的假目标,使真目标隐藏在众多的假目标里,从而提高自身的生存能力。此外,对于敌技术侦察还可适时运用干扰器材,以降低敌侦察效果,提高系统的生存力。

2. 信息防护

指挥信息系统的信息防护应当根据作战任务、上级指示、敌情、战场态势等实际情况,严格按照信息防护作战计划组织实施。信息防护的基本任务是:针对主要威胁,以信息采集、传递、处理的主要环节和关键部位为重点,加强电子防御、网络防护、技术保密和警戒防卫,确保指挥信息系统和作战信息的安全。

具体包括以下内容:反敌侦察,使敌难以发现和掌握我指挥信息系统的位置、工作频率等情况;反敌电子干扰,保证我电子设备有效发挥效能;反敌网络攻击,防止非法入侵计算机网络;防止计算机病毒破坏;加强密码密钥管理;保证信息载体安全;防敌对我指挥信息系统进行定向能武器攻击等。

战时,指挥信息系统的防护应当特别强调综合运用多种手段和措施,反敌电子侦察、网络侦察与干扰,抗敌反辐射武器摧毁,以保障我军指挥信息系统、设备正常发挥效能。

3. 适时机动

在作战中,敌方采用精确制导武器对指挥信息系统的打击有一个从侦察、发现确认目标、装定诸元、发射(起飞)和飞航的过程,我们可以利用指挥信息系统容易机动的特点,通过计划机动和不规则移动指挥单元位置,预先在指挥所开设地域设置多个预设阵地,进行机动规避,以提高指挥信息系统的抗打击和生存能力。另外,在组织指挥所移位时,可保留假指挥所,换位与示假并用,以扰乱敌打击我指挥信息系统的作战决心。

8.4.5　管理维护

科学、系统的管理是决定指挥信息系统运用好坏的核心要素,是系统建设的延续和发展,也是使系统正常运转、发挥作战效能的关键。

指挥信息系统包括大量的软、硬件装备和人员等要素,是一个复杂的人机系统。因此,在信息化条件下的作战指挥过程中,除沿用传统意义上的管理之外,还要注意以人为主要对象的信息组织管理、以机器为主要对象的技术管理和人与机器结合的安全保密管理。

指挥信息系统的管理维护是运用系统科学与系统工程的观点与方法,以获得系统效益为目标,根据作战任务需求,依据指挥信息系统建设与应用的对象、手段和目标的运动变化规律,系统地对指挥信息系统的建设与组织运用进行有目的、有意识和整体优化的管理与维护。

指挥信息系统管理维护的基本任务是:建立完善的管理机制,建立健全法规体系,加强对指挥信息系统值勤、电磁频谱和电磁兼容、网络运行与装备设施等方面的管理,保证指挥信息系统处于良好的技术状态,提高系统效能,最大限度地满足作战和其他军事行动的需求。

1. 建立完善的管理体制

系统管理体制是决定指挥信息系统组织与运用质量的关键问题之一,必须实行科学管理,依托实施管理的职能机构,建立一个与作战部队编制相匹配、上下对口、结构合理、职权明确、指挥灵活、具有权威的指挥信息系统管理体制。

2. 建立健全法规体系

我军指挥信息系统的建设与管理近年来取得了显著进步,但与发达国家相比,在相关的法规建设方面还不够完善、不够配套,没有形成门类齐全、上下协调、层次分明的体系。因此,必须加强指挥信息系统法律法规建设。

3. 人员管理

组织管理的中心的人员管理,信息化装备是为人服务的,是对人能力的一种扩展,围绕指挥信息系统的指挥员和参谋人员是系统的核心要素。因此,要重视提高指挥决策人员善于利用信息化系统装备的意识,加强对参谋人员的业务训练,加强专业技术队伍人员的业务能力管理。

4. 值勤管理

值勤管理是对指挥控制、通信、情报和电子对抗等各功能分系统值勤所实施的管理,组织系统值勤管理是系统运行的重要组成部分,其水平和质量直接关系到系统效能的发挥。指挥信息系统在平时除完成日常值勤外,还要对训练演习、抢险救灾、应对突发事件等非战争军事行动进行及时响应。必须统一规章制度,加强值勤管理,逐步实现管理制度化。

5. 电磁频谱与电磁兼容管理

在信息化战争条件下,电磁环境十分复杂,指挥信息系统身处各种电磁设备密集的中心,在系统内形成了极为复杂的电磁环境,必须进行良好的管理。频谱是看不见的作战资源,容易受到外部抢占,自身装备的频段也可能相重叠、互相干扰。在管理时既要保证己方各种无线电业务畅通,防止内部有害干扰,又要努力把握敌方电磁频谱的配置情况,对敌形成压制,还要处理好军民结合、军民兼容的协调任务。

6. 其他管理

其他管理还包括计算机网络管理、硬件装备管理、软件使用管理、数据管理、通信信道管理、安全保密管理等。

要综合运用各种手段,建立科学、合理、全方位的管理体系,逐步形成依靠法规、制度管理的习惯和意识,提升指挥信息系统的整体管理水平。

总之,指挥信息系统的组织运用要以作战任务需求为牵引,按照信息化战争条件下相关作战规则和条令条例的要求,以系统科学和系统工程思想为指导,综合运用多种手段,有计划、有组织、有程序地进行规范化实施,不断提升指挥信息系统的实际组织运用水平,以充分发挥系统的整体作战效能,并逐步形成体系对抗和基于信息系统的体系作战能力。

8.5 指挥信息系统组织运用对军队信息化建设的影响

运用指挥信息系统的过程,就是把以电子技术等为基础的现代信息技术、计算机技术、人工智能等高新技术和与之相适应的先进军事理论和思想相结合,并应用于军队作战指挥与控制的过程。正如恩格斯所指出的那样:“一旦技术上的进步可以用于军事目的,并且已经用于军事目的,它们便立刻几乎强制地,而且往往是违反指挥官的意志而引起作战方法上的改革甚至变革。”因此,指挥信息系统的不断发展与应用,正在军队指挥与控制等方面引起巨大而深刻的变革,将不断促进军队的现代化进程。

1. 指挥信息系统的应用将对武器系统产生重大影响

武器系统与指挥信息系统的关系极为密切,二者是一个有机联系的整体。一方面,指挥信息系统可以大大增强战略威慑力量,最大限度地发挥武器系统的作战效能,成为“兵力的倍增器”;另一方面,要发展研制新的更有效的武器系统,也必须有指挥信息系统和相关技术的支持。任何先进的武器系统,如果没有指挥信息的系统支持并受其指挥和控制,就既不能发挥个体作战能力,也不能发挥总体作战效能。通俗地说就是:既不能杀伤敌人,也不能保护自己,甚至会误伤自己。这样的武器系统,从个体来说虽然有一定战斗力,但从战争总体进程来说,它基本上很难形成战斗力。因此,在大力发展先进的武器系统的同时,必须大力发展指挥信息系统,二者要同步发展,甚至指挥信息系统还要超前发展，只有这样，才能充分发挥武器系统的作战效能。可以说，在当今武器系统信息化、信息系统武器化的发展大趋势中，指挥信息系统将充当战争的主角。

2. 指挥信息系统的应用将使编制体制及工作方式发生重大改变

(1) 指挥机关的人员构成将发生改变。由于指挥信息系统装备部队和进入指挥机关，这就使得指挥机关除了有辅助首长决策的参谋人员外，还需要有计算机和网络方面的专业人员，有擅长管理、使用、维护各种信息化装备与软件的技术人员。这种作战参谋与技术人员相结合的复合性指挥机关在我军还要存在较长一段时间。但这是属于过渡性的；将来，参谋人员本身将逐步成为既懂军事又懂信息化和其他高技术的复合人才，指挥机关人员又将以参谋人员为主体，并且变得更加精干。

(2) 将产生一些相应的军事指挥机构和专业部(分)队。随着指挥信息系统建设规模不断扩大和运用不断深化，其在战争中的地位和作用越来越显重要。世界各国军队为了适应这一新的情况，顺应这一发展，近年来都相继建立了信息化管理机构、作战指挥机构以及专门从事指挥信息系统操作、使用与维护的部(分)队，美国等西方国家现正在加快数字化战场和数字化部队的建设，1998年，美国防部根据《克林格—科恩法》设立了总信息官一职，由当时负责C3I的助理国防部长兼任，统管美军与加强“信息优势”有关的事宜，并在总信息官之下，成立了国防总信息官委员会和三个办公室。我军已正式成立了信息化部，原各级指挥信息系统保障业务机构也将随之进行调整。

(3) 要求指挥机关改变原有的一些工作方式，指挥信息系统的广泛应用，给军队指挥与控制带来新的影响和要求，各级指挥机关必须改变原来的一些不适应现代化指挥控制手段的机关工作方式，简化指挥控制流程和文书，调整指挥编组与结构等。美军在面对指挥信息系统广泛应用所产生的此类问题时，其解决方案是建立在其国会颁布的《联邦文书削减法》基础之上的。

3. 指挥信息系统的应用将对指挥机构人员素质提出更高要求

(1) 要求指挥机构人员的知识结构应从经验型变为知识型。一方面，现代战争要求指挥机构人员必须熟悉所担负的作战指挥业务，必须懂得各类现代化兵器的战术技术性能与应用方法，懂得现代科学技术知识和信息论、系统论与控制论等基础理论；另一方面，指挥机构人员还必须熟悉并掌握所管辖业务范围内的信息化装备的运用与操作。一个缺乏现代科技知识，只懂传统的“参谋六会”业务，而不熟悉指挥信息系统和信息化装备使用的人员，将不能胜任现代战争中的司令部工作要求。

(2) 要求指挥机构人员的思维方式由定性型向定性定量综合型发展。随着指挥信息系统运用水平的不断提高，完备的信息搜集手段，先进的计算工具和软件系统，为作战指挥的定量分析提供了条件。而现代战争的复杂性又要求指挥机构人员必须学会和熟练掌握定量分析的方法，那些只满足于定性分析的指挥机构人员将跟不上形势发展的需要。

(3) 要求指挥机构人员从一些旧的传统工作习惯中解脱出来。指挥信息系统的普遍应用，要求各级指挥机构人员掌握新的技术和操作技能，从以往纯手工作业的工作习惯中解脱出来，以适应新的指挥控制手段对作业过程的新要求。这不仅要求指挥机构人员学习掌握新的工作方法，更重要的是他们还必须转变思想观念和工作思路，积极参与指挥信息系统的设计、建设、使用和管理，参与信息化建设与管理，成为积极参与者和内行人员。

总之，指挥信息系统的运用是现代科学技术广泛用于战争的必然结果，建立指挥信息系统,实现指挥手段的现代化与信息化,是历史发展的必然。为适应这一发展现状,军人的观念和素质都必须有极大的提高,应成为全社会中文化、科技和军事素质最高的群体。

参考文献

[1] 尤增录,等. 指挥控制系统[M]. 北京: 解放军出版社, 2011.
[2] 王宁,等. 陆军指挥所组织与实施[M]. 南京: 解放军陆军指挥学院出版社, 2006.
[3] 高东广,等. 高科技驱动信息化作战指挥新变革[N]. 解放军报, 2005-12-17 (11).
[4] 孙兵成, 汤竞鹏,等. 指挥控制系统的组织与运用[EB/DK]. 解放军通信指挥学院, 2010.
[5] 王永强. 军事历史研究[EB/DK]. 2010.
[6] 陆国强. 美国军事实力介绍:美军上层指挥体制[EB/DK]. 蚌埠坦克学院, 2009.
[7] 黄继谦. 美军联合指挥体制改版[EB/DK]. 解放军报, 2002.
[8] 刘建中, 熊华,等. 机动通信与指挥控制系统组织运用[M]. 通信指挥学院, 2010.

思考题

1. 简述指挥信息系统组织运用的基本概念。
2. 指挥信息系统组织运用方式的发展经历了哪三个阶段?
3. 指挥信息系统组织运用的理论体系主要包括哪两部分内容?
4. 指挥信息系统组织运用的基本原则是什么? 如何深入理解这些基本原则?
5. 美军指挥体系的主要构成及各构成要素之间关系如何?
6. 指挥控制系统保障部门在战时通常是如何编组的? 各组的主要职责是什么?
7. 指挥信息系统组织运用的基本要求是什么?
8. 指挥信息系统组织运用的主要内容有哪些?
9. 指挥信息系统组织运用中的组织计划工作,其主要步骤是什么?
10. 指挥信息系统组织运用中的开设配置工作,其基本内容是什么?
11. 指挥信息系统组织运用中的开设配置工作,其主要步骤有哪些?
12. 指挥系统组织运用使用保障的主要内容是什么?
13. 试简述指挥信息系统伪装防护的概念与意义。
14. 指挥信息系统组织运用管理维护的主要内容有哪些?
15. 试举例阐述指挥信息系统组织运用对于发挥与提升指挥信息系统作战效能的作用。

第9章 9 指挥信息系统分析设计与方案评估

任何事物都有产生、发展、成熟、消亡(更新)的过程,指挥信息系统也不例外。随着环境的变化,指挥信息系统在建设与使用过程中要不断维护和修改,当它彻底不能适应环境的时候就要被淘汰,由新系统取代老系统。这种循环式的周期过程称为指挥信息系统的生命周期。

指挥信息系统的生命周期一般可分为系统规划、系统分析、系统设计、系统实施、系统运行与维护等阶段,显然,这也是指挥信息系统的工程建设所要遵循的过程。与一般工程相比,指挥信息系统建设的难度尤为巨大,因为困难不仅仅来自于技术方面的高度复杂,还与系统运用的内外环境密切相关,诸如作战使命任务、部队编制体制、工作流程、指挥员的观念与能力素质等都是影响指挥信息系统建设质量的重要因素。因此,在建设指挥信息系统时,应该特别重视以“人”为中心的相关因素对指挥信息系统的影响,而不能仅将其作为一个单纯的计算机应用系统来实现。

上述情况给指挥信息系统的建设带来难题,即技术方面的复杂度和与特定人群任务的密切关联度共同决定了指挥信息系统开发必须在“标准化”、“产品化”和“用户定制”之间取得平衡。也就是说,既要努力满足用户的特殊军事应用需求,又要尽量符合工程化建设质量保证的“标准化产品加工”这一本质特征,往往需要在两边进行反复权衡和取舍,以找到一个适当的平衡点。事实上,有很多指挥信息系统的建设开发正是因为没有找到适当的平衡点,从而导致失败的结果。

为了解决这一难题,提升指挥信息系统的建设质量,目前广泛采用的一种有效方法是加强对指挥信息系统的分析、设计与评估。分析与设计分别对应指挥信息系统生命周期中的第二和第三阶段,是提高指挥信息系统建设质量的关键活动。评估活动则几乎贯穿整个生命周期活动,分析与设计的结果需要进行评估,以确认分析与设计成果的质量;在系统运行与维护阶段也要进行大量的评估活动,此时评估结果是决定是否对指挥信息系统进行修改甚至废弃重建的关键依据。

在分析、设计与评估活动中尽量采用标准化和产品化技术,同时充分考虑实际用户人群及作战任务产生的特殊需求,用需求分析、体系结构、系统评估等技术作为桥梁,在两者之间建立起动态平衡,并随着人员能力素质、技术条件、应用环境等的变化而随之不断演进,就有可能形成良性循环,切实有效的提高指挥信息系统的建设质量,这正是广大指挥信息系统分析设计人员不断求索的目标。

由于相关领域的内容较为复杂,本章将针对指挥信息系统分析设计与评估的活动和主要技术进行简要介绍,需要进一步了解相关知识的读者可阅读参考文献给出的部分专门著作。

9.1 指挥信息系统建设开发的一般过程

对照系统规划、系统分析、系统设计、系统实现、系统运行与维护五阶段生命周期,指挥信息系统的建设开发过程自然分为以下几个阶段①:规划(明确系统建设目标和建设步骤)、分析(确定系统是什么和将要做什么)、设计(定义子系统及其接口)、实现(分别创建子系统并最终将子系统联结成一个整体)和运行维护与评估(合理地安装部署系统并使系统能顺利运行,评估系统的质量并做出反馈),如图9-1所示。

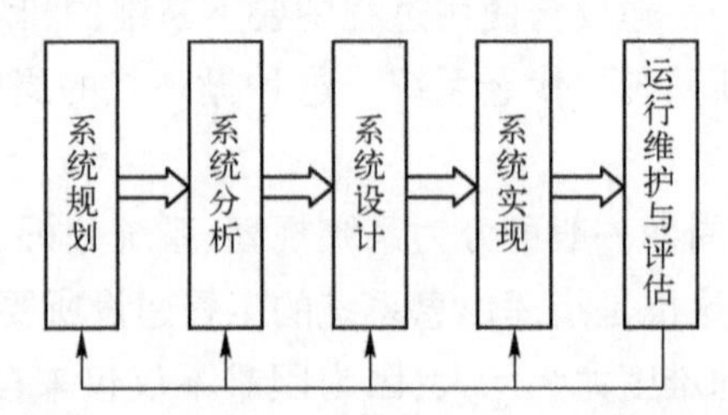

图9-1 指挥信息系统的一般建设开发过程

(1) 指挥信息系统规划阶段。这一阶段的主要工作是对某一特定指挥信息系统的现行工作环境、目标和系统状况进行调查,根据相关的总体建设目标和发展战略对新建系统的需求做出分析和预测,同时考虑建设新系统所受的各种约束,研究建设新系统的必要性和可能性。根据需要与可能,给出拟新建系统的建设目标、建设步骤和初步方案,并对这些方案进行可行性分析,写出可行性分析报告。可行性分析报告和初步建设方案评审通过后,将新系统的建设目标及实施计划写成系统建设规划或建设任务书。

(2) 指挥信息系统分析阶段。这一阶段是根据指挥信息系统建设任务书所确定的目标和范围,对现行系统进行详细调查,描述现行系统的业务流程,指出现行系统的局限性和不足之处,确定新系统的基本目标和逻辑功能要求,提出新系统的逻辑模型。即回答新系统"是什么"和"做什么"的问题。因此,该阶段又称为逻辑设计阶段,它是整个系统建设的关键,也是指挥信息系统建设与一般工程项目的重要区别所在。系统分析阶段的工作成果主要体现为系统需求分析规格说明书,这是系统建设的必备文件,它既是给用户参考的文档,也是下一阶段工作的基础,系统需求分析规格说明书一旦评审通过,就成为系统设计和将来系统验收的依据。

(3) 指挥信息系统设计阶段。如果说指挥信息系统分析阶段的任务是回答系统"是什么"和"做什么"的问题,系统设计阶段要回答的问题则是"怎么做"。这一阶段的任务是根据系统需求分析规格说明书所规定的功能要求,考虑实际条件,设计实现系统逻辑模型的技术方案。即对系统逻辑模型进行研究、分析与设计,建立新系统的物理模型。因此,这一阶段又称为物理设计阶段,重点是设计新系统的物理模型。根据系统规模和复杂程度的不同,系统设计阶段的任务包括系统总体设计、分系统设计、子系统设计、模块设

① 对指挥信息系统本身的质量管理和验收标准正在向传统的硬件装备看齐,定型列装前的要求不断提高,因此,此处将传统列在实现阶段之后、运行维护阶段之前的"系统测试"和"试运行"这两个阶段均归入系统实现阶段,作为系统实现的一部分工作看待。

计、接口设计和实施方案与计划的制定等。

(4) 指挥信息系统实现阶段。这一阶段的任务主要是将设计的系统进行实现。包括硬件研制、软件编写、系统测试、说明文档编写、系统联合调试、系统试运行、系统定型等工作。系统实现是按照实施计划分阶段完成的,每个阶段应写出实施进度报告。系统实施完成并经测试达到设计要求,但这时新系统还不能马上取代旧系统,必须通过试运行使系统操作人员逐步适应新系统,充实系统的数据并验证系统的有效性,此时是新旧系统共存和相互交替的阶段。在试运行阶段,需要不断充实系统中的历史数据,纠正系统可能出现的不足,使系统趋于稳定。

(5) 指挥信息系统运行维护与评估阶段。从某种意义上说,指挥信息系统的运行维护与评估阶段甚至比实现阶段还要重要,这一阶段的成败决定了指挥信息系统是否能够真正发挥建设效益、实现建设目标和满足用户的军事需求。这一阶段通常包括各类软硬件设备的采购、系统的安装部署与调试、人员培训、系统试运行、系统切换、系统评估、系统维护等工作。指挥信息系统是一个极其复杂的人机系统,随着对新系统认识程度的加深和外界条件的变化,还会不断对它提出许多新的要求,还必须进行不断维护、改进和提高,使之逐步完善。这一阶段中使用和维护单位的有关人员需要根据系统提供的文档进行维护,可以从系统实际运行的角度对系统性能和质量进行评估,并向主管部门反映系统的运行情况、在使用中出现的问题及其解决方法和建议。

9.2 指挥信息系统的分析设计方法

指挥信息系统的分析设计是指挥信息系统建设过程中的关键阶段,分析设计的成果优劣可以说是整个系统开发成败的关键,因此必须格外重视指挥信息系统的分析设计。指挥信息系统的分析设计方法较多,但可以将分析设计的关键环节与过程综合起来考察,再围绕过程中的每个环节选择具体的分析设计方法。需要指出的是,实际应用时,针对不同分析设计环节和方法,往往采用成熟的工具软件辅助进行工作,从“过程”到“方法”再到“工具”,是一个逐步分解、从大到小、从理论分析到具体实践的流程。

9.2.1 指挥信息系统分析设计的关键环节

根据指挥信息系统分析设计的实际工作,可以将指挥信息系统分析设计阶段的工作综合归纳为需求论证、体系结构设计、方案描述与设计以及方案评估四个关键环节,如图9-2所示。从图中可以看出,这四个环节各自相对独立,分别具有独特的性质和特点,相应地,也必须采用独特的方法。与此同时,它们又承上启下地构成一个统一的整体,前一环节工作的完成是开始后一环节工作的前提和基础,后一环节工作过程中又可以在必要时反馈和修改前一环节的工作,整个分析设计工作是带有反馈的迭代过程。

1. 需求论证环节

需求论证是指挥信息系统分析设计过程中的第一个环节。所谓需求,是从系统外部所能看到的满足用户要求的特征、功能及属性的集合,简而言之,是从外部对“系统是什么”的描述,指明了系统将来建成后的总体目标和具体功能特性。显然,因此需求也自然而然地成为系统建设完成后验收的标准。

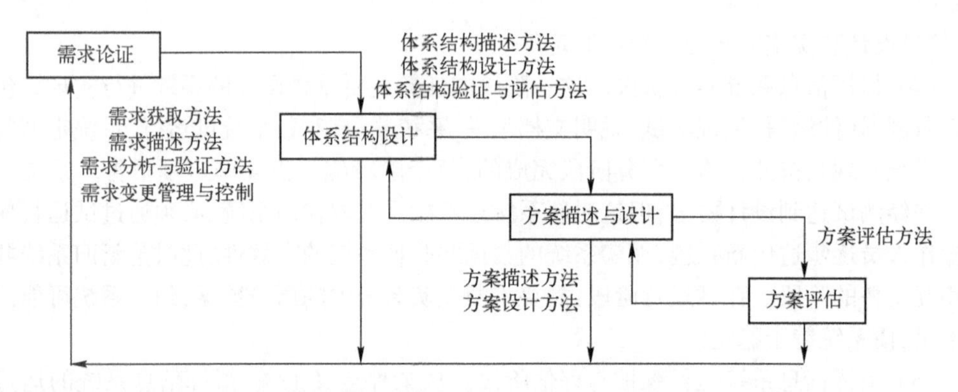

图9-2　指挥信息系统分析设计的关键环节

与此同时,既然是外部对“系统是什么”的描述,就存在不同人员之间的描述差异。差异可能来自于用户关注的视角和内容不同,如系统维护人员和军事指挥人员之间关注的内容就存在较大差异;即使是同一类用户,也可能由于不同个体人员知识背景、能力素质、思维习惯等的不同,造成需求描述的模糊与分歧。

因此,需求论证环节就是努力采用科学和规范的方法,充分考虑不同用户的需求描述差异,并结合实际情况,综合形成对指挥信息系统整体需求的规范化和无歧义描述。当然,理想化的绝对无歧义和规范化是做不到的,脱离实际情况、完全按照用户的想法描述需求也是不科学的。如本章开头所述,好的需求论证工作应该是在这之间取得一个适当的平衡与折中。

需求是指挥信息系统分析和设计的基础环节,只有建立起清晰准确的需求,才能使后续环节工作立于可靠的基础之上。因此,准确分析系统的需求是成功开发指挥信息系统的关键。

指挥信息系统需求论证环节的工作主要包括需求获取、需求描述、需求分析验证以及需求变更管理与控制等活动。其中,需求获取是与用户交流,捕捉和鉴别出用户对目标系统的要求;需求描述是以格式化、标准化的方式,准确、简明地表示系统的需求,目的在于改善需求描述的准确性,减少模糊性与歧义;需求分析验证是基于需求分析结果与用户沟通,对已标识的系统需求进行推演和确认,并验证其完备性、一致性和正确性;需求变更管理与控制是针对需求变化的审批、管理、更新与版本控制活动。

在需求分析与论证阶段,可能用到的方法包括用于需求获取的文档研究法、调查问卷法、专题研讨法、原型法、用例法、模型驱动法,用于需求建模的自然语言建模法、半形式化建模方法①和形式化建模方法等。可能用到的工具包括 Caliber RM、DOORS、Analyst Pro、Catalyze Enterprise、CORE、IRqA 等。

2. 体系结构设计环节

指挥信息系统是复杂的人机系统,随着其功能和规模的不断增加,体系结构设计已经日益成为系统分析设计过程中不可缺少的环节。体系结构设计的结果类似于建筑设计图纸,是系统建设的蓝图,它在系统的整个生命周期中都发挥着重要作用。类似的情况是:在农村自家宅基地上盖房子往往不需要完备的建筑设计图纸,凭经验就能顺利盖起一幢

① DFD、UML 和 IDEF 方法都可归为半形式化建模方法。

几层的楼房庭院，但城市里的高层建筑则在实际建设之前一定要有完整的建筑设计图纸。这是由于目标规模更大、功能更加复杂、对成品的质量要求更高、后期维护的任务更加繁重等原因导致的，指挥信息系统的分析设计一样如此。

体系结构通过规范化的方法，描述了系统组成部分以及它们之间的相互关系，描述了系统的复杂结构与内外部逻辑关系。好的体系结构设计可以有效地指导指挥信息系统的设计与实现，同时也可为系统建设中的分工协作提供依据，为系统开发最后阶段的综合集成提供指导。

在这一环节，主要的活动包括体系结构描述、体系结构设计和体系结构验证与评估。其中，体系结构描述是按照某种规范的框架和方法，建立指挥信息系统体系结构的整体概念、基本术语、视图与产品模型等；体系结构设计是针对目标系统的实际情况，在体系结构框架的约束下，按照特定领域的设计规范与流程，采用特定的建模方法，对具体的视图和产品进行分析设计；体系结构验证与评估是对体系结构设计结果正确性、一致性、完整性等特性的验证与评价。

目前，指挥信息系统体系结构设计环节的描述方法框架以美国国防部体系结构框架(DoDAF)、英国国防部体系结构框架(MoDAF)等为主要代表，现实做法大都是参考这两个C4ISR系统体系结构框架所规定的内容进行裁剪和定制，分别进行作战、系统、服务和技术体系结构相关产品①的设计工作，体系结构设计的成果最终以一系列的文本、图形和表格的形式进行展现。

3. 方案描述与设计环节

方案描述设计环节主要是对前述环节成果进行集成描述和系统设计，应在需求论证环节和体系结构设计环节成果的基础上，从系统工程角度出发，围绕指挥信息系统的总体设计目标，结合军事指挥人员及其他系统用户的实际情况进行。

方案描述与设计阶段的具体工作通常包括系统任务背景综述、系统建设目标描述、系统需求描述、系统结构设计、系统功能设计、系统接口设计、数据设计、经费及进度安排和其他相关内容设计等。其中系统任务背景综述、系统建设目标描述、系统需求描述、系统结构设计等内容通常是在前两个环节成果的基础上综合完成。其中，系统结构设计包括系统的逻辑结构和物理结构设计，有可能还需要在本环节进一步完成物理结构的详细设计工作；系统接口设计包括内部接口设计和外部接口设计；数据设计是对系统的数据库整体结构及关键数据关系的设计，由于数据在指挥信息系统建设过程中的地位和作用日益凸显，数据设计工作也往往被强调和重点进行；经费及进度安排是综合考虑影响系统研制进度的各类因素，根据背景系统复杂性、系统规模、技术成熟度、研制人员的水平和经验等，拟制合理的项目进度计划和经费安排；其他设计不一定要在每个方案中都体现，根据不同的指挥信息系统，可能的内容包括系统的安全性设计、可靠性设计、可用性设计、外观设计、环境设计等。

4. 方案评估环节

方案评估环节是运用系统评估技术，对前述的设计方案进行总体评估，以发现问题和遗漏，及时进行方案修改和完善。如前所述，设计方案事实上已经包括了需求分析和体系

---

① 所谓产品，主要是指以特定格式图形、文字和表格等形式呈现的设计结果。

结构设计环节的成果,因此方案评估环节实际上起到对前述三个环节工作成果共同评估的作用。

指挥信息系统的方案评估一般要求建立一套适用的评估指标体系,并选择合适的具体评价方法,按照一定的过程评判设计方案(可能有多个)的优劣,并加以比较分析,从而为决策者选择较优方案或优化现有方案提供科学依据。

由于指挥信息系统方案本身的复杂性,目前实用的方案评估方法是在确立上述评估指标体系的基础上,以专家会议的方式进行,由相关领域的资深专家审阅方案及配套资料,经会议充分讨论后,按照评估指标体系打分,给出评估意见,最终汇总评判。

除指挥信息系统分析设计领域的专家之外,专家组还应包括系统用户代表、指挥信息系统工程实施专家、财务人员(主要审查经费预算)等。方案评估往往需进行2~3轮,每轮的专家评审意见反馈后,系统分析设计人员需针对性地进行修改完善或做出必要说明,通常参与多轮评审的专家组成应保持不变,这样便于专家熟悉方案的发展变化情况,有利于给出科学、客观的评价。

方案评估环节的作用十分关键,在地方某些非军事的信息系统建设领域,方案评估的相关制度经过长期演化,已经较为成熟,可采用"双盲"或网络评审方式进行,并可较好地保证专家选择过程的公平性和专家信息不外泄,这些先进的经验和做法颇值得指挥信息系统领域借鉴。此外,外军和我国地方的方案评估的结果往往允许彻底否决结果的出现,这对于确保系统建设质量、减少重复建设和节约经费和作用十分关键。如果仅需要对内容和经费安排上做出一定修改,参加评估的方案总是能最终通过,那么方案评估环节的作用就会被降到最低,有时仅能起到一种形式上的意义。

对于特别有争议或特别重大的建设项目,在分析设计过程中需要为用户设计多个满足需求的备选方案,而每种方案所设计的系统功能、结构、特性,以及对系统开发的成本、时间、人员、技术、设备等的要求都不完全相同,并具有可比性,这样可以进行对比和优选,以帮助确定更适合的方案。

9.2.2 指挥信息系统分析设计的主要方法

指挥信息系统分析设计方法的历史渊源分别来自于计算机硬件系统、软件系统、嵌入式系统、工业制造系统等多个领域,这仍然是由于指挥信息系统本身的复杂性所造成的情况。因为不同用途与规模的指挥信息系统可由上述各类系统组成,因而或多或少地继承了各类系统所属领域特有的分析设计方法,这些方法在指挥信息系统的分析设计过程中碰撞、融合、裁剪、取舍、创新、发展,从而逐步形成了多种适用于不同指挥信息系统分析设计的独特方法。

此处我们不讨论特定用途指挥信息系统的个性化特征,仅从通用性角度出发,以核心分析工具为区分,介绍几种主流的分析设计方法,分别是基于数据流图(Data Flow Diagram,DFD)的分析设计方法、基于集成定义方法(ICAM DEFinition,IDEF)的分析设计方法和基于统一建模语言(Unified Modeling Language,UML)的分析设计方法,大多数具体、实用且独特的指挥信息系统分析设计方法都是以它们为骨干,加以裁剪和补充完成的。

9.2.2.1　基于数据流图的指挥信息系统分析设计方法

基于数据流图的分析设计方法是较为古老的方法,在一些经典软件工程教材中被归为典型的结构化分析方法。目前,大部分指挥信息系统分析设计人员已经不常使用该方法,取而代之的是基于UML的面向对象分析设计方法等。

但是数据流图的优点在于图形符号简单明了,以“数据”为中心的逻辑思维也非常清晰直观,非常易于非专业的普通用户理解和表示需求,它作为软件开发人员之间,或软件开发人员和用户之间的通信工具是非常方便实用的。因此,在不少实际的指挥信息系统分析设计场合中,往往仍然采用数据流图辅助完成初步的需求获取工作。考虑到该方法的实用性和历史意义,本节仍然对其进行简要介绍。

数据流图方法最早由美国Yourdon公司随结构化设计方法提出,后来更为流行的是Gane和Sarson创建的改进版本,可用于描述数据流动、存储、处理的逻辑关系,是一种以数据流技术为基础的、自顶向下、逐步求精的系统分析方法。作为一种能够全面描述信息系统逻辑模型的主要工具,它可以用少数几种符号综合地反映出信息在系统中的流动、处理和存储情况。

1. 数据流图的基本组成

数据流图具有四个基本符号,分别代表了不同的数据元素,即外部实体、数据处理、数据流和数据存储。

1）外部实体

外部实体指处于被分析的目标系统以外,并与系统有关联的人、事物或系统,主要包括两类:源点和终点,分别表示数据的外部来源和去处。向目标系统提供输入的实体称为源点,接收由目标系统所产生的输出的实体称为终点(或称汇点),有时源点和终点可以是同一个实体。

为了使图形清晰,避免线条交叉,同一外部实体可在同一数据流图的不同处出现,此时应在该外部实体符号的右下角打上小斜线,表示重复。

外部实体可以是系统的用户,也可以是其他分系统,其图形符号表示如图9-3所示。

有了源点和终点,可以说明数据的来源及去处,使整个数据流图更加清晰。

2）数据处理

数据处理是指对数据的逻辑处理,即对数据的变换,在有些软件工程教材上也被译为“加工”。

数据处理一般用圆角矩形表示,还可以进一步用线段将其分为三个部分,如图9-4所示。

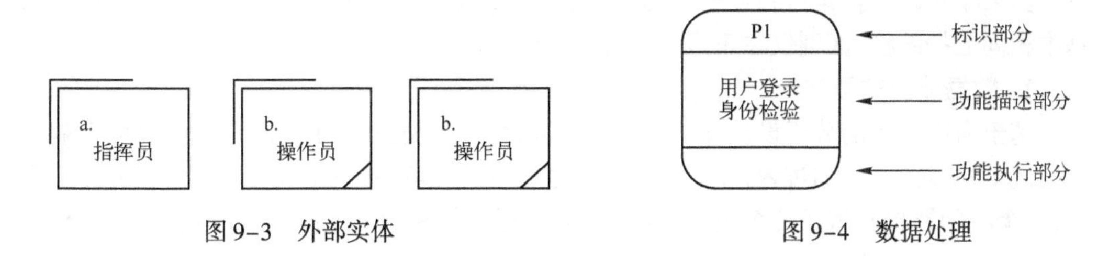

图9-3　外部实体　　图9-4　数据处理

其中,标识部分起到标识和区分的作用,一般用字符串表示,还可以分出层次,如P1、P1.1等。功能描述部分则用来表述这个数据处理的逻辑功能,一般用一个动词加一个作为宾语的名词表示,如:生成综合态势。功能执行部分则可用来表示这个数据处理的完成者,简化版的数据处理可以没有标识和功能执行部分。

3)数据存储

数据存储表示数据的静态存储,可能是磁带、磁盘、文件或关系数据库,也可以表示文件的一部分或数据库的元素,甚至是数据库记录的一部分。但大多数情况下,数据存储往往表示文件或数据库表,所以数据存储又称为数据文件或数据库,用长矩形或开口的矩形表示。

数据存储的标识通常由字母“D”和数字编号组成,有时可用小三角形“▲”来表示关键字。

图9-5表示了一个标识为“D4”、名称为“库存弹药”的数据存储,数据处理P2负责从该数据存储中读取数据并进行统计处理。

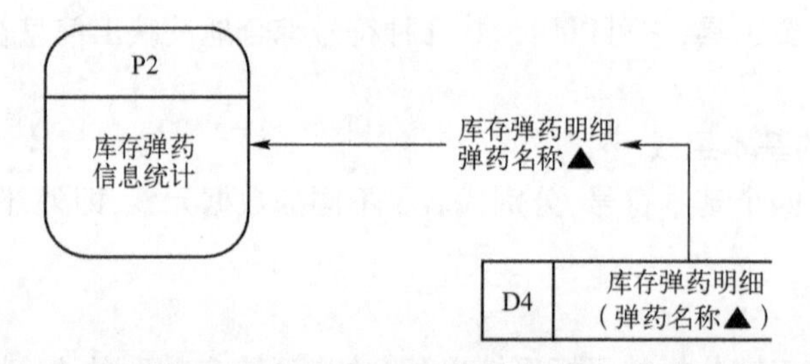

图9-5　数据存储与数据流

关于数据存储的详细定义,可以在数据流图配套的数据字典文档中定义,如可定义“库存弹药”=“库存ID+弹药名称+弹药规格+弹药种类+弹药数量+生产厂家+生产时间+入库时间+…”。

4)数据流

数据流表示数据的动态流向,用带箭头的线段表示,箭头描述数据的流动方向。数据流的内容要配有文字说明。

数据流可以从数据处理流向数据处理,也可以从数据处理流向数据存储,或从数据存储流向数据处理,数据流可以是双向的。

图9-5也给出了数据流的示例,可从图中看到,数据存储D4有一个关联的数据流,从数据存储D4指向数据处理P2,该箭头表示数据的流向,即数据处理P2从数据存储D4读出数据并进行相应的处理。

如果不考虑数据读写和处理的具体细节,可以认为数据流与其关联的数据存储具有基本相同数据结构,区别仅在于是静态的还是动态的。

2. 数据流图的画法

基于数据流图的分析设计方法是采用结构化思想,把系统功能看成一个整体,明确信息的流动、处理、存储的过程,而后把该系统进行层次分解,将一个大问题分解成几个小问题,一个小问题再分解成几个更小的问题,然后逐个解决,即所谓“自顶而下,逐层分解”的原则。

相应地,数据流图也分多个层次。试图在一张数据流图上画几十个数据处理元素,来表示目标系统的所有功能,这通常是不现实的。分层数据流图可以很好地解决这一问题,对应系统分解的层次结构,各自画出不同粒度的数据流图,就能够较为清楚地表示和分析目标系统的功能特征。

可以把整个目标系统看作是一个数据处理,此时它的数据输入和输出实现上反映了系统与外部环境之间的接口。但仅由这一张图显示不能表明数据处理的内部细节,所以需要进一步层层细化。

如图 9-6 所示为分层数据流图的示例。图中,顶层数据流图只有一个处理 P,它主要包括 3 个子系统,所以可以画出下一层的数据流图,将 3 个子系统分别用数据处理 P1、数据处理 P2、数据处理 P3 表示,并用数据流给出它们之间的数据关系。之后,再进一步将这 3 个子系统分解为 P1. 1,P1. 2,P1. 3…,画出更下层的数据流图。

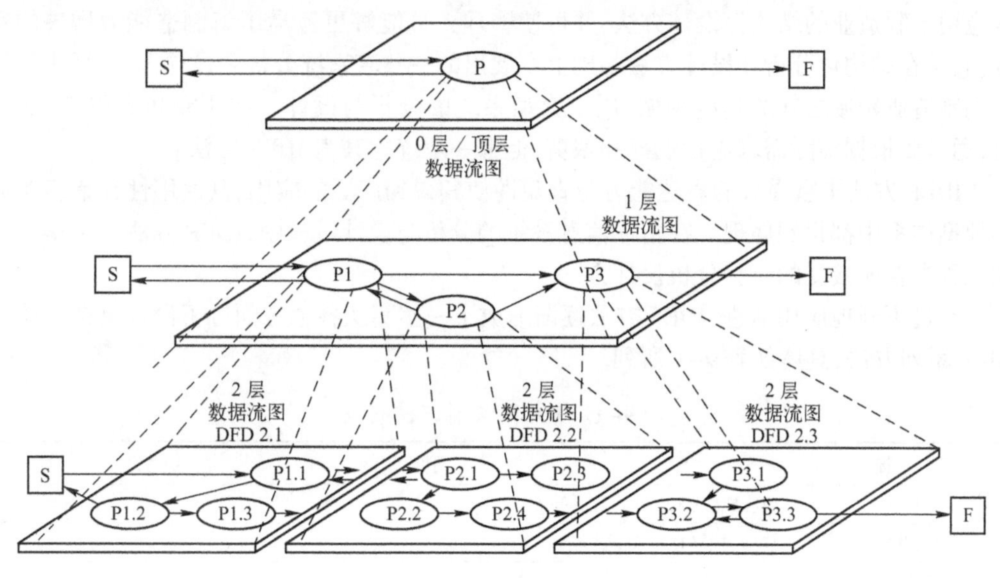

图 9-6　分层数据流图

分层数据流图本身要进行标识,且标识符要有层次,如“DFD 2. 2”。其次,数据流图的内部元素与边界元素的位置要合理安排,如果仅为内部使用的数据存储等元素,则画在内部;如外部也要使用,则尽量画在外部或边界上。外部流入或流向外部的数据流,如是本层流图新出现的,并未在上一层流图中出现过,则应在其与边界相交处画上符号“ ×”。

数据流程图分多少层次应根据实际情况而定,对于一个复杂的大系统,有时可分 7 至 8 层之多。为了提高规范化程度,有必要对图中各个元素加以编号。常在编号之首冠以字母,用以表示不同的元素,如可以用 P 表示处理、D 表示数据存储、S 表示源点、F 表示终点等等,至于使用哪些字母并无严格规定,可参见图 9-6。

在对目标系统进行分析并画出数据流程图的基础上,系统设计人员可详细自顶向下分析系统信息流程,并可根据数据处理的前后逻辑、数据存储的结构和数据的流向,进一步完成数据分析,为数据库设计提供基础;此外,还可以对应每个数据处理,用特定的程序语言或伪代码语言描写详细的处理流程,向程序设计过渡。

9.2.2.2 基于集成定义方法的指挥信息系统分析设计方法

集成定义方法(ICAM DEFinition,IDEF)是美国空军在70年代末80年代初,集成计算机辅助制造(Integrated Computer Aided Manufacturing,ICAM)工程在结构化分析与设计方法基础上发展的一套系统分析与设计方法。ICAM的最初目的是通过对计算机技术的系统化应用来提高工业化产品的制造与生产能力,在实施过程中,采用了部分结构化分析与设计技术,并通过不断衍生和发展,形成了一系列不同用途的专用模型方法集合。这些模型方法集合通常以结构化的方式呈现,能够满足系统分析和设计上的不同需求,如:用于功能建模的IDEF0、用于数据建模的IDEF1X、用于动态建模的IDEF2、用于过程描述获取的IDEF3等。

通过ICAM工程,在大量工业实践基础上逐步演化形成的IDEF方法能够将计算机技术应用于制造业的结构性设计方法,并可使管理人员能够更容易了解制造能力增进的程度,它是在结构化分析和设计方法基础上发展出的一整套系统分析和设计方法,后来被拓展到制造业领域之外的其他领域,用于大型系统的分析与设计。在研究和应用IDEF族时,通常要根据实际需求进行选择和裁剪,但都一般统称其为IDEF方法。

IDEF方法丰富强大的表达能力与直观性使其得到广泛的应用,其通用性在诸多领域的模型体系中都得到体现。在指挥信息系统的分析与设计过程中,IDEF方法也是学术界和工程界普遍接受的一种分析设计方法。

经过不断地应用演进,IDEF方法逐渐形成了一整套从各个方面分析设计复杂系统的IDEF系列方法,具体如表9-1所列。

表9-1 IDEF系列方法说明

名称	功能
IDEF0	功能建模(Function Modeling)
IDEF1X	数据建模(Data Modeling)
IDEF2	仿真模型设计(Simulation Model Design)
IDEF3	过程描述获取(Process Description Capture)
IDEF4	面向对象设计(Object - Oriented Design)
IDEF5	本体论描述获取(Ontology Description Capture)
IDEF6	设计原理获取(Design Rational Capture)
IDEF8	用户接口建模(User Interface Modeling)
IDEF9	场景驱动信息系统设计(Scenario - Driven IS Design)
IDEF10	实施体系结构建模(Implementation Architecture Modeling)
IDEF11	信息工具建模(Information Artifact Modeling)
IDEF12	组织建模(Organization Modeling)
IDEF13	三模式映射设计(Three Schema Mapping Design)
IDEF14	网络设计(Network Design)

其中,在指挥信息系统分析设计领域得到最为广泛应用的是IDEF0、IDEF1X和IDEF3。

1. 功能建模(IDEF0)

在分析与设计某个具体的指挥信息系统时,通常要回答这个系统必须完成什么功能,以及该系统为完成指定功能而应如何建立的问题。IDEF0 首先建立功能模型,实际上是回答系统必须完成的主要功能这一问题,是开发者能够完整而清晰地理解系统开发的关键所在。

IDEF0 是一种完备的、标准化的、以图形为基础的建模语言。其模型由图形、文字说明、词汇表及相互的交叉引用表组成,其中图形是主要成分。IDEF0 模型采用图形与结构化的方式,可清晰地对目标系统的功能及功能之间的关系进行建模,用户能够借助 IDEF0 提供的直观图形明确表示系统的功能,以及各项功能所依赖的资源。

构成 IDEF0 模型的图形主要包括方框(box,有些著作译为盒子)和箭头这两种基本组件,以及其他一些附属组件。其中,每个方框表示系统的一项功能(活动),连接到某个方框上的箭头表示该项功能所需的数据(信息或对象)。

在运用 IDEF0 建模方法对指挥信息系统进行分析时,可以将目标系统抽象成对象(用数据表示)和功能(一种活动,由人、机器和软件来执行)以及它们之间的联系。配合相应的图形、文字说明、词汇表及相互的交叉引用表,IDEF0 建模方法能完整地表达系统的活动、数据流以及它们之间的联系。

类似于数据流图(DFD),IDEF0 也遵循结构化方法"自顶而下、逐层分解"的分析原则。在对目标指挥信息系统进行分析时,首先使用 IDEF0 的初始图形描述系统最一般、最抽象的特征,以明确系统的总体功能和边界,这与 DFD 顶层流图的作用是一致的。之后,再对初始图形中所包含的各个组成部分进行逐步分解,形成对系统进一步的详细描述,并得到更加细化的图形,这类似于 DFD 的下层流图。在 IDEF0 方法中,通常将上层图形称为父图,下层更加详细的图形称为子图,父图中的一个方框被分解对应于子图中的多个方框和箭头。与 DFD 类似,分解时,也要求子图中从外部进入和离开的箭头与父图相互一致。

与 DFD 不同的是,IDEF0 的箭头共分为输入(Input)、输出(Output)、控制(Control)、机制(执行,Mechanism)和调用(Call)五种,而 DFD 中的数据流则仅代表数据的流动,没有更多的语义。如图 9-7 所示为 IDEF0 模型的示意图,其中列出了这五种箭头,根据其缩写,也称之为 ICOM 图。

ICOM 图主要由以下几个部分组成:

1) 方框(Boxes)

方框代表系统的活动、工作或功能,一般用主动语态的动词短语来描述,如"生成空中态势""输出命令"等。功能的编号一般写在方框的右下角。

方框左侧进入的箭头表示为完成此功能所需要的数据输入,右侧离开方框的箭头表示执行功能活动时产生的数据输出,方框就是将输入转变为输出的一种变换。方框上方的箭头是控制箭头,说明了控制这种变换的条件或约束,方框底部的机制箭头表示功能的执行者,可以是人、设备或其他功能系统。

方框内不一定是单一的活动或功能,可能是一组相关的活动。在不同条件和环境下,使用不同的输入或控制,可能执行方框内不同的活动序列,从而产生不同的输出,因此,方框的每一边都可能连接多个箭头,即可能有多个输入、输出、控制、执行。

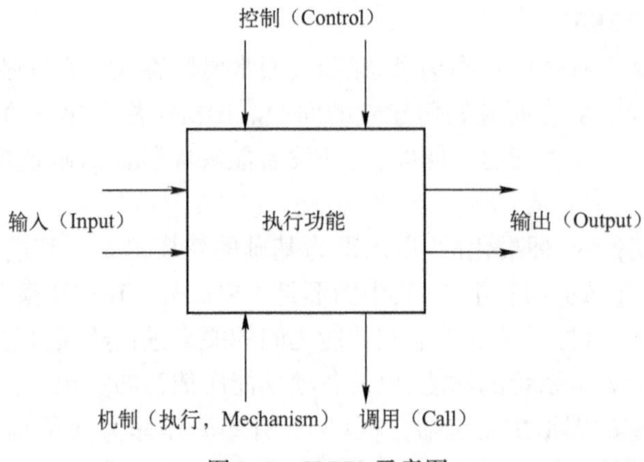

图9-7　IDEF0示意图

2）箭头(Arrows)

箭头表示对象或数据,用于规范功能活动的数据约束和不同功能活动之间的关系,但并不表示活动的顺序。其中,输入(Inputs)箭头表示会被功能使用或转变的事物或数据,输出(Outputs)部分表示经过功能变换后产生的结果事物或数据。一个方框的输出可以同时成为多个方框的输入,多个方框的输出也可以汇流成一个箭头,共同成为某个方框的输入。

控制(Controls)箭头表示会使功能受到限制的事物或条件,当输入与控制无法明显区分时,可以统一将其认为是控制。机制(Mechanisms)箭头在有些著作中根据其内涵直接被译为"执行",表示方框功能由谁来完成,说明执行活动的主体。调用(Calls)箭头是一种特殊的接口,表示执行功能活动的事物已经在另一模型中进行了详细描述,如果需要了解细节,可按调用箭头指向的图形或方框编号,在另一模型中找到有关图形。

3）图表(Diagrams)

与IDEF0配套使用的常用图表有三种形式。其中,上下文图(Context Diagram)定义了功能在整个体系环境中位置,表示模型的整体概况;分解图(Decomposition Diagram)显示上层图表的明细,描绘出相邻的活动,一起构成较大活动的细节;节点树形图(Node Tree Diagram)描绘工作中每一层次的节点,每一条线表示分解(Decomposition)的关系,节点树形图提供所有模型层次的一个全貌,避免ICOM图中过多的细节而导致的显示混乱。

4）图表边框(Diagrams Frame)

图表边框记录的信息包括模型的用途、模型作者、模型的创建与修改日期、当前状态、使用者与日期、上下文关联情况、节点编号、标题以及编号等辅助信息。

为了进一步阐述图表的意义,还可以加入一些说明文字,包括一般信息(General Information)和详细信息(Detail Information)两大类。一般信息说明整个图表的整体属性,通常不针对具体的活动模型,描述IDEF0图表模型的整体目的、观点以及范围等;详细信息可以描述建模过程中所做的假设、计划的发起人、推动者、改善的建议等。借由图形与文字的描述,IDEF0可表达出系统内各功能与功能之间的关系,以及数据、对象的流动方向。

IDEF0 在建模一开始,先定义系统的内外关系,来龙去脉。顶层 IDEF0 图形中的单个方框代表了整个系统,所以写在方框中的说明性短语是比较一般和抽象的。同样,顶层 IDEF0 图形中的接口箭头代表了整个系统对外界的全部接口,所以写在箭头旁边的标记也是一般和抽象的。

之后,把这个将整个目标系统当作单一模块的方框进行分解,形成下一层图形。此时图形上会包括几个方框,方框间用箭头连接,这就是分解后所对应的各个子功能。这些分解得到的子功能,由不同的方框表示,其边界由接口箭头来确定,此时可以使用较为详细的说明性短语对方框和箭头的内容进行描述。一般来说,每个方框被细分为 3 ~ 6 个子方框较为适当。

2. 数据建模(IDEF1X)

IDEF1X 是 IDEF 系列方法中 IDEF1 的扩展版本,是在实体关系(E – R)方法基础上增加了一些规则,使语义更为丰富的一种方法。IDEF1X 的主要作用是从信息关系的角度对系统的数据结构特征进行建模描述,所建立的数据模型是数据库设计的基础,可为后续的数据库设计提供设计方案、数据结构等。目前,IDEF1X 建立数据模型时有 ERWin 等很多成熟的软件工具支持。

IDEF1X 主要由实体、属性、关键字、关系等建模组件构成,如图 9-8 所示。

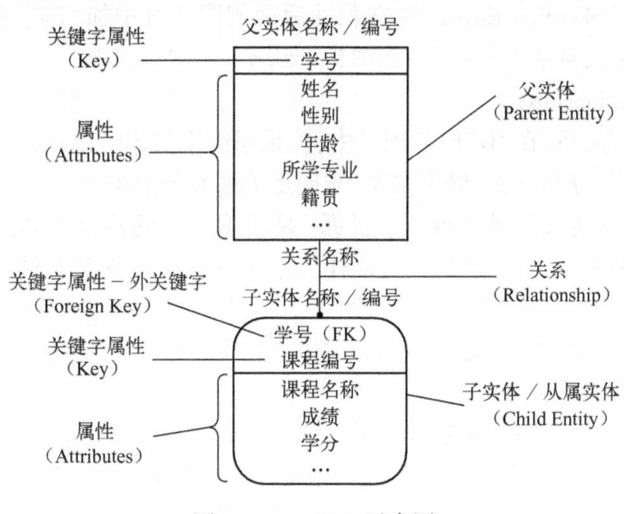

图 9-8　IDEF1X 示意图

1) 实体(Entity)

IDEF1X 中主要的模型概念是实体,实体代表现实或抽象事物的数据集合。如"学生"实体可以保存每个学生的相关数据描述,包括"学号""姓名"等各种数据特征(属性)。每个具体的实体对象称为该实体的一个实例(Instance),如"大学生王小明"是"大学生"实体的一个实例。

实体分为两类:独立标识实体(Identifier – Independent Entity,也称独立实体)和依赖标识实体(Identifier – Independent Entity,也称从属实体)。如果实体所表示的集合中的每一个数据实例都不需要经由与其他实体的关系来决定,即为独立标识实体。如果一个实体的数据实例的唯一标识取决于和其他实体的关系,则称这个实体为与依赖标识实体。

从概念上说,依赖标识实体是依赖于其他实体的存在而存在的。

2) 属性(Attribute)

属性用于表示一个实体的特征或性质。属性的实例是一个单一实体实例的属性值,如“学生”实体拥有属性“姓名”,“王小明”则是“姓名”属性的一个实例(属性值)。在一个实体内部,属性具有唯一的名称。

一个实体可以拥有多个属性,而一个属性仅仅只能被唯一的实体所拥有。

一个实体的每一个实例不能有一个属性拥有超过一个值,这称为“不重复”原则。

3) 关键字(Key)

关键字是能区分和唯一确定实体实例的一组属性,如“学号”这一属性可作为“学生”实体的关键字,“学号”和“课程编号”这两个属性组合在一起,可作为“课程成绩”实体的关键字。

每一个实体可以拥有多组可以作为关键字的属性组合,都被称为“候选关键字”,必须指定其中一个为主关键字。关键字列于实体图形的上半部分,并用一条横线把它与其他属性分开。

除了被一个实体所拥有的属性外,一个属性可以通过一个关系进行继承。在任何IDEF1X模型中,一个子实体可以继承父实体关键字中所出现的任一属性。继承来的属性称为外来关键字(Foreign Keys),并在属性后面的圆括号中加“FK”表示。外来关键字可以作为子实体主关键字的一部分,如图9-8所示。

4) 关系(Relationship)

实体之间具有关系,在IDEF1X图形中,关系用连接实体的线段表示。关系是两个实体之间的一种关联,分为三种:确定关系、非确定关系和分类关系。

确定关系(也称为父子关系或依赖关系)是明确定义的两个实体及其相关实例之间的关系。在这一关系中,父实体的关键字作为子实体的外关键字属性。其中父实体的每个实例和0个、1个或多个子实体的实例相关。因此,子实体就是从属实体。

确定关系用一条实线表示,其中的父实体如果不是另一个确定关系中的子实体,那么它必须是独立标识实体。

非确定关系用虚线表示,非确定关系中的父实体或子实体都应该是独立标识实体,或者都是某确定关系中的子实体。在完善的IDEF1X模型中,实体间的所有关系必须用确定关系描述,但在建模过程中,可以先在某些实体间建立非确定关系,之后再不断细化和确认。这对于建立模型是非常有帮助的一种手段。

分类关系反映了客观世界中的实体类别,如:“学生”可分为“研究生”“大学生”“中学生”“小学生”等类别。在分类关系中,更加抽象的概念实体被称为一般实体,如上例中的“学生”实体,“大学生”等实体被称为分类实体。

在一般实体中拥有一种属性用于划分出不同的分类实体,这种属性称为鉴别属性,如在“学生”实体中可以有一个“学生类型”属性,用于标识出具体属于哪一种分类学生实体。

关系是有名称的。关系的名称置于表示关系的线的旁边。关系的名称一般是动词词组,这样就可以通过父实体的名称、关系的名称和子实体的名称来表达关系的意图。IDEF1X模型中关系的名称不需要是唯一的。

每一个关系都有一个基数,用于表示可以有多少子实体与一个单一的父实体相关。IDEF1X 支持多种不同的基数:

(1) 父实体的每个实例和子实体的 0 个、1 个或多个实例相联系。这种关系在子实体上加一个圆点表示。

(2) 父实体的每个实例和子实体的 1 个或多个实例相联系,在子实体圆点旁边加字母"P"表示。

(3) 父实体的每个实例和子实体的 0 个或 1 个实例相联系,在子实体圆点旁边加字母"Z"表示。

(4) 父实体的每个实例恰好和子实体的 N 个实例相联系,在子实体圆点旁边加字母"N"表示。

3. 过程描述获取(IDEF3)

IDEF3 是一种为获取对系统活动过程进行准确描述的建模方法,通过定义任务执行顺序和它们之间的信息依赖关系来进行过程描述。

准确的描述是分析问题进而改进系统活动过程的基础,IDEF3 建模方法为收集和记录过程提供了一种机制,允许从使用者角度描述系统结构,以有顺序性的事件来描述活动过程和记录工作流程。这一方法能够以自然的方式记录状态和事件之间的先后次序及因果关系,可为表示一个系统、过程或组织如何工作提供一种结构化方法。

由于在描述时,一般人的习惯是将他们所经历过的或所观察到的描述出来,这样的描述往往会缺乏完整性。因此,IDEF3 采用两个基本组织结构:场景(Scenario)和对象(Object)来获取对过程的描述,以确保所建立模型的完整性。

场景描述了目标系统某一类典型问题的一组情况,以及过程赖以发生的背景。可以看作是需要记录的重复出现的情景,它描述了场景的主要作用,就是要把过程描述的前后关系确定下来。对象则是任何物理的或概念的事物,是那些发生在该领域内过程描述的组成部分。对象的识别和特征抽取,有助于进行过程流描述和对象状态转换描述。

相应地,IDEF3 有两种建模方法:过程流场景描述和对象状态转移描述,用来帮助记录所描述的逻辑性和一致性,两者都是 IDEF3 建模方法的基本组成形式。

其中,过程流场景描述主要以场景为中心,通过过程流图(Process Flow Network,PFN)工具获取、管理和显示以过程为中心的知识。过程流图反映了领域专家和分析人员对事件与活动、参与这些事件的对象,以及驾驭事件行为的约束关系等内容。其目的是利用图形的方式,表示工作是如何被完成的。

对象状态转换描述以对象为中心,通过对象状态转换图(Object State Transition Network,OSTN)工具来表示一个对象在多种状态间的转换过程。

上述两种工具分别以场景和对象为中心来描述过程,可以交叉参考、互为补充(有些类似于 UML 活动图与状态图之间的关系)。

1) 过程流场景描述

主要表现形式是过程流图,语法元素包括行为单元(Unit of Behavior ,UOB)、交汇点(Junction)、连接(Link)和细化说明(Elaboration)等,如图 9-9 所示。

UOB 用于表示过程工序,在同一张图中,UOB 标签是唯一的。当过程较复杂时,UOB 可以进行层次化分解为子过程,这一点类似于 DFD 和 IDEF0。

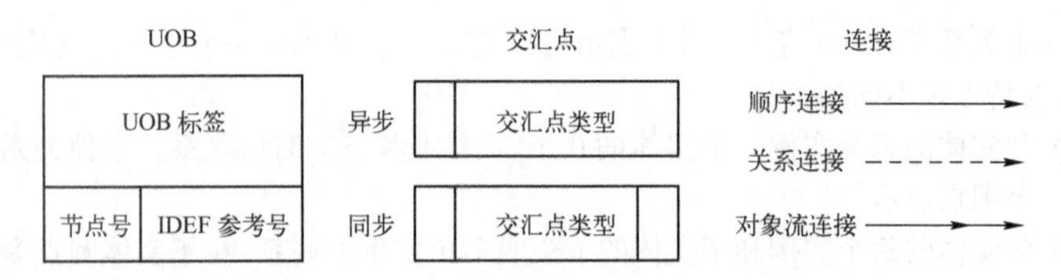

图 9-9　IDEF3 过程流图的主要图形元素

交汇点用来表明各过程分支间的逻辑关系,包括一个过程可分为两个以上的过程路径,两个或两个以上的分叉汇合为一个过程路径。交汇点主要从三个方面进行分类:按照逻辑语义分为“与(&)”、“或(O)”和“异或(X)”;按照汇合与分叉逻辑关系分为“扇入”和“扇出”;按照行为时序关系分为“同步”和“异步”。其中,“扇入”型交汇点是指将一组不同过程分支汇合起来,“扇出”型交汇点是分离或分叉成为一组过程路径。交汇点的类型和语义如图 9-10 所示。

逻辑类型	扇入类型语义	扇出类型语义
& 异步与	交汇点前的所有过程分支必须已完成	交汇点后的所有过程分支都触发执行
& 同步与	交汇点前的所有过程分支必须同时完成	交汇点后的所有过程分支同时触发执行
O 异步或	交汇点前的过程分支至少一条已完成	交汇点后的过程分支一条或多条可触发执行
O 同步或	交汇点前的过程分支一条或多条同时完成	交汇点后的过程分支一条或多条同时触发执行
X 异或	交汇点前的过程分支只能有一条完成	交汇点后的过程分支只能有一条触发执行

图 9-10　IDEF3 过程流图交汇点类型及语义

细化说明元素则给出了过程流图的详细说明,提供了 UOB 的确定特征。只有给出了 UOB 的细化说明,才能完全理解一个过程流,一份完整的 IDEF3 过程流描述,应由一组过程流图和相应的细化说明文档组成。

图 9-11 给出了指挥信息系统设计、开发、测试、定型的 IDEF3 过程流图示例。

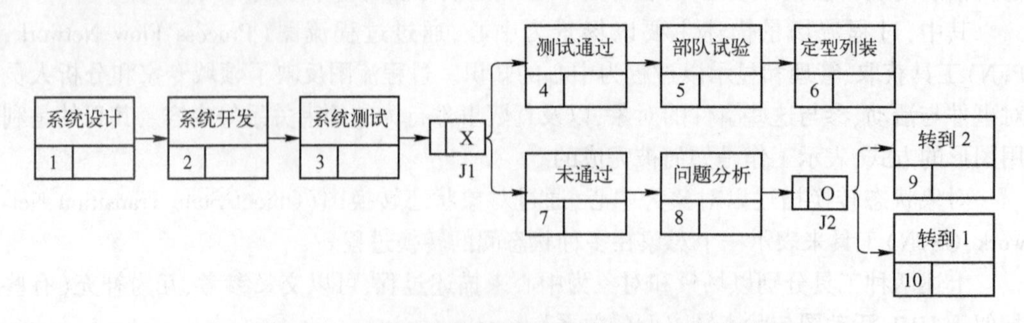

图 9-11　指挥信息系统设计开发的 IDEF3 过程流图

IDEF3 有三种连接类型,如图 9-9 所示。其中,顺序连接用来表示 UOB 之间时间上的前后关系,是 IDEF3 过程流图中用得最多的一种,用实线箭头表示。其含义为连接起始端(箭尾)的 UOB 实例必须在连接终止端(箭头)的 UOB 实例开始工作前完成。关系链接用虚线箭头表示,没有预先定义的语义,被看作是用户自定义的连接,只是为了强调在两个或多个 UOB 之间存在着某种关系。对象流连接则提供了一种强调一个对象参与到两个 UOB 中的机制,用一个拥有两个箭头的实线箭头表示。首先,它像顺序连接一样表示了时间上的前后关系;其次,它强调了有一个对象从第一个 UOB 流向了第二个 UOB。

2) 对象状态转换描述

对象状态转换描述以对象为中心,主要语法元素包括对象状态、转换弧和参照物,如图 9-12 所示。

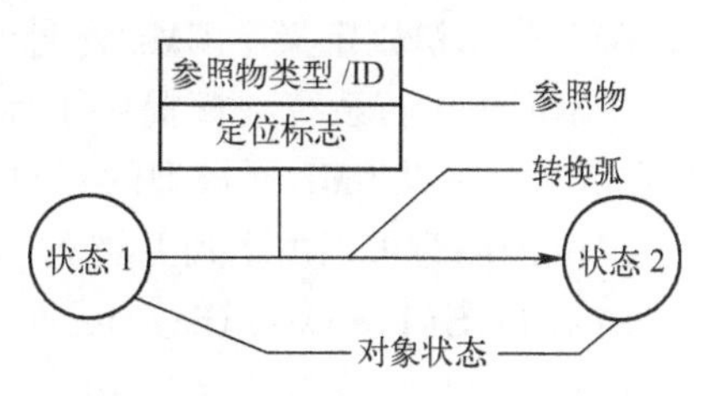

图 9-12　IDEF3 对象状态转换图元素

对象状态转换图描述了对象在何种条件约束和控制之下,实现从一个状态转换到另一个状态,其中,参照物类型可分为无条件型、异步型和同步型三种,用于表示不同的逻辑关系。

对象状态转换图与过程流图互为补充,从不同的角度更加完整地进行了目标系统的过程分析与描述。

9.2.2.3　基于统一建模语言的指挥信息系统分析设计方法

前述的两种方法主要是基于结构化分析设计思想建立的,随着面向对象分析设计技术的产生与不断进步,特别是面向对象编程语言及软件工程工具的迅速发展,推动着系统分析设计这一领域内也随之产生了革命性的变化。

不断发展融合的面向对象技术最终促成了统一建模语言(Unified Modeling Language, UML)及其相关技术的出现,成为面向对象分析设计的集大成者和最典型代表。目前,基于 UML 的指挥信息系统分析设计方法已经成为占据绝对统治地位的主流方法,结构化分析设计方法及工具仍然在使用,但往往是以对 UML 的辅助工具角色出现,单纯应用结构化分析设计方法进行系统分析设计的历史已经一去不复返了。

1. UML 概述

UML 是一种面向对象的建模语言,它融合了多种优秀的面向对象建模方法以及多种得到认可的面向对象软件工程方法,消除了因方法林立且相互独立带来的种种不便。UML 通过统一的表示法,使不同知识背景的领域专家、系统分析和开发人员以及用户可以方便地交流,在指挥信息系统的方案描述中有其独到的优势,如强大的实体对象描述能力、建模的规范性与可重用性等。

UML 是 1994 年由世界著名的面向对象技术专家 Grady Booch 和 Jim Rumbaugh 合作发起,随后另一位著名专家 Ivar Jacobson 加入,他们在 Booch 方法、OMT 方法和 OOSE 方法的基础上,广泛征求意见,集众家之长,几经修改而完成的。1997 年 1 月,UML 1.0 版本被提交给 OMG(Object Management Group),1997 年 11 月,UML 1.1 版本正式被 OMG 组织采用,成为业界标准。

UML 是标准的建模语言,而不是标准的开发过程。尽管 UML 的应用必然以系统的开发过程为背景,但由于不同的组织和不同的应用领域,需要采取不同的开发过程;当然,提出 UML 的 Rational 公司给出了一种建议的开发过程,可以在其基础上进行裁剪,也可以重新定义符合组织自身特点和实际需求的开发过程(Rational Unified Process, RUP)。

作为一种建模语言,UML的定义包括UML语义和UML表示法两个部分。

其中,UML语义用于描述基于UML的元模型的精确定义。元模型为UML的所有元素在语法和语义上提供了简单、一致、通用的定义性说明,使开发者能在语义上取得一致,消除了因人而异的最佳表达方法所造成的影响。此外UML还支持对元模型的扩展定义。

UML表示法则定义了UML符号的表示方法,为开发者或开发工具使用这些图形符号和文本语法进行系统建模提供了标准。这些图形符号和文字所表达的是应用级的模型,在语义上它是UML元模型的实例。

UML的内容可以由下列五类图(共10种图形)来定义:

1)用例图(Use Case Diagram)

从外部用户角度描述系统功能,并指出各功能的外部执行者(Actor)(或称为参与者),主要用于系统功能需求分析,并驱动后续的系统分析与设计。

2)静态图(Static Diagram)

包括类图(Classes Diagram)、对象图(Object Diagram)和包图(Package Diagram)。

其中,类图描述系统中类的静态结构。不仅定义系统中的类,表示类之间关联、依赖、聚合等关系,也描述类的内部结构(类的属性和操作)。类图描述的是一种静态关系,在系统的整个生命周期都是有效的。

对象图是类图的实例,几乎使用与类图完全相同的标识,它们之间的区别在于对象图表示类的多个对象实例。由于对象存在生命周期,因此对象图只能在系统某一时间段存在。

包(Package)由包或类组成,可以将一些类集中放置在一个包中,包图用于描述系统的分层组织结构,有些类似于操作系统中的“文件夹”概念。

3)行为图(Behavior Diagram)

包括状态图(Statechart Diagram)和活动图(Activity Diagram),描述系统的动态模型和组成对象间的交互关系。

其中,状态图描述类的对象所有可能的状态以及事件发生时状态的转移条件。通常,状态图是对类图的补充。在实用上并不需要为所有的类画状态图,仅为那些具有多个状态、其行为受外界环境的影响并且经常发生改变的类画状态图。

活动图描述满足用例要求所要进行的活动,以及活动间的约束关系,有利于识别并行活动。

4)交互图(Interactive Diagram)

包括时序图(Sequence Diagram,或译为顺序图)和协作图(Collaboration Diagram),描述对象间的交互关系。

其中时序图描述对象之间的动态合作关系,它强调对象之间消息发送的顺序,同时显示对象之间的交互。

协作图描述对象间的协作关系,与时序图相似,显示对象间的动态合作关系。但是,除了显示信息交换外,协作图还显示对象以及它们之间的关系。如果强调时间和顺序,则使用时序图;如果强调上下级关系,则选择协作图。这两种图合称为交互图。

5)实现图(Implementation Diagram)

包括组件图(Component Diagram)和部署图(Deployment Diagram)。

其中，组件图描述代码部件的物理结构及各部件之间的依赖关系。一个组件可能是一个资源代码部件、一个二进制部件或一个可执行部件，它包含逻辑类或实现类的有关信息。组件图有助于分析和理解组件之间的相互影响程度。

部署图定义系统中软硬件的物理体系结构。它可以显示实际的计算机和设备（用节点表示）以及它们之间的连接关系，也可显示连接的类型及部件之间的依赖性。在节点内部，放置可执行部件和对象，以显示节点与可执行软件单元的对应关系。

UML 的主要内容也可以归纳为静态建模机制和动态建模机制两大类。

当采用面向对象技术设计系统时，首先是描述需求；其次根据需求建立系统的静态模型，以构造系统的结构；第三步是构建动态模型，以描述系统的行为。

在第一步与第二步中所建立的模型都是静态的，包括用例图、类图（包含对象和包）图、组件图和部署图等图形，是静态建模机制。静态模型描述系统状态、对象的类型、特性以及对象之间的关系。因此，静态模型与数据库的设计直接相关。

第三步中所建立的模型或者可以执行，或者表示执行时的时序状态或交互关系。它包括状态图、活动图、时序图和协作图等四个图形，是 UML 的动态建模机制。动态模型描述信息交换，出于特定的目的将数据从一个地方发送到另一个地方。因此，动态模型与信息的设计直接相关。

2. UML 的静态建模机制

任何建模语言都以静态建模机制为基础，标准建模语言 UML 也不例外。UML 的静态建模机制包括用例图、类图、对象图、包图、组件图和部署图，下面主要介绍用例图和类图。

1）用例图

用例模型描述的是外部执行者（Actor）所理解的系统功能，用例图的基本组成部件是用例、外部执行者及其之间的关系。如图 9-13 所示，显示了一个供作战参谋人员使用的数字语音通信系统的用例图。

从本质上讲，用例（Use Case）是外部用户与目标系统之间的一种典型交互场景示例，是对系统某个功能单元的描述与定义。在字处理软件中，“将某些文字设置为黑体”和“生成一个文档目录”便是两个典型的用例。在 UML 中，用例还可以被理解为系统执行的一系列动作，动作执行的结果能被指定的外部执行者察觉到，用例的动态行为可以用状态图、活动图、协作图、时序图或自然语言文字描述来表示。用例的图形化表示是一个椭圆，用例名称位于中心或下方，一般描述执行功能的内容，如“生成文档目录”，这一点类似于 DFD 中的处理。图 9-13 中的“进行数字语音通信”用例显然是一个内容更为复杂的用例。

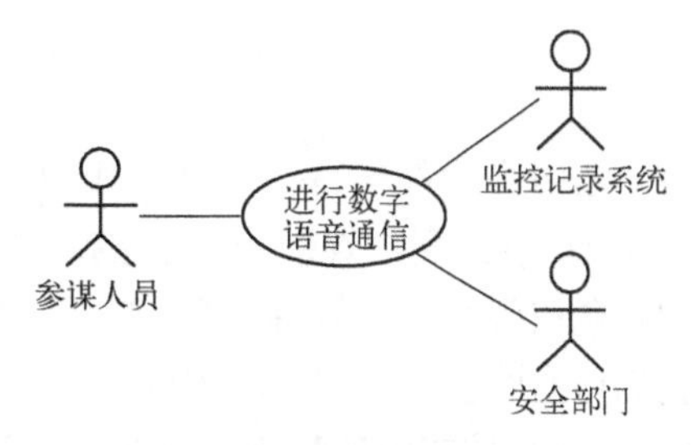

图 9-13　Use Case 图示例

外部执行者是指用户在系统中所扮演的角色，其图形化的表示是一个小人符号。不带箭头的线段将执行者与用例连接到一起，表示两者之间交换信息，称之为通信联系，表示由执行者触发用例，并与用例进行信息交换。单个执行者可与多个用例联系，反之，一个用例可与多个执行者联系。对同一个用例而言，不同执行者有着不同的作用：他们可以从用例中获取数据,也可以参与到用例中。

需要注意的是,尽管执行者在用例图中是用类似人的图形来表示的,但执行者未必是人。执行者也可以是一个机器或软件系统,该机器或系统可能需要从当前系统中获取信息,与当前系统进行交互。在图 9-13 中,我们可以看到,外部执行者“监控记录系统”是一个软件系统,它需要记录数据。

概括地说,用例有以下特点:

(1) 用例捕获某些用户可见的需求,实现一个具体的用户目标。

(2) 用例由执行者激活,并提供确切的值给执行者。

(3) 用例可大可小,但它必须是对一个具体的用户目标实现的完整描述。

在用例图中,除了外部执行者与用例之间的连接外,还有另外三种类型的连接,即包含(Include)、扩展(Extend)与泛化(Generalization,或译为继承)。其中,泛化关系在实际中很少使用,而包含和扩展也可以被看作是两种不同形式的继承关系。图 9-14 是对图 9-13 所示用例的细化,其中体现了包含与扩展关系。

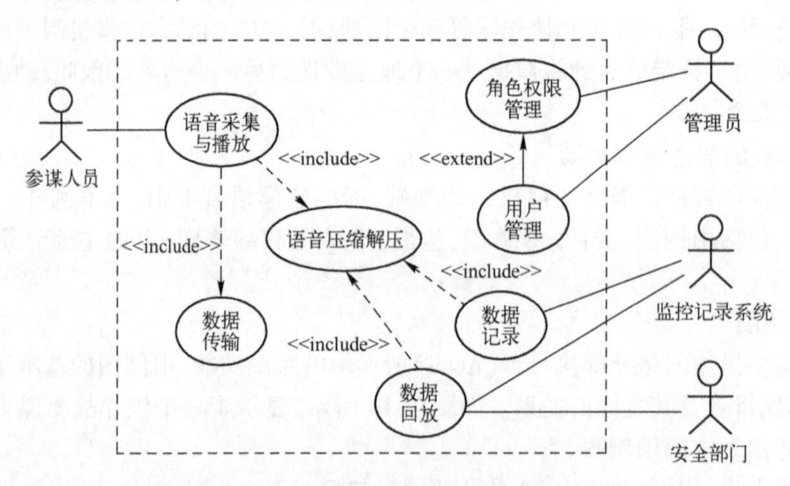

图 9-14　带有包含与扩展关系的 Use Case 图示例

当一个用例与另一个用例相似,但所做的动作多一些,就可以用到扩展关系。例如图 9-14 中,“用户管理”是相对基本的用例,而在用户管理的基础上,可能要进行进一步的角色权限配置与管理,可以为一些用户扩展“角色”的属性,并通过“角色”进行分类。我们可在“用户管理”用例中做改动,但是,这将把该用例与一大堆特殊的判断和逻辑混杂在一起,使正常的流程晦涩难懂。图 9-14 中将常规的动作放在“用户管理”用例中,而将与角色权限相关的特殊动作放置于“角色管理”用例中,这便形成了对角色权限配置等新行为的扩展。

当有一大块相似的动作存在于几个用例,又不想重复描述该动作时,就可以用到包含关系。如图 9-14 中,“语音采集与播放”“数据记录”等行为都需要用到语音压缩和解压功能,为此可单独定义一个用例,即“语音压缩解压”,让“语音采集与播放”和“数据记录”等用例包含它。

请注意扩展与包含之间的相似点和不同点。它们两个都意味着从几个用例中抽取那些公共的行为并放入一个单独用例中,而这个用例被其他几个用例包含或扩展。但是包含和扩展的目的是不同的,包含关系的箭头由其他用例指向被复用的公共用例,而扩展关系的箭头由基础用例指向特殊用例。

图 9-14 中有四个执行者,参谋人员、管理员、监控记录系统和安全部门。在具体的部队组织中很可能有许多参谋人员,但就该系统而言,他们均起到同一种作用,扮演着相同的角色,所以用一个执行者表示。同一个用户也可以扮演多种角色,例如,一个高级参谋既可以是参谋人员的角色,也可以拥有管理员或者安全部门角色。在处理外部执行者时,应考虑其作为一类角色的作用,而不是人或工作名称,这一点是很重要的。

为了方便用户理解与验证用例,应为用例图配套描述文字,一般应包括用例名称、用例简要说明、外部执行者列表及说明、用例执行的前置条件、用例完成后得到满足的后置条件、用例正常执行的环境条件、用例执行的正常动作序列、用例执行的异常动作序列等内容。

用例模型用于需求分析阶段,它的建立是系统开发者和用户反复讨论的结果,表明了开发者和用户对需求规格达成的共识。首先,它描述了待开发系统的功能需求;其次,它将系统看作黑盒子,从外部执行者的角度来理解系统;第三,它驱动了需求分析之后各阶段的开发工作,不仅在开发过程中保证了系统所有功能的实现,而且被用于验证和检测所开发的系统,从而影响到开发工作的各个阶段和 UML 的各个模型。

2) 类图

类(Class)、对象(Object)和它们之间的关联是面向对象技术中最基本的元素。对于一个想要描述的系统,其类模型和对象模型揭示了系统的结构。在 UML 中,类和对象模型分别由类图和对象图表示,其中类图是面向对象方法的核心,在类图的基础上,状态图、协作图等进一步描述了系统其他方面的特性。

类是对一组具有相同特征(包括静态属性和动态行为)对象实体的描述。与数据模型不同,它不仅显示了信息的结构,同时还描述了系统的行为,如图 9-15 所示。

图中描述了一个名为"Officer"的类,表示了"军官"这一对象实体。该类的特征由两部分组成,分别是"军官"实体的静态属性和动态行为。如静态属性中包括"name(姓名)""gender(性别)""rank(军衔)"等,而动态行为在以编程语言函数的形式呈现,图中包括了"run(跑步)""talk(交谈)""shoot(射击)""sendvoice(发起语音通信)"等等。

建立类模型时,应尽量与应用领域的概念保持一致,以使模型更符合客观事实,易修改、易理解和易交流。

类图还描述了类和类之间的关系,类之间存在继承、关联、实现、依赖等关系,下面重点介绍一下在分析设计过程中应用最广泛的继承和关联关系。

继承关系(或直译为泛化关系)是指类与类之间存在一般与具体的关系,相比之下更加具体的类,其模型可以建立在一般类模型的基础之上。如"军官"类与"人"类相比,显然"人"类更加一般,"军官"类更加具体,是具有特定特征的军官。所以可以在两者之间建立继承关系。

在继承关系中,相对一般的类也被称为"父类",相对具体的类也被称为"子类",上例中"人"类是父类,"军官"类为子类。在面向对象技术的支持下,子类可以自动继承父类的所有属性和行为,因此,在定义子类的时候,可以不再重复定义父类中已经定义过的属性和行为,只需要集中关注自身特殊的属性和行为即可,这正是面向对象技术在可重用性方面的最大优势所在。对于图9-15中的示例,可以先定义“人”类,再定义“军官”类,如图9-16所示。

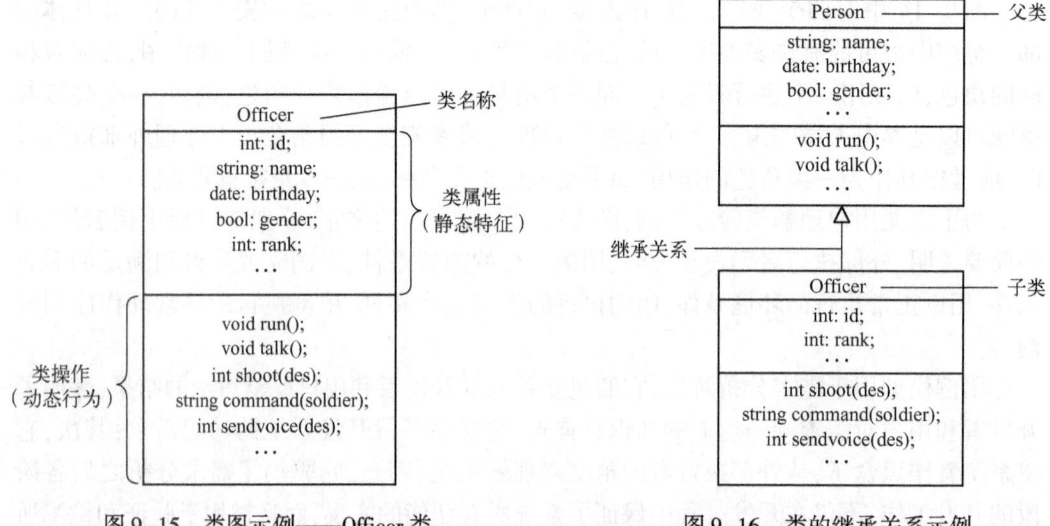

图9-15　类图示例——Officer类

图9-16　类的继承关系示例

可以看到,图中父类“Person”类定义了基本属性“name”“talk”等,而“Officer”类可以从父类继承基本属性的定义,只需要定义“rank”“shoot”“command”等特殊属性和行为即可,这一技术可以显著提高可重用性,大幅提升系统的分析设计效率。

除继承关系外,类之间还存在关联关系,又可以进一步分为一般关联关系、访问关联关系、聚合关系、包含关系、类关联关系等。其中,一般关联关系通常是双向的,只要两个类之间有联系即可用之来表示。如军官使用通信装备完成通信,则“军官”类和“通信装备”类之间可建立一般关联关系,如图9-17所示。

图中“0..n”表示每个“军官”类可以使用的“通信装备”类数目,在0～n之间;关系左边不标明数字,默认为1,表示每个“通信装备”类只能被1个“军官”类使用。

访问关联关系一般是单向的,指一个类的实例要访问另外一个类的实例,用带箭头的线段表示。如图9-18所示。

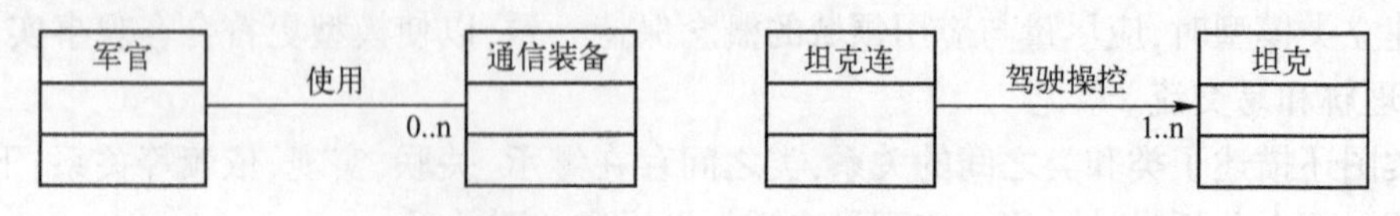

图9-17　类的一般关联关系

图9-18　类的访问关联关系

聚合关系是指某个类的一组实例被聚合到另一个类的某个实例中,构成一种组织与成员的关系。如“战士”类的实例——多个不同的战士对象,被聚合到“连队”类的实例——某个具体的连队(如XX师XX团1营1连)之中,如图9-19所示。

包含关系是一种特殊的聚合关系,是指某个类的实例被包含在另一个类的某个实例中,构成局部与整体的关系。如字处理软件Word的窗口主要由窗口标题栏、菜单、工具按钮栏、文字编辑区等组

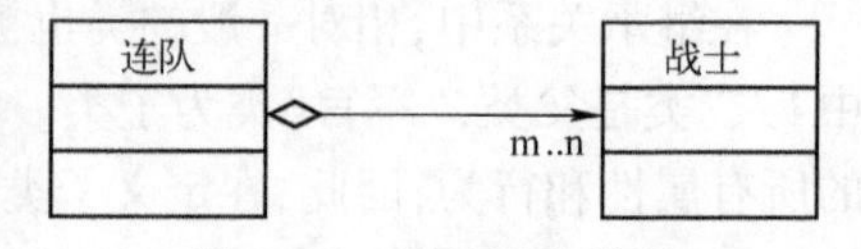

图9-19　类的聚合关系

成，如图 9-20 所示。

类关联关系与其他关联关系的区别在于，该关联关系的特性是由某个类来决定的，该类被称为关联类，即两个类之间的关联关系存在与否取决于这第三方的关联类。一个典型的类关联关系是“学生”“课程”之间由“成绩”这个关联类进行联系，即是否承认学生学习过某门课程由学生是否拥有该门课程的成绩来决定，如图 9-21 所示。

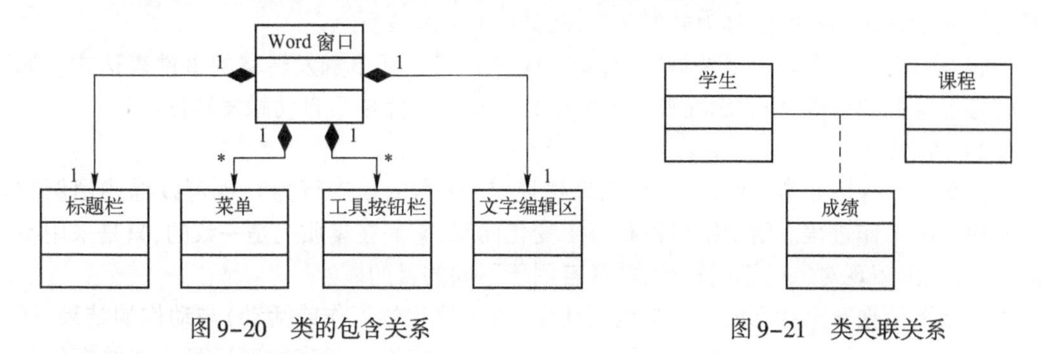

图 9-20　类的包含关系

图 9-21　类关联关系

3. UML 的动态建模机制

UML 的动态建模机制包括状态图（State Chart Diagram）、活动图（Activity Diagram）、时序图（Sequence Diagram）和协作图（Collaboration Diagram）。

1）状态图

状态图用来描述一个特定对象的所有可能状态及其引起状态转移的事件，大多数面向对象技术都用状态图表示单个对象在其生命周期中的行为。

所有对象都具有状态，状态是对象执行了一系列活动的结果。当某个事件发生后，对象的状态将发生变化。状态图中定义的状态有初态、终态、中间状态、复合状态，如图 9-22 所示。

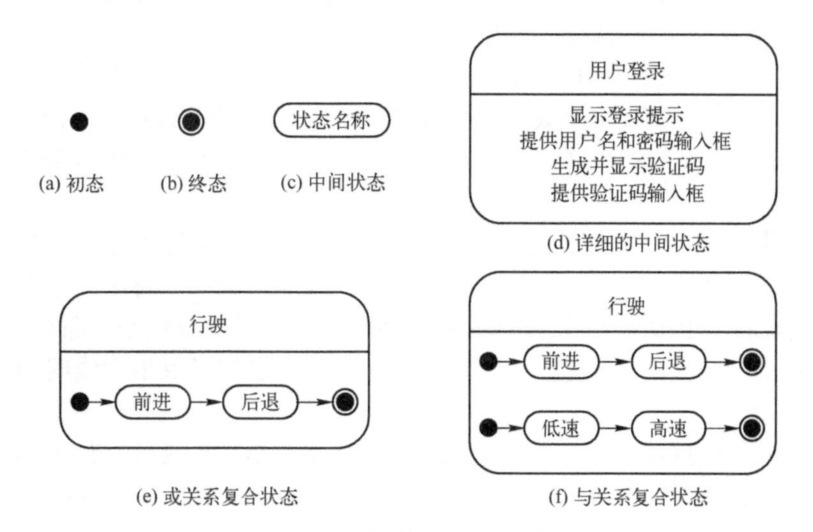

(a) 初态　(b) 终态　(c) 中间状态　(d) 详细的中间状态　(e) 或关系复合状态　(f) 与关系复合状态

图 9-22　状态图的各种状态

其中，初态是状态图的起始点，而终态则是状态图的终点。一个状态图只能有一个初态，而终态则可以有多个。中间状态包括两个区域，即名字域和内部转移域。内部转移域是可选的,其中所列的动作将在对象处于该状态时执行,且该动作的执行并不改变对象的状态,如图9-22(d)所示。

一个状态可以进一步地细化为多个子状态,可以进一步细化的状态称作复合状态。子状态之间有"或关系"和"与关系"两种关系。或关系指在某一时刻仅可到达一个子状态,如图9-22(e)所示。与关系指在某一时刻可同时到达多个子状态,称为并发子状态。具有并发子状态的状态图称为并发状态图,如图9-22(f)所示。

状态的变迁通常是由事件触发的,此时应在转移上标出触发转移的事件表达式。如果转移上未标明事件,则表示在源状态的内部活动执行完毕后自动触发转移。

2) 活动图

活动图的应用非常广泛,它既可用来描述操作(类的动态行为),也可以描述用例和对象内部的工作过程。活动图可由状态图变化而来,它们在本质上是一致的,只是采用不同形式,突出表现对象的不同特征,并各自用于不同的目的。

活动图依据对象状态的变化来捕获动作(将要执行的工作或活动)与动作的结果,活动图中一个活动结束后将立即进入下一个活动(在状态图中状态的变迁可能需要事件的触发),不需要明确表示出引起活动转换的事件。类的一个操作可以描述为一系列相关的活动。活动仅有一个起始点,但可以有多个结束点。活动间的转移允许带有条件或表达式,其语法与状态图中定义的相同,如图9-23所示。

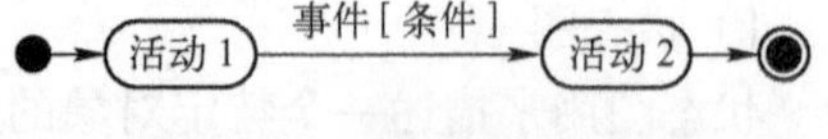

图9-23 活动图简单示例

一个活动可以顺序地跟在另一个活动之后,这是简单的顺序关系。如果在活动图中使用一个菱形的判断标志,则可以表达条件关系,判断标志可以有多个输入和输出转移,但在活动的运作中仅触发其中的一个输出转移。活动图对表示并发行为也很有用,在活动图中,使用一个称为同步条的水平粗线可以将一条转移分为多个并发执行的分支,或将多个转移合为一条转移。此时,只有输入的转移全部有效,同步条才会触发转移,进而执行后面的活动,如图9-24所示。

对于使用活动图建模的用户来说,可能会关心活动由哪个对象或者系统来执行,泳道解决了这一问题,它用矩形框来表示不同对象活动,属于某个泳道的活动放在该矩形框内,将对象名放在矩形框的顶部,表示泳道中的活动由该对象负责,如图9-24所示。

3) 时序图

时序图用来描述对象之间动态的交互关系,着重体现对象间消息传递的时间顺序。时序图存在两个轴:水平轴表示不同的对象,垂直轴表示时间。时序图中的对象用一个带有垂直虚线的矩形框表示,并标有对象名和类名。垂直虚线是对象的生命线,用于表示在某段时间内对象是存在的。对象间的通信通过在对象生命线间的消息线段来表示。

时序图中的消息可以是信号(Signal)、操作调用或远程过程调用。当收到消息时,接收对象立即开始执行活动,即对象被激活,通过在对象生命线上显示一个细长矩形框来表示激活。

一个对象可以通过发送消息来创建另一个对象,当一个对象被删除或自我删除时,该对象用"X"标识。

另外,在很多算法中,递归是一种很重要的技术。当一个操作直接或间接调用自身时，即发生了递归，如图 9-25 所示。

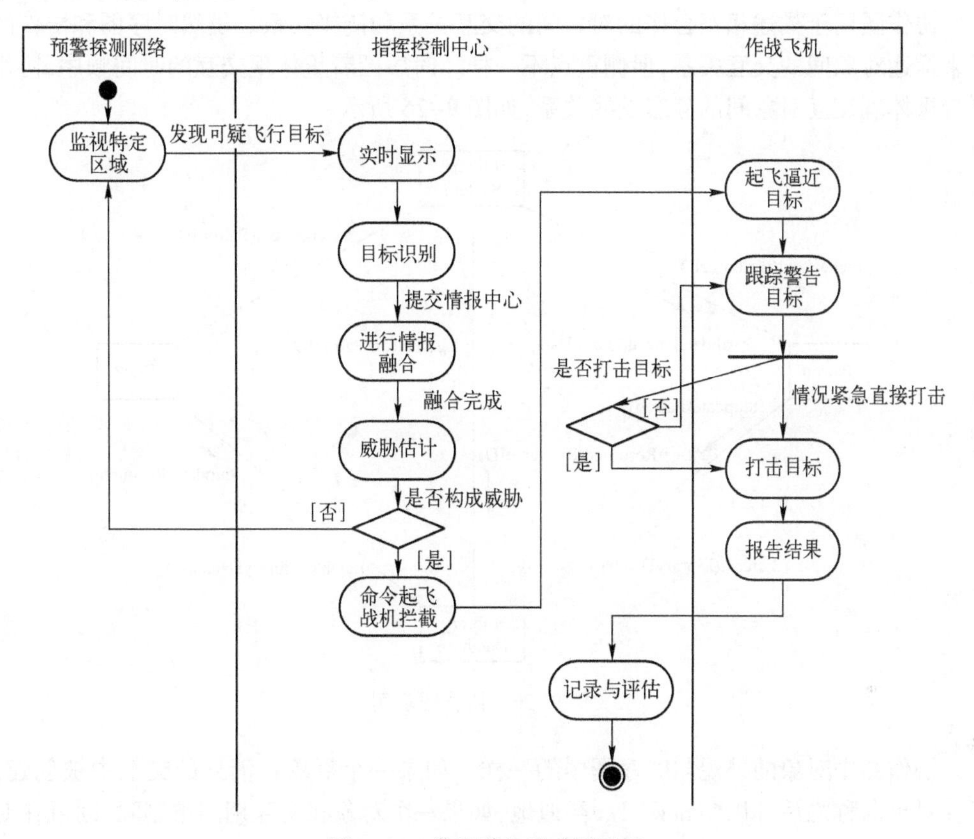

图 9-24　带泳道的活动图示例

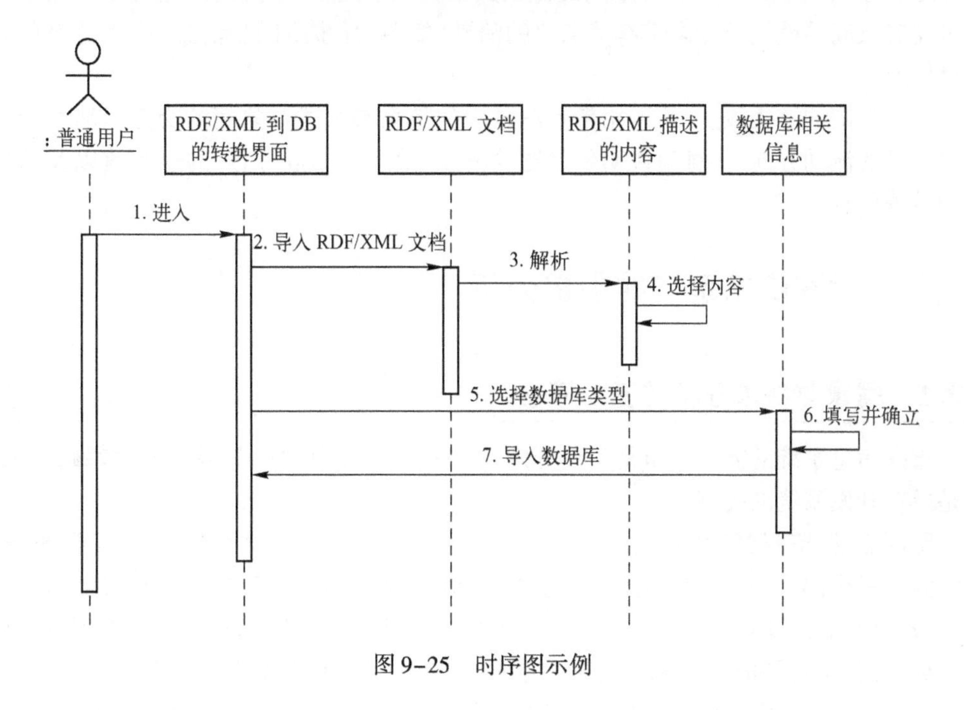

图 9-25　时序图示例

4) 协作图

协作图用于描述相互合作的对象间的交互关系和链接关系。虽然时序图和协作图都用来描述对象间的交互关系,但侧重点不一样。时序图着重体现交互的时间顺序,协作图则着重体现交互对象间的静态链接关系,如图9-26所示。

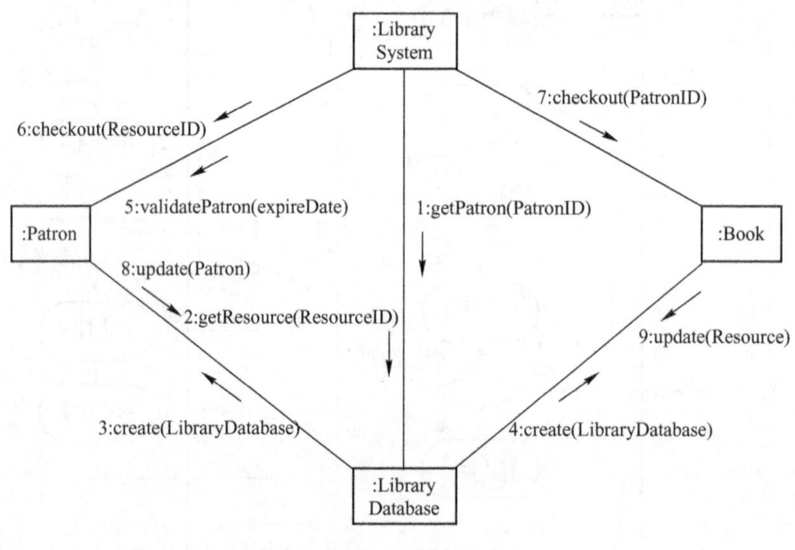

图9-26 协作图示例

协作图中对象的外观与时序图中的一样。如果一个对象在消息的交互中被创建,则可在对象名称之后标以“{new}”。类似地,如果一个对象在交互期间被删除,则可在对象名称之后标以“{destroy}”。对象间的链接关系类似于类图中的联系(但无多重性标志)。通过在对象间的链接上标志带有消息串的消息(简单、异步或同步消息)来表达对象间的消息传递。

在协作图的链接线上,可以用带有消息串的消息来描述对象间的交互。消息的箭头指明消息的流动方向,消息串说明要发送的消息、消息的参数、消息的返回值以及消息的序列号等信息。

9.3 指挥信息系统的需求分析

9.3.1 需求与需求分析的基本概念

指挥信息系统的需求分析是系统开发的第一步,是后续各个开发阶段的基础和依据,也是成功开发系统的关键。

所谓需求,按照IEEE的定义是:①解决用户问题或达到系统目标所需要的条件;②为满足一个协议、标准、规范或其他正式制定的文档,系统或系统组件所需要满足和具备的条件或能力;③对上述条件的文档化描述。对于一般用户而言,需求可以理解为从系统外部观察,所看到的能够满足用户要求的一切系统功能与特性的总和,即“系统是什么?”。而IEEE的定义中蕴含的另一层意思是:对需求的描述应遵循某种规范并文档化，这才便于用户、开发者等相关人员的一致理解，也便于在系统研制过程中作为验收标准。

IEEE对“需求分析(Requirements Analysis)”的定义是：①为明确定义系统、硬件或软件的需求，而对用户的需要进行调查和研究的过程；②对系统、硬件或软件的需求进行细查和提炼的过程。因此，可以认为：需求分析就是充分理解用户需求，逐步分析和最终形成需求文档的一个复杂过程。

理想化的需求描述和文档应该是完整、一致、正确、无二义和可验证的，但是在实际的系统分析设计过程中，由于软件系统本身的复杂性、无形性、无规律性和因人而异的评价差异，使得需求分析十分困难，很难达到理想状态。因此，需求工程的概念被提出，试图以科学和工程化的方法处理和管理需求，以求得高性价比的需求分析实施过程与方案。

与一般软硬件系统的需求分析相比，指挥信息系统的需求分析尤为复杂。因为指挥信息系统的建设目标是为支撑军事人员履行军事使命或完成军事任务，所以指挥信息系统需求可能涉及军队作战活动、政治工作、后勤保障、日常建设、装备建设、技术保障、发展规划等多个领域的期望和条件，涉及军事问题域的各个方面。

相对于一般意义的需求，指挥信息系统需求的主体和客体具有特殊性和特定性。指挥信息系统的用户，即指挥信息系统的使用人员主要是领域内用户——军事指挥人员、业务参谋人员和技术保障人员，而很少有领域外用户，这是指挥信息系统需求分析需要注意的一个重要特征。

正因为指挥信息系统需求分析的复杂性和高难度，外军对军事需求分析主体问题有比较明确的认识和一些统一的规定。如美军要求按照军种统一提出和管理新武器研制需求，各军种要负责分析所提项目的业务范围，并编写陈述研制理由的《任务需求书》，表述现有力量缺陷和所需能力。美国陆军由陆军训练司令部，海军由舰队司令会同海军作战部参谋人员，空军由各作战司令部分别提出《任务需求书》之后，提交美军联合需求监督委员会确认与批准。该委员会主席由参谋长联席会议副主席担任，主要成员包括美国陆军副参谋长、空军副参谋长、海军作战部副部长和海军陆战队助理司令。

9.3.2 需求分析过程模型

如前所述，相对于其他系统而言，指挥信息系统是一个复杂而庞大的领域，其需求分析活动已经发展成为需求工程活动。对于大型复杂系统而言，需求工程涉及各种人、物、事的因素，周期也比较长。因此，需要按照规范化、工程化的过程，分阶段逐步推进需求分析活动，并明确各个阶段的里程碑节点与阶段成果，才能使指挥信息系统需求分析活动持续有效推进，确保最终的需求分析质量，这就需要遵循特定的需求分析过程模型。

目前在需求工程领域存在不少过程模型，如Herb Krasner定义了需求定义与分析、需求商榷与决策、需求规约、需求实现与验证、需求演化管理的五阶段过程模型，Matthias Jarke等人提出了需求获取、需求表示和需求验证的三阶段过程模型等。

综合本领域多种学术观点，本书主要采用了解放军理工大学王智学教授等人提出的三阶段需求分析过程模型，并在此基础上进行了微调，将需求分析过程划分为需求开发、需求确认和需求演化管理三个相对独立的阶段，如图9-27所示。

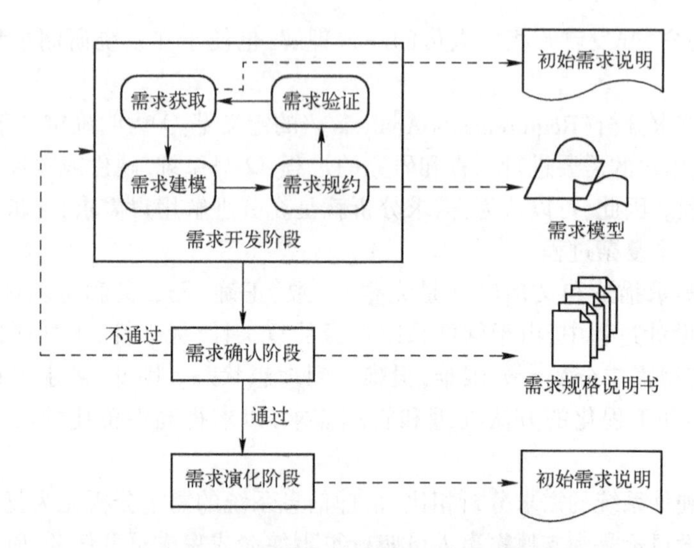

图 9-27　指挥信息系统需求分析过程模型

1. 需求开发阶段

需求开发是需求分析过程中最为关键的一个阶段,是需求从无到有、从不规范到规范的过程。在需求开发阶段,涉及与用户的反复沟通协商,需要考虑各种人、机构、业务及事物之间错综复杂经,需要需求分析主体人员具备业务背景知识、分析技术、分析经验、语言表达与沟通能力等,甚至还需要考虑政治、社会、军事等领域的特殊限制与要求。

可进一步将需求开发阶段区分为四个子阶段,分别是:需求获取、需求建模、需求规约和需求验证。

其中,需求获取子阶段的主要任务是积极与用户沟通,并采用各种方法分析、捕捉、总结、修订用户对目标系统的需求构想,在此基础上整理提炼出符合问题领域要求的初始需求描述。本阶段的成果一般是用自然语言配合简明图表撰写的《需求说明书》。

在此基础上可进入需求建模子阶段,选用适当的建模方法(可采用9.2.2节介绍的三种方法之一,也可混合使用)及工具对初始用户需求描述进行细化,由于需求分析涉及的用户、开发者、投资单位等多个利益相关方所关注的侧重点有所不同,因此在需求分析中要综合权衡、反复沟通,以综合各方意见,确定切实可行的真实需求。在此过程中,通常要求需求分析人员具备一定程度的领域知识,熟悉用户的业务运行过程与方式,可能还需要建立典型业务模型,并在此基础上充分研讨,以理解和获取正确的需求。

需求规约子阶段的主要任务是采用规范的形式对需求进行精确描述,以消除各种模糊与不确定因素,为目标系统建立一个抽象的概念模型,涵盖了需求的各个方面,同时为后续的系统设计工作奠定基础。一个良好的规约方法不仅能够清晰表示用户的真实需求,还能够利用过去项目积累的领域知识解决类似需求问题,重用经过实践检验的需求模型。

需求开发的最后一个子阶段是需求验证,主要是就上述需要分析结果与用户进行沟通,对需求模型进行推演和验证。通常可采用两种方式:形式化验证技术和系统原型技术。前者是利用形式化表示和符号逻辑系统进行推演,验证需求分析的可行性;后者是针对系统的核心功能开发原型，让用户进行操作，实际感受未来系统的特性和人机交互方式，从而在此基础上对需求进行修改完善。如果用户对需求分析结果提出异议，则需要重复前面三个子阶段的过程，进行新一轮的需求获取和建模规约。

由于需求本身的复杂性，在完善需求和项目成本(时间、资金、人力等)之间需要进行均衡，有时候不能一味地反复进行需求开发。此外，有时受领域知识所限，用户也不全部能够准确把握其心目中的需求，有经验的需求分析人员也要适当进行引导和建议，以帮助用户理解和厘清真正符合实际需要的需求。

2. 需求确认阶段

在需求形成之后，一项非常重要的工作是组织对需求分析的过程与结果进行评审，以进行最终的确认。一旦需求得到组织程序上的正式确认，即可在此基础上形成里程碑和基线产品，作为后续系统研制工作的基础和依据，不再能够随意做出改变。因此，需求评审工作是十分重要和慎重的。

需求评审通常由用户方或用户方委托进行，需组织本领域内的系统外部专家对前面阶段形成的需求成果进行审查，全面考察需求的完整性、可行性、一致性、明确性、实用性、经济性、与行业标准的相符程度等，指挥信息系统往往还特别要注重安全保密特性和研制周期与军队总体规划的相符性等。

本阶段工作的输入数据是需求规格说明书、需求模型以及配套的说明文件，通过评审之后经用户方最终确认，即可准备进行后续的系统设计与开发阶段。如果需求确认没有通过，发现了需求成果中较为严重的缺陷，则需要重复第一阶段需求开发过程，解决其中的问题后再重新确认。

对指挥信息系统这样的大型复杂系统，如果让带有缺陷的需求成果通过确认，那么在后续系统设计开发过程中出现问题后，修改完善的成本将极大。所以，指挥信息系统需求开发与确认阶段对于系统研制的成败起到了十分重要的作用。

3. 需求演化阶段

需求演化是指在需求开发完成并被确认之后的需求变化和重新开发，此时往往已经进入指挥信息系统设计与开发的后续研制阶段，甚至有可能系统已经投入运行。但由于种种原因，不得不对系统部分功能模块重新设计和重新开发。这些原因有可能是编制体制调整、政策制度变化或者是作战任务发生变化等。

需求演化不是完全推倒重来，而是在现有需求和系统状态的基础上，对部分功能特性进行调整和改进的过程。由于指挥信息系统的复杂性，大型系统的需求演化阶段时而发生。严格的需求工程做法是：从需求获取开始，重新开发需求，对每一个需求文档进行全面变更和重新确认。这就带来一个严重的问题，即多次变化可能造成需求文档之间的版本差异和管理混乱，给后续的系统设计、开发、培训和运行维护工作带来困难。

因此，需求演化阶段的主要任务就是按照一定的规范和流程实现对需求变更的有效管理，以控制因需求变更带来的风险。在此过程中，可以选择适当的需求变更与配置管理软件工具，采取自动化手段辅助进行管理，检查数据和文档的一致性，生成各种被纳入配置管理之下的不同版本需求文档。经验证明，这种方法能够有效地降低风险，提高系统分析设计质量。

9.3.3 需求过程改进

随着不同类型指挥信息系统的出现,人们发现对其进行需求分析时,有一些关键的过程域和活动是共同的,也存在一些与系统特点紧密关联的特性活动;还发现需求分析活动与从事这一活动的组织人员特性密切相关。因此,逐渐产生了对需求分析过程进行持续改进的需要。在实际工作中,需求过程的改进可以参照软件过程改进方法进行。

需求过程改进的目标主要包括分析质量改进、分析过程缩短和资源投入减少。其中,分析质量改进是为了使需求过程产生更高质量的需求分析结果与产品,这意味着错误更少、更加准确地反映用户真实需求等。分析过程缩短的目标是让需求分析过程变得更加灵敏和高效,可以用更短的时间完成需求分析工作。投入资源减少的目标是进一步降低成本,减少人力和资金上的投入。

目前,具备指挥信息系统承研资质的单位往往都按照集成软件能力成熟度模型(CMMI)等相关国军标体系文件的要求,进行质量体系文件的建设和相应等级的评价认证,以提升系统研制单位在软件系统研制方面的能力和水平。需求过程改进可以直接按照符合CMMI规范质量体系文件中与需求管理过程域相关的规定执行即可。此外,也可以参考Sommerville等人于1997年提出的需求过程能力成熟度模型。

该模型也是在借鉴CMMI基础上提出的,是一个三级模型,分别是:初始级、可重复级与确定级。其中前两级与CMMI的前两级较为相似,第三级则包括了CMMI的后三级。符合第三级模型要求的软件系统生产企业拥有基于最佳(对企业本身而言)实践和技术的确定的需求工程过程,并拥有在第二级的基础上的一个动态、适当的过程改进计划,能够对需求工程领域的新方法和新技术进行目标评价。

9.4 指挥信息系统的体系结构设计

对于大型指挥信息系统的建设,由于系统规模庞大、功能十分复杂、系统的建设周期较长,因此,如何对系统进行设计,使系统建成后能够切实满足用户预期的需求,是一个非常重要的问题。通常情况下,是采用加强顶层设计的方法来解决这一问题。

所谓顶层设计,是指从全局和总体的高度,综合考虑现实及未来对系统发展的要求,以及技术、经济等因素对系统发展的约束,针对影响系统建设发展整体效能的关键问题,制定系统建设的发展战略和总体规划,以指导系统的中长期发展;并以发展战略和总体规划为基础,对各种具体系统或项目进行规划论证,制定系统设计和开发的总体方案。而体系结构技术正是指挥信息系统顶层设计的核心内容。

体系结构技术主要用于构建指挥信息系统的上层框架和概念模型,由于未来战争的主要作战样式是信息化条件下的多军兵种联合作战,在这种作战样式下,部队组织结构和作战使命不断变化,作战需求的不确定性大幅增加,客观上要求部队使用的各种指挥信息系统能够快速集成和互联互通,具备处理各种作战任务的敏捷适变能力。

在这一背景下,在指挥信息系统研制过程中,运用体系结构技术对系统进行科学、合理的规划与设计,有助于提高系统顶层设计的科学性与规范性。良好的体系结构设计可提供一种有效的相互交流手段,便于指挥信息系统的规划、使用、研制和维护人员从总体上分析、理解、比较系统;还可以由系统设计人员作为后续系统详细设计的依据和规范,用来分析、评价系统的互操作性等质量特性;此外,还可被用来作为系统进一步集成或随时间演化改进的依据与指南。

9.4.1　体系结构的基本概念

体系结构"Architecture"一词最早来源于建筑学,是指建筑物的结构、构造方式、建筑式样和建筑风格。后来,人们借鉴建筑学的这一思想,将"Architecture"一词应用于计算机硬件、系统工程、计算机软件等领域,提出了计算机体系结构、系统体系结构、软件体系结构等概念。

这些概念之间大同小异,目前在系统工程和指挥信息系统工程领域,还没有一个能被学者们普遍接受的体系结构定义。

Rechtin 在其撰写的世界上第一本关于系统体系结构的专著中,将系统体系结构定义为诸如通信网络、神经网络、宇宙飞船、计算机、软件或组织等系统的基本结构。

Zachman 将体系结构定义为与描述系统有关的一系列描述性表示,可用于开发满足需求的系统并作为系统维护的依据。在这一定义基础上,Zachman 提出了著名的"Zachman 框架",被多个领域广泛应用。

竺南直等人则将体系结构定义为若干有关事物或概念互相联系而构成一个整体称为体系,整体中各个组成部分的搭配和排列称为结构,体系结构研究整体的内涵、外延、层次和关系。

根据 IEEE 610.12 -1990,体系结构被定义为:系统组成部件的结构、组成部件之间的关系,以及指导它们设计与演化的原则和指南(Architecture is defined as The structure of components, their relationships, and the principles and guidelines governing their design and evolution over time)。

之后,IEEE 于 1996 年成立了体系结构工作组,在综合已有的体系结构描述实践工作基础上,制定了软件密集系统的体系结构描述标准,即 IEEE 标准 P1471 -2000。所谓软件密集系统是这样一类复杂系统,其中的软件部分对整个系统的设计、构建、配置和演化有实质性影响,如信息系统、嵌入式系统等,指挥信息系统也可以认为是一个软件密集系统。

IEEE 标准 P1471 -2000 给出了体系结构描述的常用概念与术语的定义,建立了体系结构描述的概念模型,说明了这些概念和术语之间的相互关系,并提出了对体系结构描述的基本要求。根据 IEEE 标准 P1471 -2000,体系结构被定义为通过系统组成部件、各组成部件相互之间及与环境的关系,以及指导它们设计和演化的原则而具体体现出的一个系统的基本组织结构(Architecture: The fundamental organization of a system embodied in its components, their relationships to each other, and to the environment, and the principles guiding its design and evolution)。

美军在进行 C4ISR 系统建设时,首次提出要求先设计出系统的体系结构,并根据体系结构确定相应的投资和开发计划,指导系统的研制和建设。经过多年研究与实践,先后提出了C4ISR系统体系结构框架和国防部体系结构框架,并以之指导美军的指挥信息系统建设。

美国国防部体系结构框架2.0(DoDAF 2.0)主要根据IEEE的上述标准,把体系结构定义为系统各部件的结构、它们之间的关系以及制约它们设计和随时间演化的原则和指南。

综上所述,大部分定义都认为体系结构主要包括三个核心要素:系统的组成部件、各组成部件之间的关系,以及自始至终指导系统设计和演进的原则与指南,如图9-28所示。

图9-28 指挥信息系统体系结构定义

因此,本书也采用类似定义,将指挥信息系统的“体系结构”定义为指挥信息系统的组成部件及其相互关系,以及指导系统设计和发展演化的原则和指南。

9.4.2 美军体系结构框架发展历程

海湾战争结束之后,C4ISR体系结构逐渐成为C4ISR系统理论研究的一个热点,目前美军颁布的体系结构框架版本最多,体系结构框架应用最为普及。英国、北约、澳大利亚、加拿大等国家和地区都借鉴美军的成功经验,在美军体系结构框架的基础上,根据各自的特点,开发各自的体系结构框架。

美军体系结构框架的发展历程如图9-29所示。

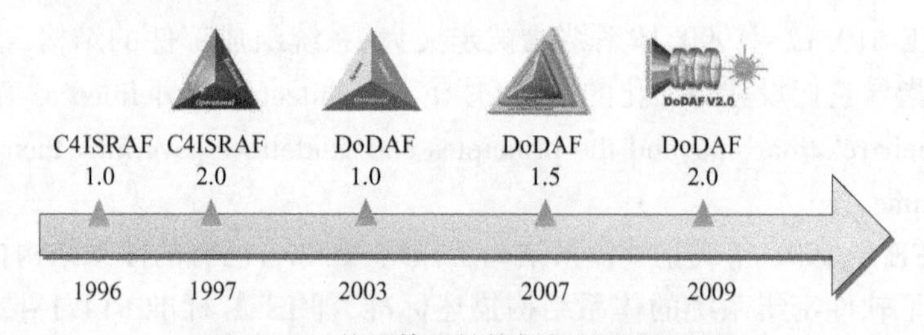

图9-29 美军体系结构框架的发展历程

美国国防部于1996年6月颁布了《C4ISR体系结构框架》1.0版,于1997年12月颁布了《C4ISR体系结构框架》2.0版,2003年8月推出了《美国国防部体系结构框架(DoDAF)》1.0,调整了《C4ISR体系结构框架》2.0版,并将体系结构的原则和实践的应用范围从C4ISR领域扩展到所有的联合能力域(JCA);2007年4月颁布了《美国国防部体系结构框架(DoDAF)》1.5版,它是1.0版的过渡演进版本,增加了如何在体系结构描述中反映网络中心概念的指导,提供了网络中心化概念的支撑;2009年5月,美国国防部颁布了《美国国防部体系结构框架(DoDAF)》2.0版,与前期版本相比,2.0版提出了面向服务和以数据为中心的方法,把高效决策所需数据的采集、存储和维护放在了首要位置。

美国国防部在构建体系结构框架中提出了一系列相关概念,简要说明如下:

(1) 体系结构框架(Architecture Framework,AF)。体系结构框架不是具体的系统体系结构,是为描述体系结构提供指导而制定的文件,是一种规范化描述体系结构的方法,它是制定体系结构的方法学或模型的规范和约束。体系结构框架以及其定义的体系结构产品构成了体系结构设计的基本语法规则。

(2) 视图与视角(View & Viewpoint)。对于特定目标系统的体系结构描述结果,是由一个或多个(体系结构)视图组成。视图是系统体系结构在某个特定视角的表示,回答用户的一个或多个关注点。体系结构视图是根据特定视角的约束,进行开发建模而得到的;因此,可以认为视角是建立、描述和分析视图的模板和规范,它规定了用来描述视图的语言(包括概念、模型等)、建模方法以及对视图的分析技术。对于特定目标系统的体系结构描述可以选择一个或多个视角,具体应该选择何种视角,应以体系结构目标用户及用户的关注点为依据。

上述概念的具体实例可参见9.4.3节和9.4.4节。

9.4.3　美军国防部体系结构框架(DoDAF)

2003年8月,美国国防部推出《美国国防部体系结构框架(Department of Defense Architecture Framework,DoDAF)》1.0版。制定该框架是美军为应对21世纪安全环境的挑战,实现部队转型,从"以威胁为基础(Threat - based)"转向"以能力为基础(Capabilities - based)"的防务规划,这是发展网络中心作战能力所采取的一项重大举措。

1. DoDAF 1.0 概述

DoDAF 1.0是对1997年12月颁布的《C4ISR体系结构框架》2.0版的发展,是指导美国国防部各任务领域开发体系结构的指南,有利于快速确定作战需求,提高采办效率,缩短采办周期,并对美军C4ISR系统的建设发展产生重大影响。

DoDAF 1.0为C4ISR体系结构的开发、描述和集成定义了一种通用的方法,以保证体系结构描述能在不同的机构,包括多国系统之间进行比较和关联。该框架为开发和表示体系结构提供了规则、指导和产品描述,确保了用户在理解、比较和集成多种体系结构时有一个公共的标准。

DoDAF 1.0版将C4ISR系统的体系结构分为作战视图(Operational View,OV)、系统视图(Systems View,SV)和技术标准视图(Technical Standards View,TV)三部分,分别从作战需求和应用、系统设计以及技术实现三个视角来描述C4ISR系统的体系结构。

其中,作战视图(OV)主要是对作战任务和活动、作战元素以及完成军事作战所要求的信息流的一种描述,通常采用图形方式表示。作战视图规定信息交换的类型、交换的频率、信息交换支援何种作战任务和活动以及详细地足以确定具体互操作需求的信息交换特征。

系统视图(SV)是对保障或支持作战功能的各个系统以及系统之间的连接关系的描述。系统视图说明多个系统如何连接和互操作,并且可以描述在这个体系结构中特定系统的内部结构与运行活动。系统视图把系统的物理资源、性能特征与作战视图,以及与由技术标准视图定义的标准所提出的要求联系起来。

技术标准视图(TV)是决定系统部件或组成要素的安排、相互配合和相互依存的最低限度的一组规则,其目的是确保组成的系统满足一系列特定的要求。技术标准视图提供了系统实现的技术指南,它包括一系列技术标准、惯例、规则和准则,决定了特定系统视图的系统功能、接口和相互关系,并与特定的作战视图建立联系。

此外,框架中还有一个全视图(All - Views,AV),主要是描述体系结构全局方面的内容,但它不是描述体系结构的具体视角。DoDAF 1.0 中三个视图之间的关系如图 9-30 所示。

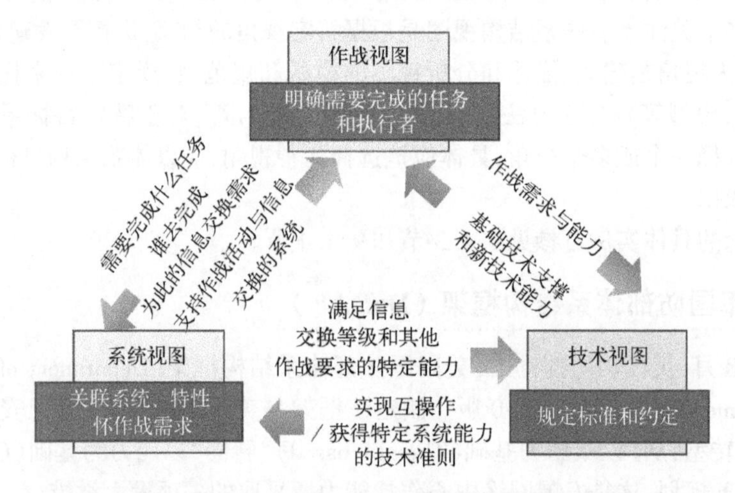

图 9-30　DoDAF 1.0 中三个视图之间的相互关系

作战视图以任务领域或以作战过程为基础,它描述了特定作战任务的目标、内容、执行者、组织机构与保障部门,以及关于支持该特定作战任务所要求指挥信息系统在信息交换、互操作和性能参数等方面的详细内容;系统视图描述相关联系统的功能特性、物理结构、节点、平台、通信线路以及其他关键要素,由它们保障在作战视图中所描述的信息交换要求,支撑作战任务的完成;技术标准视图则确定了基础技术支撑能力和具体的实现规则。

作战视图和技术标准视图对系统视图都有限制作用,系统视图不仅要满足作战视图提出的军事需求,而且要遵守技术标准视图对系统体系结构设计的技术限制。

2. DoDAF 1.0 的体系结构产品

DoDAF 1.0 共定义了 26 种体系结构产品,它们分别属于作战视图、系统视图、技术标准视图和全视图。所谓体系结构产品(Architecture Products),指的是在体系结构分析建模过程中,按照框架和各类视图的约束,在描述体系结构时所生成的图形、文本或表格。需要注意的是,不论何种形式的产品,都需要配有解释说明。

对每个产品,根据其所属的视图分别加以编号。这些视图和产品结合在一起就构成了对某个特定 C4ISR 系统体系结构的描述。DoDAF 1.0 的 26 种体系结构产品如图 9-31 所示。

根据体系结构产品描述内容的不同特点,可采用以下几种基本表现形式。

(1) 表格型。产品以表格形式表现,可以配有额外的文字说明。

(2) 结构型。产品以结构图的形式表现,主要描述体系结构的组成与结构。

(3) 活动型。产品以活动图的形式表现,主要描述活动、过程、时序等。

视图	产品	产品名称	简要说明
全视图	AV-1	概述与摘要信息	说明体系结构的范围、目的、预期用户、环境和设计分析的结论
全视图	AV-2	综合词典	定义所有产品所用术语的词典
作战视图	OV-1	高级作战概念图	以图形和文本形式描述高级作战概念
作战视图	OV-2	作战节点连接关系描述	描述作战节点、节点交连和节点间的信息交换支撑关系
作战视图	OV-3	作战信息交换矩阵	描述节点间交换的信息和信息的相关属性
作战视图	OV-4	组织关系图	描述作战组织、角色及其相互间的指挥、指导、协作、保障关系
作战视图	OV-5	作战活动模型	描述作战能力与作战活动，以及作战活动之间的关系
作战视图	OV-6a	作战规则模型	具体描述作战活动的三个产品之一，作战活动的业务规则与约束
作战视图	OV-6b	作战状态转换描述	具体描述动态特性的三个产品之一，通过状态转换和事件描述作战过程
作战视图	OV-6c	作战事件跟踪描述	具体描述动态特性的三个产品之一，描述特定场景中作战事件发生的时序关系
作战视图	OV-7	逻辑数据模型	描述作战视图的数据需求与逻辑数据模型
系统视图	SV-1	系统接口描述	确定系统节点、系统、系统部件以及它们的相互连接关系
系统视图	SV-2	系统通信描述	系统节点、系统、系统部件之间的通信实现方式
系统视图	SV-3	系统关联矩阵	确定系统之间的相互关系，描述系统接口
系统视图	SV-4	系统功能描述	描述系统完成的功能和系统功能之间的数据流
系统视图	SV-5	作战活动与系统功能追溯矩阵	描述系统到能力的追溯映射或系统功能到作战活动的追溯映射关系
系统视图	SV-6	系统数据交换矩阵	详细描述系统间交换的数据元素以及数据元素的属性
系统视图	SV-7	系统性能参数矩阵	描述系统、部件、系统功能等的性能特性
系统视图	SV-8	系统演化描述	描述系统演化或迁移的过程
系统视图	SV-9	系统技术预测	描述未来新技术对体系结构产生的影响
系统视图	SV-10a	系统规则模型	描述系统功能特性的三个产品之一，确定系统在设计和实现时遵循的规则和约束
系统视图	SV-10b	系统状态转换描述	描述系统功能特性的三个产品之一，确定系统对事件的响应和状态转换过程
系统视图	SV-10c	系统事件跟踪描述	描述系统功能特性的三个产品之一，确定特定场景中系统事件发生的时序关系
系统视图	SV-11	物理模式	逻辑数据模型的物理实现方式，如：消息格式、文件结构、数据的物理模式等
技术标准视图	TV-1	技术标准描述	体系结构中采用或遵循的技术标准列表
技术标准视图	TV-2	标准技术预测	描述正在形成的标准以及它们对体系结构的潜在影响

图9-31　DoDAF 1.0 的产品列表

（4）映射型。产品以矩阵或表格的形式表现，描述不同体系结构元素之间的相互映射关系。

（5）本体型。产品以数据模型的形式表现，描述体系结构中基本的术语定义及其分类体系。

（6）图表型。产品以非规则图形的形式表现，通常配有地图和各种图形化的作战单元符号，目前的趋势是向更加直观的三维图形方向发展。

（7）时间线型。产品以进度计划图表的形式表现，主要描述体系结构元素随时间变化的一种趋势。

如图9-32所示的是几个高级作战概念图的示例，采用的是图表型产品，分别为美军西南亚（伊拉克战场）特遣作战构想、区域防空反导作战构想、防空作战构想和微型无人机收集山地作战毁伤信息构想。

如图9-33所示的是组织关系图（OV-4）的示例，以结构型表示。

如图9-34所示的是系统功能描述图（SV-4）和作战活动与系统功能追溯矩阵（SV-5）的示例，分别以表格型和矩阵型表示。

3. DoDAF 2.0 简介

美国国防部于2009年5月推出了DoDAF 2.0版，与前几版相比2.0版有以下几个变化：

（1）体系结构开发过程从以产品为中心转向以数据为中心，主要是提供决策的数据，描述了数据共享和在联邦环境中获取信息的需求。

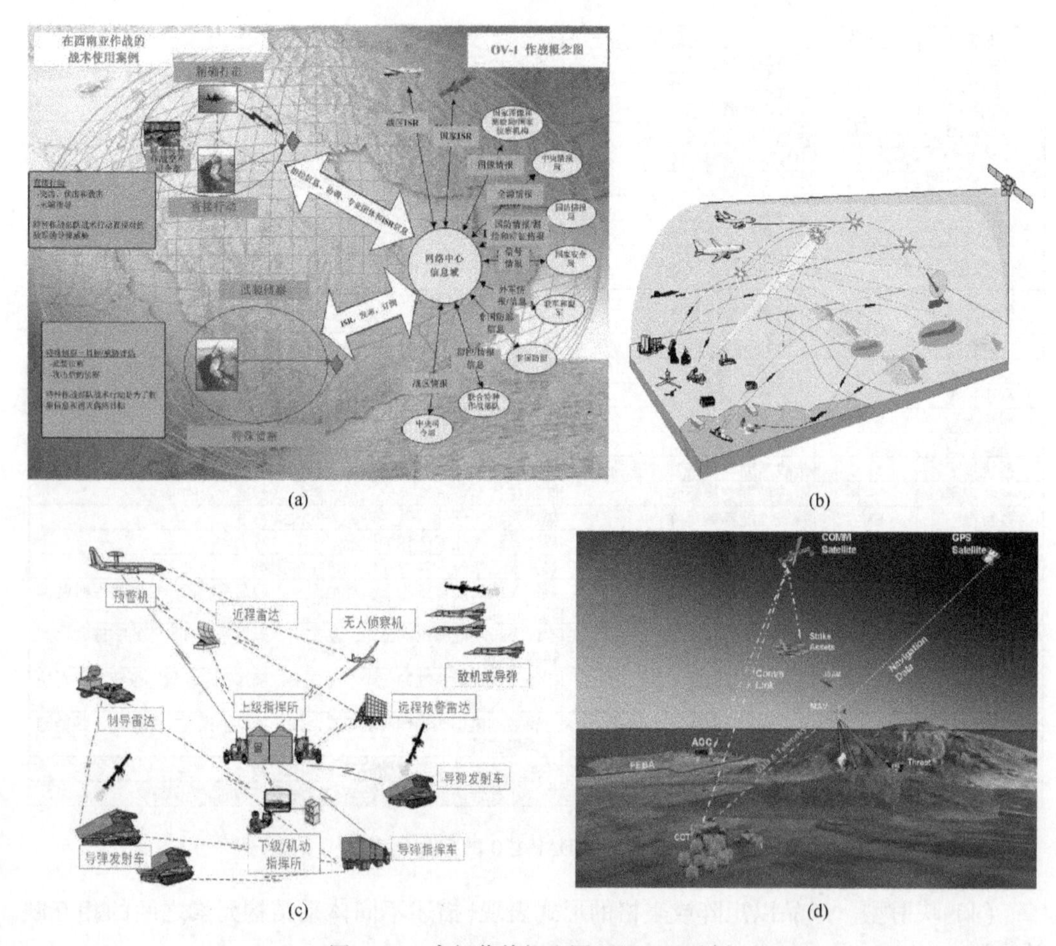

图 9-32　高级作战概念图(OV-1)示例

(a) 美军西南亚(伊拉克战场)特遣作战构想;(b) 区域防空反导作战构想;
(c) 防空作战构想;(d) 微型无人机收集山地作战毁伤信息构想。

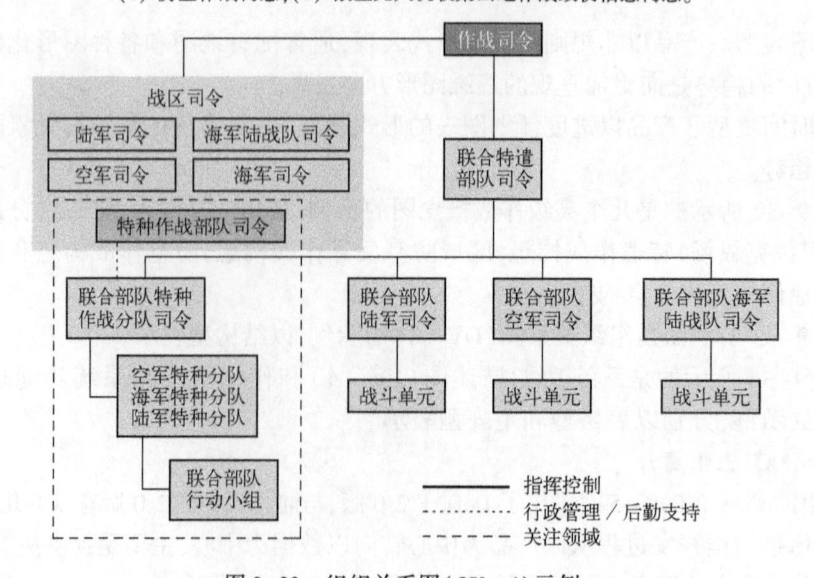

图 9-33　组织关系图(OV-4)示例

S1 网络中心系统功能

- S1.1 用户/实体助理功能
  - S1.1.1 人-计算机接口功能
  - S1.1.2 用户环境功能
  - S1.1.3 输入流处理
- S1.2 发现功能
  - S1.2.1 搜索请求解释
  - S1.2.2 格式化搜索请求
  - S1.2.3 信息搜索
  - S1.2.4 结果分析
  - S1.2.5 GIG 任务分派
- S1.3 功调功能
  - S1.3.1 协调管理
  - S1.3.2 工作流
  - S1.3.3 论坛
- S1.4 消息传递功能
  - S1.4.1 结构化消息生成
  - S1.4.2 结构化消息处理
  - S1.4.3 非正式消息生成
  - S1.4.4 非正式消息处理
  - S1.4.5 战术信息交换
  - S1.4.6 即时消息
  - S1.4.7 集中式消息分发
  - S1.4.8 消息目录分发
- S1.5 仲裁功能
  - S1.5.1 中间件功能
  - S1.5.2 GIG 信息处理
- S1.6 应用功能
  - S1.6.1 利益共同体功能
  - S1.6.2 业务功能
- S1.7 存储功能
  - S1.7.1 数据库功能
  - S1.7.2 分类/目录功能
  - S1.7.3 数据集市功能
- S1.8 企业管理功能
  - S1.8.1 系统与网络管理
  - S1.8.2 服务管理
  - S1.8.3 安全性管理
- S1.9 安全功能
  - S1.9.1 基础设施服务
  - S1.9.2 环境政策强化

	A1	A11	A12	A13	A2	A21	…
S1.1	✓		✓		✓		
S1.1.1	✓	✓	✓	✓	✓	✓	
S1.2	✓	✓	✓	✓		✓	
S1.2.1	✓	✓	✓				
…							

图 9-34　系统功能描述图(SV -5)及作战活动与系统功能追溯矩阵(SV -5)示例

(2) 参照 IEEE 标准 P1471 -2000 的思想,更加严格区分了体系结构模型、视图与视角等概念,明确定义模型是体系结构产品中的视图模板,不包含体系结构数据;视图由模型和体系结构数据组成;视角是特定的一组体系结构视图的集合。

(3) 由原来四大视图(全视图、作战视图、技术视图和系统视图)演变为八大视角:全视角、作战视角、系统视角、标准视角、数据与信息视角、能力视角、服务视角和项目视角,这些视角之间的关系如图 9-35 所示。

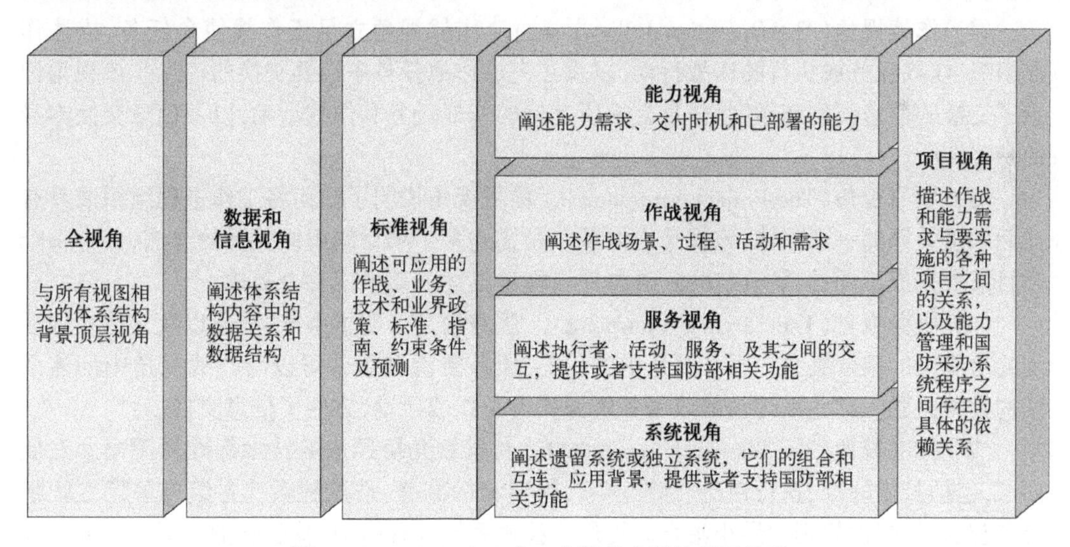

图 9-35　DoDAF 2.0 中 8 个视角之间的相互关系

(4) 提出了定制(Fit - to - Purpose)视图的概念,DoDAF 2.0 标准按上述视角一共给出 52 个视图模板(不包括数据),被称为 DoDAF 推荐模型(DoDAF - described Models),按照用户实际需求对 DoDAF 推荐模型进行修改、定制和组合使用,即称为定制视图。DoDAF 2.0 并不强制要求使用 DoDAF 推荐模型。

(5) 定义和描述了国防部企业体系结构,明确和描述了与联邦企业体系结构的关系。

(6) 创建了国防部体系结构框架元模型,DoDAF 元模型简称为 DM2,基于特定本体构建,由概念数据模型(CDM)、逻辑数据模型(LDM)和物理交换规范(PES)构成,分别从顶层概念、本体逻辑、XML 模式文件等不同层次递进式地进行了数据建模。

(7) 描述和讨论了面向服务体系结构(SOA)开发的方法,符合指挥信息系统的技术架构正向面向服务体系结构演进的应用需求变化和技术发展趋势。

下面简单介绍 DoDAF 2.0 中提及的几种视角及其用途。

(1) 全视角(All Viewpoint)。全视角在体系结构中与其他所有视图都有关联,是跨域性的描述,提供了与整个体系机构描述都有关的信息,如体系机构描述的范围和背景。其中,体系结构描述的范围包括问题域和时间跨度;体系结构描述存在的背景则由组成背景的相关条件构成,这些条件包括条令、战术、技术、规程、相关的目标和设想的表述、作战思想、想定和环境条件等。

(2) 能力视角(The Capability Viewpoint)。能力视角是高层模型,利用术语描述,使得决策者更加容易理解相关概念,可用于战略级的功能演化交流。能力视角描述通过执行特定的一系列动作而达到企业(此处指特殊的大型组织,可参见 3.6.3 节相关脚注解释)目标,或者在特定标准和条件下通过执行一系列任务而获得期望效果的能力。它为体系结构描述中所描述的功能提供战略级背景和相应的高层范围,比在作战视角中定义的基于想定的范围更加具有概略性。

(3) 数据与信息视角(The Data and Information Viewpoint)。数据与信息视角主要用于获取和描述业务信息需求以及结构化的业务流程规则,描述与信息交换有关的信息,如属性、特征和相互关系等。

(4) 作战视角(The Operational Viewpoint)。作战视角立足于作战使命任务,描述作战组织、作战任务或执行的作战行动,以及在完成作战任务中需要交换的信息。该视角记录了交换的信息类型与频度、信息交换所支持的作战任务和作战活动,以及信息交换本身的一些性质。

(5) 项目视角(The Project Viewpoint)。项目视角说明了如何将工作进程组织成具有前后承接关系的一个整体,该视角提供了一种描述多个项目间组织关系的方法,其中每个项目负责完成不同的系统或功能,通过项目视角描述如何形成一个整体。

(6) 服务视角(The Services Viewpoint)。服务视角说明了系统、服务以及支持作战活动的功能性的组合关系。服务视角中的功能、服务资源和组件可以与作战视角中的体系结构数据关联。这些系统功能或服务资源支持了作战活动,方便了信息交换。

(7) 标准视角(The Standard Viewpoint)。标准视角由原来的技术标准视图概念发展而来,包括技术标准、执行惯例、标准选项、规则和标准等,是控制系统各组成单元之间组合、交互和依赖性规则的最小集合。提供了技术系统实现指南,基于此指南可以形成工程规范、建立通用模块、开发产品线。

(8) 系统视角(The System Viewpoint)。系统视角采集关于自动化系统、互连通性和其他支撑作战活动的系统功能特性等方面信息。未来,随着美国国防部将重点逐步转移到面向服务的环境和云计算,该视角可能会逐步被取代。

9.4.4 英国国防部体系结构框架(MoDAF)

受到美军的影响,其他国家的军队也逐步认识到 C4ISR 体系结构的重要性,纷纷开展了符合本国特点的指挥信息系统体系结构框架的研究工作。

挪威军队在美军 C4ISR 体系结构框架的基础上,提出了一个名为 MACCIS(Minimal Architecture for CCIS in the Norwegian Army)的体系结构框架。该框架由企业视图、信息视图、计算视图、工程视图和技术视图等五类视图组成,每类视图分别定义了一些模型(产品)。

澳大利亚军队对美军 C4ISR 体系结构框架开展了大量的研究,并用该框架开发了演示性的体系结构,在此基础上,以美军 C4ISR 体系结构框架和 Meta 公司的企业体系结构战略(EAS)为基础,制定了澳大利亚国防体系结构框架(DAF)。

此外,北约(NATO)研究制定了"北约 C3(Consultation,Command and Control)系统体系结构框架",并强制性地用于其 C3 系统体系结构的开发,该框架采纳了美军 C4ISR 体系结构框架中的大量产品。

在世界各国军队的研究成果中,英国提出的国防部体系结构框架(The UK Ministry of Defence[①] Architecture Framework,MoDAF)的影响力最大,没有紧跟美军亦步亦趋,而是结合自己国家的实际情况进行研究,在概念上反而有所创新和发展。

作为美国的盟友,英国为了保持和美国军事信息系统的互联、互通和互操作性能,参照美国国防部体系结构框架,展开了相应的研究和开发工作,在美国国防部体系结构框架 DoDAF 1.0 的基础上研究提出了 MoDAF 体系结构框架。MoDAF 的目标是为了满足英国网络化作战能力发展需要,出于自身战略意图和国防预算的考虑,英国在保持其核心框架与 DoDAF 兼容的同时,根据实际需求对 DoDAF 进行了扩展和补充。

英国国防部体系结构框架 MoDAF 1.2 版本由英国国防部于 2008 年 9 月颁布,它定义了一个标准的视角集,如图 9-36 所示。对比图 9-35,可以发现,1 年之后,美国国防部于 2009 年颁布的 DoDAF 2.0 中似乎有借鉴 MoDAF 1.2 的一些明显痕迹。

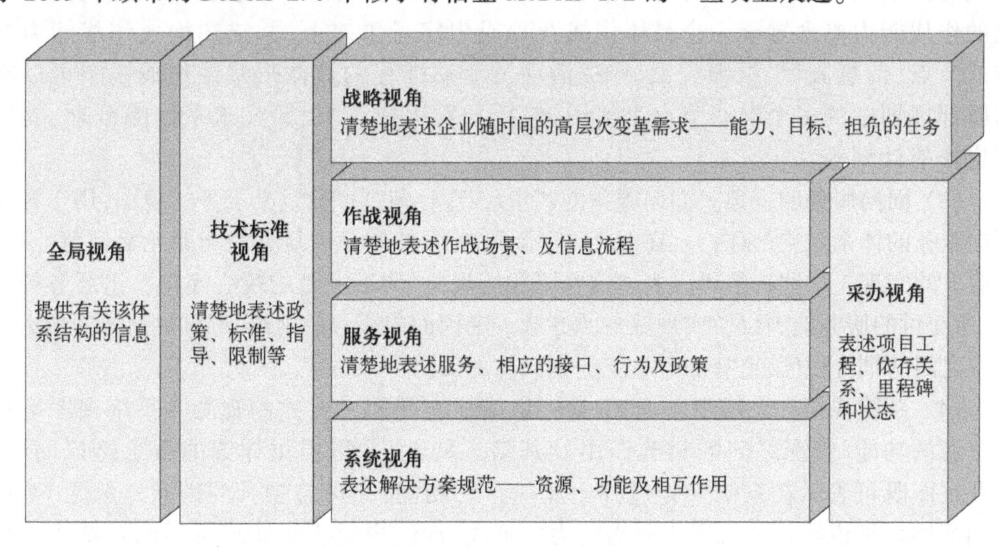

图 9-36 英国国防部体系结构框架 MoDAF 1.2 包括的各个视角

1. MoDAF 的视角

MoDAF 的每个视角反映了体系结构模型的不同侧面。例如作战视角考虑的是作战节点以某种方式互动,以实现理想的结果。其中,作战节点可能是由一个或多个资源实现的合乎逻辑的"行动执行者"。

① [英]defence=[美]defense。

每个视角均包括若干视图,进一步提供该视角内的细节。例如在作战视角内,OV-1提供一个高层作战概念图,OV-2描述作战节点之间的相互作用,OV-3详细说明信息流。

虽然增加视图数据会使体系结构的总体描述更丰富,但在英国国防部系统采办周期规定的各个时间点上,并不要求完成所有的MoDAF视图建模。由于英国国防部内各类用户的实际需求不同,用户通常仅关注与之有关的那些MODAF视图。这意味着大多数英国国防部的利益相共体(COIs,基本概念请参见3.6.3节)在实际中往往仅使用MoDAF视图的一个子集,但不论如何,MoDAF能够为各个利益共同体提供一个相互交流的良好手段。

MoDAF视角主要包括以下内容:

(1) 战略视角。战略视角(StVs)的用途是根据国防部的战略意图,分析和优化军事能力的形成过程。在战略视图中给出了作战能力的概念,并将能力分解为某些具体能力。这些具体能力有适当有效的措施支持,并可进行能力评估、能力差距分析与能力重叠分析。战略视角StVs的各个视图能够进一步详细表述各具体能力之间的依赖关系,便于为这些能力选择一个更加协调的实现方式,并在整体方案中进行有效的取舍。

(2) 作战视角。作战视角(OVs)表述作战任务、作战行动、作战元素以及展开作战所需的信息交换。作战视图产品可以用逻辑术语来描述一个体系结构的要求,或对现有体系结构中的主要行为和信息方面进行简要说明。作战视图将战略视图中提供的作战能力概念置于一个具体作战背景或想定场景之下,并描述构成作战能力的作战节点、信息流程、组织关系、作战活动及活动进程的具体形式。作战视图可以在国防部规划中的多个时间节点上使用,包括开发用户需求、研究未来作战概念、支持制定作战计划等。

(3) 面向服务的视角。面向服务的视角(SOVs)包括一套定义服务的视图,用于开发面向服务的体系结构(SOA)。在MoDAF术语中,服务是一组封装的功能元素规范,独立于服务的实现。这些视图可以表述这些服务的规范、为某一目的精心编排一组服务的过程、所交付的服务能力以及实现服务的方法。采用面向服务的视图,可有效地降低能力与系统之间的耦合程度,更有助于系统的集成与更新。

(4) 系统视角。系统视角(SV)是一组描述实现能力资源的视图。系统视图可描述资源的功能、资源之间的相互作用及其动态特性,并可提供详细的系统接口模型。这些视图既可表示在系统操作过程中所执行的功能,又可包括人的因素。总之,系统视图能够详细说明作战视图中所需能力的解决方案,提供支撑作战视图的系统实现具体逻辑,用于开发系统解决方案,以满足用户的需求;同时也可以描述系统需求,为系统采办提供输入。

(5) 技术标准视角。技术标准视角(TV)是一组表格类视图,包括适用于体系结构各个方面的一系列标准、规则、政策和指南。在MoDAF中,技术标准视角的内容除技术性标准外,也可以包括作战行动的条例、标准作战程序(SOPs)和战术技术规程(TTPs),以及包括对标准发展趋势的预测。

(6) 采办视角。与战略视角一样,采办视角(AcVs)是在MoDAF 1.0首次引入的,用于具体描述项目的细节,包括项目之间的依赖关系及项目与各种军事能力的集成。这些军事能力涉及训练、装备、人员、信息、概念与条例、组织、基础设施、后勤和互操作性等各个方面，上述各个方面必须集中到一起才能共同形成一个真正的军事能力，其中贯穿全局的是互操作性。采办视角中的各类视图用于确定项目之间的相互作用，对各类采办活动进行规划，并提供能力管理和采办过程中重要的项目信息。

(7) 全局视图。全局视图(AVs)提供关于体系结构整体，及其适用范围、所有权、时间范围，以及其他用于有效检索和质疑体系结构模型所需的元数据的总体描述，它还用于记录体系结构开发进程的结果。在全局视图中，包括一个在构造体系结构过程中使用的术语词典，用于帮助理解其含义。

2. 战略视角、作战视角、系统视角之间的关系

MoDAF 将战略视角、作战视角、系统视角设想为分层结构，如图 9-37 所示。MoDAF 体系结构中的这三个层次放在一起，可以看作是三个不同层次上的能力抽象描述。其中，战略视角表示在国防部层面的能力和业务环境，作战视角表示在特定作战背景下的军事能力——它是战略视角在特定环境和作战背景下的能力实现，而系统视角则代表在解决方案规范层面上的一种能力。

图中的每一层由一些关键数据对象组成，建立体系结构模型时，各种视图的产生，正是通过对这些数据对象的提取、精炼和建模，并描述其间的相互关系而构造出来的，因此称它们是关键数据对象。在某层次(视角)内部，这些关键的数据对象之间相互关联，同时还与其上下层的对象关联，图 9-37 也给出了这些联系的示意。

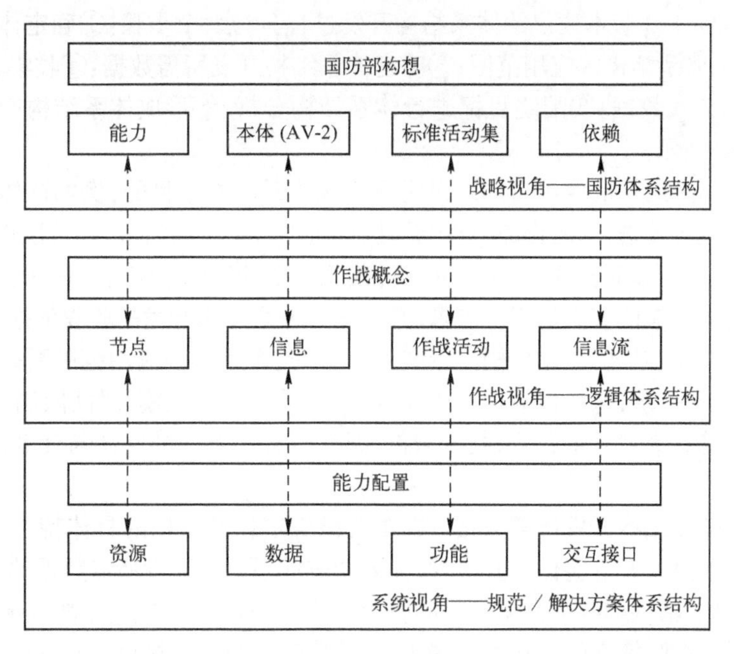

图 9-37　MoDAF 视角的层次

以作战视角和系统视角为例：其中“数据”与“信息”对象之间，“交互接口”与“信息流”之间的联系较为明显，“功能”与“作战活动”之间的联系主要体现为需求与支撑作用，“资源”在这里主要指系统、人员和组织等，其在系统视角中扮演的角色与“节点”在作战视角中的角色类似。

9.4.5 指挥信息系统体系结构开发方法

体系结构技术是指挥信息系统设计的主要方法,与之密切相关的领域主要包括体系结构建模技术、体系结构结构开发方法、体系结构验证技术、体系结构支撑环境技术等四个主要方面,它们相辅相成,相互支持。

其中,体系结构建模技术主要是选择采用一种合理可行的建模技术,来准确对体系结构进行表达和描述,关于这一点,前面几节已经基于 DoDAF 和 MoDAF 分别进行了介绍。

体系结构的开发是一个反复迭代和随时间不断演化的活动过程,是基于某种建模技术,针对具体问题领域的一种创造性活动。

体系结构验证技术用于评价和检验体系结构的设计开发成果,判断其是否符合需求,检查系统体系结构设计的正确性,以及判定设计的优劣程度。

体系结构支撑环境技术则是指在体系结构分析设计生命周期中为各个阶段活动提供支持的技术和工具的总称,良好的体系结构支撑环境工具可以有效提高体系结构分析设计的效率与质量。

下面,以美军 DoDAF 1.0 版本为例,简要介绍指挥信息系统体系结构开发过程与方法,关于体系结构验证与支撑环境技术则不在本书的介绍范围之内,有兴趣的读者可以参阅其他参考文献。

1. 体系结构开发过程

美军 DoDAF 1.0 版本建议的体系结构开发过程分为六个步骤:①确定体系结构的使用目的;②确定体系结构的应用范围;③确定体系结构开发所需数据;④收集、组织与整理上述体系结构开发数据;⑤围绕目标进行体系结构分析;⑥形成体系结构产品和相关文档。如图 9-38 所示。

(1) 确定体系结构的使用目的。说明开发该体系结构的目的,例如该体系结构可以支持进行业务过程改进,提高作战行动与军队训练的效率。同时,这一阶段也回答了体系结构大体是什么、将如何实施、对组织和指挥信息系统开发的影响等。一个清晰无歧义的体系结构目的描述应能够满足用户需求,并可作为体系结构开发的验收依据。

(2) 确定体系结构的应用范围。围绕使用目的,体系结构应用范围明确体系结构开发的边界、深度与广度,包括作战地域边界、作战行动性质与规模、时间限制(包括各个重要节点与里程碑)、系统功能边界、技术限制、开发过程中可用的资源与计划限制、使用用户范围等等。

(3) 确定体系结构开发所需数据。在本阶段确定体系结构的具体特性,如涉及的作战活动、组织、信息要素等实体及其属性,还要明确体系结构开发所需数据的种类与类型、各类活动的规则、活动与组织元素之间的映射关系、作战命令关系、作战任务清单及所需信息、标准数据词典、活动间连接关系规则、与外部其他组织的接口、与更高一级作战活动的关系等。

(4) 收集、组织与整理上述体系结构开发数据。在本阶段,应对前一阶段的数据进行收集、整理和适当地组织存储,充分考虑可重用的目标,进行必要的数据建模、活动建模、结构关系建模等工作,最终将体系结构开发所需数据以可重用、标准化、模型化的方式存入特定的数据库中,便于后续的开发工作。

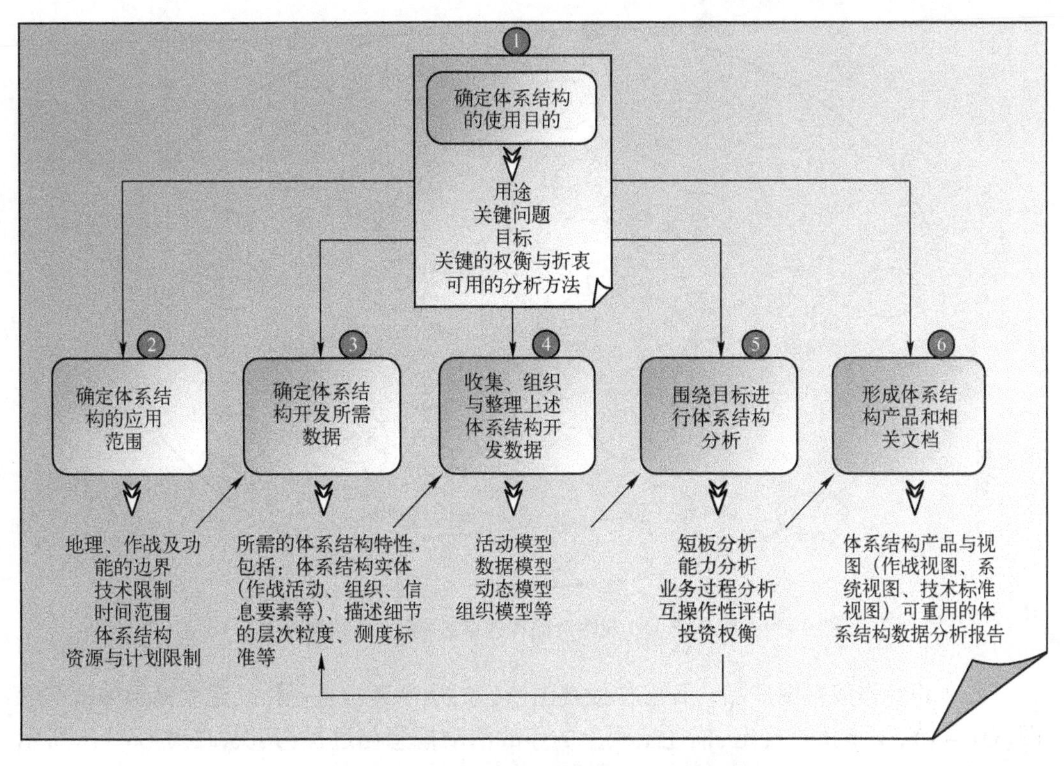

图9-38　DoDAF 1.0体系结构开发过程

(5) 围绕目标进行体系结构分析。在前述各项工作的基础上,进行短板与缺陷分析、能力分析、业务过程分析、互操作性分析和成本效益分析,进行投资权衡。要依据作战任务、作战条令、敌方威胁、我方实力等数据和模型,考虑作战任务、系统功能、技术能力之间的关系与平衡,并结合军事、文化、政治、经济、技术等多种条件进行综合分析。在此过程中,可能还需要额外收集必要的信息和数据以辅助分析,此时需转到步骤(3),当然也可以建立若干特定场景以帮助进行分析。在分析过程中,需要进行大量的筛选、比较、评估、转换等工作。

(6) 形成体系结构产品和相关文档。这是体系结构开发过程的最终阶段,要选择适当的体系结构开发工具软件(如IBM RSA工具套件)将前述各阶段的分析成果、模型和数据形成正式的体系结构视图产品,以及配套的解释说明和报告。在此过程中,要充分考虑到产品的可重用和可共享性,严格遵循步骤(1)所确定的开发目标。

2. 体系结构开发方法

一般而言,可以采用结构化的体系结构开发方法,大致按照"全视图产品—作战视图产品—系统视图产品—技术标准视图产品"的过程来进行,如图9-39所示。由于这部分知识不属于本书的主要内容,下面仅简要介绍,详细的方法和过程可参阅相关文献和书籍。

(1) 开发全视图产品。主要包括的活动是定义体系结构的总体目标、应用范围、背景和配套工具,以及定义术语词典,以对各种概念和术语进行进一步的解释,生成AV-1和AV-2。因此,从体系结构分析设计之初就需要开发全视图产品,之后还要随着后续工作的进度不断更新。

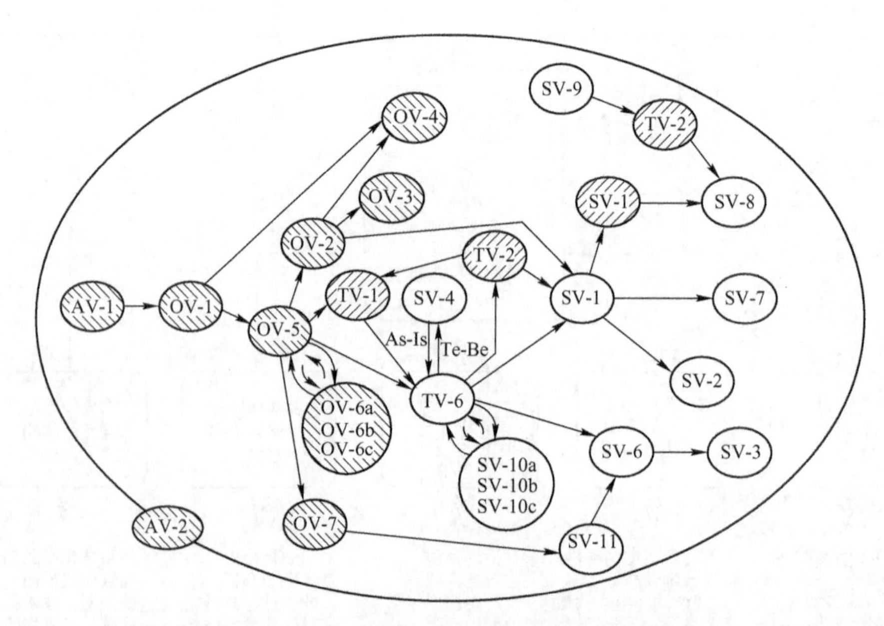

图 9-39　DoDAF 1.0 视图产品构建参考顺序(以数据为中心)

(2) 开发作战视图产品。开发作战视图产品的顺序通常是:首先,建立高层作战概念图(OV-1),由指挥员确定、描述宏观上的作战活动概念与过程;其次,在对 OV-1 所示高层作战概念分析的基础上,描述具体的作战任务执行过程,列出各项活动活动,建立作战活动视图 OV-5,并明确说明各种作战活动的输入、输出、控制条件和执行者;第三,根据 OV-5 分析整个作战活动过程中的主要状态,明确状态转移条件和事务规则,分析建立各个作战节点,将作战活动分配至节点,分析作战节点间的信息交换需求,建立信息流,上述过程将形成作战状态转换图 OV-6、作战节点连接关系图 OV-2 和逻辑数据模型 OV-7;第四,具体分析作息交换内容和信息元素,明确参与作战的部队及其指挥关系,建立指挥体制,分析组织机构与作战节点之间的关系,以及指挥信息系统和各类装备对作战节点、组织机构、作战任务的支撑关系,上述过程形成作战信息交换矩阵 OV-3 和组织关系图 OV-4,并可进一步丰富和更新前面的 OV-2 等视图产品。

(3) 开发系统视图产品。在作战视图产品基础上,分析节点物理位置、系统功能特性、系统用户、对作战节点和作战业务的支撑,以及系统功能之间的关系,分解系统子功能,并以上述活动的成果为基础建立系统功能描述 SV-4 和作战活动与系统功能追溯矩阵 SV-5,为作战视图与系统视图之间搭建桥梁。之后,进行数据建模,在 SV-5 和 OV-7 基础上分析开发物理模式 SV-11,建立数据的物理模型;在 SV-4 和 SV-5 基础上开发系统状态转换模型 SV-10 和系统接口描述 SV-1,进一步描述系统功能、状态与接口,这一步骤通常是迭代反复进行,不断修改完善的,在此过程中可生成系统数据交换矩阵 SV-6。

在得到系统接口描述 SV-1 之后,可以逐次开发系统通信描述 SV-2、系统关联矩阵 SV-3、系统演化描述 SV-8、系统性能参数矩阵 SV-7 和系统技术预测 SV-9,需要注意的是,在系统视图产品中含有一些冗余信息,在设计开发过程中,必须保证这些产品之间的一致性。

(4) 开发技术标准视图产品。对于已有的标准,首先通过 OV－5 确定可运用的服务领域,并确定体系结构所用的针对这些服务领域的标准,可以从 ISO、IEEE 等规定的标准源中确定标准;之后,随着 SV 产品的开发,利用 SV－1 等视图产品进一步明确相关服务领域和标准;最后将上述标准记录生成 TV－1。

对于没有公认标准的领域,可将其记录到 TV－2 技术标准预测中;同时对于正在形成的标准,可明确这些标准的预期形成时间和计划采用时间,记录到 TV－2 技术标准预测中,如果正在形成的标准中的一部分已经被 SV 视图产品采用,则也可以将这些实践有效的部分标准记录到 TV－1。

以上是以数据为中心的结构化开发方法,基于 UML 等工具的面向对象开发方法与此不同,是从用例图开始分析确定需求、目标和范围,分析作战概念;再以时序图、活动图、类图、状态图入手分析,并以此出发,逐次分析确定作战活动、作战活动转换关系、系统关联关系、系统数据交换关系、作战活动与系统功能关联关系、系统功能描述、系统接口描述等视图产品。

9.5　指挥信息系统的方案描述与设计

方案描述与设计是指挥信息系统研制过程中位于需求分析和体系结构设计之后的一个重要阶段,方案描述与设计的依据是前面两个阶段开发得到的需求和体系结构设计产品,而且是经用户提出,并经上级有关部门审定的正式文档。

方案描述与设计阶段的任务是围绕系统建设的需求,遵循指挥员、作战参谋等指挥信息系统相关用户的工作特点及作战规则,根据系统组织的原则或准则,制定运用相关技术与设备、软件与硬件进行研制开发与综合集成的详细方案。

方案的内容一般包括:系统建设目标、任务、范围、设计指标、系统组成、工作方式、系统设计、运行环境、设备配置、安全可靠性设计、建设进度计划、经费概算、效益评估等等,在实际工作中,通常要根据相关领域文件、质量体系文档规定和实际情况进行裁剪定制。

设计方案的质量将直接影响整个系统的建设质量,因此必须请有关专家进行反复论证和评审,方案经评审确定并报有关主管部门批准后才能付诸正式立项实施,系统研制工作才能全面正式展开。

系统方案中,建设目标、任务、范围、系统组成、工作方式、运行环境等内容与需求分析和体系结构设计文档基本一致,独特的地方是“系统设计”部分。

系统设计主要包括:系统战术技术指标分析、系统结构、战术和技术分系统的划分、系统的技术体制、系统的信息关系、各分系统的体系结构和构成方法、系统数据设计、系统主要设备配置、系统研制进度计划、安全可靠性设计、系统研制经费估算以及效益评估等。

系统方案描述与设计是指挥信息系统建设的一项重要工作,应由有经验的、参加了该系统方案前期论证工作的系统分析人员来做,同时需要使用单位的密切配合,特别是使用单位具体业务人员的参加与合作。

对于不同层次、不同规模的系统,方案设计的内容和重点应有所区别。对于国家级和战区级的大型指挥信息系统,总体方案一般侧重于得到系统的概念模式和确定总体技术路线,以此来指导长远建设,具体的设计内容还要再撰写配套的详细设计方案或建设实施方案。对于较低层次或较小规模的指挥信息系统,可把技术设计作为主要内容进行细化,不一定要再单独撰写详细设计方案或建设实施方案。

9.6 指挥信息系统的方案评估

9.6.1 相关概念

本书并不涉及指挥信息系统评估技术的详细内容,事实上,本节仅讨论如何对指挥信息系统的分析设计方案进行评估,下面首先介绍一般的系统评估概念。

系统评估也称为系统评价,主要任务是对评估目标(通常是多种可相互比较的可行方案或系统),从政治、经济、社会、军事、技术等各方面进行综合考察和全面分析比较,为系统决策选择最优方案提供科学依据。

一般而言,系统评估的关键要素包括评估指标体系、评估模型和评估方法。其中,评估指标体系大多呈分层树状结构,由各种不同层次的指标构成,是对评估目标价值的分解与细化;指标是预期达到的标准或规格(如巡航导弹的最高飞行速度、打击精度等),往往需要能够做到量化分析,指标体系是指标及其相互之间关系的有机整体。评估模型通常与某个特定指标相关联,用于复杂指标价值的计算分析(如作战飞机隐身性能指标的评估模型、指挥信息系统分析设计方案的性价比评估模型等)。评估方法是系统评估的整体操作方法,规定了评估实施与汇总的过程、程序和详细步骤,包括对评估主体、评估目标、评估模型和评估指标体系的选取与确定,评估结果的生成方式等一系列内容。

总体而言,评估的主体是人,评估是以人为主导,运用各种方法与工具,试图进行相对客观的评价比较的一个分析过程。在评估过程中,作为评估主体的人的主观性是无法完全被排除的,随着评估目的与角度不同,自然会产生对系统的不同理解和评价结果。

可想而知,由于上述原因以及指挥信息系统本身的特性,对指挥信息系统进行评估就尤为复杂。如何评价指挥信息系统对军队作战能力的贡献,已经被认为是一个重要的科学难题。以外军为例,美国国防部就认为,这项工作如同开拓一个新的科学分支,需要定义全新的作战概念、度量准则、理论假设以及分析方法,以用来比较和确定不同的方案。为此,美国国防部曾于2004年通过指挥与控制研究计划(CCRP)向兰德公司下达研究任务,要求开发相关的方法和工具,以改进美军C4ISR能力及过程的评价方式。

经典的观点认为,指挥信息系统评估可分为两个层次:

(1) 性能层。系统性能是系统的单项指标,反映的是系统的某一属性。系统性能是针对特定产品的,如前所述,在指挥信息系统分析设计时,方案中应包括主要性能指标。当产品研制完成后,需要通过测试和试验来获得实际产品所达到的性能指标,并与设计方案比较,评价是否满足设计要求。

对于指挥信息系统而言,系统性能包括很多方面的内容(参见第3章),也可分为多个层次,不同层次的用户对系统性能的偏重程度是不一样的。

(2) 效能层。指挥信息系统效能是指在特定条件下,指挥信息系统执行规定任务所能达到预期目标的程度。因此,指挥信息系统的效能与特定的作战环境密切相关,具有本质上的动态性。指挥信息系统的各项性能指标或多或少地对作战效能产生一定影响,但在不同的战场环境下,系统各项性能指标对作战效能的影响是不一样的。所以,必须把指挥信息系统放到一定的作战环境中去评估分析其作战效能。

上面是指挥信息系统评估的相关概念,与其相比,作为指挥信息系统分析设计的关键环节之一,指挥信息系统方案评估工作的复杂度和难度要低很多,其目的主要是为了提高指挥信息系统分析设计的质量。

9.6.2　指挥信息系统方案评估方法

指挥信息系统的方案评估是指运用科学的评估方法,对备选的指挥信息系统分析设计方案进行全面考察和分析比较,以指出其缺陷和问题,评价方案设计质量,并提出改进意见的过程。

正如本章开始所言,指挥信息系统的设计开发往往必须在"标准化"、"产品化"和"用户定制"之间取得平衡,所以对其设计方案进行评估时,既要考察是否符合用户需求,设计指标和各项性能是否可用,还要考察方案的实施时间、费用和技术风险,是一项十分复杂的活动。

在具体实施指挥信息系统方案评估时,需要从建设目标与用户需求匹配程度(包括系统功能、规模、性能、效能等方面)、系统技术特征(所采用技术的先进性、复杂性和成熟性是否适当)、系统安全可靠性(指挥信息系统在这一方面尤其有特殊要求)、系统费效比(建设时间、经费投入、所需人力等)和系统建设风险等方面进行评估。

指挥信息系统方案评估方法总体上可以大体分为三类:解析方法、综合评估方法和基于仿真的评估方法,每类方法都有自己的长处和不足。

解析方法在系统规模较小,或系统功能较为专门,或只评估系统某一方面的特性时比较适用,可以在充分研究系统运行机理的基础上,为系统建立解析模型,将不同方案的设计参数指标输入模型,进行数学上的分析评估。如在导弹飞行姿态控制、战场传感器网络信息融合等领域的系统方案评估可考虑采用这一方法进行。当系统比较复杂,或系统规模较大时,随着系统解析模型复杂程度的提高,分析求解系统模型会越来越困难,这就限制了其在指挥信息系统方案评估中的应用。

综合评估方法是一种评估指挥信息系统方案的有效方法。可以在成熟解析模型的基础上,以"人"(领域专家)为主,在对系统考察目标充分分解和综合考虑的基础上,制定综合评估指标体系;并采用专家评议方法,在此基础上依次确定各项指标的权重,进行定量与定性相结合的单项指标考评打分,最后进行综合评价。在此过程中,可以运用各种改进的层次分析方法(Analytic Hierarchy Process,AHP),并以带反馈的多轮次方式进行。

基于仿真的评估方法通常是结合仿真环境和系统原型法进行,在长期积累的可靠仿真数据与仿真模型的支持下,通过将系统原型在仿真试验环境下进行运行分析,来对系统方案的某些重点特性或系统的整体运行效果进行技术评估。典型的代表有高速战斗机的风洞系统、防空指挥信息系统的仿真试验床等。

根据上述三类方法各自的优缺点,在评估一个复杂指挥信息系统的方案时,可以把几种方法结合在一起使用,三类方法可以考虑采用如下的结合模式:综合评估方法用来对系统方案进行整体度量,综合评估过程中所需的某些单项指标数据可通过仿真评估方法或解析评估方法获取,而解析方法既可用于系统中某些成熟关键部件的建模与评估分析,也可为仿真评估方法中的建模提供支撑。

参考文献

[1] 邝孔武,王晓敏. 信息系统分析与设计[M]. 2版. 北京:清华大学出版社,2002.
[2] 刘永. 信息系统分析与设计[M]. 北京:科学出版社,2002.
[3] 罗雪山,等. 指挥信息系统分析与设计[M]. 长沙:国防科技大学出版社,2008.
[4] 钱学森,等. 一个科学新领域—开放的复杂巨系统及其方法论[J]. 自然杂志,1990. 13(1).
[5] C4ISR Architecture Working Group. C4ISR Architecture Framework Version 2.0[EB/DK]. C4ISR Architecture Working Group,December 18,1997.
[6] DoD Architecture Framework Working Group. DoD Architecture Framework. Version 1.0[EB/DK]. DoD Architecture Framework Working Group,August 15,2003.
[7] DoD Architecture Framework Working Group. DoD Architecture Framework. Version 1.5[EB/DK]. DoD Architecture Framework Working Group,April 23,2007.
[8] DoD Architecture Framework Working Group. DoD Architecture Framework. Version 2.0[EB/DK]. DoD Architecture Framework Working Group,May 28,2009.
[9] 竺南直,朱德成. 指挥自动化系统工程[M]. 北京:电子工业出版社,2001.
[10] 阎福旺等. 系统集成技术[M]. 北京:海洋出版社,2000.
[11] 王智学等. 指挥信息系统需求工程方法[M]. 北京:国防工业出版社,2012.
[12] 周之英. 现代软件工程[M]. 北京:科学出版社,2000.
[13] 郑人杰,殷人昆. 软件工程概论[M]. 北京:清华大学出版社,1998.
[14] 罗雪山,罗爱民,等. 军事信息系统体系结构技术[M]. 北京:国防工业出版社,2010.

思考题

1. 指挥信息系统的生命周期一般可以划分为哪五个阶段?相应地,指挥信息系统开发的一般过程是什么?

2. 指挥信息系统分析阶段的主要任务是什么?

3. 指挥信息系统设计阶段的主要任务是什么?

4. 指挥信息系统分析设计工作的关键环节有哪些?

5. 试简要比较本章介绍的三种指挥信息系统方案分析设计方法。

6. 试举例说明数据流图的画法。

7. 结合指挥信息系统实例,阐述IDEF0建模的主要功能。

8. UML方法的静态和动态建模机制各包括哪些图?

9. 指挥信息系统需求与需求分析的概念是什么?

10. 试简要阐述指挥信息系统需求分析过程模型。

11. 体系结构的基本概念是什么?

12. 美军DoDAF 1.0中作战视图、系统视图、技术标准视图的主要作用以及三者之间的关系如何?

13. 美军DoDAF 2.0相对1.0版本主要有哪些变化?

14. 指挥信息系统设计方案一般包括哪些主要内容?

15. 对指挥信息系统方案评估的方法主要有哪几类,它们之间的关系如何?

第10章 外军的指挥信息系统

世界上主要国家和地区的军队一直大力开展指挥信息系统的建设,装备了多种级别多种类型的指挥信息系统。各国军队的指挥信息系统建设各具特色,亦有共同之处,其中,美军指挥信息系统建设水平最高,美军和俄军指挥信息系统的发展最具有代表性。因此,深入分析和研究外军指挥信息系统建设的经验和教训,以窥指挥信息系统建设的规律和未来发展趋势,对于我军指挥信息系统的建设具有非常重要的意义。

本章所指的外军是指我国大陆以外地区(或组织)的军队,包括美国、俄罗斯、日本等国家、北约组织以及我国台湾地区。

10.1 美军 C4ISR 系统

美军指挥信息系统一直处于世界先进水平,对指挥信息系统的建设起着引领和示范作用。1962 年,美国建成的防空指挥控制系统(Semi - Automatic Ground Environment, SAGE)是国际上公认的指挥信息系统的先驱。随后,美军指挥信息系统建设经历了海湾战争前的军兵种系统独立建设的形成阶段、20 世纪 90 年代开始的军兵种系统集成建设阶段、21 世纪以来体系功能整体融合的一体化发展阶段。半个多世纪以来,美军建设了从战略级到战术级、从全军到各军兵种,各种层级和类型的指挥信息系统,主要分为国家战略级指挥信息系统和军兵种指挥信息系统两大类。战略级指挥信息系统供战略统帅部对陆军、海军、空军、战略核力量进行指挥控制,军兵种指挥信息系统作为战略级指挥信息系统的分系统。本节重点介绍美军几类典型的指挥信息系统,例如全球军事指挥控制系统、全球指挥控制系统和联合指挥控制系统等战略级指挥信息系统,陆军全球指挥控制系统、陆军战术指挥控制系统、21 世纪部队旅以下部队作战指挥系统等军兵种典型指挥信息系统。

战略级指挥信息系统发展阶段如表 10-1 所列。

表 10-1 美军战略级指挥信息系统发展阶段表

项目 \ 总体思路	“灵活反应”战略	武士 C4I 计划	网络中心战 国防部体系结构
指挥信息系统	全球军事指挥控制系统 WWMCCS	全球指挥控制系统 GCCS	联合指挥控制系统 JC2
信息基础设施	通信基础设施	国防信息基础设施(DII)	全球信息栅格(GIG)
互操作能力	0 级(烟囱式)	1 ~2 级	3 ~4 级
构建基础	国防军事通信网	公共操作环境(COE)	网络中心企业服务(NECS)
服务时间	1968—1996 年	1996—2006 年	2006 年—今

互操作性(Interoperability)指为了有效地协同工作,两个系统之间数据共享和应用程序交互操作的能力。一般而言,可将系统互操作能力和互操作等级指标分为五级,即人工环境的隔离级互操作性(0级)、点到点环境的连接级互操作性(1级)、分布式环境的功能级互操作性(2级)、集成环境的领域级互操作性(3级)、全球环境的企业级互操作性(4级)。级别越高,互操作能力越强,如表10-2所列。

表10-2 互操作性等级

等　级	连接方式	功　能	共享内容
0	无直接的电子连接	通过人工或可移动媒介传输信息	无
1	通过电子线路连接	仅传输同构的数据类型	可交换一维信息
2	通过局域网连接	可传输异构的数据类型	共享系统间或功能间融合的信息
3	通过广域网连接	允许多个用户访问数据	共享数据
4	全信息空间相连	多个用户可同时访问复杂数据并交互	完全共享数据和应用

10.1.1 全球军事指挥控制系统(WWMCCS)

美军第一代战略C4ISR系统是“全球军事指挥控制系统(World - Wide Military Command and Control System,WWMCCS)”,该系统是美国在1962年古巴导弹危机时为适应肯尼迪总统的“灵活反应”战略而开始筹建的,自1968年初步建立至20世纪90年代完成。

WWMCCS的任务是保证美国国家军事当局在平时、危机时和全面战争时的各个阶段,不间断地指挥控制美国在全球各地部署的战略导弹、轰炸机和战略核潜艇部队,完成战略任务。为此,WWMCCS系统具有能提供情报收集、情报分析和评估、威胁判断及攻击预警、制定作战方案和作战计划、命令部队做出快速反应等功能。

WWMCCS包括10多个探测预警系统、30多个国家和战区级指挥中心和60多个通信系统,以及安装在这些指挥中心里的自动数据处理系统。这是一个规模庞大的多层次系统,部署在全球各地,并延伸到外层空间和海洋深处。

1)预警探测系统

预警探测系统用来监视有关情况、收集各种情报、提供攻击警报、防止战略突袭,由海上、地面、空中和太空中的雷达、红外和可见光侦察设备构成。主要包括支援计划预警卫星系统、弹道导弹预警系统、空间探测与跟踪系统、远程预警系统和北方警戒系统、超视距后向散射雷达系统、空中预警与控制系统和侦察卫星、“导航星”携带的核探测系统等。

2)指挥系统

WWMCCS有30多个指挥中心,服务于国家战略军事指挥。其中,国家指挥当局有4个地面(或地下)指挥中心,一个紧急机载指挥所和一个国家级地面移动指挥中心。

美国十分重视空中指挥中心的建设,认为在核战争中空中指挥中心具有较强的抗毁性。空中指挥中心主要包括三个部分:国家紧急机载指挥所;战略空军司令部的核攻击后指挥与控制系统;战区核部队总司令的空中指挥所,如太平洋总部的“蓝鹰”系统等。

美军的各指挥中心用国防军事通信网连接起来,各指挥所内除有各种通信设备外,主要包括各种计算机和显示设备,用来完成各种情报处理和显示。

3）通信系统

通信是指挥信息系统必不可少的要素，战略通信系统是整个战略 C4ISR 系统的“脉络”，用来在各指挥中心之间、指挥中心和探测系统之间、指挥中心和部队之间传送情报、下达命令、回报命令的执行情况等。WWMCCS 采用的通信手段包括卫星、国防通信系统以及极低频、甚低频、低频最低限度应急通信网，用于保障空中、地面、地下、水面、水下和太空中军事设施间不间断、安全可靠和快速的通信，甚至在遭到敌人核袭击后仍能生存。

4）信息处理系统

信息处理系统负责处理、存储、传输、显示各种信息，贯穿于所有系统之中，是整个指挥信息系统的“中枢神经”。

在 WWMCCS 建设的同时，美陆军、海军、空军和海军陆战队各自独立建设战役战术级指挥信息系统。在这期间，美军关注的重点是战略层次力量的联合，并未重视对战役战术力量进行联合作战指挥控制。在海湾战争中，各军种独立开发的“烟囱式”指挥信息系统，缺乏统一的整体设计，自成体系，表现出许多不足之处：各军种信息系统不能互连、互通、互操作；系统处理情报不及时，贻误战机；信息系统不能有效识别敌我，造成多起误伤。

这些因素成了新军事革命的导火线，美国军方深刻认识到必须建设全军一体化的指挥信息系统，把过去那种分立的“烟囱式”系统集成为分布式、横向互通的扁平式大系统。因此，美军参联会于 1992 年 2 月提出一个新的联合 C4I 结构计划，即武士 C4I 计划（C4I for The Warrior），旨在建立各军种一体化的指挥信息系统，使得各级指战员能在任何地方、任何时间获取所需的准确、完整、经融合的作战信息，从而最有效地完成作战任务。武士 C4I 计划是美国军事一体化信息系统发展的目标，以建立高性能、无缝、保密、互通的全球指控系统。为了实现武士 C4I 计划，美军开始建设全球指挥控制系统（Global Command and Control System，GCCS），以取代 WWMCCS。

10.1.2　全球指挥控制系统（GCCS）

全球指挥控制系统（GCCS）是美军第二代战略 C4ISR 系统，1996 年 8 月 30 号开始投入使用，形成初始作战能力，于 20 世纪末已逐步替代使用了 20 多年的 WWMCCS。GCCS 包括国防信息系统局（Defense Information System Agency，DISA）的联合指挥控制系统 GCCS－J、陆军全球指挥控制系统 GCCS－A、空军全球指挥控制系统 GCCS－AF 和海军/海军陆战队全球指挥控制系统 GCCS－M，为美军战略指挥机构提供作战、动员、部署、情报、后勤支援、人员管理六大类作战应用。

GCCS 是可互操作的、资源共享的、高度机动的、无缝连接任何一级 C4ISR 系统的、高生存能力的全球指挥控制系统，可以提供有效执行核、常规和特种作战的指挥控制手段。作为美军综合 C4ISR 系统的重要组成部分，GCCS 主要作用有：提高联合作战管理以及应急作战的能力；与联合作战部队、特种部队及联邦机构 C4I 系统连接；用于和平时期和战争时期制定作战计划和执行军事行动等。美军在全球 700 多个地区都安装了该系统，用其保障全球范围内部队的派遣和协调，实施危机管理和协调多军兵种/多国联合作战，可满足作战部队对无缝一体化指挥和控制的要求，显著增强了美军一体化联合指挥控制能力。

GCCS 是一个跨军（兵）种、跨功能的系统，通过公共操作环境（Common Operating Environment,COE),为指战员提供一个统一的战场态势图形。COE是构建诸军兵种联合指挥控制平台的基础环境,也是实现联合情报信息高度共享和联合指挥控制系统互操作的基础。

从系统架构上来看,GCCS是一种分布式系统,其最根本的互连机制是基于客户端/服务器模式的分布式网络,可保障指挥和控制功能的软件即数据分布在通过网络互联的异构与互操作的计算机上。该系统采用扁平式网络结构,通过卫星、无线通信和有线通信与遍布全球的50多个指挥中心连接,减少指挥层次,强化全系统的互通和互操作,支持各种级别的联合作战,以期实现在任何时间、任何地点向作战人员提供实时融合的战斗空间信息。

GCCS具有三层结构。最高层是国家汇接层,由国家指挥当局、国家军事指挥中心和战区总部及特种作战司令部等所属的9个分系统组成;中间层是战区和区域汇接层,由战区各军种司令部、特种/特遣部队司令部和各种作战保障部门指挥控制系统组成;最低层是战术层,由战区军种所属各系统组成。核心功能包括:应急计划、部署和控制部队、后勤保障、情报态势、通信、定位、火力支援、空中作战、战术图像、数据表示与处理、数据库、办公自动化等。GCCS由全球作战保障系统来补充、支持和增强作战能力,将人事、后勤、财务、采办、医疗及其他支援活动合并成一个跨职能的系统。

2003年,GCCS在全球部署完625个基地,美军利用GCCS只需要3min左右即可命令其全球战略部队进入战备状态。自2001年9月11日起,国防信息系统局已经对GCCS进行了27次修改,2006年发布了最终版本。

GCCS的建设除了通用部分外,还包括各军兵种的一些专用计划(或称为独立系统),如陆军的“企业(Enterprise)”计划、空军的“地平线(Horizon)”计划、海军的“奏鸣曲(Sonata)”计划和海军陆战队的“海龙(Sea Dragon)”计划。各军兵种在各自的计划下,开发出相应的战术级指挥信息系统,如陆军在开发陆军战斗指挥系统(ABCS)、空军在开发战区作战管理核心系统(TBMCS)、海军在开发海军战术指挥支援系统(NTCSS)和海军陆战队在开发战术战斗作战系统(TCOS),各系统之间的关系如表10-3所列。

表10-3 美军第二代战略级指挥信息系统GCCS

	总体思路	战略级指挥信息系统	战术级指挥信息系统
全军	“武士C4I”计划	GCCS	——
陆军	“企业”计划	GCCS-A	陆军作战指挥系统(ABCS)
空军	“地平线”计划	GCCS-AF	战区作战管理核心系统(TBMCS)
海军	“奏鸣曲”计划	GCCS-M	海军战术指挥支援系统(NTCSS)
海军陆战队	“海龙”计划	GCCS-M	战术战斗作战系统(TCOS)

这些系统通过全球指挥控制系统提供的公共操作环境(COE)都能互通,都是按照一体化指挥信息系统的要求,在纵向和横向能够实现“三互”。此外,GCCS还包括“全球指挥控制系统——日本”、“全球指挥控制系统——韩国”以及用于战略核部队的“全球指挥控制系统——绝密”等系统,并与北约的指挥控制系统相连,从而实现各军种指挥信息系统的互通以及与盟军指挥信息系统的互通。

GCCS初步实现了美军各军兵种信息系统的互联互通,形成了一个无缝的全球信息系统,在一定程度上适应了联合作战的需求。GCCS 和 DII 在伊拉克战争中起了很大作用,但是也出现了很多问题:互操作能力仅达 1 ~ 2 级;远未达到端对端的能力;获取公共作战图像的差距相当大,例如 F - 16 飞机无法获得“爱国者”导弹系统的图像;美军各军兵种之间和美军与英军之间的敌我识别系统互不兼容。究其原因,美军发现各军兵种虽然在战略上实现了一体化,但是具体的战役战术中还是只能使用各自的系统,系统之间的互操作能力很差,这是由于各军种 GCCS 是为满足各自任务需要而开发的,缺乏联合互操作性和通用的数据结构,从而阻碍了联合部队各军种之间横向的信息交换及协作。为了克服系统缺陷,满足美军联合指挥控制的转型及能力要求,美军提出第三代联合作战指挥信息系统的研发计划。2004 年 3 月,负责美军 C4ISR 工作的国防信息系统局宣布在 GCCS 的基础上发展联合指挥控制系统(Joint Command and Control,JC2),以取代 GCCS。

10.1.3　联合指挥控制系统(JC2)

联合指挥控制系统(JC2)是美军继 WWMCCS、GCCS 之后的第三代战略级指挥信息系统,在 GCCS 以及其他系统的一些增量改进计划基础上研制而成,期望实现战略与战术之间的沟通,实现各级各类指挥信息系统的互操作,即实现真正的作战一体化。

JC2 的建设源自于网络中心战理论的提出和美军推行军事转型计划的需求,《2020 年联合构想》中,美军提出形成决策优势,以 GIG 和网络中心战为基础建设指挥信息系统。网络中心战的理论是将分散的各种探测系统、指挥控制系统和武器系统等集成为一个统一高效的作战体系,要求战场感知一体化、指挥控制一体化和火力打击一体化,实现以网络为中心,网络上的各系统和平台共享信息和资源,实施协同和联合作战。

美军期望 JC2 能用于战略、战役以及战术等所有的指挥层次,满足指挥官的各种作战指挥需求,即该系统不但能为国家军事指挥系统、美军各作战司令部、中央情报局等机构服务,也能为战场上的指挥员、作战人员(不论处于地面、水下、天空甚至太空,也不管什么时间、什么任务)提供战场综合态势、辅助决策、传送信息等服务。

JC2 要实现在任何时间、任何地点、任何信息的传递和处理,就必须构建连接到各个作战单元的基础网络,这主要依赖于美军构建的全球信息栅格(GIG),其为美军实现全球任意两点或多点之间的信息传输能力的基础设施。关于 GIG 的详细内容,请参见 10.1.4 节。

GCCS 构建在公共操作环境(COE)之上,而 COE 已不能满足建设 JC2 的需要,因此首先需将 GCCS 的公共操作环境转变为一系列以网络为中心的服务,即网络中心企业服务(Net Centric Enterprise Services,NCES),实现信息和服务在提供者和用户之间无缝交换和使用。NCES 建立在 GIG 之上,为 JC2 提供包括安全、服务注册、发现服务、告警、协作、消息、存储、中介、报告解析、数据融合、轨迹管理、COP 分发、企业服务管理在内的各种的服务,为 JC2 的指控决策支持、训练和办公自动化提供支撑。

JC2 作战视图分为四个层次,基于 NCES 开发的 JC2 的作战体系结构如图 10-1 所示。底层是网络中心企业服务(NCES);第二层是作战时的相关信息共享;第三层是协同协作环境,供不同作战实体进行合作、协调与指导;顶层是涉及作战指挥的各个模块,包括情报、预警、监视、侦查、ISR 管理、作战计划决策(Continuity of Operations Plan ,COOP)、兵力部署计划的制定和实施、联合作战计划的制定和实施、保障计划的制定和实施、战略计划制定与实施。

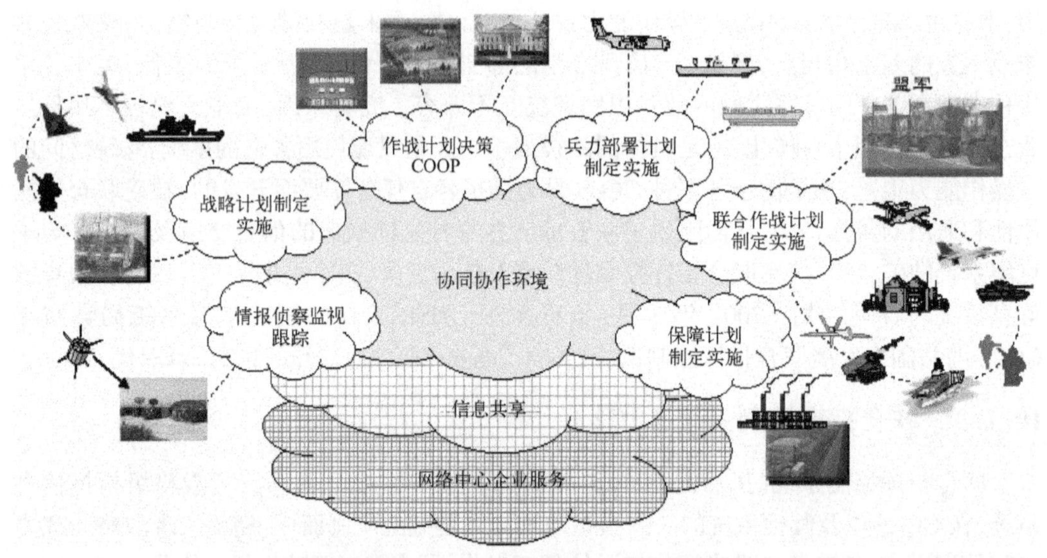

图10-1　基于NCES开发的JC2作战体系结构

在NCES的基础上JC2能够为国家最高指挥当局、联合部队指挥官以及其他参谋机构提供如下方面的指挥控制能力支持:兵力准备,兵力计划、部署、维护,战场态势感知,情报获取及处理,兵力保护,兵力运用,兵力机动,联合火力。

JC2的技术视图主要包括各个作战单元所涉及的技术,通过基础网络实现互联,主要包括:为作战支持中心提供情报、后勤、分析;为作战部队提供公共作战图像、信息共享、计划、执行状态、合作;为作战士兵提供掌上电脑、无线网络等。这些作战单元都通过协作进行会话。

JC2的物理视图是采用Web Service技术的三层软件体系结构。底层是JC2的数据层;中层是JC2的应用层,主要通过抽取底层的数据,提供一些基本的任务应用;顶层是JC2的表现层,该层提供面向用户的接口,用户通过接口实现对作战的指挥控制。

从技术的角度来看,JC2包含数据传输基础设施、操作系统、Web服务、应用程序和数据等部分,采用面向服务的体系结构(SOA),在统一技术体制和开放式体系结构的前提下,实现了功能的服务化,使数据和应用相分离,实现系统与系统之间以及系统内部的松耦合,为应用程序的重用建立了"即插即用"的环境;联合开发与验证环境,允许从作战的角度对产品进行迭代式的开发与测试,为系统的独立升级提供了保证,以便于未来对某一部分进行单独的升级和改进;采用Web技术,增强了系统对Web技术的应用能力,支持基于浏览器的用户接口。

纵观JC2的发展,GCCS向JC2的转变是一个渐进过程,由于其是在GCCS基础上的发展而来的,其发展过程主要体现在指挥信息系统和公共运行环境两个方面,其研制采用了螺旋式滚动发展的方式。2003年同步发布了GCCS3. X和COE3. X,2004年同步发布了GCCS4和COE4,2005年发布了GCCS5和NCES基础服务包,从2006年开始用JC2替代GCCS,用NCES替代COE,逐步发布GCCS和NCES的多个版本,渐进式地完善和提高GCCS和NCES的能力和功能,并最终形成成熟的JC2系统。

与GCCS相比,JC2的改造主要基于两个方面:一是实现指挥控制系统体系结构和组件的现代化，实现以GIG为中心的基础设施和实现端到端的系统能力；二是实现在决策优势上的改进，即连续、动态和端到端的支持，服务能力的紧密集成，联合和互操作能力的实现，进一步强调分布式协同和智能化决策来提升作战能力。

从组织结构看，JC2的组织和管理由国防信息系统局牵头，陆海空三军和海军陆战队参与完成。随着JC2的建设，各军兵种相应提出了许多新计划，如陆军发展"陆战网"，空军建设"星座网"，海军建设"部队网"，另外还包括"联合战术无线电系统"和"未来作战系统"等。按照要求，各军兵种指挥信息系统的开发采用了通用体系结构，以确保互操作能力，并计划于2020年前完成建设计划。

2006年3月，美国国防部将JC2更名为"网络驱动的指挥能力(Network Enabled Command Capability，NECC)"，该名称能更好地体现"向网络中心战转型"和"联合作战"概念。NECC顶层建设目标是提供从司令部到战区联合部队和下属司令部的无缝的联合指挥控制。NECC的实现途径包括：将GCCS－J和各军种的GCCS汇聚成一个通用体系结构，以及将全球通信卫星系统并入GCCS，成为它的组成部分；改进端到端的指挥控制能力，包括态势感知、情报和战备能力；向GIG网络中心企业服务体系结构过渡。

美军计划在2015年后所有的军事行动都通过JC2系统来实施指挥，但是临近2011财年，受全球经济危机和军事战略调整的影响，美国国防部开始对大型转型计划进行重新审查，到2010年2月1日和2日，美国陆续公布了《2010年四年防务审查报告》和2011财年国防预算，正式决定中止NECC计划。NECC计划被终止的深层原因主要在于：①美国政府的军事战略转型与军事需求转变。美国防部目前关注的重点是在非对称条件下，如何运用现役常规武器和系统有效应对在不同地区同时发生的多场战争，而NECC的超前发展特征已经难以与美国防部更加务实的战争策略和装备发展思路相吻合。②技术风险大、成本推升、进展缓慢。NECC计划启动之初预计耗时6年，耗资25亿美元，截止2011财年，NECC的实际花费已近10亿美元，性价比不高而风险过高、项目进展缓慢，最终导致NECC被终止。

美军中止NECC计划，并不意味着放弃联合指挥控制系统的转型，而是放弃"大跃进"式的转型战略，更加务实地处理战备与转型之间的关系。JC2和NECC是美军面向未来设计的系统，其研究具有一定的超前性；在发展的过程中，美军实际在用的GCCS也在同步完善和融合。GCCS作为美军在用的系统，其实用性使得GCCS能力又重新回到美国防信息系统局的转型计划，将原NECC计划中已经开发和交付的能力模块集成到GCCS中。美军把重点放在了对联合全球指挥控制系统(GCCS－J)的升级改造上，2013年签订了一份潜在价值为2.11亿美元的合同，为GCCS－J提供现代化改造和维护服务；同时，还制定了将GCCS过渡到未来联合指挥控制能力的长远计划，坚持向更强的网络中心能力发展。

10.1.4 全球信息栅格与联合信息环境

10.1.4.1 全球信息栅格概述

1999年9月22日，美国国防部首席信息官颁布了《全球信息栅格备忘录》，提出了全球信息栅格(Global Information Grid，GIG)的概念和适用范围。备忘录指出："我们计划通过GIG来实现信息优势",并认为"GIG政策是革新现有事务方法的基础"。美军开发GIG的目标是:"把适当的信息,在适当的时间和适当的地点,以适当的格式,传送给适当的作战人员和决策人员"。GIG通过呈现一个融合、实时、真实的三维战场空间,使作战人员不断保持信息优势,其核心是提供端到端的信息能力。

2000年3月31日,美国防部《GIG指南和政策备忘录》将全球信息栅格(GIG)定义为:"全球信息栅格由全球互连的一组端到端的信息能力、相关过程和人员构成,旨在收集、处理、存储、分发和管理信息,以满足作战人员、决策人员和保障人员的需要"。

GIG是实现网络中心战和其他优势的信息基础设施,包括为获取信息优势所必需的所有自有和租用的通信和计算系统与服务、软件(包括应用程序)、数据、安全服务以及其他有关服务,还包括国家安全系统。通过这个基础设施,作战人员和其他国防部用户可以在任何位置、任何时间利用保密话音、文本和视频业务快速共享所需信息。GIG支持战时和平时所有国家任务和职能(战略、战役、战术和业务级),能够为各作战单元(基地、指挥所、军营、驻地、设施、移动平台和现有阵地)提供信息服务,能为联盟、盟国和非国防部的用户与系统提供接口。

GIG是C4ISR概念的继续和发展,利用军用和商用技术为未来作战提供能实现广泛信息共享的信息支持能力。该项目是一个综合性的复杂大系统,既包含了国防部以前规划的项目,又有基于"全球信息栅格"体系结构提出的新建项目,预计2020年完成,总投资高达160亿美元,是迄今为止最全面、最庞大的美军信息化建设计划与工程,也是美军作战指挥系统方面迄今为止规模最大、涉及面最广的综合集成项目。截至2008年11月,GIG已经连接全球88个国家,3544个基地、岗营与哨所,支持所有军兵种的派遣部队和地区作战司令部的信息需求,拥有700余万部计算机,全天候运行,上千种作战和保障应用软件,可与保密与非保密网络连接,为超过200万人提供网络中心信息服务。

GIG虽然包含了通信网络、联合作战指挥控制、情报侦查、作战支援、后勤,以及陆军的"陆战网"、空军的"C2星座网"、海军的"力量网"和海军陆战队的"海军陆战队网",但本质上来说,GIG是构建一体化指挥信息系统的基础,而不是指挥信息系统本身,主要是为指挥信息系统提供信息支持,而不是代替各军兵种制订作战方案、发布作战命令、指挥部队行动,因此,与指挥信息系统的建设并不冲突。

10.1.4.2 GIG体系结构

GIG包括四类能力和七种基本功能:计算能力(包含处理功能和存储功能)、通信能力(包含传输功能)、表示能力(包含人与GIG间的交互功能)、网络运行能力(包含网络管理功能、信息分发管理功能、信息保障功能)。作战人员和各类系统用户随时随地都可以接入GIG,实现信息的收集、处理、存贮、分发和管理。GIG计划预计到2020年完成,在实施中各军种负责建设自己内部的栅格,国防信息系统局负责联通国防部各个部门的栅格,最终形成GIG。GIG是一个规模宏大的系统,包括所有军队专用的和租用的通信与计算系统,以及这些系统的各种软件、数据、应用、服务和保密业务。

1. GIG体系结构组成

美国国防部在1999年9月提出GIG的体系结构组成,包括作战应用、全球应用、计算、通信、基础、网络运作和信息管理等七个部分,如图10-2所示。

图10-2　全球信息栅格GIG体系结构组成

(1) 作战应用。在军事系统中,武器系统对于作战任务是否成功非常重要,在过去美军的平台中心战中,传感器与武器发射系统之间的链路纤细且缺乏时间保障,而GIG可提供融合、可靠、及时的信息,使指挥员通过传感器到发射器的高效连接,动态指挥军事力量来获取时效性,GIG可支撑飞机、火炮、潜艇、坦克、导弹等各种武器单元。

(2) 全球应用。全球应用包括全球指挥控制系统(GCCS)、全球作战支持系统(GCSS)、日常事务处理系统、医疗保障系统和后勤系统等。GCSS和GCCS是支持联合指挥控制和作战概念的两个关键应用,其中GCSS提供核算、金融、人员和医疗等方面的信息,这对聚焦后勤的计划、部署、补给极为重要;GCCS提供广泛的全球端到端信息处理和分发的能力,支持态势感知、战备评价、行动过程开发等应用。

(3) 计算。GIG的计算部分由硬件、软件、服务能力和过程组成,利用软硬件设备提供计算能力,包括用于存储/访问的共享数据仓库、软件发布、共享地图服务、许可服务、电子邮件传递,Web服务、共享信息和想法的协作服务和通用目录的搜索服务等。这些服务将为美国军队发送及使用不间断的信息,与此同时阻止敌军的这种能力。

(4) 通信。美军认为,为了支持当前甚至更远的联合作战人员,用于信息的传输和处理的、可互操作的、可靠的、端对端的传输网络是至关重要的。在美军GIG的通信部分中,要求所有的信息和数据是端对端可得到的,并且支持所有存在的使命需求,而不管环境如何。通信部分综合利用国防部通信和商用通信系统为国防部所有用户提供通用的信息传输服务、包括光纤通信、卫星通信、无线通信、国防信息系统网、无线电网、移动用户业务和远程接入等。

(5) 基础。GIG的基础包括条令、政策、管理方法、训练、工程、资源、一致性、标准、体系结构和测试等内容,这些元素在GIG的实际应用中是必不可少的。如GIG需要多个数据源,以确保信息的精确,为确保决策过程的科学性,还需要建模与仿真及决策支持系统的支持。GIG通过一系列的政策和标准,为建立互操作的、安全的国防部网络化机构奠定基础。

(6) 网络运作。为全球应用、各级作战人员、各军种、各部门提供的跨 GIG 的服务提供集成的、无缝的端对端管理,通过网络管理、信息分发管理和信息保障等三方面网络运作内容确保 GIG 的有效运作。

(7) 信息管理。信息管理的定义为“在信息的整个生命周期(如产生、收集、处理、分发、使用、存储和配置)内对信息的计划、预算、操纵、控制。”它使得授权人员能够在任何地方进入所需的数据库,获取经过优化和具有优先级的相关信息。

美国参联会于 2006 年 3 月 20 日颁发的《JP6 - 0:联合通信系统(*Joint Communication System*)》中,对 GIG 的上述七个部分又进行了详细定义和描述。

2. GIG 体系结构系统参考模型

2001 年 7 月,美军遵循国防部《C4ISR 体系结构框架》2.0 版的要求,开发《全球信息栅格体系结构 1.0 版》,定义了完成任务所需的各种行动、相关信息交换和保障系统能力等,描述了特定条件下联合特遣部队如何执行想定任务,以及为联合特遣部队提供支持,需要国防部在特定功能领域内采取何种行动、具备何种相关信息能力与系统能力。为了使 GIG 的发展与作战需求、技术发展相同步,2002 年 11 月,美国国防部公布了《GIG 体系结构主导计划》,规定了 GIG 体系结构开发、管理和应用的全过程,并将其用于指导开发 GIG 体系结构的各个版本,2003 年 8 月,《GIG 体系结构 2.0 版》的最终版公布。

《GIG 体系结构主导计划》给出了 GIG 体系结构系统参考模型,该参考模型把 GIG 分为五个层次,第一层是由计算和通信资源组成的核心基础部分;第二层是保障 GIG 信息服务和业务功能服务的网络运作层,由信息保障服务、计算和网络管理服务以及信息分发服务构成;第三层是由全球和功能领域应用组成的系统应用层;第四层是信息管理层,为各类信息资源提供组织和管控功能;第五层是包括作战部队和其他的国家安全部门在内的 GIG 用户层。

随着 GIG 体系结构的开发,美军相继颁布了多个版本的网络中心战参考模型,并将网络中心战参考模型的开发过程中一些好的经验及时反映到 GIG 体系结构的开发过程中。修改的 GIG 体系结构系统参考模型体现了以网络为中心转型和面向服务的思想。一是在原来“网络运作层”增加了“核心全局服务”,强调了核心全局服务的重要性;二是采用网络中心数据策略思想,增加了数据共享机制,将原系统内的数据划分为全局数据、COI 数据和私有数据三类。全局数据是整个国防部范围内所共享的数据;COI 数据是任务共同体内拥有的数据;私有数据是本级系统内使用的数据。

3. 目标 GIG 体系结构系统构想

2007 年 6 月,美国国防部发布《GIG 体系结构构想》1.0 版,其副标题为“以网络为中心、面向服务的国防部全局体系结构设想”。该文件认为目标 GIG 不同于以往信息系统,是一个动态、不断演进的系统,不可能一次建成。最初的 GIG 在组织结构和功能上仍然是“烟囱式”系统,是静态的,不是动态的,无法快速适应并做出调整以满足非预期的用户需求。最重要的是,最初的 GIG 不能支持网络中心作战,不能支持作战人员、业务人员和情报人员充分利用信息的能力。

为了满足国防部日益增长的信息需求以及未来作战概念,GIG 必须进行重大转型,转型的一个重要内容是信息和服务的交换与管理的支持方式。该设想提出,未来的GIG将通过明确定义的接口,在所有国防部用户之间以及国防部用户与任务伙伴之间,使所有信息和服务都具有可发现、可接入、可共享和可理解能力,并且将这些能力扩展到非预期的用户。未来还将可提供任务保障,也就是在可信和可互操作的网络上提供信息共享及信息保障。因此,GIG将支持并实现快速响应的、敏捷的、自适应的、以信息为中心的作战行动。

《GIG体系结构构想》1.0版给出的目标GIG系统构想,如图10-3所示,包括通信基础设施,计算基础设施,核心全局服务基础设施,信息安保基础设施,网络运作基础设施,应用、服务与信息和人机交互七个部分。

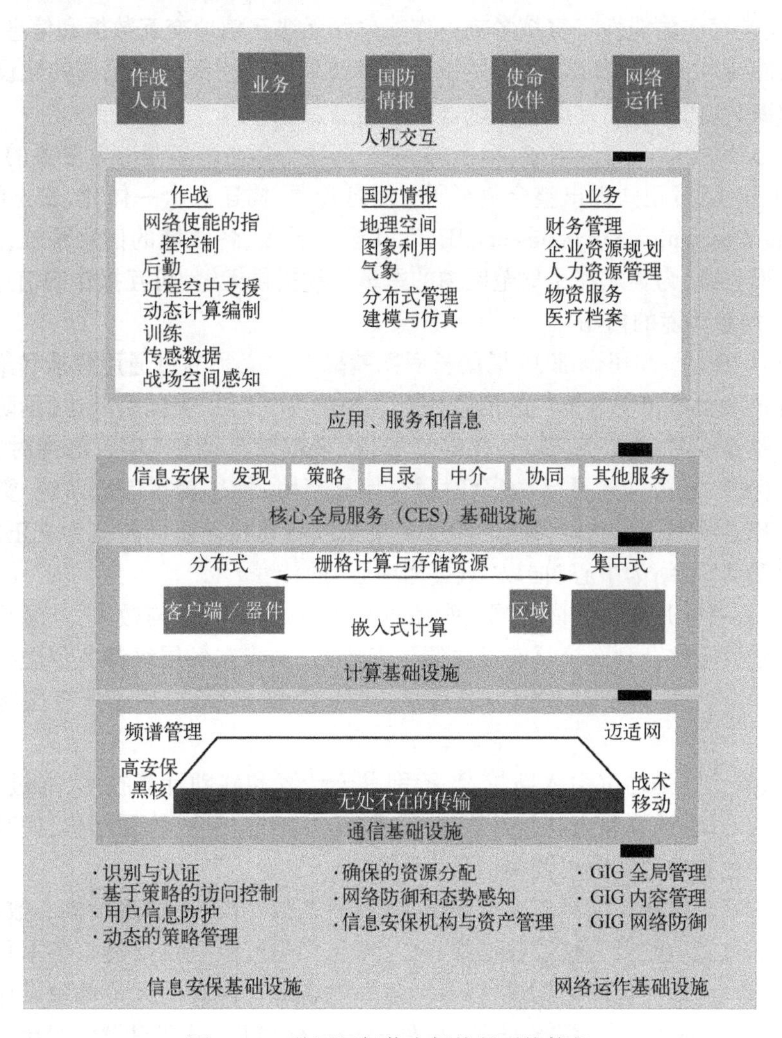

图10-3 美军目标信息栅格的系统构想

GIG目标体系结构支撑的能力包括:信息共享能力将得到提高;信息资源和信息形式及相关专业知识将得到极大扩展,可支持快速的协作型决策;高度灵活的、动态的和可互操作的通信、计算和信息基础设施,将能够响应快速变化的作战需求;信息保障能力能够随时随地在恰当的时间和地点,使用正确的、恰当的信息完成指定的任务。

10.1.4.3 联合信息环境

经过近20年的C4ISR系统一体化建设,美军现阶段的信息网络特别是用于作战任务的网络,多是以部门或者军种为中心,导致信息基础设施无法高效支持联合作战,其"烟囱式"信息网络和系统仍然大量存在,不仅降低了系统安全性,制约了信息共享能力,且造成了大量资源浪费。其中,全球信息栅格的建设并未实现预期目标,其信息共享能力、海量数据管理能力与联合作战需求仍然存在较大差距,同时,由于网络规模和复杂度不断增大,导致网络风险日益突出。现有信息环境的各系统之间互操作性不足,意味着联合部队无法按照全球一体化作战的要求在各军兵种、任务领域、军事领域和组织之间实现信息共享;赛博安全存在脆弱性将直接影响各作战单元无法互信地交互数据和信息,联合部队也就无法实施全球一体化作战;进程缓慢和成本增高使得指挥信息系统的建设难以适应快速的技术变化,无法满足部队未来联合指挥的需要。

为满足2020年联合作战需求,标准的、统一的联合信息环境是非常必要的。因此,美国防部2011年12月正式提出整合美军所有信息资源,构建一个一体化、安全的"联合信息环境(Joint Information Environment,JIE)",实现各层级、各领域的信息系统、网络、服务等资源的全面整合,为美军在全球范围内的军事行动提供无缝、可互操作的信息服务。

1. 联合信息环境的内涵

2009年美国太平洋司令部J6局局长罗恩就提出:"必须通过通用标准和集中管理把美军的信息技术服务转变为单一的信息环境。"2011年12月,美国防部在《国防部信息技术领域战略及路线图》中明确提出,在继续进行"全球信息栅格"项目的同时,开发建设"联合信息环境",通过构建灵活、安全的联合信息环境,推进美军信息系统、资源的全面整合。这意味着美军信息基础设施的建设模式从部门间相互协同转变为真正的一体化,也意味着美军从"网络为中心"向以"数据为中心"的转变。

JIE的最终目标是提高国防部网络和信息资源的效用、安全与效率,其思路是将美军所有信息基础设施整合到一个具有极强的防御能力、并能在各层级都实现虚拟统一的全球网络架构中,进而实现资源和服务的共建、共享、互操作,可以用于所有国防部的作战任务。

JIE的实现途径是通过引入新技术,特别是云计算和移动计算技术,通过整合、优化国防部所有的通信、计算和企业服务等IT资源,统一标准,统一体系结构,使其聚合成为一个所有执行任务的部队都可使用的联合平台。

美军要求联合信息环境具有三个突出特点:一是数据统一,即建设核心数据中心集,通过将重要信息能力整合为核心数据中心集,作为共用资源提供给美军各军种和各级机构;二是网络统一,即简化网络构成,以一个独立网络取代现有的大量单独设计和管理的网络;三是系统统一,即实现系统、设施、软件的全面标准化,提高建设效费比。美军还提出,在未来联合信息环境下,美军作战指挥员要能够实时了解关键链路和节点上正在发生的情况。

JIE将使美军的部队能够在其驻地与部署地点间无缝地传输数据和命令,允许部队无缝使用共享的战场工具,从而提高指挥官和作战人员的指挥控制能力。JIE的关键优势在于能够将军事网络延伸到战术前沿,这是美国防部目前无法做到的。

2. 联合信息环境的技术特点

为了实施和实现联合信息环境,自2012年以来,美国国防部发布了多份有关联合信息环境的战略和指南,阐述了联合信息环境的九种重要的技术特点。

(1) 单一安全体系结构(Single Security Architecture,SSA)。SSA是一个通用的国防部安全体系结构,主要构建跨部门、跨机构的联合防护机制,可提高国防部联合安全防御能力。统一的安全体系结构将大幅降低网络复杂度、显著提高安全管理的效费比;转变移动设备、嵌入式系统等的安全劣势;对赛博攻击能更好地拦截;便于标准化管理,对运行安全和技术安全进行控制。

(2) 最优化的网络。实现最优化的网络,将减少网络的数量,允许多个相互独立的网络之间共享资源。最优化的网络采用共享的信息技术基础设施和企业服务,瘦客户端的技术,统一的通信、电子邮件和云计算服务等。最优化网络的基本特征是提供一个单一的已防护的信息环境,把作战人员安全地、可靠地、无缝地互联在一起。

(3) 识别和访问控制(Identity and Access Management,IdAM)。IdAM是国防部信息保障的重要组成部分,包含数字身份管理、用户身份认证、授权用户资源访问三个部分,将通过生成唯一和可追溯的"身份"特征,来管理网络上的所有人员和系统。IdAM与现有的访问控制功能配合使用,确保经过授权的人员和系统能够在任何地点、任何时间快速访问和获取所需信息。

(4) 数据中心整合。数据中心整合将促进国防部的数据向标准化的计算体系结构转移。整合完成后,不仅能增强信息服务的功能和使用效率,且能大幅缩小易受攻击"界面"、提高可靠性。

(5) 云计算。云计算技术是JIE的核心支撑技术,JIE的云计算方式是开发"敏捷性联合部队2020"的关键核心推动力量,在JIE云中可以实现联合部队的信息共享以及部队通信的安全无缝移动。通过几千个共享计算机构建云计算环境,同时要考虑赛博安全、柔性可扩展、故障冗余以及应用软件移植等因素,只有大量使用基于云计算的技术,才能使大量冗余服务器的军事信息系统服务端敏捷化。

(6) 软件应用合理化与服务虚拟化。可以利用共用网络获取各种资源和应用服务,从而减少硬件建设和维护成本,提高资源利用率,实现高效费比的信息服务能力。

(7) 工作台面虚拟化与廋客户端环境。在该种模式下,所有的应用程序运行都在服务器端进行,使用将更加安全,同时可以减少维护成本,扩充规模也更加简单。

(8) 移动服务。JIE通信和网络体系结构必须具备移动服务能力。移动技术将用于JIE的运行、安全与非安全通信的集成。移动计算也是JIE的核心支撑技术,只有大量应用便携智能移动设备,才能使现有的军事信息系统用户端敏捷化。

(9) 企业服务。开发和部署企业服务是JIE的重要组成部分,企业服务是由单一组织以通用的方式对跨领域的用户提供的服务,其范围非常宽,从关键的业务到办公室职能,再到作战应用都属于企业服务。

综上所述,JIE是一个联合的公共环境,建立在标准的规则基础上,采用开放的体系结构、共享的IT信息基础设施和企业服务,使用统一的身份识别和访问控制,构建出一个安全的、可防御的、冗余弹性的环境。

3. 联合信息环境的实现

JIE不是一个新的从头做起的项目,需要在现有的以网络为中心的项目和系统基础上,分步、分阶段,各部门齐头推进。从技术实现角度看,联合信息环境涉及安全、网络、服务、数据等领域,主要包括以下重点任务。

(1) 构建统一的安全体系结构。美军计划采取以下手段提高安全性:一是分离服务器与终端用户设备的信息流,确保拒止服务等网络攻击无法攻击核心设施;二是将任务相关、需求相同的不同个体在网上进行跨域集成,形成多个易于管理、安全可靠的"共同体",并强制使用一致的安全策略;三是放置网络安全监控"传感器",以实时监控并捕获异常流量;四是为负责网络运行防御的机构、人员提供统一的方法工具和运行模式。

(2) 标准化和优化企业网络系统。重点是利用云计算技术整合网络,减少网络数量,并在多个独立网络之间实现资源的共享和服务的共用。经过标准化和优化的网络将更易于实现信息基础设施和国防部信息服务的共享。美国防部通过基于云服务模式的信息基础设施来提供通用的通信、电子邮件等服务,进而实现网络架构的优化整合和信息资源的共享,提高网络服务的质量,降低人工和成本投入。

(3) 加强身份识别和访问控制。建立统一的身份识别和访问控制机制,确保可以从任何地方访问网络,提供基于属性的数据访问。所有接入JIE的设备、系统、应用和服务都必须经过以下几个步骤来实现IdAM:必须遵守JIE IdAM指南,包括其战略远景和目标、参考结构、实现指南、功能描述等,来实现IdAM标准的互操作性;采用IdAM数据方案和服务接口规范;尽可能采用公钥基础设施PKI认证;与企业IdAM数据集成等。

(4) 推进数据中心的整合。美国防部的数据中心规模庞大,截至2014财年还有2000个数据中心,为此,美国防部启动了数据中心整合计划,开始按照云服务交付模型建设"核心数据中心(Core Data Center,CDC)",计划到2017财年将数据中心减少到500个以下。数据中心的整合通过核心数据中心和JIE云实现,建立核心企业数据中心CDC标准,将数据中心合并计划变成每个部门的重点计划。核心数据中心作为国防部用户提高基于云的能力的基础,按照一体化的模式支援指挥所、营地和站点。国防部将继续整合计算能力,关闭与整合一部分数据中心,同时还要确定现有的哪些数据中心将被转移到JIE的核心数据中心。

联合信息环境建设主要有两个方面:一是使国防部更有效、更安全、更好地弥补基础设施的弱点,更好地应对网络威胁;二是简化、集成信息系统,实现信息系统的标准化、自动化,减少国防部信息基础设施的相关费用。

按照联合信息环境发展规划路线图,其建设分为规划、标准化、优化和维持四个阶段,时间跨度为2012~2018年。美国防部在重视联合信息环境的战略规划、组织管理、顶层设计的同时,启动了阶段性试点建设工作,并取得一系列实质性进展。

JIE第一、第二阶段的建设计划以欧洲地区网络和太平洋地区网络为试点。第一阶段建设目标已于2013年7月31日完成,首个企业运行中心在德国斯图加特建成,标志着JIE的第一个组件实现初始运行能力,也标志着美国防部信息网络运行和防御方式的根本性战略转变。2013年底,美军网络司令部开始建设首个全球性企业运行中心。截止到2014年1季度,国防部至少关闭了其1000余个数据中心中的277个;由于把重点放在部署处于战略位置的核心数据中心,国防部计划关闭更多的数据中心。2014年美陆军已迁移到国防企业电邮,美国空军网络集成中心人员也完成向空军网络的迁移。2014年后,JIE能力的提升更加侧重于保密方面,包括电子邮件。目前,美军正在制定联合信息环境要素的工程技术细节与体系结构细节,目标是使组织特殊的、现有的全方位防御系统转变成标准的、联合的地区防御系统,提高联合作战的互操作性和相互依赖性。

美军的目标是在2020年前,利用JIE使所有军种实现互联互通,以安全、高效的方式为作战人员提供所需的信息服务(愿景是"三个任意"——使美军的作战人员能够基于任意设备、在任意时间、在全球范围的任意地点获取所需信息),从而满足联合作战的需求。

10.1.5 陆军指挥信息系统

陆军指挥信息系统作为军兵种指挥信息系统的典型系统,亦随着战略级指挥信息系统的发展而不断演化。1965~1968年,美国陆军研制出由战术指挥系统、射击指挥系统和后勤物资保障系统组成的陆军自动化数据系统,是第一代陆军指挥信息系统。1979年陆军提出"陆军指挥控制管理计划",至1982年提出空地一体战理论后,建设了被称为"五角星"系统的陆军战术指挥控制系统(ATCCS),是第二代陆军指挥信息系统。到20世纪80年代末,美国陆军基本建成了各兵种和功能区具有一定纵向集成能力的战术级C3I系统,能够将体制内的传感器、指挥所和平台有机地联为一体。20世纪90年代中期,为适应信息化战争和数字化战场的要求,根据"武士"C4I计划,美国陆军1993年提出了"企业(Enterprise)" C4I计划,开始对各兵种信息系统装备进行横向集成建设,即采用开放式体系结构和模块化设计方法,通过战术互联网将升级改造后的第二代陆军战术指挥控制系统、新增系统与通信设备集成为陆军作战指挥系统(ABCS),是第三代陆军指挥信息系统。

10.1.5.1 陆军作战指挥系统(ABCS)

作为美国陆军的典型信息系统,陆军作战指挥系统(Army Battle Command system, ABCS)由三个层次、13个子系统组成,实现从国家指挥总部到班/排级的互联互通,其组成如图10-4所示。

第一层次是陆军全球指挥控制系统(GCCS-A),作为陆军的战略与战役指挥控制系统,用于战区和军以上部队,实现陆军与美军全球指挥控制系统直到国家指挥总部的互联互通。

第二层次是陆军战术指挥控制系统(ATCCS),由第二代陆军战术指挥控制系统升级而来,用于军至旅级部队,提供从军到营的指挥控制能力。

第三层次是21世纪部队旅及旅以下作战指挥系统(FBCB2),也属于核心指挥控制系统,用于旅及旅以下部队,为旅和旅以下部队直至单平台和单兵提供运动中实时、近实时态势感知与指挥控制信息。

1. 陆军全球指挥控制系统(Global Command and Control System Army,GCCS-A)

GCCS-A作为陆军指挥信息系统的战略层,通过国防信息基础设施(DII)向下与战术指挥控制系统(ATCCS)相衔接,将陆军各级作战部队与战略指挥机构连接起来,实现陆军战略指挥控制的基本功能,为战略指挥机构提供战备、计划、动员、部署部队和战争支援的功能;向战区指挥机构提供陆军部队状态以及提供动员、部署、指挥部队作战以及后

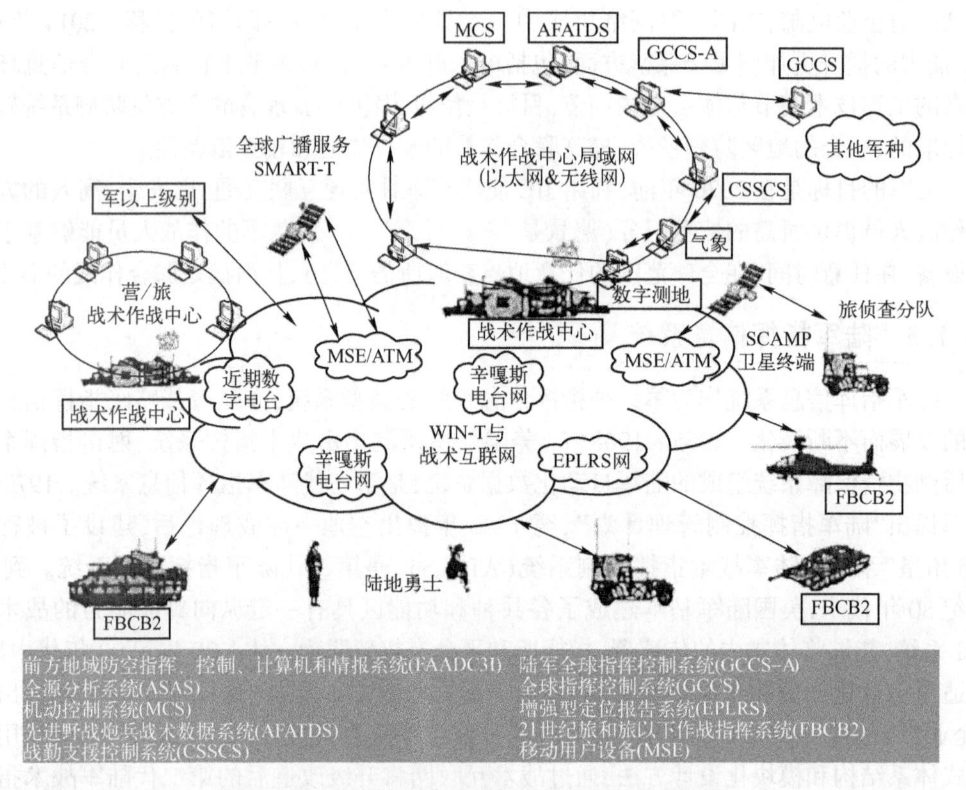

图10-4　美国陆军作战指挥系统框架结构示意图

勤支援功能。

GCCS-A主要包括以下组成部分。

(1) 战区指挥控制系统(Strategic Theater Command and Control System, STCCS)。STCCS是美国陆军战区指挥控制系统,是GCCS-A的子系统,具有平战管理和战时指挥功能,为战区指挥机构指挥军以上部队实施远程兵力投送、季节等作战准备行动,实施战场机动和作战。

STCCS采用开放式体系结构,使用通用硬件系统、公共操作环境,能够与GCCS-J和GCCS-A实现无缝对接。

(2) 全信源情报分析系统(All Source Analysis System, ASAS)。ASAS是系列化的情报处理与分发系统,使用于战区至旅级,战区级ASAS是根据战区司令部情报机构的需要定制的,为战区指挥机构提供及时的、准确的情报支持。

ASAS自身具有通信与情报处理能力,能够自动将侦察监视系统及其他情报来源获取的信息输入全信息源数据库,并能同时在多个分析工作站上分布式工作,生成战场态势、分发情报信息、辅助管理情报与电子战资源,提供作战安全支持,辅助欺骗和反情报作战。

(3) 军以上部队战斗勤务支援控制系统(Combat Service Support Control System, CSSCS)。CSSCS是美国陆军使用的后勤指挥控制系统,用于战区对军以上部队战斗勤务支援指挥控制,包括作战支援信息采集处理分系统、作战物资保障分系统、技术保障分系统、卫生勤务保障分系统及军事交通运输保障分系统。主要功能包括收集处理分析各种作战勤务信息、辅助后勤指挥官和参谋人员分析信息、制定计划和实施任务，为后勤部门提供访问作战指挥系统的渠道。

CSSCS由通用硬件系统、公共操作环境软件和计算机单元等功能模块组成。该系统使用标准装备，可兼容一般商用软件和设备，包括操作系统、图形、数据库管理系统、字处理、电子制表软件、通信、培训、维护诊断程序、各种存储设备、打印机、显示器及通信设备等。

2. 陆军战术指挥控制系统（Army Tactical Command and Control System，ATCCS）

ATCCS由"五角星"系统升级而成。"五角星"系统包括机动控制系统（MCS）、全信源分析系统（ASAS）、高级野战炮兵战术数据系统（AFATDS）、前沿防空指挥与情报系统（FAAD C3I）、战斗勤务支援控制系统（CSSCS）五个指挥控制系统，分别负责合同指挥、侦察情报、火力支援、野战防空和后勤支援等各个方面；还包括陆军数据分发系统、移动用户设备和单信道地面和机载无线电系统三个通信系统以及一个解决通用性的公共软硬件项目。

升级后的陆军战术指挥控制系统，主要包括机动控制系统（MCS）、全信源分析系统（ASAS）、高级野战炮兵战术数据系统（AFATDS）、防空反导计划控制系统（AMDPCS，由前沿防空指挥与情报系统FAAD C3I改进而来）、战场指挥与勤务支援系统（BCS3，由战斗勤务支援控制系统改进而来）五个核心指挥控制系统，和数字地形支援系统（DTSS）、综合气象系统（IMETS）、一体化战术空域系统（TAIS）、综合控制系统（ISYSCON）四个为上述核心指挥控制系统提供相关数据支撑的通用作战支援系统。

（1）机动控制系统（MCS）。MCS是一个从军到营的自动化指挥系统，用于帮助机动指挥官及其作战参谋控制作战部队。通过该系统，指挥参谋能收集、存储、处理、显示和发布重要战场信息，并制定和交流战斗计划、命令，以及敌、友方的状况报告。

（2）全信源分析系统（ASAS）。ASAS是师、旅和营的情报系统，负责组织和处理多种渠道来源的信息，保证对敌方态势信息的不断更新，其信息源从单兵到侦察卫星不等。

（3）高级野战炮兵战术数据系统（AFATDS）。AFATDS能实现对包括空中打击和海上火炮在内的所有战术间瞄火力的自动控制，有助于指挥官确定打击敌方目标的最佳射击平台和弹药搭配，可实现炮兵火力计划与协调的自动化并为机动指挥官提供炮兵信息。

（4）防空反导计划控制系统（AMDPCS）。由前沿防空指挥与情报系统FAAD C3I改进而来，可实现防空以及防空火力单元与传感器的一体化，挫败敌方低空威胁和巡航导弹攻击，还能自动生成防空计划和设备状态报告。

（5）战场指挥与勤务支援系统（BCS3）。由战斗勤务支援控制系统（CSSCS）改进而来，是ATCCS系统的后勤支援功能部分，能生成当前态势下的供给、保养、运输、医疗和人员方面的信息以及未来作战的计划预测，为战斗勤务支援和部队指挥官及其参谋提供所需的勤务支援指挥和控制信息。

（6）通用作战支援系统。通用作战支援系统为以上五个核心指挥控制系统提供相关数据支撑，其中数字地形支援系统提供地理信息数据支持，综合气象系统提供气象数据支持，一体化战术空域系统与战术空军进行空地协同，综合控制系统对各个系统进行协调控制。

3. 21世纪部队旅及旅以下作战指挥系统(Force XXI Battle Command Brigade – and – Below, FBCB2)

FBCB2是美陆军为数字化战场量身定做的,是一个数字化的作战指挥信息系统,主要为战术系统、战斗支援和战斗勤务支援指挥官和士兵服务,向其提供综合的、运动中的实时和近实时作战指挥信息和态势感知能力,可以装备在单兵、坦克、战车、火炮和飞机等平台上。

FBCB2系统由计算机和硬件、系统操作软件、全球定位系统和网络通信设备组成,主要包括嵌入式计算机系统、数字化部队指挥软件系统、定位导航和报告系统、全球通信系统接口和数字化部队战斗识别系统五大系统。

嵌入式计算机系统包括一系列的硬件设备。

数字化部队指挥软件系统用于及时传送和接收命令、报告以及数据,所有装有软件的系统平台都能撰写、编辑、传递、接收、处理所有种类的消息,也可以选择针对某一特定任务的部分种类的消息。在战术互联网严格限制带宽的情况下,可以近实时地收发各种命令、报告和数据。

定位导航和报告系统向作战中的旅及旅以下作战人员提供近实时的数据分配和位置/导航服务,其功能包括传输火力请求信息、目标跟踪数据、情报数据、作战命令、报告、环境态势感知信息、战斗识别和指挥控制同步信息等。

全球通信系统接口采用互联网控制器和战术多网网关技术,把支撑ATCCS的"单信道地面和机载无线电系统"、"增强型定位报告系统"和"移动用户设备"三大战术通信系统互联起来,形成了目前的战术互联网单元。

数字化部队战斗识别系统提供一个通用数据库,能来存储自动更新的己方部队(蓝军)位置信息,为蓝军提供战术范围内的战场地貌和怀疑或已被确认的敌军(红军)位置。通过综合一些信息,FBCB2系统产生蓝军作战行动态势图,显示出相关的信息,标明用户当前的位置和所有已知的障碍物、敌军阵地等。

从功能上讲,FBCB2满足对战术级部队作战指挥的任务需求,主要具有四大功能。

(1) 提供态势感知。FBCB2数字化信息感知系统,可以将敌、我、友的位置信息以图像形式显示在电脑屏幕上,能够让美国陆军地面车辆、飞机和指挥中心近实时地看到同一副战场态势图,并向旅及旅以下部队直到单兵级提供动中实时和近实时的指挥信息和态势感知信息,同时利用无线电和卫星通信,根据单兵输入的信息不断更新战场态势。

(2) 共享战场空间。FBCB2可将卫星及空中侦察机获取的信息、地面部队以及美中央情报局等机构的信息进行融合,通过一套稳定的数字式无线信息传输网络,将大量数据瞬间传递给侦察机、特种部队及中央情报局的特工人员,由他们对搜集到的信息进行综合处理,并定期向网络上发送以更新信息,及时向所有用户提供当前的战场态势。

(3) 进行目标识别。FBCB2虽然不是一个敌我识别系统,也不是专为预防误伤事件而研制的,但对解决这一问题却大有帮助。由于加装设备延伸至作战平台甚至单兵,所以通过对目标GPS定位,就可以简单地判断目标敌我性质。

(4) 增强网络控制能力。在数字化战场上,士兵和指挥官主要依靠由FBCB2为指控核心的计算机网络。由于FBCB2系统的终端设备直接安装到步兵班的装甲车上,从而可将网络延伸到连、排级部队以至每个作战平台,克服了以往机动控制系统不能延伸到排、班的缺陷。

当然，FBCB2也有自身的缺陷，例如信息链容易被阻断，无线电通信系统容易被干扰，过分依赖全球定位系统等，但是在经过伊拉克实战检验后，其强大功能仍得到了美国军方的认可。该系统首次使营、连指挥官能够在地面机动车辆上制定作战计划、确定补给路线、下达作战任务、跟踪友军及敌军行动。在实战使用中，FBCB2将整个战场从最高司令部到最基层单位整合为有机整体，美国防部高级官员在2003年4月7日几乎可以实时观看到第3机步师第2旅开进巴格达。从2008年起，已经有超过67000台系统装备到美国陆军和海军陆战队。

作为未来联合作战旅及旅以下指挥信息系统的核心，美军正在持续改进FBCB2，主要包括升级软件系统、改进硬件性能、拓展通信能力。另外，美陆军FBCB2系统项目还将加强与战术信息网项目的工程设计合作，增加战术个人通信业务，使士兵能够在高速移动的战术环境中实现动中瞬时通信。根据实战经验，FBCB2正在向陆军和海军陆战队通用系统发展，被升级为一种界面更友好、功能更强大的通用态势感知/指挥控制系统，即联合作战指挥平台（JBC－P）。

ABCS的13个子系统通过战术互联网（TI）融合而成。战术互联网用于为ABCS提供通信保障，能基本满足师旅级作战指挥控制的要求。从提供使用层级可分为三类：第一类是为FBCB2提供通信保障的系统，第二类是连接营与旅指挥所的通信系统，第三类是连接旅、师和军的通信系统。

ABCS是美国陆军根据数字化建设需要为整个陆军研制的指挥控制系统，研制成功后首先装备数字化试点建设部队第4机步师试用，2001年11月1日起，该师成为第一个完成战斗准备的数字化师。2004年5月研制成功陆军作战指挥系统6.4版（ABCS6.4），使其各分系统完全实现了互联互通，第4机步师在数字化过程中存在的一些不足也逐步得以解决。随后，ABCS6.4于2004年应用到第3装甲骑兵团和第3军军部，于2005年应用到第3机步师和第101空中突击师，到2007年下半年应用到所有参加伊拉克战争和阿富汗战争的陆军师部和旅战斗队。到2009年年底，陆军现役师部和旅战斗队都已装备了ABCS6.4，初步实现了其最初制订的“2010年实现全陆军数字化”的建设目标。

10.1.5.2　陆军其他系统

1. 陆军未来作战系统（FCS）

作为“网络中心战”理念的重要实践，美军开发了陆军未来战斗系统（FCS）。FCS是由多种系统集成的多功能、网络化、轻型化以及机器人化的全新概念陆军武器系统，是一个由18个独立系统、网络和士兵通过先进的通信系统组成的大型系统。各种作战系统通过一种先进的网络体系结构连接在一起，使联合互通性、态势感知、态势理解以及同步作战能力达到前所未有的水平。FCS将作为一个多系统之系统来运作，它把现有的、目前正在开发的以及今后要开发的各类系统通过网络连接起来，满足陆军未来行动部队的要求。

FCS由“18＋1＋1”个分系统组成，它们包括无人值守地面传感器，两种自动弹药即非视距发射系统和智能弹药系统，排、连、营建制的四种无人驾驶飞行器，三种无人地面车辆即武装无人驾驶车辆、小型无人驾驶地面车辆、多功能通用/勤务和设备车辆，以及八种有人地面车辆(共计18个独立系统),再加上网络("18+1")以及士兵("18+1+1")。

FCS是陆军未来部队的核心构件,行动部队将包括三个装备有FCS的诸兵种合成营、一个非视距加农炮营、一个监视侦察和目标捕获中队、一个前方支援营、一个旅建制的情报和通信连及一个司令部连。装备FCS的行动部队将是陆军未来的战术级作战梯队,是补充主力联合作战小组的地面优势作战部队。它们最适于进攻性作战,但也能进行全频谱作战。FCS将在不降低杀伤性或生存能力的情况下改善地面作战编队的战略可部署能力和作战机动性。

使用未来战斗系统的士兵,通过网络系统能够获得周围战场态势的更精确图像。根据美国陆军的设想,未来战斗系统将使美陆军获得前所未有的强大火力、机动力和生存能力,能够遂行全频谱作战,能对付21世纪战场上的各种敌人,并能轻松取胜。

然而,由于FCS系统采用的技术过于先进,成熟度不高,而且运用庞大网络将FCS所有分系统融为一体的构想风险过大,FCS项目于2009年被取消。虽然FCS项目终止,但其传感器、无人空中与地面平台、非直瞄发射系统以及改进后的FCS网络继续保留,并融入陆军旅战斗队现代化项目。美军致力于2025年前将剩余的FCS系统转移到所有的73个旅战斗队,陆军的现代化建设依然任重而道远。

2. 陆军联合指挥控制系统

新一代陆军联合指挥控制系统JC2是在对GCCS-A以及其他系统的集成与改进的基础上发展而成的,包括将GCCS-A的基本软件系统进行改进与升级并移植到JC2,与陆军作战指挥系统的6.4版本进行集成,将ABCS系统正在进行的网络化改进以及各种网络服务环境移植到JC2,将"陆军未来战斗系统"FCS的一些功能移植到JC2。通过这一系列集成与移植,JC2将成为一个统一的陆军联合作战指控系统,主要供战区陆军司令部使用。

目前已装备的可部署联合指挥控制系统(Deployable JC2,DJC2)供战区陆军指挥机构使用。该系统是一个模块化的、集成的C2系统,使得指挥机构无论部署到全球任何地点都能在6~24小时内建立起一个基于计算机网络的设备齐全的司令部。DJC2包括核心配置、快速反应套件、先遣配置、空中机动配置、海上机动配置五种配置方案,能满足从先遣指挥小组到大型联合指挥控制中心的不同需求。

截至2011年,美军已经在美国和欧洲部署6套DJC2,用户包括美国南方司令部及其陆军司令部、太平洋司令部、非洲司令部的陆军司令部和海军陆战队第3远征部队等。曾于2009年"卡特里娜"飓风灾害后在新奥尔良用于救灾,在美国和海外多次用于军事演习。

3. 陆战网

2004年2月,美国陆军按照GIG的要求启动了本军种信息栅格"陆战网(Land War Net)"的建设,该网络涵盖陆军所有现役和在研的网络系统、基础架构、通信系统和应用系统,使从军事支援基地到前方部署部队的所有陆军网络都有机地融为一体,不仅可将作战指令即时传达至各作战单元,各作战单元也可随时向上级报告战场态势,并与兄弟部队建立良好的协作关系,从而使陆军整体作战力量实现全球范围的高度一体化。

2009年3月,美国陆军决定通过"全球网络企业化结构(GNEC)"完善"陆战网"。具体计划包括:采用工业标准和协议;加强数据中心建设;在各层次使用通用操作环境以加快软件运用开发速度；提高全球网络作战能力；不断开展操作评估来确定和改进网络战理论、战术、技术和规程；支持陆军网络司令部对陆军网络的使用和保护进行监管。“全球网络企业化结构”是一个专项、分时段、资源敏感、全陆军的网络战略，目的是将“陆战网”从松散的独立网络转变为一个真正具备全球作战能力的一体化网络，为部队提供从战术作战中心到移动中的指挥官再到徒步士兵的无缝网络集成能力。

在“全球网络企业化结构”下，理想“陆战网”的最终配置将主要由全球防御网、哨所/营地/站区网和部署战术网组成，确保陆军和任务伙伴能在正确的时间、正确的地点获得正确的信息，提高陆军的全球作战能力。全球防御网包括固定区域中枢网点、标准化战术登录网点、连接部署战术网络的远程端口、存有数据和运用程序的区域处理中心和陆军全球网络作战与安全中心，并负责“陆战网”的整体操作和防卫。哨所/营地/站区网和部署战术网负责提供与保存本地数据和运用程序，与全球防御网、陆军全球网络作战与安全中心链接并协助网络操作与防御。

到 2020 年，陆战网建成后将集成陆军所有网络和通信系统，包括陆军预备役部队的“陆军预备役部队网”、国民警卫队的“警卫队网”和“全球信息栅格—带宽扩展网（GIG - BE）”，以及“战术级作战人员信息网（WIN - T）”、“联合战术无线电系统（JTRS）”、移动和中继通信系统等。当前，陆军满足下一代作战需求的“陆战网”和“战术级作战人员信息网”、“联合战术无线电系统”等新一代信息系统的研发和集成建设正呈现出加速发展的趋势；深受好评的 FBCB2 系统也向陆军和海军陆战队通用系统发展，升级成功能更强大的“联合作战指挥平台（JBC - P）”。可以预期，到 2020 年前后，美国陆军指挥信息系统在一系列新技术和系统的支持下，基本达到“网络中心战”所要求的目标。

10.2　其他外军的指挥信息系统

在美国建立 SAGE 系统的同时，苏联建成了“天空一号”防空半自动化系统；北约建立了“纳其”防空自动化系统；日本建立了“巴其”基地防空地面设施。20 世纪 60 年代至 70 年代末的冷战时期，由于北约和华约军事集团的严重对峙，一些国家逐步重视指挥信息系统的建设，形成了战略与战术指挥信息系统同步发展的局面。美苏出于推行核威慑、核报复策略的需要，率先建成一批战略指挥信息系统。20 世纪 80 年代苏联的指挥信息系统也较先进，如苏联的导弹预警雷达网和莫斯科反弹道导弹防御体系都具有世界先进水平。进入 21 世纪以来，各个国家的指挥信息系统大多采用“陆海空天并重、多代并存、综合集成”的建设思路，呈现出从单一平台、单一系统向综合集成、信息共享转变的趋势。

10.2.1　俄军指挥信息系统

俄军将指挥信息系统称为“指挥自动化系统”，本章为了统一，仍使用“指挥信息系统”。俄军从苏联继承了大部分的指挥信息系统，是世界上唯一能与美军指挥信息系统抗衡的系统。俄军指挥信息系统起步于防空指挥控制系统，20 世纪 50 年代末成功研制了“天空一号”防空指挥自动化系统，20 世纪 60 年代末成功研制了世界上第一套弹道导弹防御指挥自动化系统。在 20 世纪 80 年代中期建立了一系列适应机动作战的战役、战术指挥信息系统，由指挥系统、情报收集系统和通信系统组成，主要任务是确保在遂行战役战术任务过程中,不间断地对参战部队实施指挥,其能力十分接近美国的战略指挥信息系统。20世纪80年代中期至90年代末指挥信息系统建设的亮点是北高加索军区“金合欢”区域指挥系统的研发,该系统集中了俄军最新研制的数字化指挥通信系统,并在第二次车臣战争中发挥了重要作用,其中暴露的问题也为后来俄军指挥信息系统更好地建设打下了基础。2000年以前俄军完成了战略级与战役战术级指挥信息系统的联网,从而避免了长期以来各自为战的被动局面。

进入21世纪,随着军事理论和建军方针的调整,俄军高度重视指挥信息系统的发展,陆续推出了一系列信息化建设专向纲要。俄军计划在2015年前建成新一代指挥和通信系统,在重点发展战略火箭军指挥信息系统、战略通信和空间预警系统等战略级系统的同时,积极发展战术指挥信息系统、地空导弹旅指挥信息系统、航空兵指挥引导系统。这些系统能够将各种防空兵器、技术装备与各级指挥机关联成一个整体,能在有线、无线和卫星等通信系统的支持下,实时收集、分析、传递大容量的情报信息,自动进行辅助决策,实施自动或人工干预指挥和自动控制,实现体系与体系的对抗和网络对抗,极大地提高了生存能力。

俄军在各个层次都建立了比较完善的指挥信息系统,可分为战略级、战役级和战术级指挥信息系统,系统中融入了统一的野战机动指挥所、空中指挥所、机动式指挥信息系统和一体化数字野战通信系统及技术设备。各个层次的指挥信息系统又可以与侦察预警系统和火力拦截系统等实现很好的信息互联互通,实现信息共享和防空体系的一体化建设。

10.2.1.1 俄军战略级指挥信息系统

战略级指挥信息系统由战略预警探测系统、指挥控制系统和战略通信系统组成,如图10-5所示。其主要任务是为用户提供语音、电报、数据、图像和视频通信业务,传递和交换各类作战指挥、作战保障和部队管理信息,保证国家最高指挥当局对战略核部队实施不间断的指挥控制。

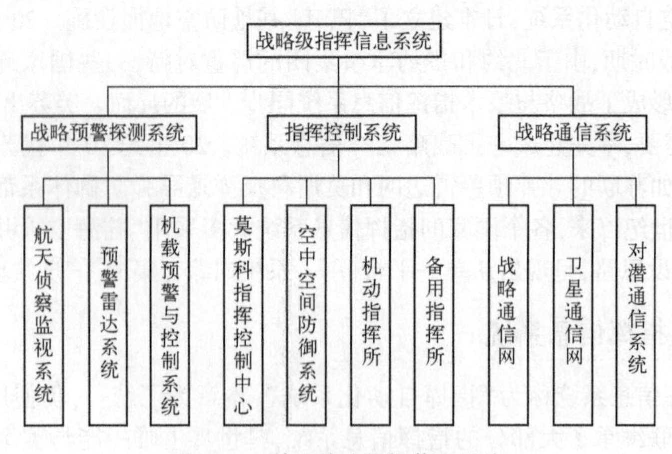

图10-5 俄军战略指挥信息系统

1. 战略预警探测系统

俄战略预警探测系统主要包括航天侦察监视系统、预警雷达系统和机载预警与探测系统，以应对来自各个方向的导弹攻击。

航天侦察监视系统主要是指战略预警卫星，由部署在高椭圆轨道上的“眼睛”卫星系统和部署在地球同步轨道上的“预测”卫星系统组成。这两代预警卫星协同工作，提供弹道导弹的天基预警能力。目前，俄军拥有 2006 年和 2007 年发射的两颗“眼睛”预警卫星，用于探测从美国本土发射的洲际弹道导弹和监视北大西洋的导弹发射。两颗“预测”预警卫星分别于 2001 年和 2008 年发射，可覆盖美国和中国领土以及可能发射潜射弹道导弹的海域。

预警雷达系统是一个全国规模的陆基防空雷达网，包括一万多部雷达，覆盖了苏联各加盟共和国。预警雷达系统包括多部后向散射超视距雷达、远程预警雷达和大型相控阵雷达，主要执行弹道导弹预警任务，并为莫斯科反导预警系统提供拦截所需的信息数据，其中有两套可监视我国部分地区及沿海的飞机、舰船和战略导弹的活动情况。目前俄拥有 9 座现役战略预警雷达站，其中境内 6 座，境外 3 座。为了摆脱对其他国家的依赖，俄军正加速发展新一代预警雷达“沃罗捏日 - DM”。

机载预警与探测系统安装在预警飞机上，主要对飞机、巡航导弹等空中目标进行预警和探测。目前，俄军预警机主要是 25 架 A - 50 和 A - 50U。A - 50 由伊尔 - 76 运输机改装而来，该预警机装备了高性能雷达，新型敌我识别系统和先进的电子战设备，能探测陆地、海面上空目标，探测距离为 620km，并能指挥引导米格 - 31 和苏 - 27 等飞机攻击来袭目标，对付低空飞行的巡航导弹。A - 50U 是 A - 50 的改进型号，可同时处理 100 个目标，指挥 12 架战斗机，对 40 个目标设施攻击。

2. 指挥控制系统

俄军战略指挥控制系统主要包括莫斯科指挥控制中心、空中空间防御系统、机动指挥所和备用指挥所。

莫斯科指挥控制中心为总统和国家军政首脑、各兵种司令部提供信息。在指挥控制中心，作战值班员和计算机专家以及分析研究军官时刻监视和获取各种信息，包括空间目标运动情况和各地面跟踪站状态及工作情况，跟踪站负责跟踪低轨道卫星和运载火箭的发射情况，及时显示、分析作战态势，并可直接向国防部长和总参谋长通话报告情况，以保证俄军高层能够及时对瞬息万变的情况做出及时的回应和正确的决策。2013 年，俄军建立“国家防御指挥中心”，以承担在战时及平时指挥和控制所有国防力量和武器的任务。

俄空中空间防御系统以防空军为基础，把各军种和军事航天力量合在一起，采取区域部署原则，在各防空地域内，根据统一的目标和计划，统一使用防空兵力兵器，综合利用各军种的空中空间侦察机构和防空系统。其主要装备是 S - 400 防空导弹系统，可以对付来自作战飞机、预警机、战术导弹和其他精确制导武器的空中威胁，能拦截和摧毁 400km 外的空中目标。针对美军“全球打击”构想，俄军计划在 2020 年前建立新一代的空中和空间防御系统，空中防御系统以 S - 400 为核心，空间防御系统以 S - 500 和现役导弹系统为核心，以应对来自空中和大气层外的新威胁。

机动指挥所可以增强指挥所的战时生存能力，分为车载指挥所、机载指挥所和舰载指挥所三类。车载指挥所包括预警车厢（警戒和防御系统）、发射车厢（发射装置和火箭系统）、指挥车厢（作战系统的控制中心）和通信车厢（配备现代化的通信技术装备），保证系统与高级指挥所不间断通信联络。机载指挥所有国家级和军区级两种，国家级供国家指挥当局、国防部和总参谋部以及各军种总部使用,由伊尔-76运输机改装而成。舰载指挥所供五大军种的下属部队和各战区、各军区司令部等使用,由两艘巡洋舰作为指挥舰,具有支援国家一级指挥控制和备用能力。

俄罗斯的备用指挥所通常配置有各种主要指挥设施和通信设备,并存有当前情况的情报数据。俄政府领导和指挥人员都有远离城市中心的备用加固指挥所,某些备用指挥所及其有关通信系统只有经过最高当局批准,并由总参谋部下令方可使用。

3. 战略通信系统

俄军战略通信系统继承了苏军军民共用通信系统的特点,同时把政府的通信设备也综合进去,主要包括战略通信网、卫星通信网和极低频对潜通信系统等。

俄军战略通信网主要是由国家公用电话网及各军种、战区的专用通信系统构成,冗余程度相当高。国家公用电话网平时和战时都可充分使用,各交换中心之间的传输干线也就是战略话音通信网的主干线。

俄军的战略通信主要依赖于卫星,包括战略通信卫星、战术通信卫星和数据中继卫星等,是俄军战略战术通信的重要手段。卫星通信网分三层不同轨道,第一层主要担负对舰和对潜通信;第二层主要担负战略通信任务,重点用于军事指挥、控制和通信;第三层主要担负军事通信任务。

对潜通信是俄军战略通信的重要组成部分,为了对导弹潜艇进行控制,海军总部乃至最高指挥当局必须能与潜艇部队保持联系,对潜通信至关重要。潜对岸通信是利用"闪电"卫星转发潜艇信息。岸对潜通信主要采用高频、特高频、低频、甚低频和极低频,在岸对潜和潜对岸之间建立双向通信线路。

10.2.1.2 俄军战术级指挥信息系统

俄军认为,战术级指挥信息系统是军队信息化建设的关键,是提升部队战斗力的基本依托。俄陆军指挥信息系统有"金合欢"战区指挥自动化系统、"林中旷地"系列防空指挥自动化系统、陆军战役战术导弹旅指挥自动化系统及炮兵射击指挥自动化系统。目前,俄陆军正在研制战术级统一指挥系统和战术级侦察指挥通信综合系统,前者供陆军、空降兵和海军陆战队旅级部队使用,后者供营以下分队使用。

俄军要求战术级统一指挥系统所有的指挥通信设备都配置在野战车辆上,各种作战和保障单元可在动态的战场上通过战术互联网实现互连互通,最终实现作战指挥、战场侦察、火力打击、对空防御、综合保障等各种功能的集成与融合,为各兵种指挥员明确任务、评估战场态势、做出合理的决定,组织和指挥所属部队、分队进行战斗准备和实施合成作战提供高效的指控手段。

在基本结构上,战术级指挥信息系统包括首长与参谋部分系统、侦查指挥分系统、炮兵指挥分系统、航空兵支援分系统、防空指挥分系统、无线电电子对抗分系统、工程保障分系统、后勤保障分系统和技术保障分系统等,通用于陆军、空降兵和内卫部队等作战部队。

新一代"星座M2"战术级指挥信息系统现已基本完成研制,共集成了1700件装备,并在演习中得到检验,证实系统的效能基本满足军方的要求,但也暴露出一些不足,其主要弱点是操作复杂、程序不完善和小故障频发。因此,经过改进后该系统便能够装备部队,与战略/战役级指挥自动化系统实现互连互通。作为提升"新面貌"旅战斗力的核心要素之一,"星座 M2"通用于陆军、空降兵和内卫军等旅级作战部队。系统的全部软硬件均可装配在移动指挥机、指挥参谋车和其他机动车辆上,分队和士兵设备由人员随身携带,各种作战和保障单元可在动态战场上通过战术互联网实现互连互通,将作战指挥、战场侦察、火力打击、对空防御和综合保障等功能融为一体。为与"星座 M2"系统建设相配套,俄陆军还为作战旅装备新型保密电台和其他现代化 C4I 装备,每个旅的 C4I 装备包括 3000 部保密电台、4000 台计算机以及编码与传输设备。

"巴尔瑙尔"新一代防空指挥信息系统主要用于装备防空旅及旅以下战术分队。该系统可与陆军所有类型的防空导弹系统和雷达系统兼容并协同工作,并可在任何战斗条件下有效保障通信和数据交换,提高防空兵战术分队对各种力量和武器装备的指挥效率、协调行动能力、机动能力和生存能力。与上一代指挥系统相比,"巴尔瑙尔 - T"指挥信息系统的情报信息搜集和处理时间缩短到原来的 20 ~ 30%;目标捕获、跟踪和显示的数量从 80 个增加到 255 个;可相互协同配合的单位从 7 个增加到 14 个,装备的种类也从 12 种增加到 51 种;具备了自动对弹道目标进行目标指示和分配的能力。

10.2.1.3 俄军指挥信息系统的发展

在车臣战争和俄格战争中,由于指挥控制系统的落后,导致俄军各参战部队协同不力,遭受重大损失。在认真总结这些教训的基础上,俄军更为深刻地意识到建立适应信息化时代联合作战要求的全军统一指挥自动化系统及信息网络的极端重要性和紧迫性。根据《2011—2020 年国家武器装备规划》,俄军计划于 2015—2020 年期间建成全军统一的自动化数字通信网络系统,并以此为基础建成新一代指挥自动化系统。在指挥自动化系统的建设中,俄军摒弃了过去按照军兵种和部门建设的原则,转而根据各部队的职能、所担负的作战任务构建跨军兵种、跨部门的功能性指挥自动化系统,并从体制建设和装备建设两方面予以保障。

体制建设方面,在通过"新面貌"军事改革所建立的全新联合作战指挥体制下,由于军兵种司令部已不再拥有作战指挥权,各军兵种力量也被纳入四大联合战略司令部,从而降低了各军兵种建立自身指挥所系统和指挥自动化系统的冲动,为在战略方向以下逐步配备统一的指挥自动化系统建立了良好的体制环境。

在装备建设方面,俄军正在逐步加强无线电侦察、通信、导航、电子对抗和部队及武器装备自动化指挥系统的融合,以期形成一个多功能、分布式的信息网络系统。在俄军看来,这一网络系统实质上是涵盖了所有指挥控制环节的"统一信息空间",可自动分析数据,对指挥员决策提供信息支持,传送各种作战命令和指示,并有效监督其执行情况。在重点方向上,俄军当前重点发展战略和战役层级的区域性指挥系统,并使之与整个自动化通信系统相结合,建立能在机动防御条件下对部队实施统一指挥的机动指挥系统,提高系统的综合一体化。与此相对应,海军除海基核力量外的大部分部队作为一般任务部队,建设重点也是战略级、战区级和战术级的指挥自动化系统。2011 年战略导弹部队的第四代指挥信息系统研制完成并开始列装。

在 2012 年规模最大、级别最高的"高加索 - 2012"演习中,俄军充分展示了近年来围绕"俄罗斯化"的网络中心战概念——"统一信息空间"取得的信息化建设成果,在部队指挥和武器控制层面真正贯彻了网络中心战原则,参演指挥机关和部队构建起了战场统一信息空间,表明俄军已基本具备在战略方向上建立从战略战役层级到战术层级的统一信息空间的能力,其网络中心战已脱离纸上谈兵阶段。

2012年5月,普京签署了一份关于军队发展和国防工业现代化的总统令,明确了下阶段俄军军事改革的重点。在指挥信息系统建设方面,其发展方向是加速推进武器装备的信息化建设以及加强各系统之间的互联互通,建立统一的指挥信息系统,实现各环节、各层级、各军兵种之间的有机融合。

10.2.2 北约C4ISR系统

北约(North Atlantic Treaty Organization,NATO)是北美与西欧主要发达国家为实现防卫协作而建立的一个国际军事集团组织,成立于1949年,开始有16个成员国,近年来随着北约东扩,已经有28个成员国。

尽管北约欧洲部分有统一的军事指挥体系,但在较长时期都缺少统一的指挥信息系统,作为一个组织,北约使用C3(协商(Consultation)、指挥(Command)和控制(Control))这一术语来代替C4ISR。北约指挥信息系统深受美军的影响,在建设方法和途径等方面虽有各自成员国的特点,但与美军有很多相似之处,目前已经拥有比较先进的指挥信息系统,包括综合通信系统、自动数据处理系统、指挥控制信息系统、防空指挥控制系统、敌我识别系统等。

北约军事战略为预防和处理地区性冲突的"全方位危机反应"战略,在保持有限核打击能力的情况下,将主要作战任务赋予常规部队,特别是陆、海、空低级梯队,因此北约的指挥信息系统主要是满足联合作战所需,重点是机动部队使用的指挥信息系统,以保证所有指挥信息系统与武器平台、作战单元之间的实时可靠的互通,使战术部队可在整个北约战区进行快速、频繁的机动,并能适应战争和军事环境的不断变化。

北约在加快适应联合作战的C4ISR系统的同时,还重视发展配套的单兵信息化武器系统。为了加强战术级系统的信息互通能力和一体化防空目标,提高部队的反应速度和战场态势感知能力,北约正在开发的系统有快速反应部队专用系统、北约防空指挥控制系统、战场互通计划、四国互通计划、战场信息收集与利用系统、新型战术互联网等。

10.2.2.1 北约指挥控制信息系统

1973年北约军事委员会提出指挥控制系统构想,随后为欧洲盟军司令部及其主要下属司令部的所有指挥控制系统提出一个统一的体系结构,并于1982年提出指挥保障方案作为北约统一指挥控制系统的基础。

根据指挥保障方案,首先确定了北约指挥控制信息系统的范围,该范围也适用于盟军各主要司令部至下属司令部的大概40个指挥中心。北约指挥控制信息系统的范围包括指挥中心的自动数据处理系统、计算机辅助电报处理系统、警戒通报系统、工作台、支援工作台,以及连接上述各个系统和工作台的指挥中心内部通信系统,但不包括指挥中心之间的通信系统。这样就明确了指挥控制系统必须具备的分系统,也明确了它与其他系统的界限。

在指挥控制信息系统中,各指挥中心的自动数据处理节点,通过北约综合通信系统提供的数据传送服务连成一体。这些节点采用模块式结构,实质上它们都是相同的,但实现方法根据具体司令部的业务而略有不同。自动数据处理节点分为固定式节点和移动式节点两种。指挥控制信息系统的软件分为两类,一类是公用软件包,用于有相同的数据处理要求的指挥中心,这些公用软件包能满足对应用软件提出的全部要求的80%,其余的软件包则是对数据处理有特殊要求的作战应用软件。

10.2.2.2 北约敌我识别系统

敌我识别能力是指挥信息系统必须具备的一种能力,尤其是对于具有多个盟国的北约,敌我识别能力显得就更为重要。然而,最近几次的战争表明,即使是美、英军队,其敌我识别能力仍然没有得到很好地解决,因此,北约更加重视敌我识别系统的建设。

北约空中敌我识别系统是MK12型敌我识别系统,主要用于飞行器识别。在MK12的基础上建成了北约新型敌我识别系统MK12A。各平台可实现空－空、空－地、空－海、海－空、海－海、地－空、地－地等全方位识别,能提高敌我识别系统的抗干扰与欺骗、抗侦收能力,增强敌我识别系统在各军兵种、盟军联合作战时的协同作战能力。截至2011年,全球60多个国家的多种平台安装了16000多台该系统。2014年2月,法国为其海军“戴高乐”号航母和两艘“地平线”级驱逐舰安装最新一代敌我识别系统(MK12,模式5),可使舰艇以最高的安全性、可靠性等级执行军事任务。

为了提升敌我识别系统的作战效能,北约正在试验一种新型的舰船识别技术,新设备安装在E－3预警机上。试验表明,该设备可有效地对水面上的舰只实现监测和识别,甚至能辨认出俄罗斯海军舰艇的型号。

为了加强北约在未来联合作战中陆战场的敌我识别能力,美、英、法、德四国进行了陆战场战车毫米波敌我识别系统新体制的研究,美国研制了“战场作战识别系统”;法国研制了“战场敌我识别系统”;英国研制了“毫米波目标识别隐蔽发射源”系统;德国研制了“目标敌我识别系统”。各国分别开发设备,但都以毫米波为主要技术体制,且遵循统一的北约标准,以保证在未来联合作战中能够互联、互通。美国海军陆战队的战车和直升机打算装备毫米波敌我识别系统,称为“车/机载式协同目标识别系统”。在多平台兼容的敌我识别系统方面,英国的“继承者”敌我识别系统,可以三军通用,可用于战斗机、战舰、潜艇、直升机、运输机以及导弹系统等多个武器平台。

此外,在单兵敌我识别问题上,美陆军的单兵敌我识别系统“陆地勇士作战识别系统”采用了世界上最先进的光电成像技术,使敌我识别能力大增。英国考虑将毫米波技术应用到单兵识别系统中,但是目前的单兵识别主要是单兵之间的敌我识别,对于坦克对单兵、武装直升机对单兵以及单兵对坦克之间的敌我识别技术将会是未来需要解决的问题。

在升级改造现有敌我识别系统的同时,北约国家还在积极研发新型的敌我识别设备:一是研发单兵识别专用设备;二是研发用于实时监测己方部队行动的战术级指挥信息系统。在未来,如何综合利用战场的各种资源和信息,从而建立全方位的战场一体化敌我识别系统,或许是一种重要趋势。

10.2.2.3 北约实战使用的C4ISR系统

北约在1998年3月举行的针对南联盟的军事演习中,启用了“初期联合空战中心能力系统"、"北约综合数据传输系统"以及"海上指挥控制信息系统"。这三个系统是在科索沃战争中首次投入实战使用的。

1. 初期联合空战中心能力系统

初期联合空战中心能力系统是信息处理系统,北约以美空军的相关系统为样板,于1994年开始研制这个系统。该系统主要有三个功能:一是制定空战命令和复杂的飞行计划;二是对空战进行实时监视,如目标跟踪、空域管理与后勤支援;三是显示陆、海、空和战区导弹防御圈。它使北约空中预警机、北约各级司令部、西欧盟国的初期联合空战中心、控制与报知中心、空军基地和场站、美空军的"紧急战区自动规划系统"、法国"福熙"号航母编队及美军参战舰艇互通。北约利用这个系统,将空中预警机等空中平台和法国、意大利、西班牙等国地面雷达收集的数据,组合成覆盖面广阔的空中态势图,为北约各级参战指挥官提供了大量的实时情报。

2. 北约综合数据传输系统

综合数据传输系统是依照美军"保密互联网协议互联网"建立的数据传输系统,是一个保密的宽带通信网。该系统的主要功能是收发雷达数据、指挥员命令、气象数据和各种图表等信息,可以使北约空中预警机、北约各级司令部、西欧盟国的初期联合空战中心、控制与报知中心、空军基地和场站、法国"福熙"号航母编队及美军参战舰艇互通。

3. 海上指挥控制信息系统

海上指挥控制信息系统是北约依照美军联合海上指挥控制系统建立的系统,是舰艇使用的主要指挥信息系统。该系统采用一种公共操作环境,每个用户都拥有自己特殊的指挥控制信息系统,各用户通过可控制的应用编程接口与公共操作环境连接。它可以把海上、陆上和空中图像融合在一起,并显示整个战场空间的通用作战态势图。

上述三个C4ISR系统通过以计算机为核心的信息处理设施,依托卫星、地面和空中通信、情报设施,在北约参战各国间建立一体化的指挥信息网络,对空、地、海、天、信息(含电磁)各领域的作战单元实施网络化的指挥控制和管理。

总的来看,这三个系统有三大特点:一是信息融合能力强,可以把海、陆、空战场态势以实时或近实时的方式连成一体;二是覆盖面广,提高了北约参战部队各军兵种指挥官的战场态势感知能力、协同指挥能力和部队的作战能力;三是战场通信手段多样化和一体化,使通信更加快捷可靠。

10.2.2.4 北约综合空中指挥与控制系统

虽然北约和各成员国都建立了自己的空中指挥和控制系统,但是该系统已经不能满足未来的需求。军方希望建立一种独立的综合防空系统,该系统将在北约防区内外为其提供制定计划、分派任务和执行战术空中作战的能力。为了支持这种广谱作战,北约一直在寻求提高指挥、控制、通信、计算/计算机、情报、监视与侦察(C4ISR)能力的设备。综合空中指挥与控制系统项目正是北约用来应对这一挑战的上上之选。

北约的空中指挥与控制系统历史可以追溯到20世纪90年代初,当时北约实施了一系列计划,旨在提高联盟成员之间的互操作性,同时提高成员国指挥、控制、通信、计算机、情报、监视与侦察能力。综合空中指挥与控制系统将是一个具有高度互操作性、高度整合的空中指挥与控制系统,以通用核心软件、开放式架构和全系统的人机界面为特色。除了提供这些必要的能力以支持关键任务外,该系统将通过一种共同支助方式和更多资源共享的机会来节省资金,同时降低北约的人员、备件和维护成本。人们希望,土耳其的综合空中指挥与控制系统操作员将能够在法国或任何其他北约国家操作同一个系统,反之亦然。

该系统虽然在探测能力方面没有提升,但是远程管理大量功能的能力得到了提高,并具备在一个独立的工作站为操作员提供整个世界的信息以及可能发生事件的能力。

综合空中指挥与控制系统分成两个紧密结合的主要实体:一个是实时任务执行组件,结合了空中控制中心、空图生成中心和传感器数据合成站点的功能;另一个组件称为联合空中作战中心,负责处理非实时北约空中资产关键计划的制定以及任务分配,并负责执行该任务。实时任务执行组件及联合空中作战中心共享一个共同的数据库,这意味着实时与非实时规划之间实现了无缝过渡。为了支持北约防区外任务,将部署移动式综合空中指挥与控制系统,以提供作战计划制定和任务分配能力,实时任务执行组件将为北约的操作人员提供管理传感器、监测数据链路、识别敌我以及控制飞机和防空导弹的能力。

2013 年 4 月,北约综合空中指挥与控制系统在比利时进行了为期 8 周的广泛测试,法国、德国、比利时和意大利都是参加验证测试的国家。下一阶段将推出跨北约的综合空中指挥与控制系统实体并“复制”系统。据估计,在未来至少有另外 10 个北约国家将把综合空中指挥与控制系统融入本国的空中指挥和控制系统,在联盟之间建立一个综合空中指挥和控制系统在不久的将来或许可以实现。

10.2.3　日军指挥信息系统

日本的指挥信息系统始建于 20 世纪 60 年代初期,进入 80 年代后发展较快,现已建成了战略级指挥信息系统和陆、海、空三军的指挥信息系统。

10.2.3.1　日军战略级指挥信息系统

战略级指挥信息系统是中央指挥信息系统,又称防卫省信息系统,是防卫大臣在中央指挥所实施指挥控制的系统,是日本自卫队指挥信息系统的核心。该系统通过防卫信息通信基础网与全军各主要作战指挥系统联网,对作战行动进行实时或近实时指挥,下设陆上自卫队指挥信息系统、海上自卫队指挥信息系统、航空自卫队指挥信息系统和情报支援系统。

1. 中央指挥所

中央指挥信息系统的核心是中央指挥所,是日本军事指挥信息系统的神经中枢,是内阁总理大臣和防卫省长官指挥自卫队作战的基本指挥所。中央指挥所将陆、海、空自卫队的信息全部集中在一起,以便紧急时中央指挥所能立即查明情况,采取措施,实施一体化指挥,其目的主要是加强陆、海、空三个自卫队的密切联系和协同作战能力。

中央指挥所与有关省厅、各军区、联合舰队、航空总队、航空方面队等主要作战部队建有多路多手段指挥通信网,并与航空自卫队自动警戒管制系统和联合舰队作战指挥系统联网。指挥所内可实时显示陆上、海上和航空自卫队的配置、作战态势、后方兵站、入侵兵力等信息,并提供从中央到一线部队的信息流动与共享。必要时,还可通过专用线路与首相官邸和驻日美军司令部之间进行数据通信。

中央指挥所的作战程序如下:当出现外敌进攻、治安行动、海上警备、大规模救灾等情况时,情报部门实施搜集、整理、综合分析情报,并迅速向防卫省长官报告;防卫省长官迅速召集内部部局、参联会陆海空自卫队参谋部人员开会,随时分析与把握最新情况,定下决心,向各部队下达命令;各作业室迅速进行作业,并适时进行必要的调整,以协助防卫省长官指挥。

2. 预警探测系统

为了扩大预警覆盖范围和对目标的探测跟踪及指挥控制能力,日本防卫省建立的预警探测系统拥有卫星、预警机、侦察机、雷达、监听站等多种手段,能对超高空、空中、海面和水下目标进行24小时不间断的监视,预警范围达3000~4000km。

(1) 卫星。目前已初步建成由光学-3号、光学-4号和雷达-3号、雷达-4号侦察卫星组成的空间侦察网,每天可对全球任一地区至少侦查1次。其中,光学-4号全色分辨率达到0.6m,雷达-4号可全天候遂行侦察监视任务,分辨率达到1m。

(2) 预警机。现有E-767预警指挥机和E-2C型预警机,其中E-767预警指挥机可同时跟踪600个目标,处理其中300~400个,并可自动指挥30架飞机进行拦截,能有效地探测到日本列岛周边数百海里范围内的高、中、低空飞行的目标。

(3) 航空侦察设备。日本的航空侦察设备主要是侦察机、侦察直升机、无人侦察机,并利用各种作战飞机加装侦察设备。有人侦察机包括G-V远程侦察机、EP-3电子侦察机、OP-3C图像收集机,及YS-11E、YS-11EA、YS-11EB、EC-1和RF-4E等侦察机,负责对重点区域和目标实施侦察。

(4) 地面雷达。由28个固定雷达站和12个机动警戒队构成,各型雷达探测范围相互重叠,形成远程高空和近程低空相互配合的雷达侦察预警网,可覆盖日本全岛和周边空域。

(5) 地面监听站。日本现有9个监听站,昼夜不停地监听俄罗斯、中国、朝鲜半岛、东南亚以及印度洋地区的通信情报。

(6) 海上预警。"宙斯盾"舰即可用于作战,也可用于预警,另外还列装了"响"级音响测定舰,主要用于监测潜艇。

3. 通信系统

在卫星通信系统方面,日本通过租用"超级鸟"通信卫星X频段转发器建立了卫星通信系统,进一步加强了信息传输能力。2006年,日导入Ku频段卫星通信方式,建成11条光线通信电缆,发射6颗通信卫星,进一步扩大了通信的带宽,提高了通信能力,通信范围可覆盖1000海里。

在数字化通信系统方面,防卫信息通信基础网已建成覆盖全军的军事信息通信网络,可有线和无线传输语音、数据、视频等多种信息,进行优先处理和自动路由搜索,不间断提供通信保障。

日军计划重点发展卫星通信能力,以实现信息共享的广域化、大容量化和超高速化。

10.2.3.2 日军军兵种指挥信息系统

1. 陆上自卫队指挥信息系统

陆上自卫队指挥信息系统可分为战略级、战役级和战术级三类。战略指挥信息系统由陆上自卫队参谋部管理运用,由通信和情报系统构成,并与中央指挥所和陆上自卫队各军区相连接;战役指挥信息系统由各军区司令部管理运用,并与各作战师、旅和支援部队指挥信息系统相连接;战术指挥信息系统包括野战数据自动处理系统、火力控制系统和防空系统等,可灵活快捷地实施作战指挥。

陆上自卫队指挥信息系统覆盖了从军区至作战团部分单兵,主要包括军区指挥信息系统、师(旅)指挥信息系统、基层团级指挥信息系统、野战通信系统、防空作战指挥信息系统、野战火力指挥信息系统、自动数据处理系统,并通过防卫信息通信基础网与中央指挥控制系统和其他军种指挥信息系统联网,实现包括最高指挥官在内的各级指挥官与一线作战单元之间的有效通联。

师(旅)指挥信息系统主要担负支援大规模作战任务;基层团级指挥信息系统以美陆军"斯特瑞克"旅指挥信息系统为模板;野战通信系统实现从军到排各级之间的各种类型的通信保障;防空作战指挥信息系统用于自动完成防空情报收集综合识别、威胁评估、目标分配、目标指定、处理结果显示、控制事项的处理、发出防空警报、指挥对空作战等任务;野战火力指挥信息系统用于实时处理、传递支援射击指挥的目标情报;自动数据处理系统实现陆上自卫队参谋部与所属部队的情报信息共享。

2. 海上自卫队指挥信息系统

海上自卫队指挥信息系统目前是亚洲各国海上指挥信息系统中最完善、性能最好的系统,主要包括海上作战指挥系统、指挥控制支援终端系统和各级舰载指挥信息系统。

日本海上自卫队的舰艇都配备海上作战指挥系统,包括战术情报处理系统、目标显示系统、战斗指挥系统、指挥决策系统、情报显示系统和战术数据传输系统等,可确保作战舰艇和飞机情报信息综合处理与收发、威胁评估与作战方案优选、对各作战军舰和飞机实施快速指挥管制、从联合舰队司令部到各级司令部和各作战舰机之间实施共享情报信息。海上作战指挥系统以联合舰队司令部为核心,包括陆上自卫队司令部、航空自卫队司令部及各海上舰队等终端,具有舰机、舰岸间跨军种多元通信能力,解决陆海空部队的互联互通问题。舰艇和飞机上还装备了数据链系统,在战区级和美国海军有很强的协同作战能力。

指挥控制支援终端系统一般配置在舰队旗舰上,为海上部队指挥官提供通信支持。该系统对海上自卫队的指挥系统实现高度现代化起着重要的推动作用,大大提高了海上自卫队现代化综合作战能力,尤其是远洋作战能力。

日军6艘"宙斯盾"驱逐舰装备的舰载指挥信息系统,是日本海上自卫队最先进的单舰指挥信息系统,可通过卫星通信与基地及联合舰队联网。该系统由决策系统、显示系统、适应性保持系统、武器控制系统、垂直发射系统、导弹发射控制装置、导弹和相控阵雷达八个部分组成,融指挥控制、侦察、通信、电子战、火力控制为一体,是一个能全面防御空中、水下和水面威胁的综合指挥控制和作战系统。

3. 航空自卫队指挥信息系统

航空自卫队指挥信息系统是自动警戒管制系统,称为佳其系统,由"巴其(Base Air Defense Ground Environment,BADGE)"系统改进而成。第一代"巴其"系统1968年投入使用,第二代"巴其"系统1991年投入使用,第三代"巴其"系统2007年投入使用,其后,升级改进并与美国防空反导指挥控制系统联网,使其具备防空反导一体化指挥控制能力。

2009年7月,新"佳其"系统投入使用,取代使用了20多年的"巴其"系统。

"佳其"系统将全国雷达站、航空总队的作战指挥所和各防空方面队的防空管制与作战指挥所连为一体,用于指挥分布于海上和陆地的各子系统作战,由数台服务器构成分布式网络信息处理系统,可自动综合处理地面所有固定和机动雷达以及空中预警机采集的目标信息,为指挥官做出判断、选择最佳方案提供依据,可实现反导作战自动化。

该系统融合了联合作战、综合指挥控制能力,主要包括地面与空中警戒系统、通信系统、计算机系统、显示系统、防空兵器选择系统以及指挥控制系统等,以航空总队作战指挥所为中心,上连防卫省中央指挥所、航空自卫队参谋部作战室、下接各航空方面队作战指挥所及航空团、导弹群指挥所,并与陆海军参谋部及其所属各级指挥机构联网,保证日本最高当局在必要时能直接指挥航空自卫队。此外,可与驻日美军联网,组成一个紧急联合管理系统。该系统提高了截击能力和灵活性,可靠性和抗毁性好,充实并强化了指挥功能,提高了系统的指挥自动化功能。

该系统由多部雷达及各种指挥与控制设备构成,能自动地探测、跟踪及识别飞越日本及其周围海域的空中目标,自动综合处理预警系统所获空情,将雷达站发现的目标实时转发至航空自卫队各级指挥所内,并显示空中敌导弹来袭情况、地空导弹待命情况、基地设施被毁情况及战区气象等全部作战资料。据此,指挥员可及时做出判断,并选择最佳作战方案,实现"目标性质判断－目标数据参数计算－威胁企图判断－选择作战方案－下达作战命令－指挥引导拦截"等反导作战全过程的自动化。

该系统融合陆、海、空三军各型警戒管制系统和网络,可作为联合作战综合指挥控制系统的核心;与宙斯盾系统、爱国者系统及陆基预警雷达链接,能够接受美军Link－16数据链信号,共享美军预警卫星、X波段雷达截获的导弹预警情报。

该系统的指挥控制系统分为四级:航空总队作战指挥所负责整个国土防空作战,内设航空作战管制所,负责防空作战指挥;每个防空扇区设有航空方面队作战指挥所,内设防空指挥/指令所,负责本扇区的防空作战,对下属的防空监视所即雷达站、航空团战斗指挥所及高射群(防空导弹、高炮)战斗指挥所实施指挥。

"佳其"系统使用的计算机是民用产品,要定期换装,软件也要在训练和运用中逐步升级,将来还会有系统整体维护的问题,预计新一代"佳其"系统将于21世纪30年代实现列装。

10.2.3.3 日美联合作战指挥系统

日军与美军的联系一向紧密,例如美军的GCCS就包括"全球指挥控制系统——日本"部分。受美国"亚太再平衡"战略影响,日美联合作战由二元化的指挥协调体制向"统一司令部"的方向发展,从以往侧重分工协作转向"融合指挥"和"互操作",通过共享情报、共同计划、联合演训、共用基地、共建系统等多种方式,深化推进美日联合指挥一体化。

针对日本可能遭受的武力进攻和周边事态,日美双方建立两大协调机制:一是建立总体协调机制;二是建立日美联合协调所,协调双方的军事行动。日美联合协调所实际上就是统一司令部,必要时,日美军将在统一机构的指挥下实施联合作战。通过建立日美共同应急机制,加强日美军司令部之间的协同指挥,建立情报共享机制,提高日美联合指挥与作战能力,特别是弹道导弹防御作战能力。日美联合协调所还进一步明确美日合用的作战条例,统一美日空中、海上和地面部队作战用语,研发使用美日双语的指挥与控制系统等。

为了进一步加强日本自卫队海外联合作战能力,日本联合参谋部将根据职能拓展不断强化其中央指挥信息系统、各军种指挥信息系统与日美联合协调所、西太平洋美军的指挥信息系统关联,实现高度一体化的情报交换和必要的信息共享,谋求对实施海外联合军事干预行动进行高效的指挥控制。由美军主导,整合美日韩联合情报体系的趋势也仍将继续。

另外,日本防卫省以应对中日钓鱼岛争端为借口,拟对“出云”号两栖登陆舰进行改造,加装美军和北约标配的联合战术信息分发系统,使日本自卫队联合作战指挥全面纳入美军指挥体系,并逐步打造成日军海外军事行动的永久性海上联合指挥平台。

未来日本将继续重点改进现有的指挥信息系统,在整体上形成横向联系的网络体系,组建基于信息技术的、功能强大的、自主式的、高度机动化及一体化的指挥信息系统,建立陆、海、空三军通用的指挥信息体系设施,加大中央情报组织体系的建设投入,建立高效的情报网络体系、完善的防卫信息基础设施和计算机系统通用操作环境,实现各级指挥信息系统的现代化。

10.2.4　台军指挥信息系统

台军近年来把指挥信息系统建设作为军队建设的重要组成部分。其指挥信息系统发展按照“情报资源共享、各系统间互通”的原则,建设了拥有预警机、地面预警雷达和舰载雷达组成的预警探测系统及初具规模的区域通信网,建成了具有先进水平的作战指挥自动化系统。台军指挥信息系统主要由“衡山”总体系统(“衡山”战勤管理总体系统)、陆军“陆资”系统(陆军战情信息自动化系统)、海军“大成”系统(海军自动化指挥系统)、空军“强网”系统(空军防空自动化指挥系统)四个部分组成。“陆资”“大成”“强网”系统作为台湾陆、海、空三军各自独立的指挥系统,担负情报信息的收集与传送、部队的指挥控制及与友邻的沟通协调等任务,通过系统综合实现互通,达到了“一个系统,三军共用”的目的。台湾当局通过“衡山”系统将陆军的“陆资”系统、海军的“大成”系统和空军的“强网”系统联结起来,综合成一个能互通的一体化指挥信息系统。

10.2.4.1　台军战略级指挥信息系统

台军战略级指挥信息系统是“衡山”系统,该系统是台军的战略中枢和战略性自动化指挥控制中心,主要任务是辅助参谋本部进行决策指挥,平时收集更新从“陆资”、“大成”、“强网”传来的各种信息,对诸军兵种进行日常指挥与管理;战时根据作战态势,拟定最佳作战方案,对台三军联合作战实施指挥控制。

“衡山”系统主要由作战、人事、后勤和通信四个分系统以及一个用于存储各种实时与非实时性战术信息的国防数据库所组成。通过专用通信网络、计算机、数据处理和显示设备与各军兵种、第一至第五战区和金门、马祖防卫司令部等单位连接,实现信息分发传输和指挥控制,如图10-6所示。

“衡山”总体系统设在我国台湾地区“国防部”地下室内,主要设施有计算机,图形、数据处理等设备以及战略战术通信网,通过地下(海底)同轴电缆与光缆、数字微波通信系

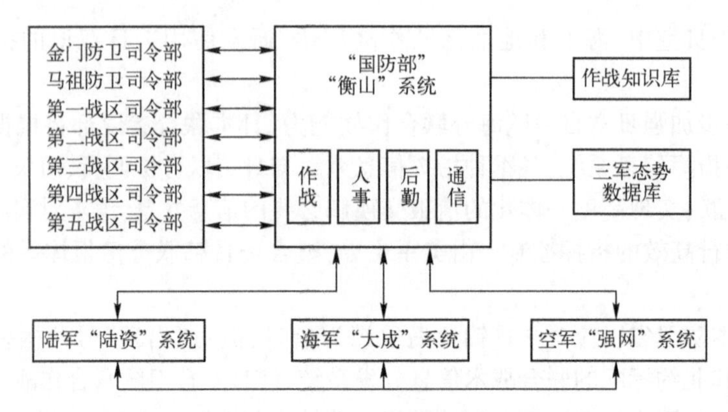

图10-6 台军C4I系统总体结构

统以及卫星通信系统等三种主要数据通信系统与各军种的指挥信息系统联网运行。

“衡山”系统之内设有庞大的“国防信息库”,其中主要是作战知识库和三军态势数据库。作战知识库中输入了台澎金马地区的作战预案、武器装备、兵力部署、通信网络诸元、后勤保障和各种军事资料、图表、图形以及祖国大陆军队的基本资料;三军态势数据库,包括海情、空情和我国台湾地区三军的实时动态。它与各军兵种指挥信息系统相连,能实时汇集状态数据、信息报告、部队动态等。指挥控制的作战管理命令不但可直达台岛各“战区司令部”、军团部以及海军、空军基地,而且通过地下电缆与外岛的海底电缆相连接来指挥金门、马祖、东引等岛的台军部队。

“衡山”系统也是台军情报汇集中心和联合作战指挥中心,负责对各军兵种、战区和防卫司令部的指挥和控制,其中衡山地下指挥所可以直接指挥旅以下的作战部队。为了提高系统的生存能力,“衡山”系统还建立海上指挥船队,具有对陆、海、空、天的联合通信能力,战时一旦陆上指挥中心被摧毁,海上指挥船队可继续执行指挥任务。

10.2.4.2 台军军兵种指挥信息系统

1. 陆军“陆资”系统

我国台湾地区陆军指挥信息系统“陆资”系统,全称“陆军战情资讯自动化系统”,是用于地面作战的指挥自动化系统。“陆资”系统是一个大型数据资料库,存有敌情资料、编制实力、驻地部署、武器装备、作战预案、后勤保障、战场设施等方面的内容,并具体到每一门火炮和班哨据点的详细数据以及各单位每日情况报告和基本数据的变动。为便于存储、更新、调用各项数据,实现统一标准和系统互通,陆军总部统一了计算机报文格式和规程。

“陆资”系统采取统分结合的方式,陆军总部“信息中心”有130多个子系统,军团与防卫部通信有战情信息系统,陆军旅以上单位均建有子系统。

“陆资”系统可实现“决策支援全面作业自动化”,是传递情报信息、拟定各种预案、进行协调控制、实施决策指挥的自动化系统,加上购买或自行研制“多用途”综合战术通信系统,可提高指挥信息系统的互联互通性。该系统平时用作办公自动化系统与日常战勤勤务,战时用作协助各级指挥机构对部队实施指挥、协调与控制。“陆资”系统使台陆军基本上实现了总司令部对师(旅),以及外岛防卫部对营的自动化指挥。

2001年5月，我国台湾地区陆军重新启动“安捷”项目指挥信息系统研发计划。“安捷”项目是集指挥、控制、通信、情报于一体的通信工程研究项目，除能提供传统语音，还可提供图片、影像，使我国台湾地区“国防部”在最短时间内能看到前线提供的影像、照片，同时还可与营一级作战单位相连接。

2. 海军“大成”系统

“大成”系统是海军大型综合性指挥控制信息系统，目的是提高海空侦察搜索能力，严密监视大陆及海峡的动态，适应海空一体化作战的需要。中心设在台北海军总部作战中心内，由情报收集与处理系统、指挥控制系统、导航定位系统、数据传输系统等组成。

“大成”的情报侦察系统由三个部分组成：一是海军观通雷达系统，由台湾本岛和金门、马祖、乌丘等岛屿的10个中心雷达站为骨干，构成雷达情报网；二是海军技侦情报部队，对大陆和外籍舰船的通信进行侦听、破译、测向，组成技侦情报网；三是驱逐舰舰载雷达和电子截获设备，可对局部海域目标实施严密监控，形成机动侦察网，以弥补固定侦察的不足。上述三种手段获取的情报由“大成”系统计算机进行处理。海军雷达站还与空军雷达站联合组成“海空雷情传递通信网”，具有对低空目标的侦控能力。

台海军在主要舰艇上装备了“大成”舰载指挥控制系统，它主要由控制/显示系统和战术数据链组成。其对海侦察监视能力有对海监视雷达网，严密的反潜侦察巡逻、先进的潜艇声纳警戒哨，较先进的编队防空、反潜侦察监视系统，一定的对海无线电技术侦察能力以及岸基部队加紧侦察监视设备的换装。

“大成”系统建成了海军总部作战中心至战区作战中心、海军联络组、中程雷达站、技侦系统、岸基导弹、主要作战舰的“指挥、控制、通信、情报”一体化网络，并与“衡山”系统、“陆资”系统、“强网”系统、各战区、防卫部队实现联网。系统能及时获取情报资料，全面监视台、澎、金、马海域目标动态，迅速下达作战命令，管制海上舰船，统一指挥与协调海上作战。

由于实现了编队内部情报共享，实现了岸基观通系统、指挥中心对舰艇作战中心的实时指挥和情报传递，还因为舰载指挥信息系统对武器系统的支援，使海战能力、协同作战能力明显提高，对突发事件的反应时间由原来的半小时缩短到数十秒。舰艇在5～30min即可快速出港，指挥部门能够通过“大成”系统及时组织编队实施防空、反导、反舰、反潜行动。

3. 空军“强网”系统

台空军早期使用的指挥信息系统为“天网”系统，2002年在其基础上建立“强网”系统，由5个指挥中心(1个指挥中心和4个分区指挥中心)、一个雷达预警网以及连接指挥中心与各雷达站和各作战部队的数据通信网组成，利用先进的计算机技术和网络技术把雷达阵地、飞行基地、防空中心等作战要素连接，统一指挥三军防空作战，形成较为完善的一体化防空体系，具有中、远程探测能力。

预警系统主要包括预警机和雷达，预警机方面从美国购进6架E－2T预警机，以形成多层次、大纵深、立体化的预警系统；雷达配置原则是“环岛部署、重点配置”，重点在北部地区。

通信系统采用数字微波、数字光缆通信，提高了信息传输的时效性和可靠性。通信网络分为四层，第一层为军民共用光缆网；第二层为军民共用数字微波通信网；第三层为

“国防”通信网，主要承担战略通信任务；第四层为空军专用网。

指挥控制系统以防空为主，在武器控制上共设立了四道防线：第一道是远程地空导弹拦截；第二道为战斗机截击线；第三道是近程地空导弹拦截线；第四道是高炮拦截线。

台空军为了提升其战管雷达性能以及建立自动化区域管制系统，依据“安宇四号”“安邦”等一系列计划，打造“寰网”新一代防空作战指挥系统，并于2007年全面启动，取代原有的“强网”系统担负战备任务，“强网”系统将转为备份状态。“寰网”投入使用后，位于台湾北、中、南的三个半自动化区域作战控制中心可全部实现自动化，从而实现台湾防空系统的指挥和控制自动化，为陆、海军各作战中心提供防空情报，形成整体、即时、有效的早期预警能力，同时可强化联合防空作战能力。再加上新建的作战指挥中心，就构成了信息集中、地点分散的多重自动化防空系统；升级后的三个小型“衡山”指挥所，就是为台军的指挥控制机制增加了三个备份，即使遭到攻击，导致中央控制作战中心指挥所无法工作，区域作战控制中心仍可担负起该作战区的指挥任务，使台湾作战指挥能力不会即时瘫痪，从而有效提升台军指挥信息系统的生存能力。

2013年2月，台空军“安邦计划”的“铺路爪”远程预警雷达竣工启用，与“爱国者”导弹系统及“衡山”指挥所等各系统相连接。该雷达是亚太地区唯一的一座，可探测与追踪近/远程弹道导弹、巡航导弹等，并比以前的系统多出几分钟的预警和反应时间。

10.2.4.3 台军“博胜案”计划

台军虽然建立了“衡山”“陆资”“大成”和“强网”四个指挥信息系统，但由于系统之间不能完全相连，根本不能构成三军统一的指挥机构。因此，台军的重点放在提升“三军联合整体战斗力”上，以使三军信息互通共享。为了整合三军联合作战指挥控制系统，台军通过自主研发、外购等手段，加紧对各军兵种指挥信息系统进行建设以及升级改造。“博胜案”就是由美国协助台军建设指挥信息系统，也就是台军所称的“三军联合作战指（挥）管（制）通（信）情（报）系统”，使用Link-16数据链，实现台军指挥信息系统的网络化。

“博胜案”计划于2003年正式启动，其主要目标就是以“衡山”“陆资”“大成”和“寰网”等指挥信息系统为基础，通过Link-16数据链，整合区域作战管制中心、空中预警机、陆军作战中心、海军作战中心及重要武器平台，在地面、空中、海上平台与指挥中心之间实现数据信息的实时传递，增强指挥信息系统能力，主要用于三军联合和陆海、陆空、海空联合作战。

“博胜案”计划包括“博胜一号”和“博胜二号”两部分。“博胜一号”主要包括购买和安装Link-16数据链，其关键设备是联合战术信息分发系统和多功能信息分发系统；“博胜二号”就是整合各行其是的“衡山”“陆资”“大成”和“寰网”四大指挥信息系统，建设“三军联合指挥信息系统”。“博胜案”计划分为需求评估、整合研究和系统构建三个阶段，总投资高达21.5亿美元。主要执行项目包括：购买目标探测设备，如地面雷达、空中预警机、军用侦察卫星；购买K波段通信卫星；引进Link-16数据链，并将其安装到主战装备；更新程式检测与侦察搜索传感器。2009年年底，“博胜一号”基本完成。

台军预计“博胜案”可以大力提升联合作战能力，一方面由于其主战飞机F-16、幻影2000-5、IDF战斗机以及E-2T预警机和主要水面作战舰艇“成功”级护卫舰和“康定”

级护卫舰等主战装备安装数据链后,其联合作战能力可以得到提升;另一方面,由于Link-16也是美军及其北约主要盟国和日本自卫队的现役数据链路,"博胜案"不仅能整合自己内部指管机制,建成三军联合指挥信息系统,还能建立与美军、北约军队和日本自卫队的信息交流平台,并分享美国所提供的部分卫星预警信息。

通过多年的建设,该系统于2010年正式启用,于2011年基本完成。但是,"博胜案"计划距既定目标尚远,一方面陆军建设滞后,仅有军团级单位列装了"博胜"系统,旅级单位配备"陆资"系统,旅以下各级部队的指挥和跨军种的协同仍是20世纪80年代的水平,离建立"全军地面联合战场系统"差距很大;另一方面,美军选择性参与"博胜案",再加上军费不足,只有从美国购买的武器安装了"博胜"系统,从法国等其他国家购买的武器以及台军自行研制的武器无法安装,导致多数主战平台并未装设"博胜数据链",台军指挥信息系统依然运作不畅。

10.3 外军指挥信息系统的主要特点

1. 综合集成与一体化建设

指挥信息系统的本质特征是综合集成,只有将各子系统各要素综合集成为一体,形成作战体系之间的整体对抗,才能最大限度地发挥指挥信息系统的效能。目前,为了适应未来信息化战争中联合作战的需要,世界各主要军事强国均以网络为中心建设一体化指挥信息系统。

美军逐步将各军种条块分割的指挥信息系统整合成一体化综合集成的指挥信息系统,目标是将1996年的170多张网统一成一张网,把21000个"烟囱式"系统整合为600个。GIG就是积极适应"以平台为中心"向"以网络为中心"作战理念的转变,坚持在统一的框架下,通过整合部署在全球的指挥信息系统,进一步提高指挥网、传感器网和火力网的一体化程度。俄军在指挥信息系统的建设中非常注重总体设计,制定统一的标准和体系结构,以便各军兵种系统的信息互通。北约各国家努力提高跨军种和跨国家之间的联合指挥和作战能力,致力于综合指挥信息系统的建设。日本和韩国的指挥信息系统已经与美军指挥信息系统相连,具备一定的联合作战能力。台军强调"一种系统、三军通用",借由"博胜案"计划整合全军的指挥信息信息系统。美军和北约、日韩以及中国台湾地区的部分装备均使用Link-16数据链,在技术上为一体化作战提供了保障。

2. 注重统一规划与顶层设计

设立权威机构,加大"统"的力度,已成为推进指挥信息系统建设的基本规律。在系统建设之前,先搞好顶层设计,从体系结构源头上解决问题,规划好发展格局,充分考虑不同军兵种信息需求的差异,颁布法规性的技术标准体系,形成统一运行的局面。新建的指挥信息系统都从系统集成的角度出发,与各军兵种和上层指挥信息系统集成设计。

在这方面,美国和很多国家都曾经走过弯路,各军兵种独自建设出了各类"烟囱林立"的指挥信息系统。为了保证各类指挥信息系统的互联互通互操作,美军先后成立了"C4ISR一体化任务委员会"和"C4ISR体系结构工作组",为开发全球信息栅格(GIG)体系又成立了"体系结构和互操作管理局",这些机构制订了指挥信息系统体系结构标准,以便约束和规范指挥信息系统的研制、采购和使用。北约成立了通信和信息局,负责新一代指挥信息系统的建设,旨在加强该地区的指挥信息系统能力,以支持北约的各项任务和行动。在敌我识别系统方面,北约建立了统一的标准,各国分头建设的系统必须符合该标准,保证了建设系统的互操作性。俄军制订和颁布一系列指导性文件,从不同层面和角度规划和设计了指挥信息系统的发展方向和目标,时间跨度为10~20年,并且每五年更新一次。

我军颁布的《指挥信息系统体系结构》(2.0版)涵盖了软件、硬件和逻辑结构等内容,是一套较完整的技术指南。不管是新上项目,还是已建系统改造升级,都必须以《指挥信息系统体系结构》为准绳,遵循全军统一的技术体制和标准,确保系统优化设计和与全军系统互联互通,凡未列入《指挥信息系统体系结构》的标准和数据格式不得使用。

3. 军事需求和技术发展起推动作用

信息技术在军事领域的应用推动着武器装备、体制编制和军事理论的发展变革,同时,军事理论的发展创新又会不断提出新的军事需求,指导和推动新技术的发展和完善。因此,指挥信息系统的建设发展受到军事需求和科学技术的限制。

从军事需求方面来说,有什么样的军事需求,客观上就有什么样的指挥信息系统与其相适应。美军最早建设的是“赛其”自动化防空指挥控制系统,俄罗斯最早建设的是“天空一号”防空指挥自动化系统,这说明了指挥信息系统的发展都源自于防空作战的军事需求。后来,美军指挥信息系统从冷战时期的空地一体战到1997年提出的“网络中心战”,这些军事理论的提出体现了美军军事需求不断适应战场的发展和变化,推动着指挥信息系统在概念和功能上不断完善。

从技术发展方面来说,指挥信息系统的实现必须依赖于当时的科技能力,科技水平决定了其指挥信息系统的发展水平。美军在信息技术和信息化水平方面处于世界领先地位,其指挥信息系统较其他国家领先很多。美军指挥信息系统建设的长远目标是在更加广阔的范围内实现指挥信息系统的一体化,以满足多军兵种联合作战和多国部队联合作战的任务需求,这一目标的实现有赖于其空间感知技术、全球通信技术和指挥控制技术等的进一步提升。目前,在“大数据”背景下,美军正不断加强在信息融合、任务指挥辅助决策和人工智能应用等重点领域的建设,加快战场信息流转,提高“从数据到决策”的能力。

4. 逐步发展与不断完善

从各国军事信息系统的发展历程来看,都经历了从低级到高级,从分散到集中、从单一到综合的发展过程,各个系统的建设也不是一蹴而就,大多是采用分段建设的方法。不管是JC2的建设还是FCS的开发,美军基本采用“螺旋式推进,滚动式发展”的系统建设模式,严格按照系统工程方法组织实施系统建设,建立协同的开发、测试、评估环节等有效的做法。英、法、德等国在研制本国的指挥信息系统时,能注意汲取美国的经验教训,采用循序渐进、逐步发展的研制方法。英军在研制系统的过程中强调大量试用实验性设备,以确定用户的真正需求,并且当原型系统研制出来后,立即交付部队试用,再根据部队使用情况对系统进行改进。德国在研制作战指挥情报系统时,也采用循序渐进的方法,先实现陆军使用的系统,然后逐个系统进行研制。台军采用总体规划、分段建设的策略,在系统建设中采用统一的装备技术体制和标准,边建设边使用边发展,逐步完善系统功能,如“博胜案”计划就分三个阶段进行。

综上所述,指挥信息系统的建设不是一蹴而就的事情,各国在取得成果的同时均走过一些弯路。对于我军指挥信息系统的建设，应广泛借鉴世界上其他军队指挥信息系统建设的经验和教训，从自身的实际情况出发，在加大顶层设计和统筹的基础上，循序渐进的发展。

参考文献

[1] 龚旭,荣维良,李金和,等. 聚焦俄军防空指挥自动化系统[J]. 指挥控制与仿真,2006,6(28):116-120.

[2] 裴燕,徐伯权. 美国C4ISR系统发展历程和趋势[J]. 系统工程与电子技术,2005,4(27):667-671.

[3] 栾胜利,李孝明,周琪. 美军综合电子信息系统发展概述[J]. 舰船电子工程,2008,11(28):47-52.

[4] 蒋庆全. 日本现代国土防空系统探析[J]. 现代防御技术,2003,2(31):6-12.

[5] 马元申,陈文清,张文静. 台湾海军C3I系统装备现状和发展特点[J]. 火力与指挥控制,2004,1(29):105-108.

[6] 总参军训部. 台军通信系统[M]. 北京:解放军出版社,2001.

[7] 黄建冲,王跃鹏. 台军C4ISR系统[J]. 飞航导弹,2005,10:14-16.

[8] 李德毅,曾战平. 发展中的指挥自动化[M]. 北京:解放军出版社,2004.

[9] 罗爱民,黄力,罗雪山. 信息系统互操作性评估方法研究[J]. 计算机技术与发展,2009,7(19):17-19.

思考题

1. 美军全球指挥控制系统的组成和功能是什么？

2. GIG如何支撑美军的指挥信息系统？

3. 台军指挥信息系统的特点是什么？

4. 根据外军指挥信息系统的理论和实践，对我军指挥信息系统的建设和使用有何建议？

5. 俄军指挥信息系统的主要特点是什么？

6. 试分析比较外军指挥信息系统的共性与个性，并对我军指挥信息系统可借鉴之处进行归纳总结。